第二次大戦の〈分岐点〉

Die Verzweigungspunkte des Zweiten Weltkrieges

大木毅

作品社

はじめに

ものごとに驚き、不審を抱くことが理解への第一歩である。それは知的な人間に特有なスポーツであり、贅沢《ぜいたく》である。だからこそ、知性人に共通な態度は、驚きに瞠《みは》った目で世界を観るところにあるのである。しっかりと開かれた瞳にとっては、世の中のすべてが不思議であり、驚異である。

オルテガ・イ・ガセット*

戦史や軍事史は、往々にして特殊な分野であると考えられがちだ。専門家や好事家のみが論述の対象とするテーマにすぎないと……。

なるほど、兵器や戦術といった、戦史・軍事史のごく一部を対象とした書物や雑誌記事は、読者層という点では必ずしも広範たり得ないだろう。しかし、戦争、あるいは軍事を人間の営為の一つとして捉えた場合、事情は変わってくる。

歴史は、ひとの英知と愚行、気高さと醜行を示す事例にみちみちている。戦争という最大の極限状況にあっては、なおさらのことだ。『ジャッカルの日』をはじめとする世界的なベストセラーの数々をものしたフレデリック・フォーサイスは、こうした逆説的な関心について、戦争ほど嫌悪を誘い、同時に興味を誘う事象はないという意味のことを述べている（ジョン・キーガン／ジョン・ガウ／リチャード・ホームズ『戦いの世界史』、大木毅監訳、原書房、２０１４年に寄せられた序文）。敢えていうなら、かかる視点のもとに描かれた戦史・軍事史は、人間の真実の一端を浮き彫りにし、そのあり方を理解する手がかりを与えるという点で、読まれるべき普遍的価値を有する。戦争や軍隊に関する良質な史書やノンフィクションが、しばしば洛陽の紙価を高からしめるゆえんであろう。

筆者もまた、8年ほど前から、戦史・軍事史に関する記事の寄稿を依頼されることが増えてきた。長年関心を抱いて調べてきたジャンルであるから、願ったりというところだが、右のごとき困難な課題を考えれば粛然とせざるを得ない。

はたして、戦史や軍事史を書く際に、より広い視座、もしくは問題設定を確保するには、いかなる条件をみたすべきなのか。そういうことを考えているうちに、いつしか心がけるようになったことが四点ほどある。以下、カタカナ言葉が頻出して恐縮であるけれども、ニュアンスを伝える日本語がみあたらないので、どうかご辛抱願いたい。

第一に挙げられるのは、ファクト=ファインディングである。原語の fact-finding は実情調査、現地調査といった意味になるものの、敢えて直訳し、「事実の発見」と解することにしたい。つまり、戦史や軍事史上の事象の実態を探り、これまで知られていなかったことを読者に提示することだ。

近代歴史学の始祖といわれるドイツのレオポルト・フォン・ランケは史料批判の方法を確立し、歴史学の使命は「ことが本来どのようにあったか」(wie es eigentlich gewesen) を探求することにあるとした。これは経験主義的に過ぎ、後世の歴史家からは、歴史を分析し、叙述する者の主観という問題を看過していると批判され、「ランケの高貴なる夢」と揶揄されてもいる。

しかしながら、素朴な議論はやはり強い。ひとたび読者の側に立てば、新しい事実、新しい発見を含んだ歴史叙述は、まずそれ自体として興味を惹かずにはおかないだろう。とはいえ、先達が探求を積み重ねてきた分野、とくに第二次世界大戦のように強い関心が注がれてきたテーマにおいて、新しいファクトを発見することは困難である。率直にいえば、本書に収録した文章のなかでも、それに成功しているのは、いくつかの学術論文のみだ。

が、有り難いことに、歴史叙述をなす者の武器はファクト＝ファインディングだけではない。すでに知られていること、十二分に実証されていることであっても、新たな視座を取り、従来提起されていなかった疑問のもとに、対象となるテーマを俎上に載せること、すなわち第二のポイントであるアナリシスだ。

それに必要なのは、センス・オヴ・ワンダー sense of wonder であろうと考えている。ここで筆者がいうのは、ＳＦの世界で使われる用語よりも、先駆的に環境問題を訴えた生物学者レイチェル・カーソンの概念に近い。無理に訳してみれば「驚くことのできる感性」とでもなるだろうか。彼女は、その死後、１９６５年に出版された著作『センス・オヴ・ワンダー』（１９９６年に上遠恵子訳で新潮社より邦訳が刊行されている）で、太陽や風、花々や木々といった、ごくありふれた日常的な自然に驚き、不思議に思う感性こそ重要であると主張している。これは、歴史に対する場合にも敷衍できるはずだ。活字となり、出版されて、どこの図書館にもあるような史料集、そこから、あらたな疑問を生じせしめることができれば、読むに足る記事を書けるにちがいない。アナリシスとは、そうした歴史的感性に基づく営為だと思っている。

だが、歴史の面白さは、ファクトやアナリシス以外にもある。三番目の要素、ヒューマン・インタレスト、人間性に関する興味をかきたてることができなければ、いかに優れた内容や分析をともなっていようとも、無味乾燥な行論にすぎなくなってしまうことは否めまい。先に触れたように、戦争にあっては、ひとは驚くほど崇高な行為をする一方で、眼を背けたくなるような蛮行や愚行をしでかす。それらを直視し、伝えていくことは大きな意味を持つ。戦史・軍事史のみならず、歴史を読み、あるいは書きたいと思う動機の根源を探っていくと、やはり人間といういきものに対する尽きせぬ関心に行きつくのではないだろうか。

もちろん、語り口、叙述の研鑽も欠かせない。第四のポイント、ナラティヴである。戦史・軍事史を叙述する場合、「何を書くか」という課題こそが重要であるのは論を俟たない。しかし、多くの関心を得ようとするなら、「どのように書くか」ということもおろそかにはできないのだ。まったくタイプは異なるけれども、かつての伊藤正徳、あるいは吉村昭を想起していただければ、わかりやすいかと思う。

とはいえ、いつでも、すべてがうまくいくわけではない。ヒューマン・インタレストの追求やナラティヴの錬磨もあるし、アナリシスは柔らかい頭を必要とする。ファクト＝ファインディングは至難のわざでそう簡単なことではない。実のところ、四点のうち一つをクリアできれば及第点、二つ以上を満たせれば上々というところであろう。

さりながら、筆者は、戦史・軍事史の文章を書く際には、右記の四点を念頭に置くことにしている。今回、第二次世界大戦の「分岐点」といえるような諸事件をテーマとした文章を集めたが、そうした視点は共通しているはずだ。

人類史上空前にして、おそらくは絶後の大戦争（そう祈りたい）である第二次世界大戦においては、人間の賢さと愚かさ、勇気と怯懦が錯綜し、あるいは激突した。かくて、戦争の勝敗は分岐したのである。そのさまを極力正確に、精密な分析を加え、政治や軍事のなりわいを描き出す。

はたして、本書に収録された文章は、そうした課題をどの程度達成しているだろうか。居心地の悪い思いをしつつ、読者の審判を待つしだいである。

なお、本書各章のうち、ヨーロッパ戦域に関するものについては、前著『ドイツ軍事史――その虚像と実像』（作品社、２０１６年）の「序に代えて――溝を埋める作業」に記したのと同じ動機によって書かれている。不幸なことに、日本における欧米戦史・軍事史の研究には、歴史的経緯と社会的状況から、諸外国の認識や理解とのあいだに大きな溝があるといわざるを得ない。それを少しでも埋めることができれば、筆者にとっては、この上ない喜びなのだ。

一方、アジア・太平洋戦域に関する章は、これはさすがに自国史だけあって、右記のようなギャップは存在しない。そのため、もっぱらアナリシスとヒューマン・インタレスト、ナラティヴに拠った叙述に努めた。

ただし、よく知られているとは言い難い大戦の「分岐点」、日本が試みた独ソ和平工作や、防共協定や終戦工作の陰にいたドイツ人フリードリヒ・ハックに関する研究論文については、いささか付言しておかねばならないことがある。収録したのは、二十年ほども前に発表したものが主だ。本来、埃を払って出してくる必要はないはずである。けれども、もっぱら学術専門誌に掲載されたせいか、一般に看過されることが少なくない。大言壮語を許していただくならば、本来、拙論を参照すべきテーマに取り組んでいるアカデミシャンまでもがチェックしそこねている例さえ見かける。

その意味で、筆者の論文の存在について注意を喚起し、関心がある向きの眼を惹く機会が得られたのは、実に有り難い。おそらくは無意味なことではなかろうと、いささかの自負を抱いている。

２０１６年７月

大木毅

＊オルテガ・イ・ガセット『大衆の反逆』、神吉敬三訳、ちくま学芸文庫、１９９５年、13頁。

目次

第1部
太平洋の分岐点

写真：左：酒井鎬次、右：帝国陸軍の戦車部隊

第一章　潰された卵

——独立混成第1旅団の悲劇

1918年から1920年にかけて、日本陸軍はイギリスからA型ホイペット中戦車、フランスからルノーFT17軽戦車を購入した。帝国陸軍戦車部隊の萌芽である。以後、紆余曲折を経ながらも戦車隊が編成され、1929年には初の国産戦車の▼1制式採用に至る。こうして進歩していった日本陸軍の機甲部隊は、ついに諸兵科連合機械化部隊を創設した。1934年に新編された独立混成第1旅団、略称「独混1旅」がそれだ。この旅団は、戦車2個大隊、自動車化歩兵1個連隊、機動砲兵1個大隊、工兵隊から成るもので、当時としては立派な機動部隊、欧米列強に比して、見劣りしないものだった。

しかし——独混1旅は、さしたる働きをすることもなく、4年後には解隊されてしまう。この結果を招くにあたっては、日本陸軍の機甲戦に対する無理解のみならず、高級将校間の確執もあずかっていた。その対立の一方にいたのは、のちの戦時宰相で、陸軍大臣や参謀総長を兼任した東條英機である。以下、独混1旅の歴史を追い、日本陸軍の体質ともいうべき問題点をあぶりだす助けとしたい。

疑われる実力

１９３４年３月、奉天に新設された戦車第４大隊を中核として、日本陸軍初の諸兵科連合機械化部隊、独立混成第１旅団が産声をあげた。司令部が置かれたのは、満洲国吉林省西部の公主嶺である。同旅団は、しだいに増強され、１９３６年の在満兵備改善を終えたあとには、相当有力なものとなっている（編制表参照）。しかしながら、日本陸軍にとって、いや、世界の列強とても同様だったのだが、機械化の進展はいまだ手探りの領域に属していた。ゆえに、独混１旅も多くの問題点を抱えていた。

まず挙げられるのは、機械化旅団でありながら、戦車と自動車化歩兵の協同が困難であることだった。

独立混成第１旅団編制表（1936年）

- 旅団司令部（参謀２名、修理車および付属車を持った材料廠を付す）
  - 独立歩兵第１連隊
    - 本部
      - 3個大隊　1個大隊は3個中隊（中隊ごとに軽機関銃、擲弾筒各9を有する）ならびに機関銃1個中隊（92式重機関銃8）より成る。
      - 歩兵砲1個中隊（92式歩兵砲4）
      - 速射砲1個中隊（37ミリ対戦車砲6）
      - 軽装甲車1個中隊（94式軽装甲車17）
    - ※連隊総人員2590、車両297
  - 戦車第3大隊
    - 本部
      - 軽戦車2個中隊
      - 材料廠2
        - 89式中戦車26
        - 94式軽装甲車14
    - ※大隊総人員376、車両92
  - 戦車第4大隊
    - 本部
      - 軽戦車3個中隊
      - 軽装甲車1個中隊
      - 装甲自動車1個中隊
      - 材料廠1
        - 89式中戦車45
        - 94式軽装甲車41
        - 92式装甲自動車17
    - ※大隊総人員856、車両192
  - 独立野砲兵第1大隊
    - 本部
      - 野砲3個中隊（各中隊90式野砲4）
    - ※大隊総人員667、車両130
  - 独立工兵第1中隊
    - ※人員194、車両16

『帝国陸軍機甲部隊』、107〜108頁より作成。

どういうことかというと、歩兵を運ぶ自動貨車《トラック》と戦車の速度差がはなはだしいのである。戦車隊の主力である89式中戦車は最高時速25キロの性能を有するものの、むろん部隊として集団で行動する場合、平均速度はその半分程度になる。一方、自動貨車部隊の平均時速は20キロほどだから、自動車化歩兵が急進した場合、戦車が付いていけずにおいてきぼりになることも充分あり得るのだった。これでは総合戦力が発揮できないと、自動貨車に追随できる高速の95式軽戦車が開発されることになるのだが、それはなお先のことだった。

また、当時の陸軍首脳部の大多数は歩兵を主兵とする思想の持ち主であり、戦車を中心として歩兵を随伴させた機動戦力を決戦部隊とする発想など受け入れられるはずもなかった。それは「作戦の鬼」と称された小畑敏四郎のような人物でさえも例外ではなく、１９２０年代には「満洲で戦車が使えるものか」と放言していたという。

こうした雰囲気のなかにあっては、独混1旅も、しかるべき戦果をあげて存在意義を示さなくてはならなかったといえる。だが、その機会はなかなか訪れず、１９３５年に2度ばかり対中交渉に際して軍事的な圧力をかけるために出動したぐらいで、実戦を経験することはなかった。

だが、１９３６年3月、ついにタウラン事件が生起する。当時、満洲国とソ連の衛星国であるモンゴル人民共和国（いわゆる外蒙）の隣接地帯、とりわけハルハ川付近では、しばしば国境紛争が発生していた。これに対応すべく、１９３６年2月に独混1旅から増援部隊を送れと命令が下っていたのだが、この派遣隊、渋谷支隊[▼2]がタウラン地区で外蒙軍と衝突したのだ。両軍ともに航空機と装甲車隊を繰りだしての激戦となったが、渋谷支隊、そして独混1旅にとって、結果は芳しいものではなかった。日本側の軽装甲車小隊が湿地にはまりこんだところを、外蒙軍の装甲自動車隊に包囲攻撃されるという局面なども現出し、渋谷支隊は、戦死13名、捕虜1名の損害を出したほか、装備面では軽装甲車2両大破、自動貨車のほとんどが損傷するという被害を被っている。[3] この事件に投入された独混1旅の軽装甲車[4]の武装は車載機銃のみで、火砲装備のソ連製装甲車には歯が立たなかったのである。

日中戦争へ

3月29日に起こったタウラン事件は、4月1日の小競り合いを最後に、勝敗必ずしも明白でないまま収束に向かった。日本陸軍の虎の子たる独混1旅の初陣としては、あまり褒められたものではない。それでも、日本唯一の諸兵科連合機械化部隊への期待は高く、翌1937年3月に独混1旅は、大物を新指揮官として迎えることになる。陸軍きっての知性派、酒井鎬次少将だ。

少将は、徳川四天王の一人酒井忠次を出した家の末裔で、陸軍士官学校、陸軍大学校（以下、陸大）ともに優等で卒業し、恩賜の軍刀を授けられた人物であった。陸大卒業後はヨーロッパ、とりわけフランス駐在が長く、第一次世界大戦の観戦武官、対独平和条約実施委員などの要職をつとめている。また、フランス兵学にも造詣が深く、とくに戦争指導に関心を持っていた。陸大教官時代には、それまで日本陸軍ではなおざりにされがちだったこの問題に重点を置き、学生たちに戦争指導の重要性を叩き込んだといわれる。陸上自衛隊幹部学校の教官であり、軍事思想史を研究していた浅野祐吾は、「若《も》し『学将』という名称があるとするならば、酒井鎬次将軍こそは明治陸軍の夫《そ》れに最《もっと》もふさわしい型の一人ではなかろうか[5]」と評している。つまりは、日本陸軍には珍しいインテリ型の将軍なのだった。

ところが、まったく皮肉なことに、こうした酒井の知性、あるいは性格が、独混1旅の運命にネガティヴにはたらくことになるのだけれど——それを語るのは、まだ早い。

いずれにせよ、この酒井を旅団長に戴き、独混1旅はタウラン事件の傷をいやしつつ、戦力錬成につとめていた。1937年7月、その独混1旅がいよいよ本格的な戦闘に赴く日が来た。7日の盧溝橋事件に端を発した日中両軍の激突は、宣戦布告なき戦争、「支那事変」へと拡大しつつあったのである。関東軍は、華北、蒙疆▼6方面に兵力を増強、さらには内蒙古方面に進出しつつある中国軍を撃退する腹を固め、独混1旅に出動を命じた。

けれども、独混1旅が動きだすまでには、さまざまな障害があった。平時部隊の応急出動であるから、整備隊や補給隊を持っていない上に、保有している自動車は、96式六輪自動貨車のほか、いすずやフォード製のてんでんばらばらの車種の混成で、それらを整備運用する困難はただごとではなかった。もっとも、独混1旅の最初の任務は、北平（北京）周辺の掃討戦や通州で起こった冀東防共自治政府保安隊の反乱▼7鎮圧などであったから、さほどの問題は生じなかった。が、いよいよ蒙疆方面作戦、張家口東方への突進になると、さまざまな支障を来す。

しかし、独混1旅を待っていたのは、そうした技術的な苦境だけではなかった。9月4日、本格的な攻勢発動に備えて、張家口付近に集結した同旅団は、機甲戦というものを理解しない指揮官に翻弄されることになる。

東條の恣意専横

8月17日、張家口の北10キロにある張北の飛行場に、思いがけぬ人物が飛来した。関東軍参謀長東條英機少将である。彼の目的は、とほうもないものだった。関東軍の参謀長というからには、その主たる任務は、関東軍司令官を補佐し、助言することにあり、法理上は麾下部隊への指揮権など、かけらもない。しかるに、東條は、関東軍司令官植田謙吉大将の名を用いて、関東軍の蒙疆派遣部隊▼8を自ら指揮したのだ。いわゆる「東條兵団」の誕生であった。およそ軍隊の仕組みを無視した暴挙といえる。

「参謀統帥」という言葉がある。参謀が、司令官をお飾り状態にして実権を握り、ほしいがままに作戦を展開することだ。だが、このときの東條の指揮は、植田司令官の名をかかげているとはいえ、「参謀統帥」以上の参謀直率だったから、本来ならば軍法会議にかけられるような越権行為である。にもかかわらず、事実上関東軍を牛耳っていた東條を諫める者はおらず、東條は自在に作戦を指揮した。そもそも、この蒙疆――チャハル方面での攻勢を発案したのも、東條だったといわれる。

この恣意専横をひとまず措くとしても、東條の機甲部隊指揮、すなわち独混1旅の運用は、拙劣をきわめた。集中使用してこそ効果がある独混1旅を分散させ、他部隊の支援にあてたのだ。そのような命令が下されたのは、張家口西北方の敵陣地攻略後の大同へ向かう進撃開始の際であった。攻撃の尖兵になったのは堤支隊であったが、同部隊への増援として、独混1旅の歩兵、戦車、砲兵、工兵を分派させられたのである。旅団長は、わずか工兵1個小隊を握ったままで、張北に残されるありさまだったというから、酒井少将が激怒したのも無理はない。独混1旅の将兵は、「張北バラバラ事件」と陰口を叩いたという。

一事が万事であった。このあと、「東條兵団」が9月13日に大同に入城し、チャハル作戦が終了するまで、独混1旅は諸兵科連合部隊として有機的に用いられることなく、分散投入されたままで終わったのだ。酒井の訳書『連合軍反撃せよ』に「受業の弟子」[9]が寄せた文章は、こうした東條の指揮を痛烈に批判している。「同年【１９３７年】七月勃発した日華事変の緒戦たる平津掃討戦において酒井兵団は予期通りその機動力と機甲力とを発揮したが、次いで時の関東軍の東條参謀長が自ら蒙疆作戦を指揮するに至って、東條は先生が教義書において指示した機械化部隊の大胆な戦略的使用の理を解しえず、この我国唯一の虎の児兵団を一貫して歩兵部隊の補助任務に転々使用して徒《いたず》らに奔命に疲れさせたのであった」酒井に近い人物の評言であるから、かなり割り引いて聞かなくてはならないとしても、ことの輪郭は捉えていると考えてよかろう。

いずれにせよ、かくのごとく不適切な使い方をされた独混1旅は、作戦終了後、さらに汚名を着せられることになる。敵を退却させたというのに、いっこうに追撃に移らない。他部隊が不眠不休で行軍しているのに、独混1旅は止まっている……。実は、それらの不評は、追撃のために自動貨車が追随してくるのを待っていたり、車両整備にあたっているさまを誤解された、いわば濡れ衣だったのだ。けれども、もとから機械化部隊は役立たずという偏見を持っている陸軍主流派は、自らの見解に裏付けが取れたものと考えた。

1938年8月、独立混成第1旅団は解散を命じられた。将来、戦略的な打撃作戦を遂行し得る部隊に成長したかもしれぬ独混1旅は、誤用の結果、いわば孵らぬうちに卵の段階で潰されてしまったのである。加えて、この独混1旅をめぐって生じた東條と酒井の不和は、[10]意外な方向に展開していく。東條の頑迷さに憤り、軽蔑を感じていた酒井は、1941年に前者が戦時宰相となったことにがくぜんとし、彼に戦争指導を任せてはならぬと、木戸幸一、岡田啓介、近衛文麿らと手を結び、東条内閣打倒運動に身を投じたのだ。そうした酒井の動きがつむいだ昭和政治史の一幕はきわめて興味深いものであるけれども、それはまた別に語られるべきドラマであろう。

第二章　奇想への跳躍
——真珠湾攻撃とタラント空襲

写真：左：山本五十六、右：真珠湾攻撃

迫りくる決戦

「飛行機でハワイを叩けないものか」

昭和15（1940）年3月、大編隊による昼間雷撃訓練で、空母の航空隊がみごとな攻撃ぶりを示したのを見て、連合艦隊司令長官山本五十六中将が同参謀長福留繁少将に洩らした言葉だ。ハワイとは、もちろんアメリカ太平洋艦隊の一大拠点たる真珠湾を意味する。いまだ対米戦争が決まっていない時点での、海軍実戦部隊のトップの発言としては、いささか穏当でないせりふである。だが、山本には、アメリカとどう戦うか、真剣に考えておかねばならぬ理由があった。

前年、山本が海軍次官職を退き、連合艦隊司令長官に親補されて海上に出て以来、日本は、危険な方向に舵を取っていた。昭和14（1939）年から同15年にかけて、欧州諸国を席巻、ついには宿敵フランスを降伏に追い込んだドイツの勝利に眩惑され、ドイツと結んで、フランスの植民地であるインドシナ半島などの資源地帯を押さえるべしとする主張が力を得てきたのである。この潮流を受けて、昭和15年9月には北部仏印進駐が実施され、日独伊三国同盟が締結された。日本は、外交用語でいう「引き返し不能点《ポイント・オヴ・ノーリターン》」

を越えたのだ。

ナチス・ドイツを覆滅する決意を固めていたアメリカにとって、その同盟国となった日本は、やはり打倒の対象となる。また、日本を挑発、攻撃をしかけさせることができれば、外国の問題に介入すべきでないと孤立主義に走る傾向が強い国民も納得し、日本、そして、その同盟国たるドイツとの戦争に一丸となるだろうと期待された。ゆえに、アメリカは、北部仏印進駐に対して、強硬な措置を取った。戦略物資たる石油・屑鉄の輸出を許可制にし、日本がそれらを望むままに入手できないようにしたのだ。

こうした状況は、山本にとって悪夢以外の何ものでもなかった。昭和15年9月、三国同盟の調印をめぐる会議のため、柱島の泊地より上京した山本は、ときの総理近衛文麿に対米戦に関する海軍の見通しを問われ、こう答えている。「ぜひやれと言われれば、半年か一年ぐらいはずいぶん暴れてごらんにいれます。しかし、それ以降は、まったく確信が持てない」と。対米戦争不可なりの姿勢を打ち出した回答ではあった。けれども、日米対立の激化は、山本をして、万一対米戦争が惹起した場合、いかなる作戦を採用すべきかを考えさせずにはおかなかった。

周知のごとく、海軍の伝統的な戦略は、フィリピン駐在の米軍救援のために渡洋進攻してくるであろう米太平洋艦隊を、航空機や潜水艦、水雷戦隊の襲撃によって漸減したのち、主力による艦隊決戦で撃滅するという、日本海海戦式の邀撃作戦であった。だが、山本が直面した情勢は、対米戦のみならず、イギリスやオランダの在極東戦力をも戦闘対象にすることを要求している。これらを制圧しつつ、南方資源地帯を攻略し、同時に米太平洋艦隊の来攻に備えることは可能か？　否、それは不可能だというのが、山本の結論であった。だとすれば、なんとしても、南方作戦を実施しているあいだ、米艦隊主力を行動不能にする手段を講じるほかない。そこで、開戦劈頭、空母の艦上機により真珠湾を攻撃、米太平洋艦隊を撃滅するとの着想が浮上してくるのであった。

左・1930年代タラント湾の様子／右・開戦直前の真珠湾

しかしながら、さしもの山本も、手塩にかけた海軍航空隊の精鋭を、成功の見込みが確たるものではない攻撃に投入するのはためらわれたらしい。昭和15年10月ごろ、翌年度の連合艦隊訓練方針を検討していた際に、福留参謀長がハワイ奇襲の構想を加味するよう進言したところ、山本の返事は「ちょっと待て」だったとする証言からも、それはうかがわれる。ところが、およそ1か月後、11月下旬には、海軍大臣及川古志郎大将に真珠湾攻撃の構想を口頭で伝えているのだ。いったい何が、山本の豹変をもたらしたのだろう。

タラント空襲が与えた示唆

筆者は、この間にヨーロッパ戦線で起こった一大事件、タラント空襲において、航空機が戦艦を撃破することに成功したことが大きく影響したと考える。やや話題が飛ぶが、以下、そのタラント攻撃について概観してみよう。１９３８年以来、空母グローリアス艦長アーサー・L・リスター大佐は、イタリアとの戦争に突入した場合には、その海軍の主たる根拠地であるタラント軍港を空襲、敵艦隊の主力を撃破すべきだと主張し、研究訓練を重ねていた。来るべき攻撃では、複葉羽布張りのソードフィッシュ攻撃機で夜間雷撃を行なうのだ。この計画は、パウンド提督の後任司令長官である大将アンドリュー・B・カニンガム卿のもとで、「審判《ジャッジメント》」作戦として実行に移されることになる。

１９４０年11月11日から12日にかけての夜、空母イラストリアスを発進した21機のソードフィッシュ（うち12機が雷装、残り9機は爆弾もしくは照明弾を懸吊）は、

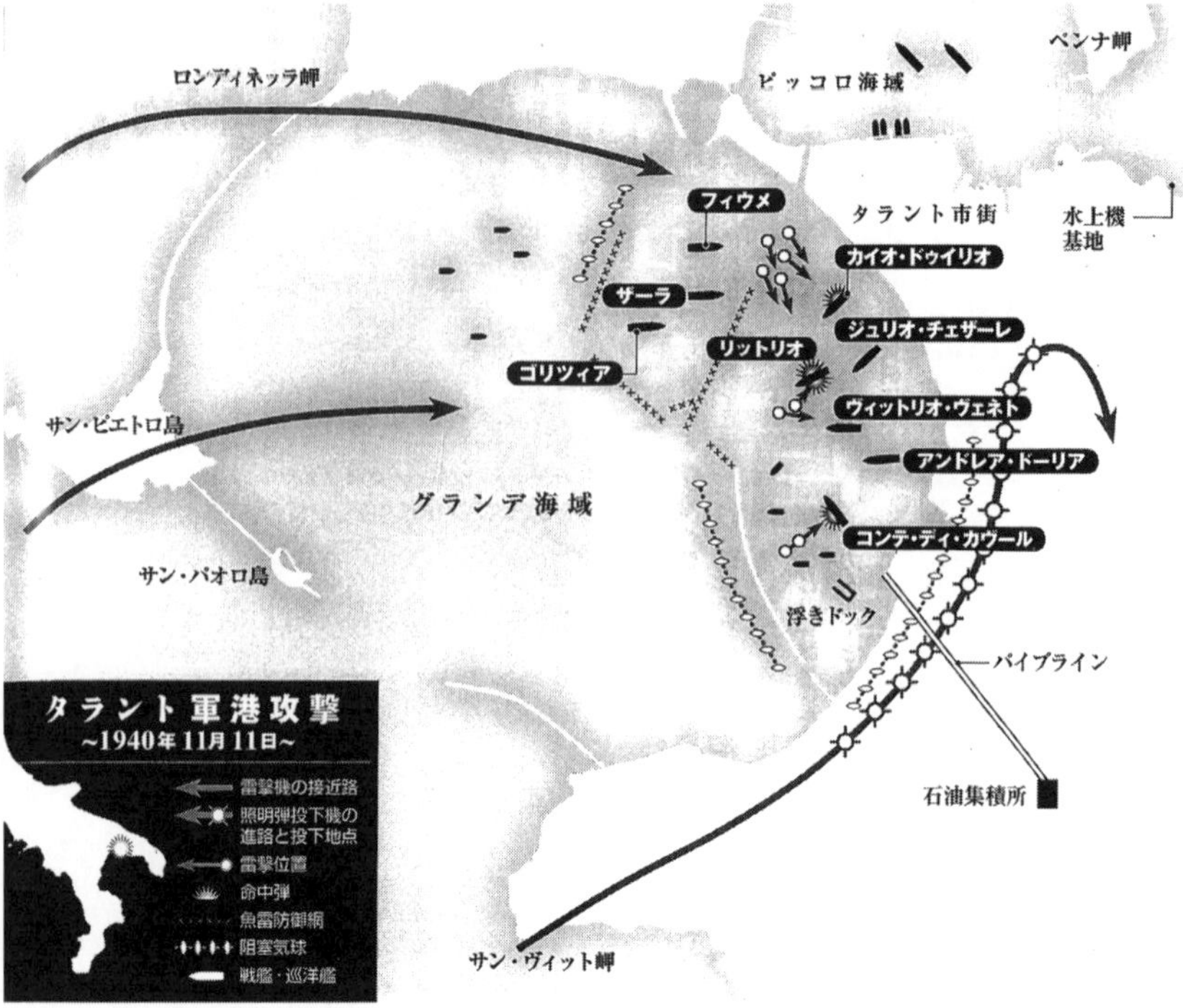

タラント港内にあったイタリア艦隊主力を夜襲、旧式戦艦コンテ・ディ・カブールならびにカイオ・ドゥイリオにそれぞれ魚雷を1本命中させて着底に追い込んだ。加えて、新鋭戦艦リットリオも3本の魚雷を撃ち込まれ、大破している。このような大戦果をあげるためにイギリス側が払った犠牲は、実にソードフィッシュ2機喪失のみ。

世界の海軍筋に衝撃を与えた攻撃であった。戦艦が、空からの攻撃によって撃破されたのである。しかも、イギリスの艦上機は、軍港内で魚雷を発射、みごと機能させている。当時の常識でいえば、航空雷撃を行なうのは、最低でも約9メートルの水深がなくてはならない。それ以上浅いと海底に刺さって、目標に到達する前に爆発ないしは推進停止してしまうからである。タラント軍港の水深は約12メートルで、ぎりぎりだ。この困難を克服したのは、浅海面用に改良された魚雷と投下装置であった。攻撃に参加した雷撃機は、機首下部にワイヤーを巻いたド

左・炎上する真珠湾上空を飛行する九七式艦上攻撃機／右・タラント湾への奇襲を映した写真

ラムを取り付けていた。そのワイヤーは魚雷の先端に結ばれていて、投下されるや、張力で魚雷頭部を持ち上げ、水平にする役割を果たすから、沈降して作動しなくなる可能性は少なくなる。また、投下時の安定性を増すために、すぐに外れるようになっている木製のヒレも魚雷に設置されていた。これらの工夫によって、イギリス海軍は不可能であったはずの浅海面雷撃を可能にしたのであった。

つまりは、真珠湾攻撃のひな形とでもいうべき戦闘だ。この先例が、山本の決意をうながしたと推測しても、牽強付会ということにはなるまい。ともあれ、昭和15年11月末ごろから翌16（1941）年1月にかけて、山本は真珠湾攻撃の構想を具体化させていった。

一枚の切り札に賭けて

1月7日、山本は、及川海相宛てに書簡をしたためた。そのなかで述べられた作戦方針には、日米戦争の要諦は、開戦第一撃において航空部隊により米主力艦隊を撃滅することにあるとされている。具体的には、大型空母赤城、加賀、飛龍、蒼龍を使用し、「月明ノ夜又ハ黎明ヲ期シ全航空兵力ヲ以テ全滅ヲ期シ敵ヲ強（奇）襲」するのだ。空母機動部隊による真珠湾攻撃構想の萌芽といえよう。

さらに、山本は、第11航空艦隊参謀長大西瀧治郎少将にハワイ攻撃計画の研究を命じた。大西は、第1航空戦隊参謀源田実中佐に相談し、作戦案を練り上げて、山本に提出する。連合艦隊司令部は、これをもとに、上級組織であり、作戦決定の権限を有する軍令部にハワイ攻撃準備を打診したが、猛烈な反対を受けた。たしかに、真珠湾に向かう途中でアメリカの船舶に遭遇し、報告電を打たれただけで水泡に帰する作戦ではある。また、この時点では浅海面雷撃が可能になるかどうか確定していなかったので、爆弾では戦艦に致命傷を与えることができないという懸念もあった。けれども、山本は南方作戦を成功させるためにも、米太平洋艦隊撃滅は必須であると唱え、譲らなかった。8月下旬、連合艦隊は、軍令部の同意を得ないまま、ハワイ攻撃計画を完成させる。

この間にも、日米関係は悪化の一途をたどっていた。昭和16年7月の南部仏印進駐に激昂したアメリカは、在米日本資産の凍結、石油の全面禁輸といった強硬な対応を取った。同年2月以来、野村吉三郎駐米大使は日米和解に努力し、フランクリン・デラノ・ローズヴェルト大統領と会談を重ねていたものの、そうした情勢ゆえに、ついに妥結点を見いだすことはできなかった。

かくて、日米開戦が迫るなか、9月16日、海軍大学校でハワイ作戦特別図上演習が行なわれた。大型空母4隻を投入、真珠湾所在の米艦隊に2日にわたり攻撃を実行するという想定である。結果は、米太平洋艦隊の主力撃滅は成ったが、空母は全滅というものであった（ただし、再判定により、空母戦力半減とされる）。これでは、作戦成功は見込めない。10月19日、連合艦隊首席参謀黒島亀人大佐は軍令部を訪れ、新しく就役する空母翔鶴と瑞鶴も機動部隊に編入、持てる大型空母のすべてを使用させてくれるよう要求した。軍令部は拒否したが、黒島は、これを認めないなら、山本長官は辞職すると言われていると圧力をかけたため、軍令部側が折れた。空母6隻の集中使用が実現することになったのだ。

また、タラント攻撃の詳細についても、報告が入ってきていた。折りからドイツ出張中だった海軍航空本部員内藤雄少佐を現地に派遣し、詳細な調査を実行させていたのが功を奏したのである。帰国した内藤は、10月23日、山本の幕僚ほかにタラント空襲の実際をレクチュアしている。それを聞いているなかには、内藤の海軍兵学校同期生（52期）であり、真珠湾攻撃の総指揮官となる淵田美津雄中佐もいた。このころには、浅海面雷撃を可能とする、沈度の小さな九一式魚雷改二も製造にこぎつけており、真珠湾で雷撃を行なう準備も整っている。そうした背景から、淵田は「ジョンブルの英海軍などに負けてたまるか」と奮い立ったという。

いずれにせよ、空母6隻を集中しての奇襲という気宇壮大で、同時に危険にみちみちた作戦の矢は、まさに放たれんとしている。10月24日、山本は、及川の後任海相嶋田繁太郎大将に手紙を綴った。そこには、「大勢に押されて立上らざるを得ずとすれば艦隊担当者として到底尋常一様の作戦にては見込立たず。結局桶狭間とひよどり越と川中島とを合せ行ふの已むを得ざる羽目に追込まるる次第に御座候」との文章がみられる。そう、山本五十六は、おのれが心血を注いでつくりあげた、空母機動部隊という一枚の切り札にすべてを賭けたのであった。

写真：堀越二郎と仲間たち

第三章　プリンシプルの男

——美しき猛禽、零戦が生まれる時

プリンシプルの男

宰相吉田茂の腹心として、敗戦日本の独立回復に力を尽くした白洲次郎は、日本人には自らを律する原則、プリンシプルがないと嘆いた。「日本も明治維新前までの武士階級等は、総ての言動は本能的にプリンシプルによらなければならないという教育を徹底的にたたきこまれたものらしい」が、「残念ながら我々日本人の日常は、プリンシプル不在の言動の連続であるように思われる」と。だが、こうした批判をなした白洲といえども、本稿の主題となる人物と相知ったなら、これぞプリンシプルの男と膝を叩いたにちがいない。

彼の名は、堀越二郎という。日本航空史に不滅の足跡を残した設計者だ。その人となりは、日本人ばなれした徹底性と論理性にあると特徴づけることができる。自身、優れた航空技術者であり、また旧制第一高等学校と東京帝国大学航空学科で堀越の同級生でもあった木村秀政は、こういうエピソードを書き残している。あるとき、飛行機の曲芸飛行の話をしていて、きりもみ飛行のことはフランス語起源で「ブリル」と称するとした木村の言葉を、堀越は、英語起源で「ドリル」だと否定した。議論しているうちに押されて、木村のほうが引き下がったのだけれど、あとで調べると「ブリル」でよかったのだという。

こんな挿話を聞くと、堀越二郎とは、自説に固執してやまない、狷介で頑固な人間であるかと思われる。事実、木村も「なんと自信の強い男だろう」と最初は呆れたのだが、「あとで考えてみると」、そうした堀越の癖は「設計者としてすばらしい仕事をするのに、きわめて重要な性質」なのであった。木村によれば、堀越は「自分が思いこんだら、どこまでもその主張を貫きとおそうとする強い性格をもっている。その強さの要素には、潔ペキともいえる純粋さがあり、けっしてつまらぬところで妥協しようとはしない」のだ。言い換えれば、白洲次郎のいうプリンシプルを、しっかりと持っているということになろう。

堀越二郎

一手に負わされた不可能な使命

そのプリンシプルの男に、重要かつ困難な課題が示されたのは、昭和12（1937）年5月のことだった。当時の堀越は、東京帝大卒業後、三菱重工業株式会社名古屋航空機製作所に勤務し、七試艦上戦闘機、九試単座戦闘機（制式名称九六式艦上戦闘機。以下、九六艦戦と略）の設計で、すでに実力を認められている。その堀越でさえ、上司に見せられた「十二試（昭和12年度試作）艦上戦闘機計画要求書案」には困惑せざるを得なかった。そこには、先行機種の九六式艦戦や列強の新鋭機をもはるかに超える高性能を要求する数字が並んでいたのである。

堀越は、新型機開発を担当する海軍航空本部に、十二試艦上戦闘機（以下、十二試艦戦と略）計画には無理があると訴えてみた。が、海軍側は軟化するどころか、昭和12年10月5日、正式に交付された計画書では、より苛酷な要求を出してきた。最大速度は高度4000メートルで270ノット（時速500キロ）以上（九六式艦戦の試作の際に要求された数字は、高度

3000メートルで時速350キロ)、航続力は正規状態、高度3000メートル、公称馬力で1・2時間ないし1・5時間、増設燃料タンク装備状態では、同じ条件で1・5時間ないし2時間、巡航で6時間以上が求められている。空戦性能においても「九六式二号艦上戦闘機一型ニ劣ラザルコト」と明言されていた。いうまでもなく、戦闘機の設計とは常に、矛盾との格闘である。高速を重視すれば空戦性能は減じるし、重武装を選ぶと速度や航続力は低下する。最終的には、もっとも必要とされる要素を高め、他の性能を相対的に犠牲にするほかない。ところが、日本海軍は、何ものをも切り捨てず、すべてにおいて高性能であるべしと、技術陣に宣告したのだ。

さりとて、海軍側もゆえなくして、不可能事を達成せよと命じたわけではない。この年の7月7日に勃発した日中戦争に海軍航空隊も投入されたのだが、それによって深刻な問題があきらかになっていた。航続距離の短い戦闘機が随伴できない遠距離の目標を爆撃機単独で叩く場合の損害が、余りにも大きかったのだ。これを克服するには、最初から最後まで爆撃機を掩護できる航続力を有し、しかも敵戦闘機と互角以上に渡り合える空戦性能を持つ新型機が必要である。こうした結論を出した海軍航空隊は、メーカー側の条件緩和を求める請願を、けっして認めようとはしなかった。ゆえに、競争相手の中島飛行機も音を上げ、試作から降りる。十二試艦戦プロジェクトの責任は、堀越と彼を補佐する名古屋航空機製作所の設計チームが一手に負うことになったのだ。

とはいえ、海軍側が、次期戦闘機に関する見解を統一しないまま、総花的な要求を突きつけたきらいがあるのも否定できない。昭和13(1938)年4月13日、海軍航空廠で開かれた十二試艦戦の計画説明審議会において、堀越は、要求をすべて実現するのは至難のわざであると指摘し、主要な要素である航続力、速力、空戦性能の重要要素のどれが優先するのか、順位を明示してもらいたいと乞うた。彼の請願は、意外な結果を招く。出席していた横須賀海軍航空隊戦闘飛行隊長源田少佐が、海軍兵学校の同期生で航空廠飛行実験部戦闘機主務者柴田武雄少佐と、激しい論争をはじめたのである。源田は、戦闘機のいのちは格闘性能にあり、これを確保するためには速力や航続力は犠牲にしてもやむを得ないと主張した。一方、柴田は、空戦能力はパイロットの猛訓練によって補える、むしろ航続力と速力を重視すべきだと反論する。両者の議論はえんえんと続き、堀越が望んだ回答は得られぬまま、説明審議会は終わった。

結局のところ、海軍は、欲しいものはすべて得るといわんばかりに、無いものねだりをしている。堀越もそう考えざるを得なかったが、プリンシプルの男は投げだしたりはしなかった。不可能を可能とすることはできなくとも、持てる知力を尽くして、海軍の要求に一歩でも近づけた戦闘機をつくると決意したのだ。

航空機の心臓であるエンジンは、比較的小型で、機体の大型化を招く恐れのない三菱製の「瑞星」を採用する（試作過程で海軍側が指定した中島飛行機製の栄一二型に変更）。その前提で、堀越は、さまざまな着想を惜しみなく投入した。主翼前端を胴体近くでは上向きにしたものを先端分に近づくにつれ下向きにねじることにより、失速の可能性を少なくする「ねじり下げ」、空気抵抗を高めないよう、ネジの頭が機体表面に飛び出さないかたちになっている「沈頭鋲」……。それだけではない。飛行中には主翼内に引き込まれる主脚や、高速時から低速時までプロペラとその軸がつくる角度がいちばん適したものとなる定回転プロペラといった、外国で開発された技術も採用されている。堀越が後年、零戦は「日本人の英知と工夫の結晶であると同時に、世界の先達によって開発された技術の偏見なき導入の結果である」としたのは、このあたりを指しているのであろう。むろん、昇降舵操縦索を敢えて伸びやすいものにし、パイロットが加える力の大きさ、速度にかかわらず、適正な操作ができるようにした「剛性低下式操縦索」のような（剛性を保ったままだと、操縦者の加減によっては、昇降舵の角度が不適切になる恐れがある）日本人の創意が加えられているのはいうまでもない。

心血を注いだもの

しかし、これらの努力も十二試艦戦に課せられた難題を克服するには不充分だった。堀越自身の言葉を借りれば、「戦闘機の性能を、飛躍的に向上させるために、いわば大きく稼げることは、九六式艦戦で、ほとんどやって」いたからである。残る手段は、尋常でないやりようによる機体の軽量化しかない。堀越は「機体重量の十万分の一までは徹底的に管理する」と、技師たちに宣告する。その言葉は誇張ではなかった。航空機の製作で「肉落とし」と呼ばれる手法、部品の強度に影響のない部分をくりぬいて、軽くする措置を、堀越は極限まで追求したのだ。事実、微細な部品の図面を提出した若い技手が、すでに肉抜きの穴を開けていたにもかかわらず、強度上問題はないから、その横にもう一つ穴を開けられる、1グラムでも減らすのだと、突き返されたという挿話が伝わっている。幸運にも、住友金属で開発された、軽量でありながら1平方ミリあたり60キロの張力に耐える超々ジュラルミンを使用できる見込みが立ったことも、十二試艦戦の軽量化に役だった。

だが、ここまでやってもなお、課せられたハードルを越える見込みが立たない。堀越は、考えた末に、活路を見出した。当時の海軍の規定では、安全確保のために、機体各部の部材は飛行中にかかるであろう最大の力の1・8倍に耐える強度を持たねばならないとされている。が、この数字は、古い時代の基準を継承しているため、かなり余裕を持っていた。「弾性のある細長い部材ならば、そうはこわれないから、1・6倍程度で充分だ。こうした時代遅れの基準を緩められれば、強度を変えずに、より軽量の部材が採用できる」。堀越は、海軍航空廠の機体強度審査担当官に内々に面会し、数字を挙げて説いた。合理的な説明に相手も納得したが、規則を改正するには時間はかかる。そこで、担当官は一計を案じ、耐圧強度1・6倍で設計した部材に関しては、破壊実験により時間をかけ、現実に即した結果が出るようにすると約束してくれたのだ。

こうした、「論理的努力」とでもいうべきものを、堀越自身はどう思っていたのか。興味深い手がかりがある。戦後、飛行艇やヘリコプターの設計に大きな業績を残したロシア人技術者イゴール・I・シコルスキーについて、彼が書いた論文だ。その末尾で、堀越は、正確を期すがためにやや生硬になったと思われる文体で、シコルスキー回想録の一部を訳出している。いかにも堀越らしいものであるから、原文のまま引用しよう。「有名な航空機の設計者の成功ははたから見れば、単純に大きな愉悦であるように見えるが、競争意欲と先見行動から生ずる労苦、不安は、多くの場合名誉と成功感に強い苦みを添え、最大の愉悦と自信感にひたることから防いでいる。自分の仕事に忠実に根深く携った第一線の航空機設計者、製作者の生涯は、一般の人の生涯よりもはげしい山と谷の起伏の経過である」この文章に対する自身の感想として、堀越は、「愉悦よりも苦労と心配の方が強さにおいても長さにおいてもずっと大きかった体験は、彼のこの言葉に深い共感を覚えさせられる」と書き添えている。

まさしく、十二試艦戦の設計は、そうした体験の一つであったろう。だが、堀越の「苦労と心配」が報われる日が来た。昭和14（1939）年3月16日、名古屋航空機製作所で試作機が完成したのだ。翌17日、第1号機は測定にかけられる。その重さ、1565・9キロ。予定していた重量を超えること、わずか1パーセント強にすぎない。秤の針を見つめていた堀越の顔が輝く。この瞬間、十二試艦戦は名機たることを約束されたのである。

事実、続く試験飛行において、十二試艦戦は群を抜いた性能を示し、昭和15（1940）年7月24日に制式採用され、零式艦上戦闘機と名づけられた。傑作機零戦の誕生である。零戦は、同年9月13日の初陣以降、大陸に、また太平洋にと、驚異的な戦果をあげていく。堀越の、合理性に基づく徹底した努力が実を結んだのだ。

晩年の堀越の主治医であった舩坂宗太郎が、彼から直接聞いた言葉のなかに、こういうものがある。

「技術者の仕事は自由奔放な芸術家と違って、厳しい現実的条件が付きまとう。しかしそのなかで水準の高い仕事を成功させるには、徹底した合理精神と既成の考えに捕らわれない自由な発想が必要である」この発言通り、堀越は、零戦の設計において、真面目を発揮したのであった。

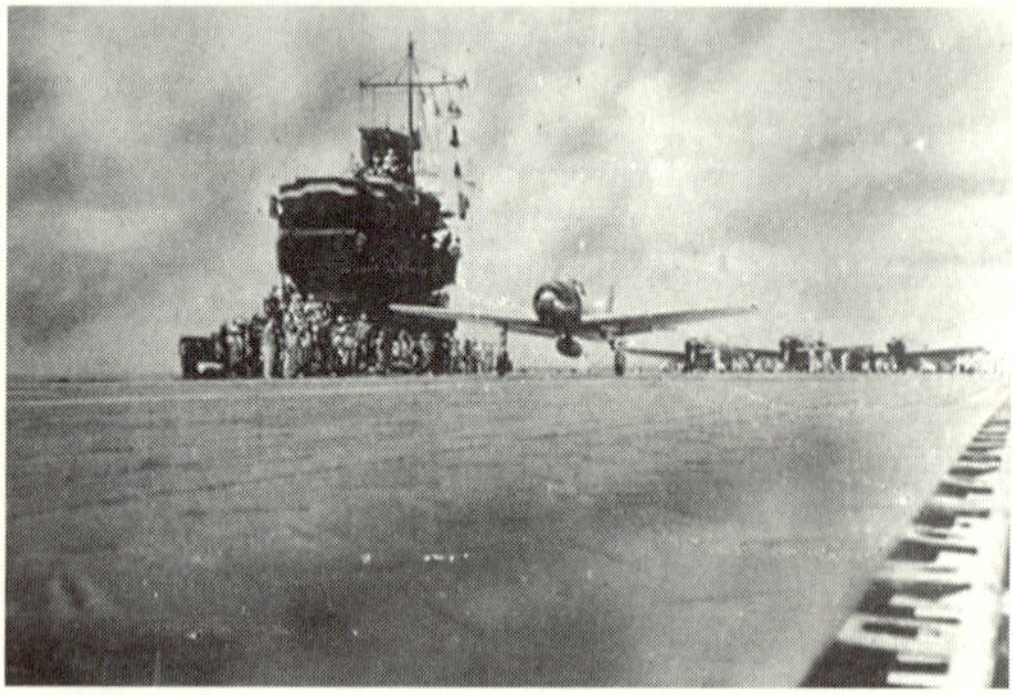

上、中・試作中の名称「十二試艦上戦闘機」のちの零戦。下・南太平洋海戦、空母翔鶴から発艦する零戦

写真：ジョセフ・J・ロシュフォート

第四章　机上で勝ち取られたミッドウェイ海戦

——ロシュフォートと暗号解読

日本の暗号解読に成功したことが、アメリカの太平洋戦争における勝利に大きく貢献した。こうした認識に異議を唱えるものはまずあるまい。だが、その実態は、必ずしもすべてがあきらかにされたわけではなかった。情報戦の一環という性格上、関連部局の文書公開は遅れたし、当事者たちも守秘義務、あるいは知り得た秘密は墓場までも持っていくという情報関係者の習性を守って、口を閉ざしている場合が多かったからである。しかしながら、アメリカ太平洋艦隊情報参謀だったエドウィン・T・レイトン少将の回想録をはじめとする史資料が公開されたことや研究者のたゆまぬ努力により、ブレークスルーがなされた。とくに、ここ数年、機密解除された文書や証言に依拠した専門書なども刊行され、太平洋暗号戦の実像はより明確になってきている。本稿では、そうした資料に基づき、主として米海軍のロシュフォート中佐率いる「ステーション・ハイポ」に集中して、ミッドウェイ海戦までの暗号解読の経緯を概観してみたい。

南雲提督になってもらいたい

太平洋の向こう側にいる仮想敵、日本海軍の暗号を解読しようとする試みが本格的に実行されはじめた

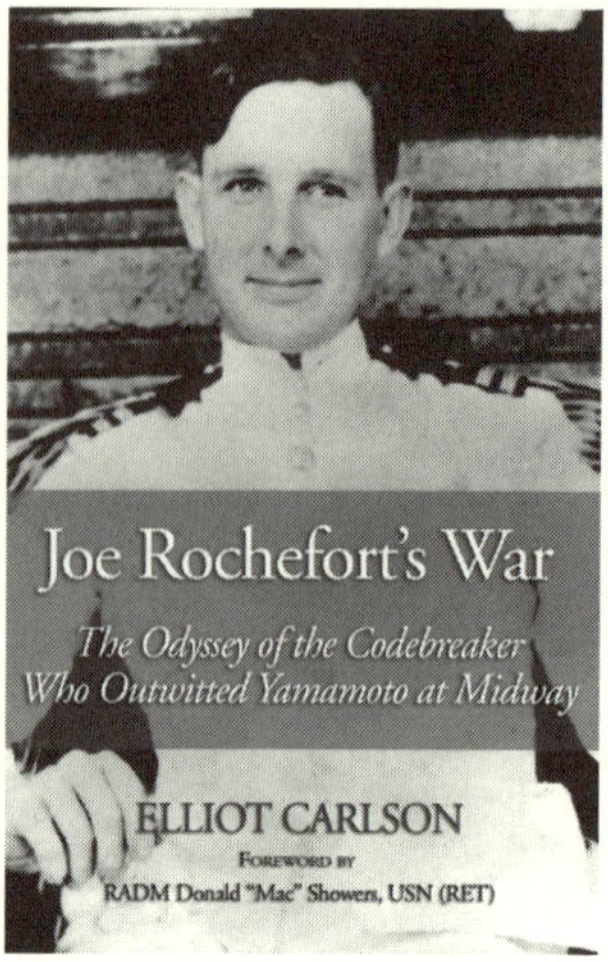
2011年に発行されたロシュフォート最初の伝記 Elliot Carlson, *Joe Rochefort's War,* Annapolis, MD, 2011.

のは、第一次世界大戦直後にさかのぼる。１９２０年春、米海軍情報部の資金提供により、ニューヨークの日本領事館に侵入し、金庫の錠を開け、なかの海軍暗号書を写真撮影したのだ。これ以降も、頭と技術を使っての正攻法と諜報手段を用いた裏道の両面作戦により、米海軍は日本海軍暗号を解読しようと努力してきた。しかし、相当の成果をあげてきた米海軍の前に、１９３９年６月、あらたな障壁が現れる。日本海軍は、のちに米海軍により、ＪＮ‐25と呼ばれることになる作戦暗号を採用したのである。文字や単語を5桁の数字で示し（コード化）、さらに乱数表より一定の手順を経て数字を足す（サイファー化）仕組みのＪＮ‐25は、きわめて強度が高く、米海軍の解読は難航した。だが、ＩＢＭの原始的なコンピューターを用いた1年半の作業により、１９４0年末までには、かなりの部分が解読されるようになった。

けれども、１９４１年1月1日、彼らの努力は水泡に帰すことになる。日本海軍は、さらに根本的な改編をほどこし、ＪＮ‐25ｂと呼ばれる新暗号システムを導入したのだ。[1] そのため、真珠湾までの約1年間にわたり、暗号解読により日本海軍の行動を察知することは、ほとんどできなくなる。加えて、官僚組織にしばしばみられる部局間の確執も、米海軍に災いした。最初は、海軍情報部と通信部のあいだで、どちらが暗号解読班を指揮下に置くかというあつれきが生じる。この権限争いは、１９４０年になって、通信部長は得られた情報の評価と配布について、情報部長に従うとの規定がなされたことによって決着がついたが、今度は、戦争計画部長に任命されたリッチモンド・ケリー・ターナー少将[2]が情報部の権限を蚕食《さんしょく》しようと試みる。結果として、米海軍の情報収集は混乱におちいり、無線傍受と暗号解読に携わる複数の部局がばらばらに行動し、重要な情報が共有されないといった事態となった。おかげで、日本艦隊の動静は、主として通信解析に頼らざるを得ず――▼3ハワイ作戦に向かう機動部隊の存在を察知しそこねたのである。日本側の無線封止と偽電発信により、主力空母は本土水域にいるものと、米海軍は信じ込んでいたのだ。

かくて真珠湾の惨害を迎えた米海軍にとって、情報組織の強化は喫緊《きっきん》の重要事であった。新太平洋艦隊司令長官となったチェスター・W・ニミッツ大将は、情報参謀レイトン中佐に言った。「私はきみに南雲提督になってもらいたい。南雲提督ならどう考え、どのような直感を持つかをきみに教えてもらいたい」と。▼4レイトンの感想は「難しい命令だった」というものだった。けれども、不可能だとは、けっして思わなかったことであろう。なぜなら、彼の部下には、暗号解読の天才ジョセフ・J・ロシュフォート中佐がいたからである。

地下牢の奮闘

1900年5月12日、ロシュフォートは、オハイオ州デイトンで、アイルランド系の両親のもとに生まれた。七人兄弟の末っ子である。成長した彼は、ロスアンジェルスのポリテクニク工業高校在学中に、アメリカの第一次世界大戦への参戦に際会し、海軍に志願した。当時、スティーヴンス工科大学に置かれていた米海軍の補助・予備将校コースを卒業し、1919年に任官したロシュフォートは、機関将校として、海軍の油槽艦クーヤーマーに乗り込んだ。こうして、海軍将校としての道を歩みだしたロシュフォートだったけれど、しだいに暗号解読畑で重視されはじめる。彼は「暗号解読をやると、良い気分になるぞ……やつらを負かすのはいつだって嬉しいものさ」と述べているが、その天分が認められたのである。1925年、新設された暗号解読機関、OP-20-Gに配属されたロシュフォートは、暗号解読のベテランたち

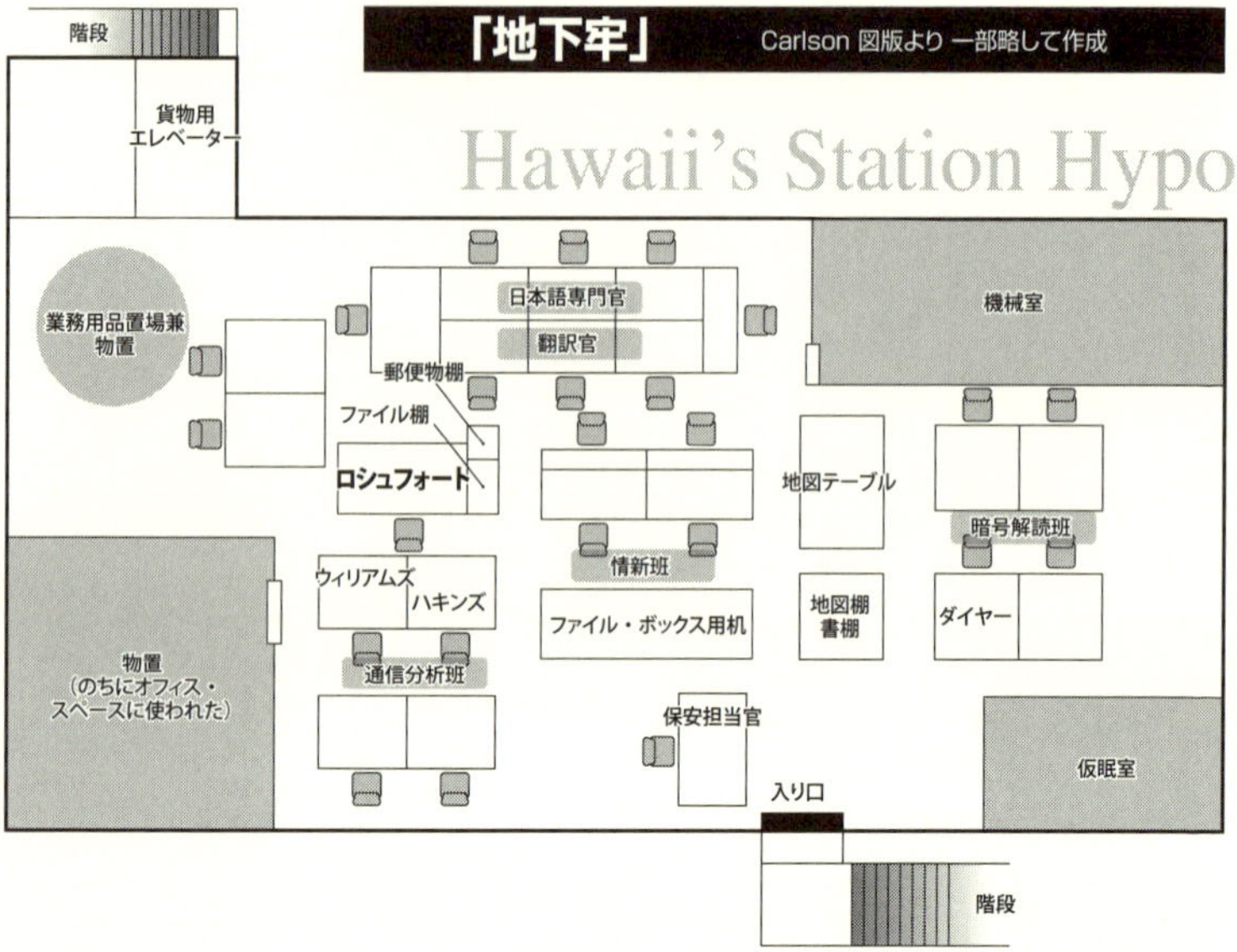

「地下牢」　Carlson 図版より 一部略して作成

により、いわゆる「オン・ザ・ジョブ」の訓練を受けた上で、1929年より3年間、語学研修のため、日本に派遣される。その後も暗号解読・情報関係の部署に配属され、1941年に「ステーション・ハイポ」の長に任命された。

「ステーション・ハイポ」（以下ハイポとする）とは、傍受無線の分析と暗号解読にあたる組織である。「ハイポ」は、傍受に用いる無線塔があるオアフ島東側のヒーイアの頭文字Hの音標符号にちなんで名付けられた。ハイポが置かれたのは、真珠湾の海軍工廠に近い第14海軍管区司令部の、海兵隊員が常時歩哨に立つ、窓のない地下室である。ハイポのメンバーは、ここを「地下牢《ダンジャン》」と呼んだ。ロシュフォートは、この「地下牢」に、トーマス・G・ダイヤー大尉、トーマス・ハキンズ大尉、ジョン・A・ウイリアムズ大尉ら、米海軍の暗号解読のエキスパートたちを集めた。ロシュフォートは、このポストに就くにあたり、自由に要員を選抜できること、また、独立した活動を許すことを条件にしていたのだ。

実際、「地下牢」が軍隊の機関にあるまじき様相を示していたことについては、さまざまな証言がある。ボスのロシュフォートは、軍服の上に真っ赤なスモーキング・ジャケットを羽織《はお》り、スリッパをつっかけて歩きまわり、机の上には傍受記録の山が積み上がっている。働きぶりもすさまじく、1日に20ないし22時間は働く。副長のダイヤー大尉などは、2日も3日も働きづめで、覚醒剤の一種「ベンゼドリン」を服用して、眼をさましているといった始末だった。

彼らが、こうした「地下牢」の奮闘といった、軍隊らしくないやり方を通すことを認められているのは、官僚的な内部闘争が真珠湾の悲劇を招いたという事実があるからだった。そして、また、ロシュフォート以下、ハイポのメンバーも、南雲機動部隊に沈められた太平洋艦隊の艦船の仇を討つべく、文字通り不眠不休の活動を続けたのである。

JN－25bとの格闘

しかし、JN－25bは、そう簡単に解読できるほど、強度が低いものではなかった。そのコード表は、5桁の数字3万3333個より成っている。その数字が示すものは、語句かもしれないし、単語や数字である可能性もある。また、いくつかの数字には、複数の意味が付せられている。それを考えると、JN－25bのコードは、事実上5万個に達するのだった。傍受した日本海軍の電文に用いられたその数字を、状況や前後の文脈とにらみあわせ、ある種の法則性はないか、地名や人名と確定できるものはないかと詰めていく。たとえ、パンチカードを使用するIBMのコンピューター（自動車ほどの大きさがあった）の助けがあったとしても、成功するかどうか、危ぶまれるような作業であった。ちなみにロシュフォートは、暗号解読に必要なのは、数字が何を意味するのか、じっと見つめることを「何日も何日もひたすら続ける頑固さ」だと述べている。

こうした仕事には、それに携わるものの資質もさることながら、マンパワーが必要となる。１９４２年1月、暗号解読の知識や経験を持つ予備将校８名の増員を得たのを手はじめに、開戦半年でハイポの要員は4倍になった。そのなかには、戦闘不能になった戦艦カリフォルニア付きの軍楽隊も含まれていた。[5] 彼らの戦争は、弾丸こそ飛んでこないものの、地味で苛酷なものだった。傍受電文一通につき、75枚から、多い場合には、２００枚のパンチカードが作成され、さまざまなデータが記録される。たとえば、マーシャル諸島の港に油槽船が入ったという電文ならば、その油槽船の呼出符号、所属港、到着時刻、艦隊との編制関係、滞留期間、出港時刻、目的地、任務などといった情報が付せられ、いつでもレファレンスできるようになるのだ。このパンチカードづくりを担当していたスタッフによれば、「私がやったことといえばパンチだけ、座り込んで6時間ぶっ続けでパンチ、小休止して水か何かを飲んだら、戻ってきて、またパンチ」という具合だったという。ハイポの暗号解読スタッフは、これらをもとに、ＪＮ－25ｂ暗号と格闘した。

彼らにとって幸いだったのは、2月のハルゼー中将率いる空母機動部隊のマーシャル急襲の結果、日本軍部隊が大量の無線交信を行ったために、さまざまなデータを集積できたことだった。傍受されたこれらの電文には、マーシャル諸島を示す特定地点略語、マーシャルに在った艦艇や部隊の呼出符号などが繰り返し現れたから、またとない手がかりとなったのである。東京空襲を含む空母のヒット・エンド・ラン式の攻撃が繰り返されるたびに、さらに情報が蓄積された。その結果、ハイポは、日本海軍が使用している特定地点略語のかなりの部分を把握するようになっていた。これにより、ハイポは、来るべき珊瑚海海戦ならびにミッドウェイ海戦におけるアメリカの勝利に、大きく貢献することになる。

割り出されたＭＯ

当時のロシュフォート。過酷な解読作業は、ロシュフォートの額に深いシワを刻む

1942年4月、ハイポは、日本軍が新たな攻勢を準備していることを察知した。特定地点略号RZP攻略を命じる電文が傍受されたのだ。このころまでに、JN-25bを用いた電文も、10ないし15%は解読できるようになっていたし、Rではじまる特定地点略号は、パプア・ソロモン地域にあることも判明していた。RRがラバウル、RXSがヌーメア、RZMがラエ……。けれども、RZPがどこを示すのかは、いまだつきとめられていなかった。

　このRZPを特定すべく、ハイポが全力をあげているうちに、攻勢の規模があきらかになってくる。ラバウルに日本の有力な艦隊が集結しつつある一方で、井上成美中将の第4艦隊を支援するため、空母翔鶴と瑞鶴より成る第5航空戦隊がトラックに向かっていることが無線傍受で確認されたのだ。加えて、もう一つの謎が生じた。4月24日に傍受された電文に、「MO援護部隊」という表現が出現したのである。続く無線傍受により、日本軍の構成は、MO部隊、MO攻略部隊、MO攻撃部隊、RZP攻略部隊、RXB攻略部隊、RY攻略部隊であると推定された[6]。

　かかる大部隊の主要目標になったと思われるMOとはどこなのか。ロシュフォートは、ハイポの日本語専門家に分析を命じた。推理の結果、導かれたのは、MOはポート・モレスビーにちがいないというものだった。というのは、MOに触れた日本軍の電文のなかに、別にニューギニア東端の地名が複数あり、それらを総合すると、ポート・モレスビーをめざす水路が示唆されるからであった。だが、ロシュフォートは逡巡《しゅんじゅん》した。彼は、RZPのほうがポート・モレスビーではないかと疑っていたのだ。

　ロシュフォートの推測は間違いではなかった。通常の特定地点略語では、RZPはポート・モレスビーを意味していたのである。MOは、作戦名だったのだ。そのことは、連合艦隊司令長官より出された作戦命令第1号の解読（4月29日傍受）によって、疑いの余地のないものとなった。そこには、オーストラリア北岸の諸地域ならびに敵部隊を攻撃し、連合軍艦隊を拘束することが目的であると記されていたのである。

これらの情報をもとに、ロシュフォートは、ただちに情勢判断を太平洋艦隊の上層部に送った。すでに4月22日に、情報参謀レイトン経由で、ニューギニアおよびソロモン方面で日本軍が攻勢を開始する予兆があると知らされていたニミッツは、空母レキシントンとヨークタウンを基幹とする機動部隊を珊瑚海に派遣する決定を下していた。この機動部隊は、ロシュフォートの報告にもとづき、より適切な行動を取ることが可能となり、日本軍のポート・モレスビー攻略阻止という戦略的な目的を達成することができたのである。

ロシュフォートの勝利

珊瑚海海戦は、ロシュフォートとハイポの発言力を著しく高めた。それまでは、他の海軍情報機関とハイポのあいだに情勢判断のくいちがいがあっても、必ずしも後者が信用されるとは限らなかったのだが、今やニミッツはハイポが上げてくる報告に重きを置くようになったのだ。これは、目立たない変化だったけれど、ミッドウェイ海戦の帰趨《きすう》を定めた重大な要因であった。

すでに3月の時点で、ロシュフォートは、サイパンから発信される無線交信量の増大、クェゼリンからの航空偵察が頻繁《ひんぱん》になったことから、中部太平洋で大規模な作戦が行われるのではないかと推測していた。5月4日、ハイポは具体的な予兆を得る。戦艦霧島から連合艦隊宛に、修理は21日までかかるので、つぎの作戦には参加不可能と報告した電報が傍受解読されたのだ。続いて、5月11日には、近藤信竹中将の第

2艦隊作戦命令第22号の内容が判明した。この部隊は、サイパン・グアム地域に直行し、来るべき作戦に備えて待機せよと命じられていた。

驚くべきことに、ロシュフォートは、この時点でミッドウェイが攻略目標ではないかと考えていた。その理由は、こうである。日本軍にとって、中部太平洋でもっとも価値がある目標はハワイだが、それを攻略するだけの兵力がない。パルミラやジョンストンといったほかの島々は小さすぎて、占領しても大規模な航空部隊を展開できない。こうして、選択肢を消していくと、最後に残ったのはミッドウェイだったのである。

5月13日、ロシュフォートの推理を裏付ける、決定的な証拠が飛び込んできた。この日の朝、第4海軍航空隊司令より特設航空機運搬艦五洲丸《ごしゅうまる》に転送した命令が傍受され、同日午後に解読されたのだ。五洲丸は開戦以来、日本本土からラバウル、ウェーキ、マーシャル諸島などに航空機を運ぶ任務に従事していたが、このときはマーシャル諸島のウオッジェ環礁に投錨していた。この五洲丸が命じられたのは、マーシャルのイミッジ環礁にある水上機部隊から飛行場資材と弾薬を受領し、サイパンに向かうことであった。ここまでは、単に、既知の攻略部隊に新手が加わるという情報にすぎない。重要なのは、後半だった。サイパン到着後、「基地資材を積み込み、地上要員を乗船させ、彼らをAFに進める」任務が、五洲丸に与えられていたのである。すなわち、日本軍の攻略目標はAFであることが明白になったのだ。

さらに、AFがミッドウェイだと特定するのも、ロシュフォートに言わせれば「ロジックの問題」に過ぎなかった。先に述べたように、1942年前半にハイポは、AAがウェーキ、ADがサモア、AOEがダッチハーバーなど、Aではじまる特定地点略語はアメリカ軍基地を指すことを知っている。ただ、AFがどこであるかは、まだ判然としていなかったけれども、もう一つの手がかりがあった。3月4日に、二式大艇による真珠湾爆撃（第一次K作戦）が実施された際、日本軍が発した、AFより相当緊密な航空索敵がなされていることに注意せよとした電文を傍受解読していたのである。つまり、目標は中部太平洋にあり、航空基地もしくは水上機基地のある場所だ。そう絞っていくと、ＡＦはミッドウェイであると断定するのは難しいことではなかった。

しかし、ハイポのライバルである米海軍の他の情報組織は、ロシュフォートの結論を信じようとはしなかった。彼らを説得し、ハイポの正しさを証明するために、有名な偽電工作がなされる。ミッドウェイ守備隊より、海水蒸留装置が破損したので至急真水を補給されたいと、故意に平文《ひらぶん》で報告させたのだ。この無電は日本軍に傍受され、対米通信諜報班に送られた。日本側が、この計略にかかり、「ＡＦは真水が不足している」との情報電を連合艦隊に発信したことはよく知られている。かくて、ＡＦがミッドウェイであるのは、疑問の余地のない事実となった。５月27日、ハイポは、さらなる成果をあげる。すでに完了した日本軍作戦関連の日付と傍受電報をつきあわせ、暦日暗号を解いたのである。その結果、ＭＩ作戦、ミッドウェイ・アリューシャン攻略の開始日は、正確に読まれてしまうことになった。周知のごとく、アメリカ太平洋艦隊は、この情報に基づいて動く。

真珠湾攻撃の復仇《ふっきゅう》のときが、刻々と近づいている。それを可能にしたのは、ロシュフォートが机の上の戦争であげた大勝利であった。

第五章　空母戦
——その試行錯誤

写真：航空母艦から出撃する零戦

空母対空母の激突といえば、戦史ファンには馴染みのテーマである。一瞬の索敵の遅れが明暗を分けるスリリングな展開、戦闘機の邀撃《ようげき》や対空砲火をかいくぐっての攻撃隊の突撃など、空母戦独特の様相は、われわれを刺激してやまない。

しかし、ひるがえって考えてみるなら、実は空母戦とは、人類闘争史上きわめて特異なものであることが、すぐにわかる。指折り数えていっても、空母同士が交戦したのは、セイロン沖海戦、珊瑚海海戦、ミッドウェー海戦、第二次ソロモン海戦、南太平洋海戦、マリアナ沖海戦、エンガノ岬沖海戦の七つしかない。しかも、最初のセイロン沖海戦と最後のエンガノ岬沖海戦は、彼我の戦力差が大きすぎ、空母戦（以下、空母対空母の戦いという意味で、この言葉を用いる）の戦例というには特殊すぎる。つまり、しかるべき実力を備えた空母機動部隊が正面からぶつかったのは、太平洋戦争中に五回生起したのみなのだ。それ以降は、フォークランド紛争のように、たとえ交戦国の両方が空母を有していても、さまざまな事情により、空母戦は生じていない。

こうした希少性ゆえに、空母戦で実行された、さまざまな作戦や戦術、あるいは試行錯誤の意味も今な

森史朗『暁の珊瑚海』、文春文庫、2009年。関係者への取材をもとに資料を分析。珊瑚海海戦のみに絞った総合資料として貴重なノンフィクション

お検討しつくされたとはいえず、近年になっても、あらたな発見、あらたな考察がなされている。本稿では、それらから興味深いものを選び出して、点描するとともに、今年（2012年）になって指摘されたミッドウェイ海戦の定説に関する重大な疑義を紹介し、空母戦の試行錯誤の歴史と謎を論じることとしたい。なお、敬称略、引用文中の【 】内は筆者の補註とする（以下、本書全般にわたって同様とする）。

二重索敵線の効果

1942年5月はじめ（日時は日本中央標準時）、珊瑚海という美しい名を持つ南の海上に、戦機が迫りつつあった。井上成美中将を司令長官とする第4艦隊は、MO作戦、ポート・モレスビー攻略作戦を発動していたが、これを阻止するために、アメリカ機動部隊が出動してくる可能性があると、日本側は判断していた。ゆえに空母翔鶴と瑞鶴を基幹とする第5航空戦隊（司令官原忠一少将）を第4艦隊に編入し、米空母の介入に備えさせていたのである。

5月6日、ポート・モレスビー攻略部隊が敵機に発見されたとの報告を受けた第4艦隊司令部は、米機動部隊が輸送船団攻撃のために接近してくる見込みが高いと、麾下の各部隊に通達した。ソロモン諸島南方に進出していた第5航空戦隊（以下5航戦）も、この情報に従い、翌7日の索敵計画を定める。原少将の判断は、5航戦西方海面の哨戒は基地航空隊に任せ、自隊からの索敵は南方に指向するというものだった。米機動部隊は、日本側の基地航空隊による哨戒を避けて、南方海域にひそみ、好機をうかがっている公算が高いと判断しての措置である。これに従い、7日午前4時、5航戦は索敵機を発進させた。

実は、このとき、5航戦は、空前にして、おそらくは絶後の措置を取っている。索敵にあたったのは、

翔鶴と瑞鶴より、それぞれ6機、計12機の九七式艦攻（艦上攻撃機）だったのだけれど、決められた索敵線は6本でしかなかった。では、5航戦は、戦争なかば以降は常識となった二段索敵、第一波の索敵機が発進したあとに第二波を出すというやり方を、すでに実行していたのか？

いや、そうではない。この朝、5航戦は、索敵線1本につき2機の編隊を組ませて、九七式艦攻を放ったのである。いわば、二段索敵ならぬ二重索敵だった。

いったい何故に5航戦は、こうした策を採用したのだろう。残念ながら、日本の公刊戦史である戦史叢書の当該箇所をひもといてみても、戦史家森史朗の労作『暁の珊瑚海』にあたってみても、索敵線1本あたり艦攻2機を飛ばしたという事実が記されているのみで、一次史料や証言に基づいて、二重索敵を実行した理由の説明は見当たらない。だが、これらの資料から、推測を試みることはできる。

まず、5航戦とともにMO機動部隊（ポート・モレスビー攻略の支援にあたる空母艦隊）の主力を構成する第5戦隊（巡洋艦部隊。この戦隊の司令官高木武雄少将がMO機動部隊指揮官として、5航戦を麾下《きか》に置いていた）の重巡（重巡洋艦）妙高と羽黒は、各艦水偵（水上偵察機）3機を搭載していたが、これらは7日朝の索敵には使われていない。その理由は不明である。が、翌8日に5航戦司令官が艦上機を攻撃に集中するため、第5戦隊および別に行動しているMO主隊（ポート・モレスビー攻略の間接支援にあたる水上部隊）の第6戦隊（重巡青葉、加古、衣笠、古鷹より成る。各艦水偵2機搭載）の水偵を全力使用するよう意見具申した際に、第5戦隊の2機が荒天着水時に破損して使用不能であるのに加えて、天候不良のため運用の見込み無しとの回答を得ていることは参考になる。

いずれにせよ、5航戦は、貴重な攻撃隊主力である艦攻の一部を索敵に割かざるを得なかった。当然、そう多くの機を投入したくはなかっただろう。ところが、5航戦には、もう一つの弱点があった。というのは、5航戦の空母翔鶴と瑞鶴は、前年、1941年に竣工したばかりの新造艦であり、いきおい搭乗員たちも経験が浅かった。彼ら、海軍の隠語でいう「若《ジャク》」（「弱」とも）の搭乗員を以て、粗い索敵網を張るのでは、いかにも心もとない。そのため、索敵線1本に2機1組の編隊を当てるという苦肉の策を取り、見張りと報告を確実なものとすることを期待したのだと思われる。森も同様に推定したとみえ、『暁の珊瑚海』には「報告を確実にするという二機編制の目的」との記述がある。

だが、このアイディアは、周知のごとく失敗に終わった。5本の索敵線のうち、180度線を担当した翔鶴の索敵艦攻1組のうち1機は、5時22分「敵航空部隊発見」を打電し、ついで5時45分には、「敵航空部隊ハ空母巡洋艦各一隻ヲ基幹トシ駆逐艦三隻ヲ伴フ」と報告してきた。5航戦は勇みたち、艦戦（艦上戦闘機）18、艦攻24、艦爆（艦上爆撃機）36機の戦爆連合編隊を発進させる。ところが、この攻撃隊が発艦にかかっているころ、米空母を発見したと称する翔鶴の索敵艦攻は、油槽船《タンカー》発見、さらにそれが重巡1をともなっていると報告してきた。

すると、空母機動部隊ならびに油槽船が異なる地点にいるのだろうか？　そうではなかった。翔鶴の索敵艦攻は、最初油槽船を空母と誤認し、さらに同一目標を別のものと判断したのである。戦史叢書は、この索敵艦攻の失態を、出発時から空母のことが念頭にあったため、上甲板が平らな油槽船を見るや、ただちに誤認してしまった上に、雲に隠れたり、敵の視界内外に出没して、触接しているうちに、同じ目標を別々の存在とみなすに至ったのだろうと推定している。

ともあれ、索敵線1本につき2機を飛ばして、正確を期すという発想は、惨憺たる結果を招いた。空母機動部隊とされた目標は、実は油槽船ネオショーと随伴駆逐艦のシムスでしかなく、これを沈めるのを艦爆隊にまかせて、攻撃隊主力が空しく帰投するあいだに、空母ヨークタウンとレキシントンを擁する米機動部隊は、MO主隊を攻撃、小型空母祥鳳を撃沈したのである。

結局のところ、2機1組の二重索敵という案は、アイディア倒れに終わり、早くも翌8日には、索敵線

1本につき1機という方法に戻される。海戦後の海軍当局の戦訓研究報告にあっても、「本海戦ニ於ケル捜索偵察ノ成績ハ概ネ不良ニシテ」と、辛辣な評価が下されることになった。このように、2機1線索敵は搭乗員の未熟により無意味とみなされたわけだが、はたしてベテラン搭乗員によって、これが実行された場合、どんな結果が得られただろう。ある程度の有効性はあったのではないかと、筆者などは想像するけれども、それは小さな歴史のイフでしかない。以後、2機1線索敵は試みられなかったし、かくも索敵技術が電子的に発展したからには、これからも実行されることはないだろう。

通信筒連絡はできたか

1942年のミッドウェイ島攻略作戦において、連合艦隊と主力部隊の旗艦を兼ねていた戦艦大和が、同島北方に行動中とおぼしき米空母の呼出符号を傍受しながら（6月4日夜）、無線封止を重視し、はるか前方を行く南雲忠一中将指揮の第1機動部隊旗艦である空母赤城に警報を出すのを怠ったというエピソードは、よく知られている。連合艦隊司令長官山本五十六大将が、赤城に知らせてやったらどうかと言ったにもかかわらず、参謀たちは、優秀な通信班を持つ第1機動部隊でも当然受信しているはず、その必要はなしと転電しなかったのだ。結果として、この怠慢が、ミッドウェイ海戦敗北の一因となったことは否定できないであろう。

旧海軍の士官で、戦後海上自衛隊でも活躍、海将にまで昇りつめた左近允尚敏は、2011年に出版された著書のなかで、このミスを痛烈に批判し、電波を出して所在を知られたくないのなら、主力部隊が有していた小型空母鳳翔から艦載機を飛ばし、赤城の甲板に通信筒を投下して、知らせてやればよかったのだとしている。引用してみよう。「山本長官が機動部隊に必要な重要情報を送ろうかと言ったとき、なぜ一機飛ばして『赤城』の飛行甲板に通信筒を落とすという発想が参謀長以下になかったのか不思議である。

雷装・爆装していない九六艦攻であれば、ミッドウェイ作戦の主力艦隊と第１機動部隊の間で航空連絡は可能であったと思われる

通信文は、『鳳翔』を『赤城《ママ》』【大和の誤記と思われる】に接近させ発光信号で送ればいい。また、戦艦の水上偵察機を使う方法もあった。往復に懸念があれば片道飛行でもできた」

一見、あまりにも原始的なようだが、結論からいえば、左近允の批判は的を射ている。当時、航空機による伝令は可能であったし、実際に行われているのだ。例を挙げて、論じてみよう。軍令部勤務が長く、戦後、多数の戦史書を著した吉田俊雄の『海軍参謀』には、こういう記述がある。

ミッドウェイ海戦の敗北後、翔鶴と瑞鶴を中心に再建された日本海軍の主力空母部隊第3艦隊では、これまでの戦艦主兵思想をあらため、航空決戦を優先することこそ喫緊の要があるとする戦策を立案していた。これが完成すれば、司令長官南雲忠一中将の決裁を得たのちに、ガリ版で印刷し、第3艦隊ならびにその前衛をつとめる第2艦隊（おもに重巡から成る高速部隊）所属の各艦に配って、説明会を開くことになっていた。

ところが、第3艦隊旗艦翔鶴が、南洋の一大拠点トラック島に入港する1日前に、ガダルカナル南東に米機動

鳳翔を発進した九六艦攻が撮影した飛龍の最期

部隊発見の急報が入った。1942年8月7日、米軍は、ガダルカナルならびにツラギに上陸、反攻に転じたのだ。すでにトラックにいた第2艦隊の重巡群は、それに対応すべく、急遽出撃、南下する。しかし、敵機動部隊が現れたというのに、空母決戦の戦策を渡さずにいては、作戦上の連携など不可能だ。第3艦隊としては、急ぎ飛行機を派遣し、戦策を記した書類を詰めた通信筒を、洋上の各艦艇に一本一本落としていくほかなかった。

このときに、いささか滑稽な挿話が残されている。書類が誤って海中に投下されるのを恐れた第3艦隊の作戦参謀(吉田は氏名を記していないが、時期からすると高田利種大佐か)が、コンドームに詰めればよいと思いつき、従兵にスキンを多数酒保で買ってこいと命じたところ、緊急出動で翔鶴はトラック(当時、料亭や芸者屋などがあった)に入港しないのに、なぜ、そんなものを、しかもたくさん買うのかと、けげんな顔をされたというのだ。作戦上の機密であるから、従兵に説明するわけにもいかず、作戦参謀としては苦笑するばかりだったろう。ともあれ、この航空伝達は功を

アメリカ軍の通信を傍受、空母がミッドウェイ北東に存在すると割り出した巡洋艦香取

奏し、コンドームに包まれた戦策は、無事に第2戦隊の各艦に渡されたのである。

さらに、問題のミッドウェイ海戦でも、左近允の指摘した方策が使えたであろうことを裏付ける手記がある。まさに主力部隊に配されていた鳳翔の艦攻搭乗員だった山下清隆一等飛行兵曹が1984年に発表したものだが、それによると、1942年6月5日午後6時ごろ、「艦攻全機雷装用意」の命令が下ったという。目的は、米軍に攻撃され、炎上しながらもまだ浮いている第1機動部隊の4空母、赤城、加賀、飛龍、蒼龍を敵手に渡さぬよう、鳳翔の常用艦攻6機で片道飛行、雷撃して処分することにあると説明された。どうして片道飛行などという事態になったかというと、当時鳳翔に搭載されていたのは旧式複葉の九六式艦攻であり、この機体では800キロの魚雷を抱いて、300カイリ（約550キロ）先の4空母を雷撃し、戻ってくるのは不可能だと判断されたのであろう。

しかし、魚雷の取り付けがなかば終わったころ、艦内拡声器が「雷装中止」を告げた。この雷撃中止は、山本長官が総退却を決意したため、主力部隊の警戒を行える唯一の航空兵力である艦攻隊（鳳翔は艦爆も艦戦も積んでいない）の温存をはかったのではないかと、山下は推測している。

以上のように、片道飛行による4空母の処理は一場の悪夢と終わったわけだが、この例が示すごとく、魚雷や爆弾を装備した状態では、九六式艦攻で鳳翔と第1機動部隊間を往復することは困難だったであろう。が、武装しない状態なら、充分に連絡機として使えたものと思われる。というのは、翌6日の朝、哨戒に出た、大庭清夏特務少尉と中村繁雄飛曹長が搭乗する九六式艦攻は、漂流する飛龍を発見し、その姿を写真におさめているのだ。今日、ミッドウェイ海戦関係文献で、よく飛龍の最期として掲載されている写真は、このペアが撮ったものである。

いずれにせよ、ミッドウェイ作戦の主力部隊と第1機動部隊のように距離が離れていて、しかも旧式の九六式艦攻しか使えなくても、航空連絡は、ほぼ確実に可能だったわけである。だとすれば、太平洋戦争における空母戦のいくつかの局面において、この無線封止を破らずに済む連絡方法がもっと活用されて然るべきだったと思うのは、筆者だけではあるまい。これもまた、試されなかった可能性といえよう。

米空母の存在はわかっていた？

さて、ここまでは、空母戦の試行錯誤について述べてきたけれど、最近、ミッドウェイ海戦の再考を迫るような指摘が、森史朗によってなされている。

先に触れたごとく、第1機動部隊には、米空母が出撃している可能性があることについて、何の情報も得ておらず、それが惨敗につながったのは、太平洋戦争史に関心があるひとなら、誰でも知っていることだ。しかし、当時マーシャル諸島クェゼリン基地にあった第6艦隊（潜水艦部隊）司令部の敵信班が、アメリカ側の通信を傍受、電波測定により、空母の位置はミッドウェイ北東と割り出し、連合艦隊司令部以下に通報したという噂が、生き残りの海軍高級将校のあいだで根強くささやかれていた。この情報は、東京通信隊によって、作戦中の各艦隊にも伝えられたというのである。この話は、戦史叢書にも触れられているのだが、記録がまったく残っていないことから、「なにかの間違い」で片付けられている。

ところが、森史朗は、第6艦隊通信参謀だった高橋勝一少佐（当時）から詳細な証言を得て、これが事実であるとしたのだ。以下、要約してみる。

1942年6月2日、第6艦隊旗艦の巡洋艦香取に乗っていた敵信班は、米空母とその艦載機の交信を傍受した。高橋通信参謀は、ただちに位置特定を命じる。指示を受けたクェゼリンとヤルートの方位測定所は、2日と3日の2日間にわたり、米空母のものと思われる呼び出し符号を測定し、ミッドウェイの北北西170カイリ付近、敵空母は海上を移動しつつあるとの確証を得たのである。

高橋は、日露戦争のときにバルチック艦隊を発見した信濃丸に匹敵する快挙だと歓喜し、第6艦隊司令長官小松輝久中将の許可を得て、軍令部総長、連合艦隊司令部、第1機動部隊司令部、先遣の各潜水艦宛てに、この情報を打電した。この緊急報を受けた東京通信隊は、宛先の部隊に向け、繰り返し短波で情報を発信する。行動中の潜水艦に対しては、超長波が用いられたという。

にもかかわらず——第1機動部隊は、この情報を受信していなかった。では、なぜ、第6艦隊の通報は、幻の警告となってしまったのか？

戦後、高橋は、機動部隊の通信参謀が握りつぶしたか、受信した電文を参謀長や司令長官にあげていく過程で、誰か参謀が取り上げてしまったのではないかと推測した。一方、森は、連合艦隊司令部が、この情報を軽視したのではないかとの説を唱えている。その記述によれば、「作戦行動中の旗艦大和では、打電されてきた機密電報を暗号室で解読し、暗号取次員が暗号長のサインをうけて作戦室にとどける。新宮等暗号長は100通にもおよぶ各部隊からの報告文に目を通すのだから、クェゼリン基地からの情報も米国空母の動静のひとつと意識し雑情報に組み入れたにちがいない。受け取った当直参謀も、とくに反応をしめさなかった」というのだ。

もし、この第6艦隊の急報を、第1機動部隊が受信していたなら、当然、海戦の様相は変わり、史実のごとき大敗をまぬがれることもできたかもしれない。とはいえ、この通報説も、根拠は高橋通信参謀の回想だけであり、まだまだ事実と確定することはできない。加えて、高橋や森が主張するように、伝達過程で、誰かが連絡を止めてしまったり、放置した可能性もあるから、何故に第6艦隊の警報が活用されなかったかという謎を解くには、多々困難があることが予想される。

しかしながら、それは、従来のイメージに重大な疑義を投げかけているのであって、今後ミッドウェイ海戦を研究するものが、この要素を無視することは困難であろう。以後の研究の進展を心より期待するゆえんである。

追記：文中の5航戦水偵問題については、その後のリサーチで興味深い事実がわかった。いずれミニコラムのかたちででもお知らせしたい（本書に「補論　飛ばなかった水偵」として収録）。

付記：本稿執筆後、高橋自身の手記を閲読できた。高橋勝一「米空母出現の傍受情報　南雲司令部に達せず」『丸別冊太平洋戦争証言シリーズ7　運命の海戦　ミッドウェー敗残記』、潮書房、1987年。

写真：零式三座水上偵察機

補論　飛ばなかった水偵

前章「空母戦——その試行錯誤」において、1942年の珊瑚海海戦で、空母翔鶴と瑞鶴を基幹とする第5航空戦隊（以下、5航戦と略。司令官原忠一少将）が、5月7日の序盤戦で、貴重な攻撃兵力である九七式艦攻（艦上攻撃機）12機を索敵に割き、しかも索敵線1本あたり2機をあてて、慎重を期したという事実を指摘した。未経験の空母対空母の戦いにおいて、可能なかぎり敵情を把握しておきたいがための苦肉の策であったろう。

だが、前章でも触れたことだが、実は、5航戦を麾下に置いていた高木武雄少将指揮の第5戦隊の重巡（重巡洋艦）妙高と羽黒は、それぞれ水偵（水上偵察機）3機を搭載していた。にもかかわらず、これらの水偵は索敵に使用されていない。日本の公刊戦史（防衛庁防衛研修所戦史室『戦史叢書　南東方面海軍作戦〈1〉』、朝雲新聞社、1971年）の記述には、同じく珊瑚海海戦に参加した第6戦隊（重巡青葉、加古、衣笠、古鷹。各艦水偵2機搭載）の例を引き、7日の索敵に出た水偵2機が荒天着水時に破損、使用不能になったことを記している。すると、天候不良のために飛行させられなかったものか？　だとしても、空母の艦上機が同じ状況下で出撃戦闘している事実に鑑みれば、水偵だけが行動不能だったということは考えにくい。

こうした疑問を抱いた筆者は、5月7日の妙高と羽黒の水偵隊の行動をあきらかにする資料はないかと、さらに調査を続けてみた。幸い、日本は戦記大国である。そのものずばり、当時、妙高搭載の零式水偵操縦員だった安永弘の回想録が残されていた(『死闘の水偵隊』、朝日ソノラマ、1994年)。これを一読すると、謎が氷解し——同時に、あらたな疑問が生じる。以下、その流れを記し、珊瑚海海戦の水偵問題に関する中間報告としたい。

水偵は使えた

結論からいうと、妙高と羽黒の水偵は飛行可能だったし、索敵に控置されていた。安永自身の言葉を借りれば、「7日、敵機動部隊の所在を求める索敵には、空母の九七艦攻隊が飛びだすことになり、重巡二隻に搭載の三座水偵は索敵待機となった」のである。ところが、この日、安永の水偵がカタパルトで出る場面は訪れなかった。朝食の沢庵を巻いた海苔巻きを食い、さらに昼の機上食(弁当)が配られるころになっても、発進命令は下されない。それどころか、索敵艦攻が敵油槽船を空母と間違い、飛んでいった攻撃隊が「スカ食った」との凶報が舞い込んできたのだった。

この誤認について、安永は、問題の艦攻は、より接近して艦種を確認すべきだったのに、敵戦闘機を恐れて遠距離にとどまっていた結果ではないかと推測している。「その艦攻の搭乗員も、雷撃に出て華々しく壮絶に死ぬのならまあ仕方ないが、単機で索敵に飛び【正確には一線2機で飛んだ】、敵戦闘機に撃墜されるのはいや」という心理が悪影響をおよぼしたのではないかというのが、安永の感想だ。

いずれにせよ、かかる面白からぬ結果になったというのに、とうとう索敵と偵察に長けた水偵が出されることはなかった。髀肉《ひにく》の嘆《たん》をかこつことになった水偵搭乗員の一人は、この夜、酒をあおりながら、司令部を難詰したという。「羽黒の水偵とお前【安永】が、艦攻索敵隊のもひとつ右を（索敵に）飛んでれば、お前たちが発見してたんだ。何だって、お前たちを休ませたのだろうなア」と……。

われわれもまた、これと同じ疑問を抱かずにはいられないだろう。だが、不可解なことはなお続く。「第二日目の5月7日も【あきらかに8日の誤記であろう】、わがペアは待機を命じられ」、安永は午前中、お気に入りの場所である右舷短艇の下で、丸めた飛行服を枕に、飛行帽で顔をおおって寝ていたという。

第5戦隊司令官の高木少将は、またしても使用可能の水偵を飛ばそうとはしなかったのだ。前章ですでに述べたように、実は、5航戦の原少将は7日夜、空母の艦載機を攻撃に集中するため、第5ならびに第6戦隊の水偵すべてを索敵に使用されたいと要請していたのだが、高木は、これに対しても、天候不良のため水偵運用の見込み無しと回答していた。

高木は何を考えていたのか

かくのごとく、第5戦隊の水偵は使えたのか否かという最初の謎は解けた。高木司令官は、妙高と羽黒の水偵を索敵に投入できたにもかかわらず、これを用いなかったのである。が、そうなると、当然、つぎの疑問が生じる。なぜ、手のなかの駒を張ろうとしなかったのかということだ。

再び、安永の推測を引用すると、「重巡戦隊の司令部、艦長方も、練度の高いベテラン搭乗員ぞろいの観測機隊を温存したかったに違いない。いつでも可能性のある戦艦、重巡どうしの海上決戦に、欠くことのできない道具立てであるからだ」とある。これを読めば、いやでも高木の経歴上の染みとなっているスラバヤ沖海戦を想起せざるを得ない。

1942年2月27日から3月1日にかけて、英米蘭豪の四国連合艦隊と第5戦隊を中核とする日本艦隊とのあいだに展開されたこの海戦で、日本側は質的に優れた艦艇、新兵器酸素魚雷といった点で連合軍よ

零式三座水上偵察機

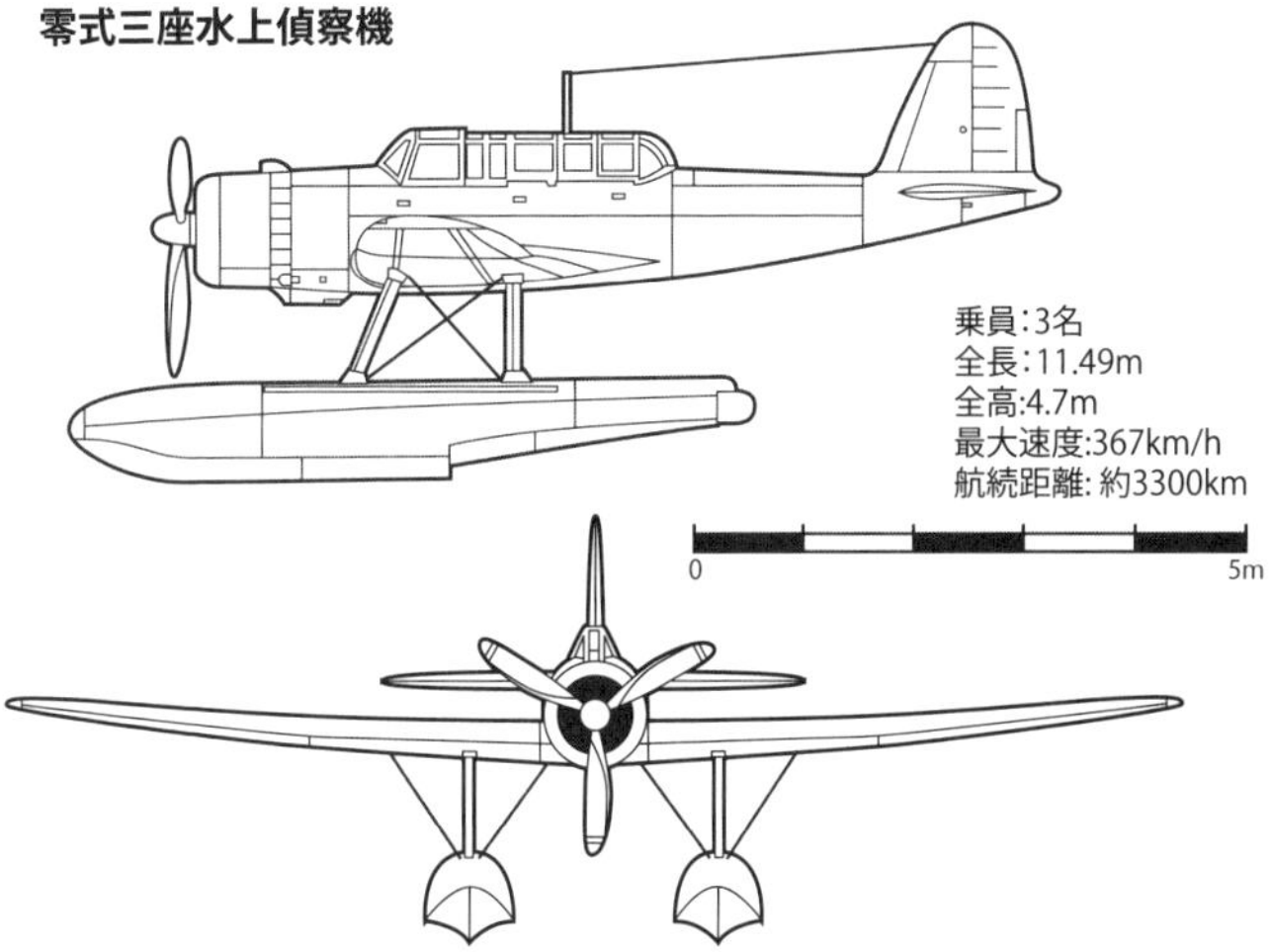

りも有利であったのに、アウトレンジ戦法に執着するあまりか、遠距離戦闘を続け、なかなか決定的戦果をあげることができなかった。

　連合艦隊参謀長宇垣纏少将は、遠距離砲戦で主砲弾のほとんどすべてを費消しながら、敵巡洋艦撃滅の目的を達せず、魚雷１２１本を放って、駆逐艦１隻に命中したのみと呆れたし、本海戦を研究した横須賀海軍砲術学校は、「砲戦開始は『更に一歩近く』相当大なる射撃効果を発揮し得る距離たるを要す」と、高木の戦いぶりを批判している。

　結果として、高木は戦意に欠ける提督であるとささやかれることになった。安永の、搭乗員特有の口の悪い表現を借りれば、「『大遠距離砲撃戦をダラダラ40分もやり、その間１０００発もの無駄弾丸を海に捨て続け、突撃を忘れたヘッピリ腰司令官』に対する信用、敬意はガタ落ち」していたのである。

　では、高木は、空母対空母の決戦においてカギとなる索敵に重要な水偵を、自隊可愛さに控置し、それを遊兵となさしめたのであろうか。敵空母撃滅に比べれば、二次的な意味しか持たず、しかも生起するかどうかもあやふやな水上戦闘での偵察や弾着観測のために、後生大事に取っておいた？

酷な評価ではあるが、そう推測することも不可能ではない。また、1942年1月4日、フィリピンのダバオ入港中だった妙高が空襲を受けた際、座乗していた高木は肩を負傷している。こうした、わが身を危険にさらした体験が、高木をして慎重な態度を取らせるようになったと考えることもできなくはない。

しかし、当然のことながら、今のところ、結論を得ることは困難だ。現存する一次史料からは、水偵は悪天候のため運用を見合わせたという、いささか疑わしい理由しか見いだせないし——安永の、出撃待機を命じられていたという証言と矛盾する——高木自身の証言も得られない。のちに潜水艦部隊の第6艦隊司令長官に任ぜられた高木は、1944年7月、サイパンで自決しているからである。

こうした事情から、高木の研究もきわめて少なく、その生涯を概観した伝記も管見のかぎり一点のみ（大河原一浩『提督　高木武雄の生涯』、私家版、2001年）という現状であり、珊瑚海における彼の心理をうかがうには、あまりにも手がかりが少ない。

けれども、6機の水偵が無為に控置されていたという事実は残るし、筆者もまた、遅々たる歩みしか期待できないとしても、なお、この問題を追ってみたいと考えている。いうまでもなく、そこには、太平洋戦争の日本海軍が抱いていた宿痾が凝縮されていると思われるからだ。

第六章　1943年の敗戦

——太平洋戦争の転回点

写真：1943年、学徒出陣

「総力戦」シリーズと『日本との戦争』

第二次世界大戦が終わってから、60年余りの月日が経った（本稿執筆当時）。その多くの事象について、すでに定説も固まり、ゆるぎないようにみえる。かかる状況にあって、新しい理解、新しい議論を提示するのは容易なことではあるまい。だが、21世紀に入り、敢えて、この困難な課題に挑戦している叢書がある。

アメリカのスカラリー・リソーシズ社（Scholarly Resources Inc., Wilmington, Del.）が出している「総力戦。第二次世界大戦への新視角」（Total War. New Perspectives on World War II）というシリーズだ。この叢書は、最新の研究成果を咀嚼しつつ、あらたな解釈や分析をうちだすことに重点を置いている。同社のシリーズ創刊の辞を引用してみよう。「この挑戦的なシリーズに収められる本は、対日戦争、英米同盟、赤軍の勃興といった、戦争の決定的な側面に的を絞った研究という特徴を有する。それらは、第二次世界大戦史にたずさわる学者や学生、マニアたちに、古き諸問題を新たな枠組みで再考させずにはおかないだろう」

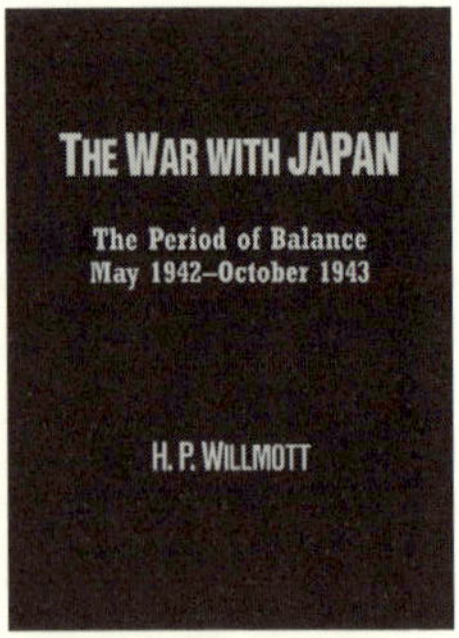

『日本との戦争』ペーパーバック版

なかなか、調子の高い宣言ではあるが、必ずしも大言壮語ではない。たとえば、「総力戦」シリーズ編者のひとりであるウィルモットなどは、綿密な史資料調査に基づき、斬新な解釈を導くことで知られている歴史家だからだ（以下、敬称略）。

この「総力戦」シリーズは、現在のところ、太平洋戦争中盤までを論述した『日本との戦争。均衡の時期　1942年5月～1943年10月』（H. P. Willmott, *The War with Japan: The Period of Balance, May 1942 - October 1943*, 2002）、日本の降伏を扱った『無条件の敗北』（Thomas W. Zeiler, *Unconditional Defeat: Japan, America and the End of World War II*, 2004）と、太平洋戦争開戦と初期の展開をテーマとした『深まる闇』（Haruo Tohmatsu / H. P. Willmott, *A Gathering Darkness: The Coming of War to the Far East and the Pacific, 1921 - 1942*, 2004）の3冊が出版されている。本稿では、とくに興味深い主張を展開している『日本との戦争』を取り上げ、紹介してみたい。現在のアメリカの研究者が、戦略的視点に重点を置いた論考において、太平洋戦争をどう捉えているかは、おおいに参考になるし、また興味深いはずだと思われる。

最初に、著者のウィルモットについて。彼は、英国サンドハースト陸軍士官学校や英国国防省歴史研究部に勤務した経験を有し、現在ではグリニッジ大学の特任研究員をつとめるベテラン研究者だ。とくに、近現代の海軍史・軍事史に造詣が深く、『防柵と投げ槍。日本と連合国の戦略　1942年2月～6月』（*The Barrier and the Javelin: Japanese and Allied Strategies, February to June 1942*, Annapolis, Md., 1983）をはじめとする十数冊の著書を上梓《じょうし》している。また、先に述べたごとく、ポレミックな主張をなすことで知られ、日本の研究者等松春夫らとの共著『真珠湾』（*Pearl Harbor*, London, 2001）では、真珠湾攻撃の諸問題、とりわけ第三次攻撃は可能であったかという問題に関して、定説に疑問を投げかけ、おおいに話題になった。

『日本との戦争』は、そのウィルモットが、珊瑚海海戦からガダルカナル・ニューギニア戦、そして、ギルバート諸島攻略の直前に至るまでの戦争の経緯を叙述したものだ。といっても、いわゆる概説にとどまらず、独自の論究を加えていることは、いうまでもなかろう。

まず、太平洋戦争の時期区分に関する見解からして、興味深い。

第一段作戦、南方侵攻作戦から、珊瑚海海戦とミッドウェイ海戦に至る時期を、東南アジアと西太平洋における日本の成功の段階と位置づけるのは、誰しも異議を唱えまい。続くミッドウェイの挫折以後の時期を、両軍の戦略的主導権争いの段階とすることにも――ウィルモットは、「戦略的主導権は、通りに放りだされた一挺の銃のようなもので、いずれの側も、それを拾いあげ、使える状態にあった」という比喩を用いている――おおかたのものが賛成すると思われる。

だが、続く1943年2月から10月、アッツ島の戦いなど、戦略的にみれば局地戦にすぎない戦闘しか行われておらず、ミッドウェイ海戦やマリアナ沖海戦のような「決戦」のない時期こそ、太平洋戦争の重要な転換期だったといわれれば、どうであろう。

むろん、ウィルモットは、ゆえなくして、そのような主張をしているわけではないのだが……この議論について先に触れてしまっては、時系列が前後し、かえって読者の混乱を招きかねない。これについては後段にまわし、第一段作戦から順に、ウィルモットの指摘や見解のうち、興味深いものをピックアップして、解説していくことにしよう。

ミッドウェイで手放された「銃」

開戦劈頭《へきとう》に米英の戦力に打撃を与え、同時に南方資源地帯を占領し、長期不敗の態勢を確立、アメリカに消耗を強いることによって、その戦意を喪失させ、講和に追い込む。日本が、そうした戦略を持っていたのは、よく知られている。が、ウィルモットは、かような日本のもくろみは、早くも1942年初めに挫折したと断じている。なぜなら、日本は、長期の戦争継続に不可欠な石油を押さえるために南進せざるを得なかったわけだが、それは、同地域に利害関係を持つ多数の国々を敵にまわす決断であった。

事実、日本が蘭領東インドをうかがう態勢を固めた1942年1月1日には、アメリカを含む26か国が、日独伊と単独で休戦、もしくは講和を結ばないことを定めた条項を含む、連合国共同宣言に署名している（署名国が、のちの国際連合の基幹となった）。これによって、日本は、アメリカのみならず、連合国すべての戦意を喪失させなければ、交渉による和平を期待できなくなったわけだ。つまり、日本の戦略は、南方資源地帯を制圧しなければ成立し得なかったにもかかわらず、その一手を打つことによって、アメリカと他の連合国を結束させ、対米講和の可能性を極小化させるという矛盾をはらんでいた。結局は、蹉跌《さてつ》を運命づけられた戦略だったというのである。

かくて、日本は、当初予定していたように、第一段作戦で南方を占領したのち、防御にまわるのではなく、アメリカないしは連合国の戦意をくじくために、積極的攻勢を取ることを強いられた。『日本との戦争』第一章では、こうした日本の攻勢戦略に当初あった、オーストラリア侵攻、中東打通、ハワイ占領などの、さまざまなオプションが否定され、実際に採用された第二段作戦、ポートモレスビー侵攻やミッドウェイ作戦が選択されていくさま、それに対し、連合軍が対応、珊瑚海海戦やミッドウェイ海戦となって、日本の攻勢が挫折するまでが描写される。その詳細は割愛するけれども、ウィルモットが、ある戦術的なミスを除けば（第一次ミッドウェイ攻撃から帰投した航空機を収容したのち、敵機動部隊に近接する進路を取ったというもの)、ミッドウェイ海戦敗北の責任は、現場の第1航空艦隊ではなく、全面的に連合艦隊司令部にあると主張していることは、ここに書き留めておくべき指摘であろう。

いずれにしても、先に引用した比喩に従えば、ミッドウェイの敗戦により、日本軍は、それまで握っていた戦略的主導権「銃」を「通りに放りだ」すことになった。これを急ぎ拾い上げたのは、アメリカだった。

では、どこで「銃」を握るのか? 選ばれたのは、もちろん、ソロモン諸島ガダルカナルである。

しかしながら、この攻勢は、必ずしも戦略的な合理性から導かれたものではなく、いわば次善の策であった。あとの議論と関係するので、これについては詳述しておこう。そもそも、南西太平洋での攻勢など、戦前の米海軍の対日作戦計画では、まったく考慮されていなかった。それが、突然クローズ・アップされたのは、奇妙なことではあるが、ヨーロッパ戦線の情勢との関連においてだった。当時、ドイツの猛攻にあえいでいたソ連を救うために、第二戦線の構築、北西ヨーロッパへの上陸は喫緊の急務であるとされてはいたものの、そのような作戦を実行できるほど、西側連合軍の戦力が充実していないのはあきらかである。

ヨーロッパで米軍がコミットできないならば、太平洋に、それも自らの戦区である南西戦域に……。こう主張したのは、南西太平洋方面総司令官ダグラス・マッカーサーだった。

彼は、日本軍に逐《お》われてフィリピンから脱出したのち、一貫してラバウルを目標とすべきだとしてきたが、1942年5月8日に、かねてよりの意見に新たな論理を加え、南西太平洋における攻勢開始を要求する通信をワシントンに送っている。そこには、「かくも【第二戦線】構築の成功が見込め、そして、かくも効果的にロシア人を助けられる地域はほかにない」という一文がある。牽強付会《けんきょうふかい》もきわまりといった議論ではあったけれど、政治的・戦略的に、同盟国の苦境を拱手傍観《きょうしゅぼうかん》しているわけにはいかない立場にある米軍首脳部には、説得力があった。アメリカは、なんとしても攻撃意志を示さなければならかったのだ。

さらに、ミッドウェイ海戦後、マッカーサーは、具体的な作戦案を上申し、採決を求めた。この提案を契機に、陸軍と海軍の綱引きがはじまる。

急ぎ「銃」を拾い上げたアメリカ

マッカーサーは、オーストラリアに在る手持ちの3個師団は、上陸作戦の訓練が未成である上に、陸上基地の戦闘機の援護範囲を離れて行動するのだから、海軍は海兵1個師団を提供し、かつ空母2隻を以て支援するようにと要求した。目的は東部ニューギニアと、ラバウルのあるニューブリテン島の占領であり、作戦の掉尾《ちょうび》を飾るのはトラック急襲であるとされていた。6月12日、陸軍参謀総長ジョージ・マーシャル大将は、合衆国艦隊司令長官アーネスト・キング大将に、マッカーサー案を伝える。

キングは気乗り薄だった。提督は、フィリピンを放棄し、オーストラリアに逃げ出してきた一件でマッカーサーに対する不信を抱いていたし、表舞台に出て主役を張ろうとする陸軍の意図も見え透いていた。何よりも、かかる大作戦を成功させるだけの兵力は、米海軍には、まだなかったのである。

ゆえに、キングは6月25日にマーシャルに対し、文書で代案を出した。「8月1日ごろに攻勢を開始すべく作戦準備を進め、兵力を集中する。直接の目標は、サンタクルーズ諸島とソロモン諸島のいくつかの地点の占領。最終的な目標は、東部ニューギニアとニューブリテン島の占領である」一応は、ラバウルも目標にはなっている。が、念頭に置かれているのが、ソロモン諸島であるのは明白だった。にもかかわらず、こうした海軍の意向を聞いたマッカーサーは、ラバウルを攻略する案に固執することなく、ソロモンと東部ニューギニアを迂回する案を支持する電文を送る。彼にとって重要なのは、もはやラバウルの征服者となることではなく、来るべき作戦の指揮官の座をつかむことのほうだったのである。事実、当該地域は、マッカーサーの南西太平洋方面総司令部が担当していたのだから、職掌《しょくしょう》論的に筋が通っていないわけではなかったのだが、米海軍は、太平洋方面総司令官チェスター・ニミッツ大将に指揮を執《と》らせることを望んでいた。

かくて、マーシャルとキングは、主役は陸軍か海軍かという争いに突入する。二人は、6月29日から7月2日にかけて覚書を交換、さまざまな駆け引きを繰り広げた。その一方で、三段階に分けて実行される攻勢計画が立案されていく。それは、8月1日に開始される攻勢により、サンタクルーズ諸島、ツラギならびに隣接する複数の地点を確保、ついで、ソロモン諸島、ラエ、サラモア、ニューギニア北西岸沿いの陣地を占領、最後に、ラバウルと、ニューブリテン島およびニューアイアランド島における隣接陣地を奪取するというものであった。

7月2日、キングは、陸軍参謀総長との闘争で勝利を得た。作戦境界の変更がなされ、右記の目標諸地点を含む地域は、マッカーサーの南西太平洋方面総司令部から、ニミッツの太平洋方面総司令部の管轄に移されることになったのである。

その直後、7月7日に、米軍は、ガダルカナル島のルンガ岬附近に日本軍が飛行場を建設中との情報を得た。同日、新設された南太平洋方面司令官ロバート・ゴームレー中将は、メルボルンでマッカーサーと会談し、ワシントンが望んでいるような三段階の作戦をそくざに遂行するには充分な兵力がないことを確認、そして、まずガダルカナルを占領するのが得策であるという結論に達した。ワシントンもまた、こうした現場の意見を尊重せざるを得ず、最初に「望楼《ウオッチタワー》」作戦を実行することに同意する。

つまり、ガダルカナル攻撃作戦は、6月25日にキング提督がマーシャル陸軍参謀総長にソロモン方面で攻勢を取るとの提案をしてから、7月10日に決定に至るまでの、わずか16日間でひねりだされたことになる。

一方、この間に、ミッドウェイの敗戦により海上侵攻は困難であると判断した日本軍は、陸上ルート、オーウェン・スタンレー山脈越えの進路で攻撃することを決定していた。これを察知したマッカーサーは、東部ニューギニアで彼らを迎え撃つべく、着々と準備を進めている。

夢想だにしなかった戦い

右のような作戦の立案過程を検討したウィルモットは、南西太平洋において攻勢をかけるという決定は、戦略的な合理性というよりも、政治的必要性や米陸軍と海軍の競合といった要素からみちびかれたものだったと評価する。この時期の日本海軍が事態を楽観視し、油断していた証左として、しばしば引き合いにだされる、米軍の本格的な反攻は1943年第2四半期以降であるという判断も、ウィルモットに従うなら、まったくリアリティのないものではなかった。ガダルカナルの戦いの経過が示すごとく、米軍の兵站準備もなお不充分だったのだから、「望楼」作戦には、なおリスキーな側面があったというのである。

そうした視点から、ウィルモットは、1942年8月7日のガダルカナル上陸直後における一連の海空戦で、日本軍は、米軍の攻勢を挫折させることに失敗し、戦機を逸したとみる。周知のごとく、米軍ガダルカナル上陸の報を受けた日本軍は、ラバウルより攻撃隊を発進させ、上陸作戦中の米船団に空襲をしかけた。この攻撃は、米艦船や航空機に甚大な被害を与えたとはいえなかったけれど、三つの点で、大きな効果をあげていた。

第一に、米輸送船団の上陸作業が、回避行動のために大幅に遅れたこと。

第二に、空中戦により戦闘機を消耗した米空母部隊が、これ以上の損害を出すことを恐れて、上陸援護を中止、安全海域に避退したこと。

第三に、空襲の効果が過大に報告されたため、日本軍に自信を持たせ、敢えて大胆な作戦を採用させるに至ったことである。

かくて、有名な三川軍一中将率いる第8艦隊の夜襲となり、「サボ島海戦」における、米軍大敗となるわけだが——例の、三川艦隊が輸送船団を攻撃せず、引きあげた問題について、ウィルモットは、意味深長な表現をしている。「『サボ島海戦』が、日本軍にとって、この戦役を長引かせずに制する最高のチャンスだったというのは正しくない。むしろ、つぎの戦闘までに——8月24日の『東ソロモン海戦』——本戦役における、日本の勝機が去ってしまったのだ」

いったい、この間に何が起こったのか？

それは、一見ごくささいなことに思われるけれど、ウィルモットのガダルカナル戦認識からすれば、決定的なことだった。8月20日、護衛空母「ロングアイランド」によって運ばれた海兵隊航空隊の31機が、完成し、ヘンダーソン飛行場と名付けられたガダルカナル基地に到着したのである。このあたりの著者のロジックについて、説明を加えよう。

ウィルモットによれば、ガダルカナルの戦いは、実は、まさに日本軍が想定していた通りの戦闘であった。南方資源地帯を占領し、国防圏を築いたあかつきには、米軍の反攻は、その外郭《がいかく》の島嶼《とうしょ》地帯に向けられるはず。ならば、そうした反撃に対しては、艦隊と隣接する基地群からの陸上機によって、攻撃された地上部隊を支援し、米軍を消耗させる。1942年から43年のソロモン諸島は、かかるドクトリンが有効に適用されるはずの戦場だったが——ウィルモットは、太平洋戦争において、このような状況が生起したのは、唯一ガダルカナル戦役のみと断じている——ヘンダーソン飛行場を握った米軍は、日本軍の計算を根底からくつがえし、彼らが夢想だにしていなかった、不利な戦いを強制することに成功したのである。

こうした視点からすれば、9月なかばの攻勢で、日本軍がヘンダーソン飛行場を奪取できなかったことは、戦闘、あるいは戦役のみならず、戦争全体の勝利と敗北の分水嶺だった。日本軍は、米軍制空権の源を押さえることに失敗、本質的な意味でガダルカナル戦役に敗れたばかりか、米軍に消耗を強いて、和平交渉のテーブルにつかせるという戦略の破綻を認めざるを得なくなったのだ。

「戦前艦隊」の闘争の終わり

ガダルカナルとニューギニアの戦いののち、1943年2月から10月の、ウィルモットが太平洋戦争で決定的だったと位置づける時期がやってくる。当該時期には、レーダーの発達により、日本軍が夜戦における優位を失ったことを示す、いくつかの海戦が注目に値するのみで、大戦闘は生じていない。

しかしながら、この期間に、米軍は、日本を屈服させるに足る、新しい艦隊を建造していたのである。ウィルモットが挙げた数字を引こう。

1945年2月、日本本土近海では、大型空母11、小型空母5、高速戦艦8、巡洋戦艦1、重巡5、軽巡12、駆逐艦77、計119隻の軍艦が行動していたが、うち真珠湾攻撃以前に就役していたのは、空母エンタープライズ、サラトガ、重巡サンフランシスコ、インディアナポリスのみだった（ただし、戦艦マサチューセッツ、ノースカロライナ、サウスダコタ、ワシントン、軽巡サンディエゴ、サンジュアンは、日米開戦前に進水していた）。

硫黄島や沖縄の戦いに参加した、護衛空母や駆逐艦、護衛駆逐艦などを検討すると、ことは、より明らかになる。それらは、ほとんど例外なく、真珠湾以後に建造された艦船なのだった。輸送船についても、1943年3月だけで、140隻の戦時急造船、いわゆるリバティ船が建造されていることを指摘すれば、もはや長広舌は要るまい。

ウィルモットの結論は、こうである。1943年1月以前までは、日米ともに「戦前艦隊」、つまり、開戦前につくられた艦船によって戦っていた。が、日本が、1943年2月以降も、本質的には従前通りの古い艦隊に頼らざるを得なかったのに対し、アメリカは、まったく新しい艦隊をつくりあげてしまったのである、と。ゆえに、この時期にこそ、眼を惹くような大戦闘がなかったにもかかわらず、太平洋戦争の勝敗は定められた。

最後に、ウィルモットの、ラディカルな評言を引用しておこう。

「勝敗の決定という意味からすれば、1943年11月に、太平洋戦争は終わったと論じることも可能である」

示唆に富む指摘であると、筆者には思われる。

以上、ウィルモットの『日本との戦争』を紹介してきた。わずか180頁のコンパクトな概説であるけれども、個々の戦闘を、政治や戦略のパースペクティヴに置いて、深い考察を加えた好著であるといえよう。このほかにも、米英における太平洋戦争史研究で、いまだ邦訳されていない、重要な文献は多々ある。これらも、いずれ機会を見て、紹介していければと、考えている。

付記：著者ウィルモット氏ならびに『総力戦』シリーズの刊行状況については、防衛大学校教授等松春夫氏より、ご教示をいただきました。記して感謝申し上げます。

第七章　大和滅ぶ

——巨艦に託した最後の矜持

写真：公試中の戦艦大和

悲劇への序章

なぜ、日本が生みだした史上最強の戦艦は、敵にさしたる打撃を与えることもなく、大海《たいかい》の底に沈むことを宿命づけられた出撃をなさねばならなかったのか？

戦艦大和の最期を語るにあたり、誰もが抱くであろうこの問いかけに、まずは答えねばなるまい。時は昭和20（１９４５）年春にさかのぼる。前年のレイテ海戦において壊滅的な損害を出した日本海軍には、言うに足る水上部隊は大和とそれを護衛する第２水雷戦隊から成る第２艦隊しか残されていなかった。

昭和19（１９４４）年12月、海軍作戦立案の責任を負う軍令部次長から転じて、この第２艦隊の司令長官に任ぜられることになった伊藤整一中将は、こうした状況に鑑《かんが》み、連合艦隊司令部の参謀三上作夫中佐に釘を刺している。「最後の水上艦隊だから、無意味な下手な使い方をするなよ」と。伊藤の意見によれば、第２艦隊が戦力のバランスが取れた水上部隊でない以上、たとえば潜水艦や航空部隊などとあわせ、総合的な威力を発揮できるように知恵をしぼるべきなのだった。三上も、この判断に影響されたか、大和部隊の用法として、「基地防空の強固な佐世保に移して絶えず敵を牽制しておく。大和の位《くらい》をきかせてお

沖縄本島に上陸中のアメリカ軍

き、やむなく敵機動部隊が大和を沈めようと近接してきたら、南九州の航空部隊が全力でこれに攻撃をかける」策を考えていたと、戦後証言している。

だが、海軍首脳部に残っていた軍事的合理性は、3月末から4月はじめにかけて、米軍が沖縄諸島の島々に上陸するとともに消え失せていく。沖縄侵攻開始の報を受けた大和の護衛部隊、第2水雷戦隊司令部は当初、三つの対応案があるとみなしていた。それは、①沖縄突入作戦を強行、水上部隊最後の作戦を実施する、②日本海朝鮮南部方面に避退《ひたい》し艦隊温存、③兵器と弾薬、人員を、可能なものは陸揚げし、残りを浮き砲台にする、というものだった。同司令部の見解では、③がもっとも有利であり、②は燃料不足のため難しく、①にいたっては、「目的地到達前の壊滅はほとんど必至」とされていたのである。

しかしながら、連合艦隊司令部が命じてきたのは、問題外であるはずの沖縄出撃だった。4月5日、大和以下第2艦隊は「海上特攻として八日沖縄島に突入を目途とし急速出撃準備を完成すべし」との無電指令を受け取ったのだ。

かかる作戦を立案し、かつ裁可にまで持っていったのは、連合艦隊参謀神重徳大佐だったとされている。かねてファナチックな性格で知られ、「神さん神がかり」と揶揄されるような人物だったが、戦勢いよいよ非となるにつれ、特攻こそ起死回生の切り札と唱えだしていた。そうした立場から、神は、大和も例外にあらず、沖縄に突入させ、海岸に乗り上げた上で陸軍支援の砲台として活用すべしと提案していたのだ。

けれど、連合艦隊司令部においても、神の意見は突出したものであり、大和特攻案は容易に実行に移せるものではなかった。それが一転して出撃と決まったのは、昭和天皇の「お言葉」に対する不用意な奉答がたたったのだとする見解が優勢だ。3月29日に、軍令部総長及川古志郎大将が、沖縄の米軍に対し航空総攻撃を行う旨、昭和天皇に奏上した際のことである。昭和天皇より、航空部隊だけの攻撃なのかとの質問を受けた及川は、海軍の全戦力を使用しますと答えてしまう。天皇に約束したかたちになったからには、大和を出さないわけにはいかなかった。

一億総特攻のさきがけとして……

なれど、第2艦隊およそ7000名の将兵を預かる伊藤司令長官が、おいそれと特攻出撃を肯んじるはずもなかった。長く軍令部にあって作戦立案に携わっていた人物らしく、伊藤は大和特攻命令の不備を突き、反対の意向を表明した。まず、沖縄に到達できる見込みはほとんどないにもかかわらず、なけなしの水上艦艇と兵の生命を代償にするのは、犠牲が大きすぎる。さらに、作戦目的が、航空部隊の攻撃を妨害している米機動部隊をおびきだすことにあるのか、それとも万に一つの可能性しかないものの、沖縄に突入、陸軍の総攻撃を支援することにあるのかが判然としない。

こうした伊藤の断固たる批判に遭った連合艦隊司令部は、電話や電報ではらちが明かないと、4月6日、九州に展開する第5航空艦隊との打ち合わせのため出張していた連合艦隊参謀長草鹿龍之介中将ならびに三上参謀を、徳山沖に停泊中の大和に派遣した。いうまでもなく、伊藤を説得し、特攻出撃に同意させるためだ。伊藤より最後の水上艦隊を有益に使ってくれとの忠告を受けていた三上としては、心中はなはだ困惑していたことであろう。事実、伊藤は、草鹿と三上の説得を容れようとはせず、理路整然と反駁してきた。よって、連合艦隊の使者である二人は、露骨すぎる言葉を吐かないわけにはいかなくなる。理屈ではなく、死んでもらいたい、一億総特攻のさきがけとして模範を示してもらいたいのだ……。ここまで言

第二艦隊司令長官伊藤整一

われては、もはや是非もない。伊藤司令長官は、そうか、そういうことならよく了解したと応じた。このとき、大和の特攻は定まったのだった。

しかし、東京には、まだ大和の運命をくつがえそうとしている男がいる。伊藤の後任として軍令部次長となった小澤治三郎中将だ。小澤は、連合艦隊に大和部隊の出撃を思いとどまらせようと、からめ手に出た。第2艦隊を沖縄にやるとしても、往路のみ、片道ぶんの燃料だけしか渡せぬと伝えたのである。往きて還らぬ特攻機でさえも、エンジン不調など不測の事態に備え、燃料は充分に搭載するというのに、戦艦大和以下、最後の水上艦隊が片道出撃とは、あまりに非常識だ。そんな条件をつければ、あるいは連合艦隊もあきらめるかもしれないというのが小澤の計略だったが、返ってきたのは、あくまで出撃強行という回答であった。大和出撃は、最後のハードルを越えた。燃料の問題も、今日ではよく知られているように、現場の燃料廠の責任者たちが、いわゆる帳簿外の油、燃料タンクの底にたまったそれをかき集めて補給し、ぎりぎりとはいえ沖縄から帰ってこれる量を第2艦隊に渡して、一応は解消されたのである。

かくて、連合艦隊司令部は大和部隊以下、海空の戦力を投入して、沖縄総攻撃を実行することに決した。そのための訓示電（4月6日付）の一節に「ここに特に海上特攻隊を編成し壮烈無比の突入作戦を命じたるは、帝国海軍力を此の一戦に結集し、光輝ある帝国海軍海上部隊の伝統を発揚すると共に、其の栄光を後昆に伝えんとするに外ならず」とある。大和出撃の目的は、すでに戦略的意義ではなく、精神論のそれをめざすものにすり替えられていた。

こうした状況に置かれた艦隊の将兵がいかなる反応を示すかについて、歴史は先例を持っている。第一次世界大戦末期のドイツ艦隊だ。やはり自殺行為にひとしい出撃と最後の決戦を提督たちから命じられた将兵は、それに応じずに蜂起し、戦闘を拒否したのである。だが、太平洋戦争の大和部隊は、そうではなかった。彼らは、おのが持ち場を守り、沖縄救援という不可能な責務を果たそうとしていたのだ。4月5日夜、出撃前夜の宴がもよおされた際のエピソードを示そう。航海科の兵士たちが酒をあおっているところに現われた大和航海長茂木史郎中佐が、一同に「腕相撲をやらんか」と呼びかけた。

力自慢の水兵たちが挑むが、つぎつぎに負かされる。10人ばかりが降参したところで、茂木が「俺に命をくれるか、俺についてくるか」と呼びかけた。これに、水兵たちも「どこまでも行きます」「連れていってください」と応じ、ついには茂木を御神輿のごとくに高々と担ぎ上げ、デッキを練り歩いたという。4月6日午後3時20分、大和以下、軽巡洋艦矢矧と8隻の駆逐艦から構成される第2艦隊は、こうした将兵の幾百幾千のドラマを乗せて、徳山沖の錨地より出撃した。

艦《ふね》と運命をともにした男たち

されど、悲しいかな、大和の決死行は、最初から米軍にマークされている。5日の連合艦隊命令を傍受した米軍は、豊後水道沖に配置した潜水艦に急報、警戒にあたらせていたのだ。これらの潜水艦より大和発見の報を受けた米第5艦隊司令長官レイモンド・スプルーアンス大将は最初、上陸作戦を支援していた戦艦部隊に大和を迎え撃たせるつもりでいた。戦艦同士の決戦にロマンを求める、ある世代の海軍軍人の嗜好ゆえか、それとも、伊藤を正面から迎え撃とうという騎士道精神の発露だったのか、さだかではない。が、かつてワシントンの日本大使館付武官であった伊藤とスプルーアンスが親しい友人であったこと、そして、スプルーアンスが大和部隊の指揮官は伊藤であると知っていたのは事実である。

しかし、大和にとどめを刺したのは、いうまでもなく航空機だった。明けて4月7日朝、8時32分に大和部隊発見の報を受けた第58機動部隊司令官マーク・ミッチャー中将は第5艦隊に航空攻撃の許可を求め、スプルーアンスも「君がやれ《ユー・テイク・ゼム》」という米海軍史上もっとも短い攻撃命令でそれを許した。大和の死戦がはじまる。

12時15分、レーダーで米軍攻撃隊の接近を察知していた大和に、総員戦闘配置の命令が下った。不運だったのは、この日は雲が低く垂れ込めて、視界が限られており、対空戦闘が困難な天候だったことであったろう。

12時41分、第一波の攻撃により、駆逐艦浜風が沈没、矢矧も被弾し、航行不能となる。大和を中心に、他の艦艇を円周上に配置した防御陣、いわゆる「輪形陣」は早くもくずれた。大和自体も、魚雷1、爆弾2の命中を受けている。続いて、午後1時20分、第二波が襲ってきた。第一波同様、雷撃隊は大和左舷に攻撃を集中した。一方の舷に集中的にダメージを与え、沈没をより早める片舷攻撃戦術だ。大和は、左に傾斜する船体に注水をかけて復元しようとする。が、あいつぐ被雷により、大和の左舷傾斜は15度に達し、速力も18ノットに低下した。

かくも多数の命中を受けたのは、操艦の責任者たる艦長有賀幸作大佐が着任からわずか4か月しか経っておらず、舵が利くまで時間がかかるが、回頭しだせば惰力がおそろしく大きいという大和の癖に慣れていなかったからだとする向きもある。が、米軍の戦闘報告は、「艦隊上空の対空砲火は激しく、かつ正確」「攻撃の全期間中を通じ、日本艦隊はよく訓練された連携と、すばらしい陣形を保っていた。命中弾が集中した後も、密集陣形は崩れなかった」と高く評価している。つまり、大和の惨状は、一艦長の技量を超えたところの圧倒的な戦力差によって引き起こされたといえよう。にもかかわらず、攻撃の矢面に立った大和の将兵は「ふだん見慣れた穏和な艦長とは別人のようで、戦意が染み出ているよう」（第一艦橋にいた生存者の証言）な有賀の指揮のもと、あるものは高角砲を操作し、あるものは損傷部位の応急措置をほどこし、おのが持ち場を離れようともせずに、けんめいに戦いつづけていた。

戦艦大和艦長有賀幸作

しかし、彼らの献身も、必然を押しとどめることはできない。第二波が去ってから、およそ15分後に襲来した米軍第三波の攻撃がとどめとなった。左舷傾斜、実に20度。火薬庫の警報機が誘爆を警告しはじめる。だが、注排水装置は機能しなくなっており、火薬庫への注水は不可能だった。ここにおいて、有賀も、ついに「総員上甲板」を発令する許可を伊藤に求めた。総員上甲板、すなわち各員持ち場を離れて艦《ふね》を去る準備をせよという命令だ。伊藤はうなずいて立ち上がると、笑みを含み、「残念だったね、みな御苦労だった」と、艦橋の一同の挙手の礼に白手袋もあざやかに答礼したのちに、階下の長官室に消えた。むろん、長官室の扉が開かれることは二度とない。伊藤を見送った有賀もまた、艦と運命をともにする覚悟で、部下たちが退避してからも、防空指揮所の羅針盤をしかとつかむ。

午後2時23分、大和は巨大な噴煙を残し、瞬時にして沈没した。

「徳之島ノ北西二百浬ノ洋上『大和』轟沈シテ巨體四裂ス　水深四百三十米　今ナホ埋歿スル三千ノ骸
彼ラ終焉ノ胸中果シテ如何」（吉田満『戦艦大和ノ最期』）

戦史エッセイ

勝機去りぬ——ミッドウェイの山口多聞

弱気な発言の理由《わけ》

「今度は敵が知っているところへ行くから、帰ってこれないかもしれんよ」

昭和17（1942）年5月、再び戦場に赴くために自宅を出る際、山口多聞は夫人にそう語ったという。日本海軍の虎の子である空母飛龍と蒼龍を擁する第2航空戦隊の司令官、自他ともに認める猛将としては、およそ弱気な発言であるが、山口の懸念には理由があった。まさに実行されんとしているミッドウェイ攻略作戦には、多くの不健全な発想が含まれていたからである。

この作戦の企図は、東京が空襲を受けるなどという醜態（いわゆるドゥリットル空襲。昭和17年4月）を二度とさらさぬよう、文字通り太平洋の真ん中にあるミッドウェイ島を占領して哨戒線を前進、同時に米空母を誘引撃滅することにあるとされていた。が、この二つの目的のうち、いずれが優先されるのかは、必ずしも明示されていなかった。太平洋戦争における日本海軍の宿痾《しゅくあ》、二兎を追いたがる癖が、ここにもまた頭をもたげていたのだ。

とはいうものの、連合艦隊が投入したのは、艦船約200隻、航空機およそ500機と、日本がかつて有したなかでは空前の巨大な兵力である。かかる戦力を以てすれば、敢えて二重の作戦目的を追求しても可ではなかったか？　当然の疑問であるが、あいにく作戦を立案した連合艦隊先任参謀黒島亀人大佐は、兵力集中という戦争の大原則を忘れていた。彼は、アリューシャン方面で支作戦を行う部隊を編成したり、ミッドウェイに直接向かう部隊も、機動部隊、主力艦隊、上陸部隊とに分け、別々に行動させることにし

山口多聞

空母飛龍

たりと、技巧に走った複雑な策を組み上げたのだ。

その結果、連合艦隊の戦力は分散し、決戦海域であるミッドウェイ周辺にあっても、彼我の兵力比は、必ずしも日本側に有利というわけにはいかなくなっていた。艦船はまだしも、航空機では、単純に数だけ比較すると、日本の艦上機、補用機、戦艦・巡洋艦搭載水上偵察機、観測機、つまり南雲忠一中将指揮の第1機動部隊が運用できる航空機が合計264機になるのに対して、アメリカ側は艦上機とミッドウェイ基地の陸上機をあわせて359機。実は、アメリカのほうが優勢だったのである。もちろん、実際には、兵器の性能や術力も関係するから、これだけでいくさが決まるわけではないが、一般に思われているほど、日本側が圧倒的に有利ではなかったことが読み取れる数字であろう。

しかも、開戦以来連戦連勝を重ねてきた日本海軍には驕りがあった。どんなかたちにせよ、敵と接触さえすれば鎧袖一触だと信じ込んでいたのだ。それを示す格好のエピソードがある。機動部隊の旗艦、空母赤城には、ある官吏が便乗していた。彼の位階は三等郵便局長で、占領後「水無月島」と改名される予定のミッドウェイ島初代郵便局長をつとめることになっていたのである。

むろん、こうした事実は、後世のわれわれだから知りうるのであって、神ならぬ身の山口がこれらをすべて洞察していたわけではないだろう。が、数々の実戦をくぐりぬけてきたファイティング・アドミラルの推理と勘は、水平線の向こうに暗雲がただよっているのを正しく見て取っていたと思われる。

実際、油断しきっていた日本海軍に対し、アメリカ側は必死になって迎撃の努力を重ねていた。日本側の暗号電報の傍受解読によって、ミッドウェイ作戦の詳細をほぼ正確に察知していた太平洋艦隊司令長官チェスター・ニミッツ大将は、あるいは手持ちの航空機をかき集めてミッドウェイに送り込み、あるいは珊瑚海海戦（昭和17年5月）で大破した空母ヨークタウンを突貫工事で修復、艦隊に復帰させるなど、戦闘準備に大わらわであった。こうしてニミッツが調えた陸上航空隊と空母3隻を中心とする米機動部隊が、満を持してミッドウェイ海域で待機していたのだ。彼らは驕れる日本機動部隊に難戦を味わわせずにはおかないだろう。

運命のミッドウェイへ

しかし、ひとたび動き出した巨大な作戦は、もはや止められるものではない。昭和17年6月4日午前4時30分ごろ（日本時間と現地時間には21時間の時差があるが、本稿では便宜上現地時間を記す）、前日にアリューシャン方面で実行された空襲に呼応して、ミッドウェイ北西約120カイリの位置まで進んでいた、空母赤城、加賀、蒼龍、飛龍を基幹とする第1機動部隊は、友永丈市大尉指揮のもと、艦上戦闘機（艦戦）36、艦上攻撃機（艦攻）38、艦上爆撃機（艦爆）36からなる第一次攻撃隊を発進させた。狙うはミッドウェイの米航空隊と基地施設である。

一方、アメリカ側も夜明け前にミッドウェイからPBY飛行艇を発進させ、午前5時30分ごろには日本空母群を発見していた。この報を受けたフランク・フレッチャー少将率いる第17任務部隊（空母ヨークタウン、重巡洋艦2、駆逐艦6で編成）とレイモンド・スプルーアンス少将指揮の第16任務部隊（空母エンタープライズとホーネット、重巡洋艦5、軽巡洋艦1、駆逐艦9より成る）は、ただちに日本機動部隊に向けて接近を開始、攻撃隊を発進させた。空母戦の機は、ひそかに熟していたのだった。

ところが、南雲中将以下第1機動部隊司令部は、この時点では、米空母は付近にいないものと判断していた。根拠は、第一次攻撃隊が出た直後に発進した索敵機からは何の報告もない、もし空母がいるなら、すでに発見し打電してきているはずだというものであった。しかし、実際には、米機動部隊は第1機動部隊の東北およそ230カイリ付近にあり、日本の索敵機もその直上を飛んでいたのだが、雲にさえぎられたのか、気づかずに通り過ぎてしまっていたのである。また、前日に、機動部隊のはるか後方を航行中だった主力部隊の旗艦である戦艦大和が、ミッドウェイ北方海面に行動している米空母と思われる呼び出し符合を傍受していたにもかかわらず、無線封止を破って自らの存在を暴露するのを恐れ、南雲中将に通知しなかったのも、こうした誤判断の遠因となっていた。

いずれにせよ、南雲は、敵空母はいないとの前提のもと、敵艦隊が出現した場合に備えて控置しておいた、魚雷や艦船用爆弾を装備する残りの艦攻・艦爆を、第二次ミッドウェイ攻撃に向かわせる決断を下し

第１航空艦隊司令長官　南雲忠一

アメリカ海軍第 16 任務部隊司令官
レイモンド・スプルーアンス

第１航空艦隊参謀長　草鹿龍之介

た。第1機動部隊は早くもミッドウェイから飛来した陸上機の爆撃を受けていたし、爆撃を終了した第一次攻撃隊長友永大尉からは「第二次攻撃の要あり」とする意見具申が無電で舞い込んできていたからだ。ただし、陸上攻撃のためには、装備されている魚雷や艦船用爆弾を、陸用爆弾に換装しなければならない。ゆえに、午前7時15分、いわゆる雷爆転装、兵装の転換が下令される。

タイミングが悪いことに、重巡洋艦利根から発進した水上偵察機が「敵らしきもの10隻見ゆ」と打電してきたのは午前7時28分、すなわち兵装転換が命じられた直後のことだった。敵艦隊が出動してきているのなら、第二次攻撃隊はミッドウェイではなく、そちらに指向されなければならない。南雲は、空母に残っている艦攻・艦爆に「敵艦隊攻撃準備、雷撃機雷装そのまま」とあらためて命じた。そのため、魚雷や艦船用爆弾の取り外し作業を止めるもの、あるいは外してしまったそれらの兵装を付け直すものなど、空母の格納庫内は混乱をきわめた。まさにそのとき――。

利根の水上偵察機が決定的な情報をもたらしたのである。「敵はその後方に空母らしきものを伴う」と。

窮地で見せた驚くべき慧眼

午前8時30分の運命的な知らせに、誰よりも敏感に反応したのは、山口多聞であった。山口は、航空参謀の少佐に、「直ちに現装備のまま攻撃隊発進の要ありと認む」と、上官である南雲の座乗する空母赤城に発光信号を送るよう命じたのである。普通、この種の信号文は参謀が起草したものを司令官が了承して送るのが常で、司令官自らが文章を口述するのは異例のことだ。それだけ、山口は事態の緊急性を見抜いていたといえよう。兵は拙速を尊ぶ、空母のいくさではとくに……。ならば、第2航空戦隊の蒼龍・飛龍に控えている艦爆36機をすみやかに発進させ、米空母を叩くべきだ。なるほど、兵装はいまだ陸用爆弾のままだから威力が少なく、撃沈は期待できないし、戦闘機の援護なしでは攻撃隊が大損害を被るのは間違いない。だとしても、数発なりと命中させれば飛行甲板を破壊し、艦載機が発着できない状態に追い込むことはできる。そうして無力化してから、ゆっくりと料理すればいい。それが、山口多聞の判断だった。

驚くべき慧眼だったといえる。実のところ、空母対空母の戦いは、人類闘争史上きわめて特異なものだ。指折り数えていっても、セイロン沖海戦、珊瑚海海戦、ミッドウェイ海戦、第二次ソロモン海戦、南太平洋海戦、マリアナ沖海戦、エンガノ岬沖海戦と、7回しか生起しておらず、その教訓は今日なお充分に汲みつくされているとはいえない。なのに、山口は、この時点で早くも、空母戦では他の何よりも先制が重要であることを見抜いていたのである。この瞬間、ミッドウェイ海戦では終始日本側に冷淡であった勝利の女神が、ただ一度だけ微笑んだとしても過言ではなかろう。

しかし——南雲と第1機動部隊司令部はチャンスをつかもうとはしなかった。彼らはなお自らの力を過信しており、おりから帰投しつつあった第一次攻撃隊を収容後、完全に対艦兵装を調え、護衛戦闘機を付けた第二次攻撃隊を発進させても間に合うと判断し、山口の意見具申をしりぞけたのだ。山口が尊敬するトラファルガル海戦の勝者、隻眼の名将ネルソン提督は、かつて意に染まぬ命令を上官から与えられたとき、視力を失ったほうの片眼に望遠鏡をあて、そんな信号旗は見えぬとうそぶきながら、攻撃を実施したという。山口もそうすべきだったのかもしれないが、残念ながら、彼は20世紀の組織人であった。

かくて、米軍の先制を危惧し、焦れる山口の眼前で、彼の予想通りの事態が現出することとなった。午前9時20分から10時30分にかけて、第1機動部隊めがけて、米空母より発進した雷撃機が波状攻撃をかけてくる。これらは艦上戦闘機（零戦）の迎撃の前にほとんどが撃墜され、命中弾は一発も得られなかったけれど、日本側の注意を低高度にひきつける役割を果たした。結果的に、その直後に襲来したエンタープライズとヨークタウンの急降下爆撃隊は奇襲に成功、赤城、加賀、蒼龍に命中弾を与えたのである。彼らが投下した爆弾だけならば致命傷にはならなかったかもしれないが、日本空母の格納庫内は兵装転換にともなう爆弾や魚雷にみちみちており、それらが誘爆を起こしたのだった。

　こうして、避けられたかもしれぬ惨劇に直面し、歯噛みする山口のもとに、炎上する赤城を離れた南雲に代わり、第1機動部隊の指揮権を継承した第8戦隊司令官少将より敵空母を攻撃せよとの命令が下る。山口は間髪いれずに「われ航空戦の指揮をとる」と返した。皮肉なことに、生涯最後の戦いにあって、山口は初めて独立した作戦を行なう自由を得たのである。しかし、これによって、よきいくさをなす条件はみたされた。

　白鳥は、死に臨んで、もっとも美しく鳴くという。名提督は、今まさに「白鳥の歌」を戦場に響かせようとしていたのである。

戦史エッセイ

兵棋演習小史

２０１０年暮れに放映されたＮＨＫのドラマ『坂の上の雲』に兵棋演習が登場したことは、いまだ多くの視聴者の記憶に残っているものと思われる。もちろん、兵棋演習の存在自体は、戦史ファンなら、ほとんどのひとが知っていただろう。が、ああして映像化されると新鮮だったようで、ブログやツイッターなどで多数の感想がとびかっていた。ならば、読者の関心もまた得られるだろうということで、海軍の兵棋演習とその起源について書くこととしたい。とはいえ、筆者がみたかぎり、図上演習と兵棋演習を混同している向きも少なくなかったので、まずは両者のちがいをあきらかにしておこう。

いずれも、統監（審判）の指導のもと、演習部員を敵味方の仮想指揮官に配置、実兵を動かすことなしに、図上、もしくは盤上でシミュレーションを行い、戦略戦術の研究、戦務の習練に資することを目的としたウォーゲーム。その点は共通している。ただし、図上演習は、戦略レベルでの大艦隊の作戦を表すため、もっぱら作図によって進められるのに対し（軍艦を示すコマは使わない）、兵棋演習は戦術局面の運用を検討するものである。したがって、図上演習で艦隊を動かし、彼我の艦隊が視界内に入ると、兵棋演習に切り替え、盤上にコマを配置して戦闘を実施、結果を判定することになっていた。現代ふうにいえば、敵味方の部隊が遭遇したら戦術ディスプレイに移して戦闘する、と説明したほうが理解しやすいかもしれない。もっとも、そうした大規模な図上・兵棋の結合演習が試みられるのはまれで、実際には、戦略面の研究には図上演習、戦術面の演練には兵棋演習と、別々になされることが多かったようだ。

こうした、やや抽象的な図上演習のほうは各国海軍で早くから試みられていたが、より具体性に富む兵棋演習を採用したのは、19世紀末のアメリカ海軍である。それをアメリカに留学、マハンに師事した秋山真之が日本海軍に導入し、『坂の上の雲』に描写されたごとき情景が現出することになったわけだ。ただし、正確にいうと、明治33（1900）年に、海軍大学校教官山屋他人中佐が、陸軍の兵棋演習を参考としたものを海軍に導入している。が、それが本格的に改良され、海軍兵棋として完成するのは、秋山の帰国を待たねばならなかった。以後、日本海軍は、その終焉まで、さまざまに規則を改定しつつ、兵棋演習を実施し続ける（秦郁彦編『日本陸海軍総合事典』、東京大学出版会、1991年）。

さて、さらにさかのぼって、秋山真之が手本としたアメリカ海軍の兵棋演習が、いつ、どのようにはじめられたかについて述べたいところだけれど、残念ながら資料が乏しく（本稿発表後、学術的文献が数点出版された。これらについては、いずれ稿をあらためて紹介したい）、正確に記すことはできない。ただ、いくつかの証言から判断するに、正式に採用されたわりには、器具や設備なども間に合わせにすぎず、いわば手づくりではじめられたものと思われる。歴史家秦郁彦の論文より引用しよう。

「筆者【秦】がロードアイランド州ニューポートの米海軍大学（Naval War College）を初めて訪れたのは、1963年の秋のこと。もう20年も昔になる。【原文改行】世界的な大戦略家マハンが開き、キング、ニミッツ、スプルーアンス等、太平洋海戦史でおなじみの名将を生み出した海軍戦略の殿堂だが、『この講堂の床に兵棋演習の駒を並べて、対日作戦をやっていたんです』と案内役の教官が語った。【原文改行】戦前はまだ本格的な演習室がなかったため、学生は、床の上に腹ばいになって、軍艦をかたどった駒を動かしていたという」（「『伝統戦略』破棄で始まった太平洋戦争」『現代史の光と影』、グラフ社、1999年）。

また、1916年にアナポリスの海軍兵学校生徒だったところ、米海軍大学式の兵棋演習を行う機会を得たロス・コリンズ大尉の回想によれば、各艦艇の航跡は、チョークで直接床に描きこんでいたというから、腹ばいになってのプレイと相俟《あいま》って、さぞかし子供の遊びのような光景だったと思われる。しかし、両世界大戦におけるアメリカ海軍の勝利は、かかるチャイルドライクな兵棋演習を繰り返したことから生まれてきた、といえなくもあるまい。

それでは、日米とならぶ海軍国イギリスでは、兵棋演習は、いつごろ、どのように導入されたのだろうか。

残念ながら、イギリスの場合においても、正確な導入時期をつまびらかにはできなかったものの、遅くとも1898年には兵棋演習の有効性が検討されていたことは判明している。同年6月17日、ロンドンのホワイトホールにあった王立陸海軍統合研究所で（1831年にウェリントン公爵の主導によって設立された軍事学研究所。有名なRUSI, Royal United Services Institute である）、ある人物が自ら考案した兵棋演習について発表したのだ。

アメリカ流の子供の軍艦遊びのような兵棋演習に拒否感を覚えていたであろう、誇り高き英国海軍の士官たちも、このウォーゲームを無視するわけにはいかなかった。なぜなら、それをつくったのは軍艦研究の泰斗、権威ある『ジェーン年鑑』の創刊者であり編者であるフレッド・T・ジェーンだったからである。

やはり軍艦のミニチュアを使って行う、このジェーンの兵棋演習は、しかし、アメリカや日本のそれに比して、はるかに精密なもので、砲弾の区別はおろか、命中箇所についても、より詳細に判定されるようになっていた。よって、ジェーンのゲームは、急速にイギリス海軍に広まっていくことになる。また、王立陸海軍統合研究所でのジェーンの発表を報道した『エンジニア』第86号（1898年12月9日発行）によれば、ロシアのアレクサンドル大公や、イギリスに留学中だった日本海軍の川島令次郎少佐も大きな関心を寄せたという。

ちなみに、後世のわれわれにとって興味深いのは、個々の艦艇の性能は『ジェーン年鑑』の記載をそのまま使用するとなっていたことだろう。しかも、ジェーンは、1912年に彼の兵棋演習規則を出版していたから、海軍軍人ならずとも、海戦ゲームをプレイしたいものは、その規則と『ジェーン年鑑』を使い、さまざまなシミュレーションを楽しむことができた（なお、ジェーンのルールは、John Curry, *The Fred Jane Naval War Game (1906) including the Royal Navy's Wargaming Rules* (1921), Raleigh, NC., 2008 に掲載されているので、現在もプレイ可能）。

コンピューター・シミュレーションが一般的になってしまった今日では、もはや考えられないことだけれど、われわれが遊ぶウォーゲームが「軍用品」だった時代のエピソードである。

第2部 ヨーロッパの分岐点

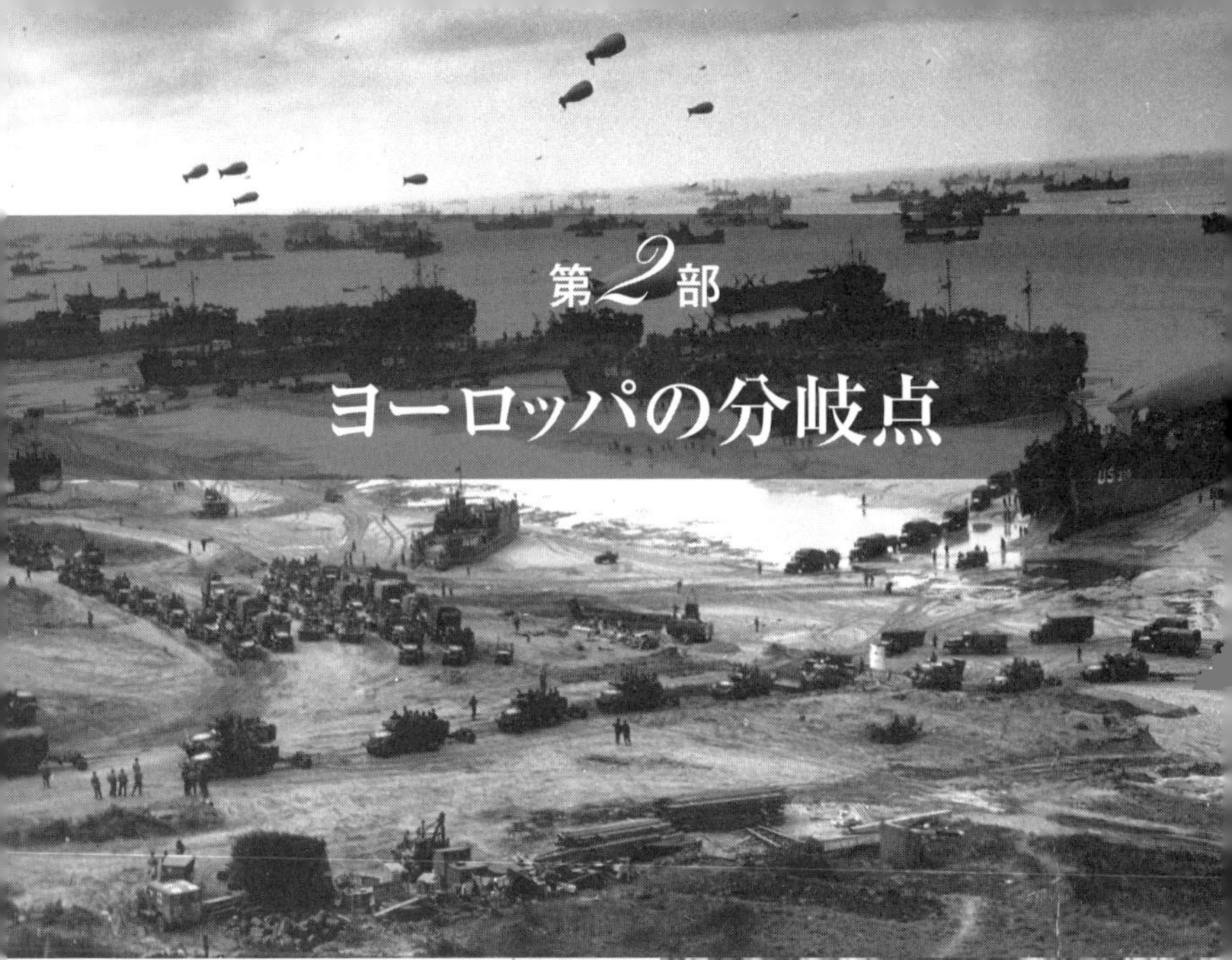

第一章　ノモンハンのジューコフ

——独ソ戦のリハーサル

写真：ゲオルギー・コンスタンチノヴィッチ・ジューコフ（右側）

なぜジューコフだったのか

1939年6月2日朝、モスクワに召喚された白ロシア軍管区副司令官ゲオルギー・コンスタンチノヴィッチ・ジューコフ師団指揮官《カムディーフ》[1]は、国防人民委員（他国の国防大臣にあたる）にしてソ連邦元帥のクリメント・E・ヴォロシーロフより、日本軍の侵入により国境紛争に直面したモンゴル人民共和国に急行するように命じられた[2]。ジューコフの回想録には、そう記されている。ソ連軍首脳部は、同年5月に勃発した、いわゆる第一次ノモンハン事件におけるモンゴル駐屯部隊、第57特別軍団長ニコライ・V・フェクレンコ師団指揮官の働きに、「ステップ砂漠地帯という特殊な状況下での戦闘活動の本質をよく理解していない」との不満を抱いており、ジューコフに査察させて、実情を把握するつもりだったのだ。

しかし、なぜジューコフが選ばれたのだろうか。さまざまな血まみれの戦闘で、指揮官としての資質を試されたのちの彼を知っているわれわれには、当然のことのように思われる。実際、独ソ戦の危機的な局面の多くを、ジューコフは切り抜けてみせたのだった。だが、そう考えるのは歴史の後知恵というもので、当時の彼はいまだ無名、あまたの赤軍指揮官の一人でしかなかった。大規模な軍事衝突に対処させるのであれば、内戦や革命干渉戦争で功績のあった古強者《ふるつわもの》の将軍を指名するという選択肢もあったはずだ。

　この疑問について、ロシアの戦史家マクシム・コロミーエツ（父称不明）は、内戦当時の小戦闘の経験しかなく、ステップ砂漠地帯での軍隊運用の知識もないジューコフが選ばれたのは、軍の大立者であったソ連邦元帥セミョーン・M・ブジョンヌィが後押ししたからではないかと推測している。独ソ戦初期にしでかした失態ゆえに、現在のブジョンヌィの評価は高くはない。が、1930年代の彼は、内戦や対ポーランド戦で騎兵団を率いて、大きな戦功を立てた「名将」であり、その勲を讃えて「ブジョンヌィ行進曲」が作曲されたほどの人気者だった。[3]このブジョンヌィが、騎兵閥の有望な後輩という理由でジューコフを推薦したのであれば、[4]かかる人事がすんなりと通ったとしても不思議ではない。

　ただし、いわゆる「引き」だけで、ジューコフに決まったとするのは、いささか一面的に過ぎる説明だろう。なるほど、ブジョンヌィが後ろ盾になっていたことはあるにせよ、ジューコフは1939年までに、すでに頭角を現していたのである。まずは1930年に、彼がフルンゼ陸軍大学校を卒業したときの評価をみよう。諸兵科協同戦術に関する知識、図上演習や協同作業での成果については、きわめて満足がゆくものであった。野戦勤務教令にも詳しく、作戦・戦術レベルの意志決定は明快で堅固。ただ、興味深いことに、幕僚勤務の能力のみ「ほぼ満足」の評価になっており、「うまれつきの性格で、あきらかに前線指揮官なのである」と結論づけられている。

　加えて、ジューコフは、当時のソ連で発展しつつあった、あらたな軍事理論「作戦術」、「縦深戦」、「縦深

Russian International News Agency
(RIA Novosti)
1941年9月撮影

作戦」についても強い関心を抱いており、研鑽を積んでいた。「縦深作戦」理論の主唱者であったミハイル・N・トゥハチェフスキーとは、1921年のタンポフにおける農民反乱鎮圧に従事した際にその知己を得て、のちに彼のことを「軍事思想のエース」と高く評価している。また最近再評価が進んでいるソ連の軍事理論家ゲオルギー・S・イセルソーン▼5とは、彼が第4狙撃師団長で、ジューコフが第4騎兵師団長であった時代に、対抗演習を実行したこともあり、その理論についても精通していたと推測される。事実、ジューコフの娘は、父は数千冊におよぶ軍事関係の蔵書を持っていたが、フラーやリデル＝ハートの著作と並んで、トゥハチェフスキーやトリアンダフィーロフ、そしてイセルソーンのそれがあったと証言しているのだ。

さらに、ジューコフは、白ロシア軍管区の騎兵担当副司令官として、騎兵ならびに機甲部隊の育成に卓越した手腕を示している。ゆえに、ノモンハンの機動に向いた平坦な地形での戦闘がどうあるべきかを査察させるにはうってつけの人物とみなされたのだとも考えられるだろう。

ちなみに、6月2日にモスクワに呼び出される前に（この回想録の記述が正しいかどうかは、のちに検討する）、ジューコフは、ヴォロシーロフの命令を受けていたらしい。機密解除された彼の妻宛ての私信には（5月24日付）「今日、私は人民委員【ヴォロシーロフのこと】といっしょにいた。ことは、おおいにうまく運んでいると思う。長い任務に就くのだ。人民委員は、3か月ほどもかかるだろうと言った」と記されている。ジューコフは、この手紙において、任務の困難には触れず、長く別れての暮らしに耐えることを妻に求め、慰めることに主眼を置いているようで、その結びの部分は「君が泣くと、私もつらい。君にとっても苦しいことなのは、私にもわかっているよ。情熱的な、愛をこめたキスを送る。私の愛しい娘たちにもキスを。君のジョルジ」となっている。ジューコフは、モンゴルの乾いた大地での日本兵相手の戦闘が、「おおいにうまく運」びなどしないことを、この時点では、まったく理解していなかったのである。

指揮権の「掌握」

ジューコフの戦後の回想をみると、6月2日に初めてノモンハン行きの命令を受けたかのように記されているのは、すでに述べた通りだ。が、今日では、実際には5月24日付で、ヴォロシーロフからの命令が出ていたことがわかっている。そこから、ジューコフの使命について記した部分を引用しよう。「第57軍団長と彼の幕僚たちの戦闘訓練に関する勤務ぶり、麾下《きか》部隊に戦闘準備をなさしめるにあたり、部下たちの支援、第57軍団の兵力・編制の確認、軍団の兵器と軍需品の状態を安全たらしめるため、いかなる措置を取ったかを調査せよ。その間に、対策を取るべき欠陥が発見されたならば、それらを改善すべく、軍団長とともに迅速かつ決定的な措置を取るべし」

ここからは、従来の説明とはちがった事情が読み取れる。ジューコフ自身は、必要とあれば現地部隊の指揮を執《と》れと命じられたとしているが、実際には、第一次ノモンハン事件で日本軍を撃滅したものの、多大な損害を出した第57特別軍団の査察のみを指示されていたのだ。この命令を受領したジューコフは、査察チームを引き連れて、タムツァク・バラク（ハルハ川西方約130キロの地点）にあった第57特別軍団司令部に赴く。彼らは精力的に活動し、第57特別軍団の問題点を辛辣にえぐった報告（5月30日付）をヴォロシーロフに送った。それによれば、5月28日から29日の東捜索隊との戦闘は「尋常でなく混乱した」もので、死者71名、負傷者80名、行方不明者33名もの損害を出しており、その原因は、拙劣な戦術、運用構想の欠陥、敵の機動を予想して対応するのに失敗したことにあるのだった。さらに、6月3日の報告では、軍団司令部のなかでは参謀長のアレクサンドル・M・クシチェフ旅団指揮官だけが良い仕事をしているとした上で、軍団長のフェクレンコは「ボルシェヴィキ、そして人間としては善良であり、党の大義に献身していることは疑いないし、努力もした。が、そもそも明敏ではなく、任務遂行には適性不充分である」と断じた。

ゲオルギー・K・ジューコフ『ジューコフ元帥回想録　革命・大戦・平和』、清川勇吉、相場正三久、大沢正　共訳、朝日新聞社、1970年

けれども、こうした評価が適切であったかどうか。戦史家コロミーエツが指摘するように、フェクレンコは紛争勃発当初、事態を尖鋭化させないようにとのモスクワからの指示に抗するかたちで、状況の変化に応じて増援部隊を現地に送り、第一次ノモンハン事件における敗北を防いでいたのである。にもかかわらず、ジューコフがこのような報告を送った背景には、フェクレンコがヴォロシーロフらの不興を買ったことを察知し、彼らの望む線でまとめようという意思があったものと思われる。また、フェクレンコに代わって、大戦闘のひのき舞台で指揮を執り、手柄を立てたいという個人的野心があったとの推測も、完全には否定できまい。

いずれにせよ、ジューコフは、フェクレンコに対して否定的な報告を送るとともに、彼を更迭して、自分を司令官にするようヴォロシーロフに働きかけた。その際、助けとなったのは、在モンゴル赤色空軍副司令官ヤコフ・V・スムシュケヴィッチ師団指揮官である。スムシュケヴィッチは、ジューコフが白ロシア軍管区で勤務していたころの同僚で、交際があったのだ。6月4日付のヴォロシーロフ宛て書簡で、スムシュケヴィッチは、フェクレンコは失敗したのだから、ジューコフを臨時軍団長にして指揮を執らせるべきだと進言している。

かくて、ジューコフの願いはかなった。6月12日、彼は第57特別軍団長に任命されたのである。ジューコフの回想録が、こうした経緯を書かず、最初から現地の指揮にあたるよう内命されていたかのごとき印象を与える記述をしているのは、おそらく、かかる芳しからざる工作をしていたことを隠す意図があったのではないだろうか[▼6]。

戦闘準備

いずれにせよ、第57特別軍団長となったジューコフは、来るべき戦闘再開に備え、さまざまの措置を取った。とくに重視したのは、スパイ網の構築、航空偵察、捕虜の尋問による情報収集システムを得ることで、6月16日付のヴォロシーロフ宛て電報では、それなくしては「完全かつ明快な敵の像は得られない」と強調されている。また、軍紀と士気の回復に関しても、厳格な指示が下された。ジューコフによれば、指揮官ならびに政治委員は部隊の戦闘行動に対して個人的に責任を負わねばならず、失敗したなら軍法会議にかけられるべきなのだった。加えて、見せしめ的な処罰もなされた。7月13日、ジューコフは、臆病であるという理由で、2人の兵士を銃殺させたのだ。この一件についての軍団布告の末尾には「軍団長は、勇気、男らしさ、豪胆さ、不敵さ、ヒロイズムを、諸士に要求する……見下げ果てた臆病者と裏切り者に死を！」と記されている。後年の苛烈な統率ぶりを予見させるやりようではあった。

加えて、この間に、ジューコフの権限を強化する組織的措置もなされている。これまで、第57特別軍団は、グリゴリー・M・シュテルン二級軍司令官率いる「前線集団」（極東ソ連に展開する第1および第2赤旗軍、ザバイカル軍管区を統括する）の隷下にあったが、独立した第1集団軍に改編され、指揮系統の上からはモスクワに直接従うかたちとなったのだ。ジューコフ自身も集団軍司令官にふさわしく、7月31日付で軍団指揮官に昇進している。

もっとも、8月のソ連軍攻勢は、必ずしも「ジューコフの戦い」であったわけではない。彼自身は、回想録などであきらかにそう印象づけようとしているものの、指揮系統上はともかく、現地の兵站準備などに関しては、シュテルンの「前線集団」のバックアップがなければ不可能だった。ゆえに、シュテルンは、ジューコフの監督を怠らなかった。事実、8月10日付でモスクワに提出された作戦計画を承認したのはシュテルンであったし、準備のための諸計画を立案したのは、彼の参謀長ミハイル・A・ボグダーノフ師団

1939年に撮影されたもの。ジューコフ（右）と二級軍司令官シュテルン（左）、モンゴル軍ホルローギーン・チョイバルサン元帥（中央）

指揮官だったのである。

しかし、その功績の多くがシュテルンに帰せられるのか、あるいはジューコフになのかは別として、ソ連軍は、強大な兵力の集中に成功していた。攻勢前夜に、第57特別軍団は、第57および第82狙撃師団、第36自動車化狙撃師団、第6および第8モンゴル騎兵師団、第7および第8機械化旅団、第5機関銃旅団、第6および第11戦車旅団を麾下《きか》に置いていたのである。ジューコフは、この５万７０００名の将兵、砲５００門、戦車・装甲車９００両から成る兵力を日本軍にぶつけることができた。

むろん、鉄道端末からおよそ６５０キロも離れたノモンハンの戦場に、これだけの兵力を動かすための物資を運ぶことは容易ではない。そのために、ソ連軍はトラックを総動員した。ジューコフの回想録には、第1集団軍のトラック・油槽車２６３６両に加えて、ソ連国内から送られたトラック１２５０両、油槽車１１３両を使用しても、なお足らなかったと記されている。不足を補ったのは、ソ連軍の運転手たちである。彼らは、往復１２００から１３００キロになる輸送作業をこなし（往復には5日かかったという）、前線に物資を届けたのであった。
また、攻勢意図を隠すため、綿密な隠蔽策が取られた。人員物資の輸送は、航空機のエンジンをかけたり、ラウドスピーカーで騒音を立てて、移動時の地響きなどをごまかしながら、夜間に行われた。さらに、ソ連軍は防御に移りつつあると思い込ませるために、強度の低い暗号で、隷下部隊が塹壕を掘っているとした偽の無線通信を流したり、「ソ連兵が防御に際して知っておかねばならないこと」【強調大木】と題したパンフレットが日本軍に渡るようにするなどの措置が実行されたのだ。

こうして準備を終えた第1集団軍は、ハルハ側東岸の日本軍に対し、攻撃を仕掛けることになる。その構想は、古典的な包囲撃滅戦のそれであった。ジューコフは、麾下部隊を3個集団に区分した。右翼となる南方支隊が北上する一方、左翼の北方支隊がフイ高地の日本軍を攻撃し、これを南に駆逐する。中央支隊は、この間、日本軍の拘束に努め、南方・北方支隊（機甲部隊や騎兵が重点的に配置されていた）が両翼を突破、包囲態勢を完成させるのを助けるのだ。アメリカの戦史家アルヴィン・D・クックス評するところの、「ジューコフのカンナエ」であり、カルタゴの名将ハンニバルがローマ軍を殲滅した戦いに相当するほどの戦勝を得ようと企図するものであった。

不完全なカンナエ

8月20日に開始されたソ連軍の攻勢は、これまで、一方的な優勢を保って遂行されたものとして理解されてきた。ところが、ソ連邦崩壊後、さまざまな機密文書が公開され、ノモンハンの戦いにおいて、ソ連軍が意外なほど多くの損害を出していたことがあきらかになっている。表面的には、日本軍は大打撃を受けた。が、「丘の向こう側」では、ソ連軍も血まみれになっていたのだ。

だとするならば、圧倒的な戦力を誇っていたはずのソ連軍が、なぜ、このような苦戦を強いられることになったのだろう。その理由を、日本軍の精強さに求める論者も少なくない。フイ高地の戦闘が示すように、守備隊の8割以上が戦死するなどというのは尋常なことではなく、こんな強敵を相手にしたソ連軍が大損害を被ったのも当然だとする議論は、たしかに説得力を持っている。しかしながら、ソ連軍の失態には、それ以外の原因があった。結論を先取りするならば、ソ連軍はなお未熟であり、ジューコフの指揮統率も完全ではなかったのだ。

ここに、興味深い手記がある。ノモンハン戦に後方支援部隊指揮官として参戦し、のちにソ連軍参謀本部情報総局情報部長などを務めたヴァシーリー・ノヴォブラネツ大佐がひそかに遺していたもので、大佐の死後、ロシアの歴史雑誌『戦史公文書』第5巻（2004年）に発表された。そこに描かれているノモンハンの実相は、われわれのイメージをくつがえすだけのインパクトを持っている。以下、要点を挙げつつ、解説していこう。

ノヴォブラネツによれば、各部隊の協同は実行されず、ばらばらに動いていたという。「たとえば、戦車は敵の後方深く突き進んで貯蔵燃料を撃滅したが、戦車の助けを得られない歩兵は、日本軍の銃撃で死んでいった。航空部隊も敵後方を攻撃しながら、戦場の歩兵を支援しなかった」驚くべき記述ではある。

当時のソ連軍は、縦深打撃理論をひそかなる前提とした「赤軍野外教令」（1936年版）を発布しており、その内容は、世界の軍事筋を驚倒させるほど先進的なものだった。[7] そこには「攻撃はあらゆる戦闘資材の協調により、同時に敵防御配備の全縦深を制圧するの主義によりて指揮せらるべきものとす」とあり、そのために航空部隊は敵の予備および後方を攻撃するとある。ジューコフも、この「赤軍野外教令」を拳々服膺《けんけんふくよう》していたはずで、当然、全縦深同時制圧を試みたものの、実際には齟齬《そご》が生じ、諸兵科協同の失敗につながったものか。戦車の歩兵支援についても、同じく「赤軍野外教令」に詳細な規定があるのだが、これも充分に機能しなかったらしい。

さらに諸兵科協同戦闘や縦深打撃を成功させるカギとなる通信連絡も、ノヴォブラネツの言葉を借りれば、「完全にまずかった」。やや長くなるけれども、引用する。「すでに無線はソヴィエトの人々の生活にも浸透していたが、部隊との連絡には使用されず、司令部は戦闘を操る基本的手段を持たなかった。戦闘の初期は、司令部はいつも各部隊からの連絡士官で人だかりができていた。ジューコフ将軍は技術的進歩を無視し、ナポレオン時代のように連絡のためだけに士官を使っていたのだ。【中略】連絡士官らは戦場に戻る途中、果てしない大草原で道に迷い、砂丘の中を迷走しているうちに銃撃されて死んだ。指揮官の命令が各部隊に届かず他の決定が必要な状況に陥ったり、現場からの連絡士官が足りずジューコフ将軍が司令部の士官を前線に散らせることもよくあった」

もちろん、ノヴォブラネツは後述するごとくジューコフに批判的な人物であり、その回想も100パーセント額面通りに受け取ることはできまい。だが、大佐が描いているような、各部隊の調整や連絡がうまくいかず、歩戦協同が失敗するようなさまは、ノモンハン戦を研究した多くの著書などにも記されており、まったく信用できない史料でないことは確認できる。

おそらく、ノモンハンの翌年、1940年のフィンランドに対する戦争で暴露されたようなソ連軍の欠点——理論においては群を抜いた水準を誇っているが、将校の粛清、兵士の教育程度の低さから来る質の劣化により、実際の運用になると破滅的な失敗を犯すという特徴が、この8月攻勢においても、はっきりと表れていたのであろう。

むろん、ジューコフは、その乖離《かいり》を埋めようと、けんめいに努力した。麾下部隊の将兵を督戦し、ときには更迭や銃殺をちらつかせて脅し上げたのである。いや、それは脅しではなかった。事実、フイ高地を攻撃した北方支隊指揮官I・V・シェフニコフ大佐は、攻略遅延の責任を負って、8月21日に解任されているのだ。また、8月28日深夜、733高地を守っていた歩兵第64連隊の残存部隊に対し、ソ連狙撃兵部

ノモンハンのソ連軍部隊

隊が異例の夜襲をかけているが、日本の戦史家古是三春は、これは期限付きで陥落させよとの命令が出ていて、失敗すれば、指揮官を逮捕したり銃殺するとの脅しがかけられていたにちがいないと推察している。ノヴォブラネツが目撃したという「連絡士官」の前線との往来は、あるいは、こうした督戦に派遣されたものとみることも可能だろう。

けれども、精神論で現実の欠陥を補うことができないのは、日本軍のみならず、ソ連軍においても同様である。結局のところ、ジューコフの峻烈な統率も、戦術上の不手際ゆえに麾下部隊が大損害を出すのを防ぐことはできなかった。彼が夢見たカンナエは、不完全なものとならざるを得なかったのだ。では、かかる醜態にもかかわらず、ソ連軍はどうやって日本軍を圧倒し、勝利を得ることができたのか？

ノヴォブラネツ大佐は、冷徹な評価を下している。「率直に認めれば、赤軍兵士と若手指揮官だけが申し分のない状態にあった。【中略】しかし、ジューコフ将軍率いる第1集団軍の司令部の行動は満足できる状態にはなかった。より正確に言えば、私たちが日本人に勝ったのは、兵力と武器類の面で優位に立っていたからであり、戦闘能力で勝利したのではない」

8月28日から9月1日にかけて、ジューコフは、わずかな空き時間を利用して、妻に一通の手紙を書いた。そのなかに「本日、日本のサムライを完全に撃破した」との一文がある。だが、この日のジューコフほど、サムライと戦う困難を知っている軍人はなかったであろう。

ソ連軍にとってのノモンハン

このようにみてくると、ノモンハンにおけるソ連軍の勝利は、けっしてジューコフのみによって得られたものでないことがわかる。それは、約650キロにわたる長大な補給線を維持し、日本軍を撃滅するのに必要な物資を供給し続けたシュテルンの勝利でもあったのだ。当時、その認識は一般的なものだったと思われることを示唆するエピソードがある。8月30日、ソ連政府はノモンハンの勝利を公式に祝い、31名の参戦者に「ソ連邦英雄」の称号が与えられると発表した。その序列の筆頭にあったのはシュテルンであり、ジューコフではなかったのである。

にもかかわらず、以後長きにわたり、ノモンハンの栄光はジューコフに独占されることになった。ノヴオブラネツの手記は、そのスキャンダラスな経緯を、このように記している。シュテルンは、ノモンハン戦における司令部のあらゆる誤謬や戦闘準備の不足について報告書をまとめるように命じた。彼は、それを最高指導部に提出したのち、極秘資料として発行し、ソ連軍の指揮官たちに学ばせるつもりだったのだ。その過程で、ジューコフにも聞き取り調査が行われたが、「将軍は調査に落胆し、その後は一切協力しなかった」という。ともあれ、完成した報告書を受け取ったソ連軍参謀本部東部作戦部は、それを高く評価し、出版しようとして、参謀総長に許可を求める。ところが、その時点での参謀総長はジューコフだったのである。「ジューコフ将軍はすでにノモンハン戦を自賛する内容の著書を出版していた。それを知らないシェフチェンコ大佐【参謀本部東部作戦部所属】は、出版許可を得るため報告書をジューコフ将軍に渡したが、激怒した将軍はシェフチェンコ大佐を怒鳴りつけ報告書を自分の金庫に葬った」と、ノヴォブラネツは記している。もちろん、シュテルンが独ソ開戦前夜にスパイの嫌疑を受けて粛清されたことも、こうした歪曲がまかりとおる一因にもなっていただろう。

もっとも、ノモンハンの勝者という評価を踏み台に、さらなる昇進を狙っていたジューコフのみならず、スターリンにとっても、この日本軍に対する勝利は「圧勝」である必要があった。当時のスターリンは、やがてナチス・ドイツが引き起こすであろう世界戦争に巻き込まれるのを避けようと腐心していた。そのためにこそ、イデオロギー上の敵であるはずのヒトラーとのあいだに不可侵条約を結び、東にあっては日本軍に一撃を加え、ソ連侮りがたしの畏怖心を植えつけようとしたのだ。事実、ノモンハンで日本軍を敗北させ、停戦交渉を有利に進めたことで、スターリンの目的は達成されたと評価できる。かかる大戦略からすれば、ノモンハンの勝利はぎりぎりのものだったという議論など、認められるはずがなかったのである。

とはいえ、以上のような政治的背景にもかかわらず、ジューコフが無能であったとは決めつけられないだろう。なぜなら、粛清で大きな傷を負い、なお再建の途上にあった1939年のソ連軍を率いて、日本軍の精鋭を撃滅したというのは、まぎれもない大きな功績であった。対フィンランド戦でソ連軍が示したぶざまさと比較すれば、それはあきらかだ。

ただし、ジューコフとソ連軍が払った代償は、きわめて高価なものとなった。ソ連邦崩壊以前には極秘にされていた史料から出された数字は、ノモンハンで戦死した将校は1134名、下士官は1433名、兵士は5407名となっている。たとえるなら、ソ連軍はこうして、人命という授業料を払いながら、独ソ戦へのリハーサルを繰り返したといえる。ノモンハンのみならず、冬戦争（1939〜1940年の対フィンランド戦争）も同様であり、対独戦初期の展開も、そうした性質を帯びていたと論じることもできよう。こうした試行錯誤のなかで、ジューコフは熟練した戦将となり、ソ連軍も縦深打撃作戦を遂行できる精強な軍隊へと成長していったのである。

写真：1941 年、ロシアに侵攻するドイツ軍

第二章　幻の大戦車戦

——消された敗北

史上最大の戦車戦といえば、１９４３年のツィタデレ作戦中に生起したプロホロフカの戦いだ。それは、戦史に関心のあるものにとっては常識だった。だが、その認識は、もはや過去形となった。というのは、冷戦終結とソ連崩壊後に機密解除された文書をもとにした研究が進み、今日では、バルバロッサ作戦の初期段階ですでに大規模な戦車戦が展開されていることがあきらかにされ、そのなかには参加戦車数でプロホロフカをしのぐものもあったことが証明されているからである。本稿では、そうした研究に依拠して、ドゥブノの大戦車戦、そしてプロホロフカ以上の戦車の激突となったセンノ[1]の戦いの経緯を論述したい。

機械化部隊の急成長

ソ連軍戦車部隊の起源は、内戦中の１９２０年にさかのぼる。当時、赤軍は、英仏が白軍に供給した戦車を大量に鹵獲しており、革命軍事委員会はこれを使って、「自動車・戦車支隊」を編成すると決めたのである。各隊は、戦車３両から成っており、それぞれ重・中・軽戦車１両ずつを有していた[2]。この戦車隊は、ソ連・ポーランド戦争に投入され、装甲車や装甲列車、騎兵と協同して活躍した。ただし、当時の原

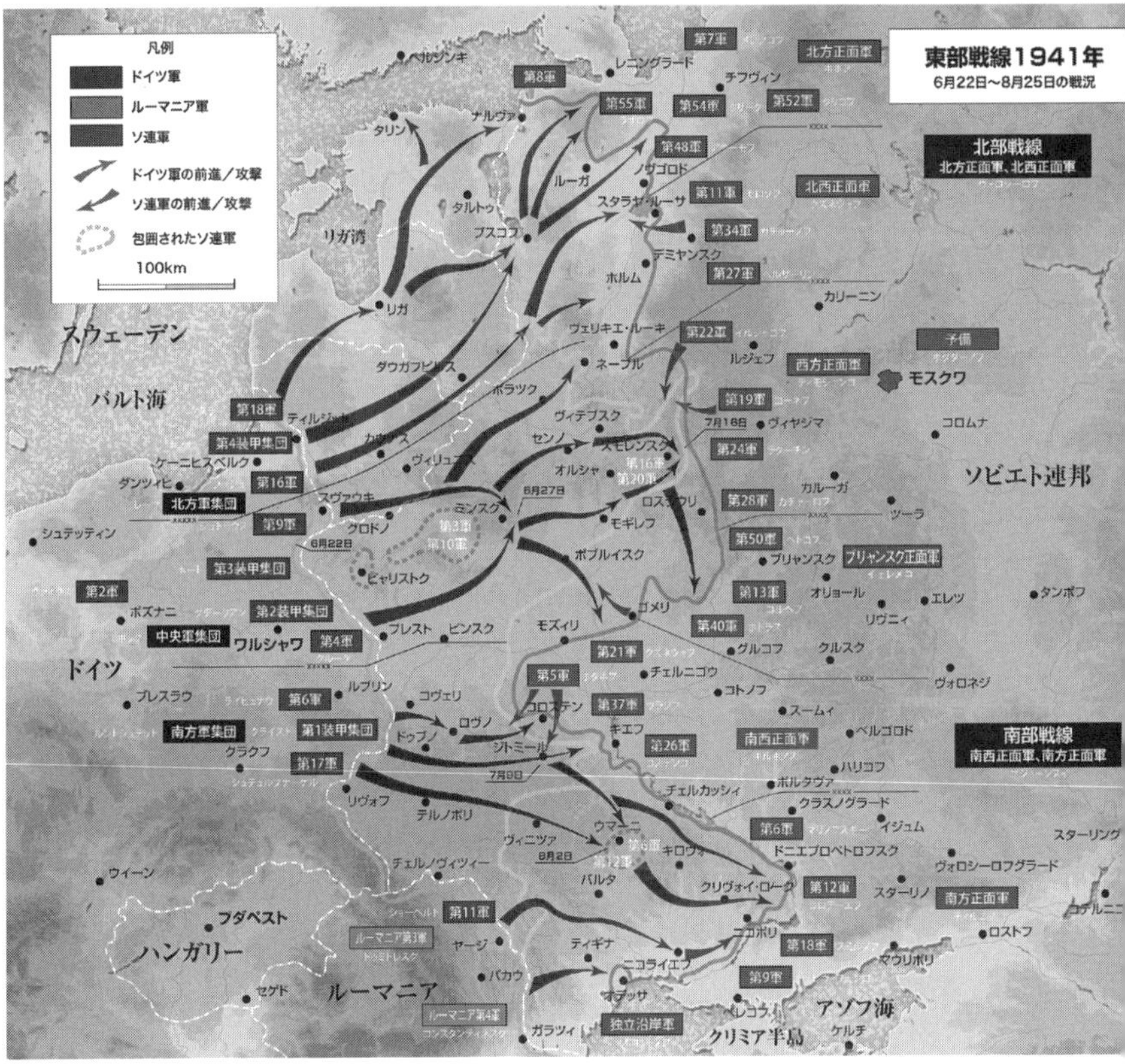

始的なドクトリンに基づいて、戦車はもっぱら陣地攻撃や歩兵支援に使われていた。

しかし、ソ連に対する干渉が終わり、その工業力が増すとともに、赤い機械化部隊は飛躍的な拡大をとげる。機械化部隊が重視された背景には、ソ連が置かれた戦略的な状況があった。世界最初の社会主義国は、資本主義諸国、すなわち潜在的な敵国に囲まれており、彼らとの戦争は避けられないと考えられていたのだ。来るべき戦争は、決戦によって帰趨《きすう》が定まるのか、長引く消耗戦になるのか。赤軍は攻勢をとるべきか、防御に頼るべきか……。新しいソ連軍の創設者たちは脳漿《のうしょう》を絞り、答えを求めた。ソ連にとって幸いだったのは、この時期、アレクサンドル・A・スヴェーチンやミハイル・N・トゥハチェフスキー、ヴラジミル・K・

トリアンダフィーロフといった卓越した頭脳を抱えていたことであろう。彼らは、ソ連の戦略の大原則として攻勢主義を選び、敵の最前線から後方までを、砲兵や航空機ほかで同時に制圧、さらに機動戦力を以て突進させる「縦深作戦」理論を練り上げたのであった。

こうした思想を反映して発布された1936年版「赤軍野外教令」をみよう。[3]「攻撃はあらゆる戦闘資材の協調により、同時に敵の防御配備の全縦深を制圧する主義によって指導せらるべきである」（第16条）。また、「現代における資材の進歩は、敵の戦闘部署の全縦深にわたり同時にこれを破摧《はさい》する可能性を与えた。迅速なる兵力移動・奇襲的迂回および退路遮断による急速な後方地区の占領はいよいよその可能性を増大した」（第9条）とも喝破《かっぱ》されている。まさに機械化部隊こそ、かかる後方への機動にはうってつけであった。「機械化兵団は戦車、自走砲兵および車載歩兵より成り、独立又は他兵種と協同して独立任務を遂行することを得」、「その特性は行動の機動力と強大なる火力と威大なる打撃力とを備うる点にあ」るからだ（第7条）。

ソ連は、この戦勝へのカギとなる部隊を得るべく、第一次五か年計画（1928〜1932年）で国内自動車産業の振興に努めるとともに、外国より多数の戦車と自動車を購入した。1930年代なかば以降も機械化部隊の増強は続く。西のドイツにヒトラー政権が誕生し、東の日本が満洲事変を起こして、二正面戦争の脅威が大きくなってきたとあってはなおさらだった。

その結果、ソ連軍機械化部隊は強大なものとなっていた。1940年型の戦車師団の標準編制をみると、2個戦車連隊（それぞれ戦車164両ならびに火炎放射戦車27両を装備）、1個機械化狙撃連隊、1個砲兵連隊（122ミリ榴弾砲12門ならびに152ミリ榴弾砲12門を装備）から成り、[4]建制で1万544名の兵員を有している。機械化狙撃師団は、2個自動車化狙撃連隊、1個戦車連隊、1個砲兵連隊（榴弾砲36門）で編成され、[5]建制で1万1579名の兵員と275両の軽戦車が配されていた。1941年型編制になると、

ドゥブノ近郊で撃破されたソ連軍の重戦車

これがさらに強化される。独ソ開戦前夜、このような戦車・機械化師団約60個師団が、ソ連西部方面に配置されていたという。

強力な拳と貧弱な足腰

　堂々たる兵力である。それが、革命記念日に赤の広場で軍事パレードを繰り広げているのをみれば、誰もソ連軍機械化部隊の威力を疑わなかったであろう。だが、その内実たるや、多数の問題を抱えていた。

　何よりもまず指摘されるべきは、１９３７年に開始された赤軍大粛清の影響である。スターリンの猜疑心によって引き起こされた殺戮により、トゥハチェフスキーをはじめとするソ連軍幹部多数が「人民の敵」として、あるいは銃殺され、あるいは逮捕投獄されていった。１９３７年だけで、４４７４名の将校が逮捕され、１万１１０４名が政治的理由で解任された。ところが、この大粛清と並行して、スターリンはソ連軍大拡張を強行していた。１９３６年から１９３９年にかけて、ソ連軍は従来のおよそ倍、２００万を超える兵力を有するに至る。さらに、ドイツ軍の侵攻までに、もう一度兵力倍増が実行

沼地に放棄されたソ連軍戦車を修理可能か調査するドイツ軍工兵

されていた。
これでは、将校下士官が極端に不足したとしても当たり前というものである。1940年夏、225個連隊の指揮官を査察した歩兵総監は、こう報告した。陸軍大学校卒業者は皆無、軍学校を卒業したもの25名、ほか200名は将校速成課程を受けて少尉に任官した。1940年初頭の時点で、師団長の7割以上、連隊長の約7割、政治委員と政治部隊長の6割が、その職に就いてから1年ほどの経験しかない……。
危険な状況にあるのは、人材面だけではなかった。機械化部隊を支えるメンテナンスは貧弱で、戦車や各種自動車両の稼働率はきわめて低い。また、戦闘部隊の「神経」である無線装備も不足していて、いざ実戦になると、昔ながらのやり方で伝令を出さなければならないことも多々あった。
加えて、攻撃偏重のドクトリンが、この場合は悪影響を及ぼしていた。1941年5月、国防人民委員セミョーン・K・ティモシェンコ元帥と赤軍参謀総長兼副国防人民委員ゲオルギー・K・ジューコフ上級大将が、対独先制攻撃を提案し、スターリンを激怒させたというエピソードに象徴されているように、[6]たとえ防御戦を強いられる場合でも反撃を決行し、事態を転回させるという発想は、ソ連軍指揮官たちにとっては本能となっていたとしてもさしつかえなかった。

前出の「赤軍野外教令」には、「移動防御にありては縷々《るる》展開中の敵に短切なる打撃を加え、あるいは無謀に前進する敵を邀撃する等あらゆる好機を利用すること肝要なり」（第256条）、「機械化兵団及び戦略騎兵（もし存在せば）の一部は、敵追撃縦隊の側面及び背面に打撃を加うるために使用せらる」とある。一般原則としては、まったく正しい。しかし、右記のごとく、独ソ開戦当時のソ連機械化部隊は、正面装備こそ充実しているものの、それを支える後方装備はなお不足しており、熟練した将校下士官の数も少なかった。いわば、強力な拳を持ってはいても、足腰が貧弱だったのだ。バルバロッサ作戦初期に、そのような機械化部隊によって反撃を加えたことは、破滅的な結果をもたらすことになる。

奇襲と航空優勢

無数に寄せられていたドイツの対ソ攻撃情報を、スターリンがまったく信じようとせず、偶発的な戦争開始を恐れて、ソ連軍の戦闘準備を掣肘《せいちゅう》したことは、今ではよく知られている。しかし、開戦前日、1941年6月21日になると、ドイツ軍侵攻を警告するシグナルは無視することができないほどになり、さしものスターリンも、レニングラード、バルト、西特別、キエフ特別、オデッサの各軍管区に戦闘準備を命じざるをえなくなった。[7]だが、すでに遅かった。6月22日払暁、ドイツ軍とその同盟軍は、フィンランドから黒海沿岸に至る長大な戦線で攻撃を開始したのである。

南部ロシアの征服を任務とする南方軍集団の先鋒となったのは、エヴァルト・フォン・クライスト上級大将率いる第1装甲集団だった。第3自動車化、第48自動車化、第14自動車化の3個軍団を擁する同装甲集団の前に、南西正面軍（独ソ開戦とともに、キエフ特別軍管区が動員され、南西正面軍に改編された）はな

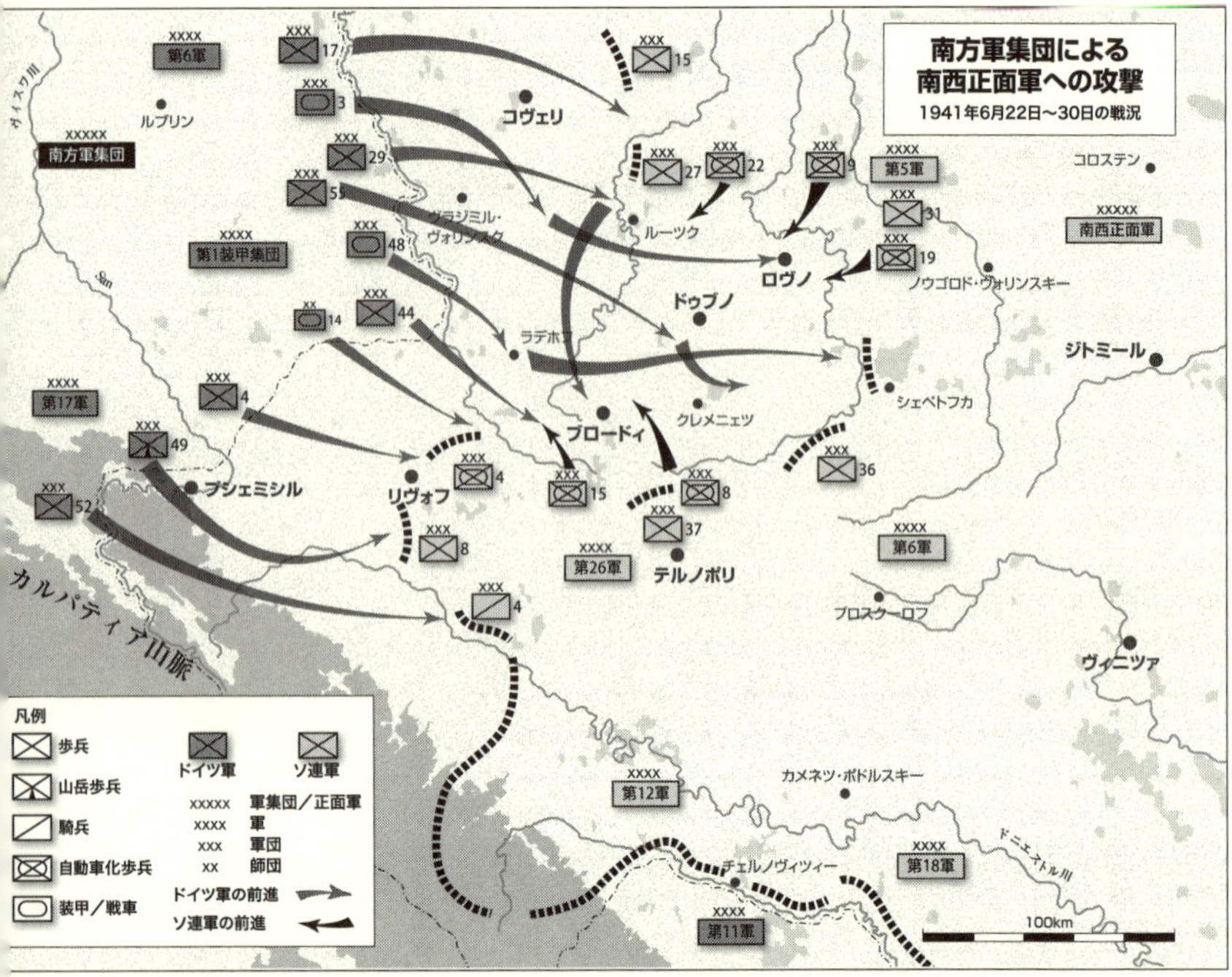

すすべもなかった。ドイツ軍の攻撃がはじまった22日午後になっても、モスクワからの指令は、わが領土を侵犯したドイツ軍部隊を全力をあげて撃滅せよとしながらも、「別命あるまで、地上部隊は国境を越えてはならぬ」としていたのだ。突破に成功した第1装甲集団はコヴェリ＝ロヴノの軸に沿って猛進した。

いうまでもなく、この快進撃には、ドイツ空軍の航空優勢が与っていた。北方ならびに中央軍集団の戦区同様、南方においても奇襲は成功し、ソ連空軍部隊の多くは大打撃を受けていたのである。たとえば、コヴェリ近郊に駐屯していた第17戦闘機連隊は、ヴィニツァから飛来した別の戦闘機連隊ともども地上で捕捉撃破され、開戦3日目には、ほぼ全滅していた。6月24日に、両戦闘機連隊に残っている稼働機は、I－153が10機、Mig－1が1機のみだったという。この時点で、残った戦闘機はロヴノ付近の予備飛行場に避退、また翼なきパイロットはトラックで退却するはめになったのだ。以後、ドイツ空軍は、ソ連軍に圧迫を加え続け、その反撃撃退においても大きな役割を演じることになる。

指令第3号

開戦第1日目にして、南西正面軍は苦境に立った。同軍の作戦課長イヴァン・K・バグラミヤン大佐は、回想録に記している。「6月22日夕刻の時点までに、正面軍司令部のものは誰一人として、反撃の可能性など考えられなくなった。持ちこたえているだけで精一杯だったのである！　モスクワからの後続指令は防御を目的としたものになるだろうと確信していた」その南西正面軍司令部に、国防人民委員会からの、しかもジューコフの署名がなされた、あらたな命令が届いたのは、深夜11時のことであった。一読した南西正面軍司令官ミハイル・P・キルポノス大将は、驚愕に襲われる。

「ハンガリーとの国境に強力な防衛線を堅持する一方、ルブリン方面に向け、第5および第6軍を以て集中打撃を加えるべし。最低でも正面軍の有する5個機械化軍団と航空部隊を活用、ヴラジミル＝ヴォリンスキー＝クリスタノポリの戦線で前進しつつある敵を包囲殲滅せよ。6月24日までにルブリン付近地域を占領のこと」というのが、指令第3号の内容であった。指令ばかりではない。スターリンの使者として、事態を掌握、反撃を督戦するために、ジューコフと南西正面軍軍事委員会のメンバーに任命されたニキータ・S・フルシチョフが、キルポノスの司令部に向かいつつあった。

今日の眼からみると、あきらかに無茶な命令である。▼8 だが、南西正面軍の握っていた機械化部隊の兵力を考えれば、必ずしも問題外というわけではなかった。なぜなら、同正面軍は総計2500両の戦車を保有しており、うち700両は新型のT‐34とKV戦車だったからである。しかしながら、この巨大な機械化部隊は、張り子の虎でしかなかった。旧式戦車は部品不足に悩んでおり、転輪用ゴムや履板がないために、戦車そのものは存在していても動かせないということも、しばしばだった。また、T‐34とKVにも、新型戦車特有の克服されていない技術的欠点があったし、何よりも戦車兵がそれらに充分に習熟していなかった。

加えて、弾薬や燃料、部品の集積所の多くが、空襲によって破壊されたことも大きい。スターリンは、偶発的な戦闘から対独戦に突入することを恐れて、開戦までドイツ軍の偵察活動に対応することを禁じていたから、ドイツ空軍は、そうした後方の重要拠点のありかを思うがままに特定し、爆撃を仕掛けること

付表1　ドイツ南方軍集団戦闘序列

1941年6月22日。ドゥブノ戦に参加した部隊のみ

南方軍集団（ゲルト・フォン・ルントシュテット元帥）
- 第6軍（ヴァルター・フォン・ライヒェナウ元帥）
  - 軍予備
    - 第55軍団
      - 第75歩兵師団
      - 第168歩兵師団
    - 第298歩兵師団
  - 第17軍団
    - 第56歩兵師団
    - 第62歩兵師団
  - 第29軍団
    - 第44歩兵師団
    - 第111歩兵師団
    - 第299歩兵師団
  - 第44軍団
    - 第9歩兵師団
    - 第297歩兵師団
- 第1装甲集団（エヴァルト・フォン・クライスト上級大将）
  - 集団予備
    - 第16自動車化歩兵師団
    - 第25自動車化歩兵師団
    - 武装親衛隊「アドルフ・ヒトラー直衛旗団」自動車化師団
  - 第3自動車化軍団
    - 第13装甲師団
    - 第14装甲師団
  - 第48自動車化軍団
    - 第11装甲師団
    - 第16装甲師団
    - 第57歩兵師団
  - 第14自動車化軍団
    - 第9装甲師団
    - 武装親衛隊「ヴィーキング」自動車化師団

Kamenir, pp.263-264 より作成

ができたのである。また、ソ連戦車兵のほとんどは整備訓練を受けておらず、ごく単純なトラブルでも、対応できずに戦車を放棄する場合が少なくなかったのだ。

けれども、内実はともかく、書類の上では堂々たる戦力である。指令第3号に従い、南西正面軍は、反撃計画を練った。古典的な挟撃作戦である。突出してくるドイツ軍第1装甲集団の側背を衝かんと、第5軍は北方、第6軍は南方から攻撃するのだ。反撃開始時間も、23日午後10時と定められた。

付表2　キエフ特別軍管区戦闘序列

1941年6月22日

キエフ特別軍管区（ミハイル・P・キルポノス大将）		
	第9機械化軍団（2個戦車師団、1個自動車化狙撃師団）	
	第15機械化軍団（2個戦車師団、1個自動車化狙撃師団）	
	第19機械化軍団（2個戦車師団、1個自動車化狙撃師団）	
	第24機械化軍団（2個戦車師団、1個自動車化狙撃師団）	
	第7狙撃軍団（3個狙撃師団）	
	第31狙撃軍団（3個狙撃師団）	
	第36狙撃軍団（3個狙撃師団）	
	第37狙撃軍団（3個狙撃師団）	
	第49狙撃軍団（3個狙撃師団）	
	第55狙撃軍団（3個狙撃師団）	
	第5軍（ミハイル・I・ポタポフ少将）	
		第15狙撃軍団（2個狙撃師団）
		第27狙撃軍団（3個狙撃師団）
		第22機械化軍団（2個戦車師団、1個自動車化狙撃師団）
	第6軍（イヴァン・N・ムジチェンコ中将）	
		第6狙撃軍団（3個狙撃師団）
		第4機械化軍団（2個戦車師団、1個自動車化狙撃師団）
		第3騎兵師団
	第12軍（パーヴェル・G・パネデーリン少将）	
		第13狙撃軍団（2個狙撃師団）
		第17狙撃軍団（2個山岳狙撃師団、1個狙撃師団）
		第16機械化軍団（2個戦車師団、1個自動車化狙撃師団）
		第58山岳狙撃師団
	第26軍（フョードル・Y・コステンコ中将）	
		第8狙撃軍団（2個狙撃師団、1個山岳狙撃師団）
		第8機械化軍団（2個戦車師団、1個自動車化狙撃師団）

Kamenir, pp.265-269 より作成

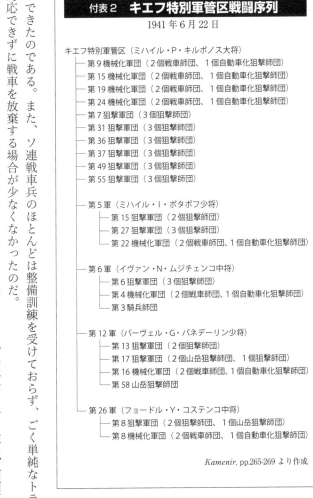

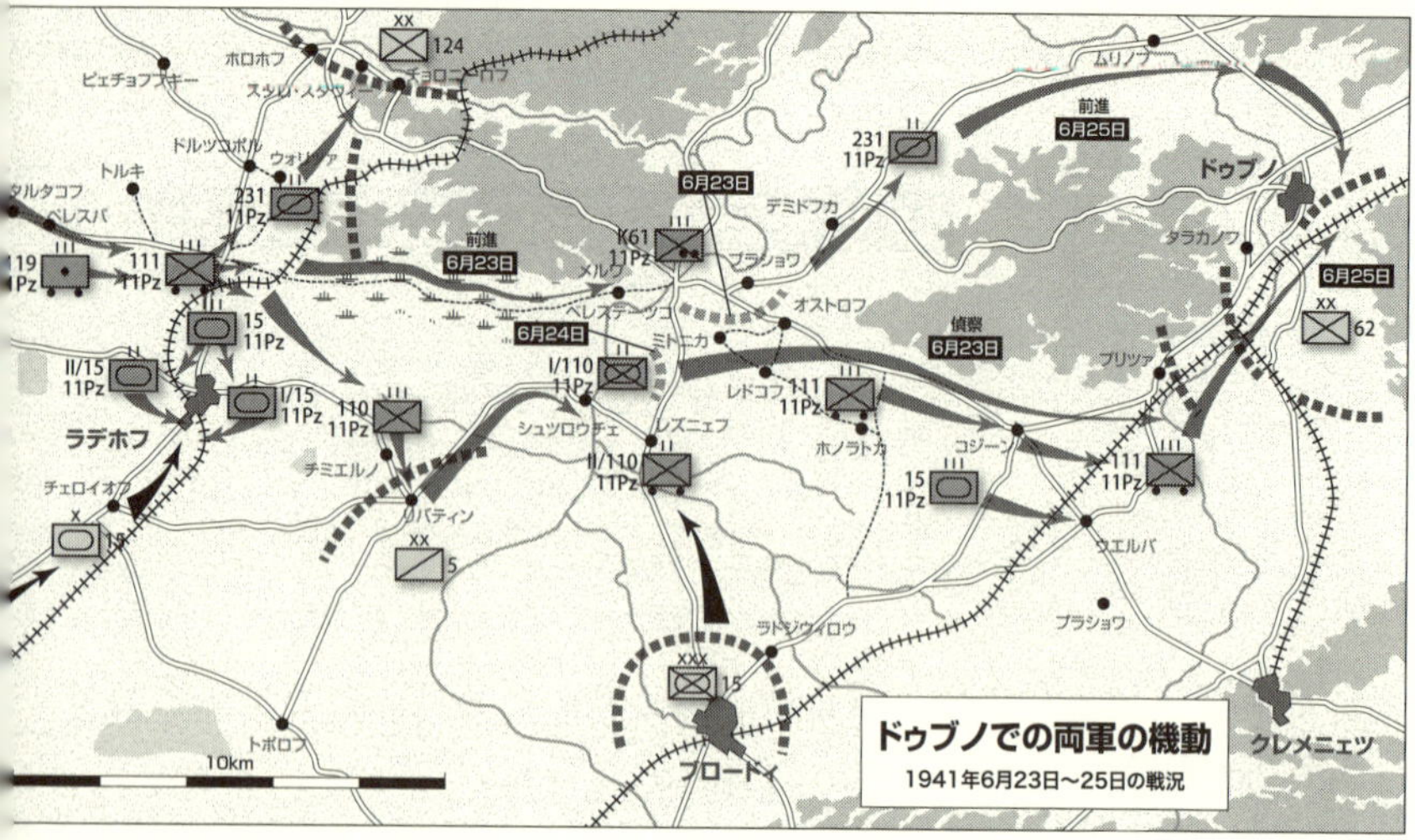

乱れた歩調の反撃

ところが、南西正面軍麾下部隊の攻勢発起点への移動は、遅れに遅れた。それには、ドイツ空軍の航空阻止、輸送手段の欠如、通信の乱れ、避難民や敗残兵が道路をふさいだことなど、さまざまな理由がある。とくに、通信と輸送には、多大な問題が生じていた。ドイツ軍特殊部隊の攻撃や空襲、またドイツ軍侵攻を絶好の機会として蜂起したウクライナ民族主義者の襲撃により、前線部隊への通信は困難をきわめていたのだ。

また、機械化部隊といえども、トラックが充分に装備されていないことが災いした。のちに有名になるコンスタンチン・K・ロコソフスキー少将率いる第9機械化軍団の例をみよう。少将は、自分の責任で、軍管区予備から約200両のトラックを調達したが、それでもまだ足りなかった。トラックが弾薬や補給品を運ぶのに優先的に使われたため、名ばかりの「自動車化狙撃兵」▼9は開戦初日に、完全装備の上に予備の弾薬を抱えて、50キロ近くを徒歩で行軍しなければならなかった。戦車や装甲車も、狙撃兵を置いてきぼりにしないため、前進速度を落としたことはいうまでもない。もちろん、徒歩行軍で疲れ切った「自動車化狙撃兵」は、休息させなければ使いものにならなかった。

ほかの戦区でも、混乱が生じていた。牽引車がないために、重砲を前線に送れない。せっかくKV－2重戦車がありながら、砲弾が補給されず、単なる機関銃トーチカ代わりに使われる……。整備能力の欠如も暴露されていた。第19戦車師団では、12ないし20パーセントの車両が出動不能で、兵営に置いていかれることとなった。行軍の途上でも、故障した戦車は、移動修理廠が追随してこなかったために放棄されていく。加えて、燃料補給が途絶えたために動けなくなった車両もあった。こうした、さまざまなトラブルによって、反撃開始は6月24日午前4時に延期せざるを得なくなったのである。

しかし、その間にも、ドイツ軍は進撃を続けていた。先鋒の第11装甲師団は開戦2日でおよそ50キロも前進しており、ドゥブノに迫りつつあった。その北では、第13ならびに第14装甲師団がルーツクに向かって急進している。ところが、この危険な突出部を排除するソ連軍機械化部隊は、すでに述べたような事情から集結を完了していない。

準備が終わってから攻撃するべきか、それとも、拙速であっても即刻反撃するか。南西正面軍参謀長マクシム・A・プルカーエフ中将は、さらなる攻撃延期を主張したが、政治委員ニコライ・N・ヴァシューギン[10]とジューコフの作戦発動論が勝った。6月24日、予定通りに反撃が開始される。

結果的には、この決定は、逐次投入は不可という軍事の原則を証明するものとなった。ソ連軍打撃部隊のほとんどは、いまだ攻勢発起点に到着しておらず、24日に攻撃に使えたのは、突出部の北で1個戦車師団、南で2個戦車師団だけだったのである。しかも、南西正面軍の状況把握が正確でなかったことから、矛盾した命令に振り回されて、戦闘に参加できなかった部隊さえ出た。結局、ソ連軍の反撃は、いわば歩調の乱れたものとなり、その威力を十二分に発揮することができなかったのである。

それでも、態勢が伸びきっていたところに、T－34やKV戦車を含む機械化軍団が側面から攻撃したのだから、最初は戦果が得られた。27日までに第8機械化軍団は、ドゥブノに突入していた第11装甲師団を撃退し、同市を占領する。南では、第15機械化軍団が、ブロードィ方面から第1装甲集団の側面を脅かしていた。ソ連軍にとっては、絶好のチャンスである。このまま前進を続ければ、第11装甲師団のみならず、第14自動車化軍団全体を包囲撃滅することも夢ではない。事実、ドイツ側も、交通の結節点であるドゥブノが奪回され、第11装甲師団後背部にソ連軍が浸透していること、ブロードィ・ドゥブノ間に圧力がかかっている現状を危機と認識し、側面を固める歩兵師団群の前進を急がせていた。

しかし、南西正面軍は好機を生かすことができなかった。キルポノス大将は、南から攻撃している部隊が、ドイツ軍によって包囲される危険があると考え、撤退して戦線を短縮すべく、作戦中止を命じた。ところが、反撃成功の見込みがあると信じていたジューコフは、その命令を撤回させたのである。現場の部隊こそ災難であった。反撃を止められ、退却の準備をしていると、今度は攻撃を続けよと矛盾した指令が来たのである。これに兵站や通信の困難が加わって、赤い巨人も足踏みせざるを得なくなった。

このとき、増援を投入したドイツ軍の反撃がはじまった。第16装甲師団を先頭に立てた攻撃により、ドゥブノは再びドイツ軍の手中に落ちる。29日までに、ソ連軍の槍の穂先たるポーペル支隊[11]も包囲された。かくて窮地を脱した第1装甲集団は、7月に入ると東方への進軍を再開、ソ連軍諸部隊は大量の車両を放棄しつつ、総退却に移ったのである。

かくのごとく、いわば竜頭蛇尾に終わった反撃であったが、参加戦車数はのちのプロホロフカ戦をしのぎ、冷戦終結まではドゥブノ戦こそ史上最大の戦車戦とみなされていた。だが、ソ連邦崩壊ののちに公開された秘密文書は、その直後にドイツ中央軍集団の戦区において、ドゥブノ同様の大戦車戦があったことを暴露したのである。

大機甲兵団の内実

付表３　第７機械化軍団の人員装備（1941年7月6日）

部隊	KV	T-34	BT	T-26	合計	人員	砲 *
第7機械化軍団直属	-	-	6	-	6	2,909	28
第14戦車師団	24	29	179	20	252	9,146	238
第18戦車師団	10	-	11	193	214	10,573	235
合計	**34**	**29**	**196**	**213**	**472**	**22,628**	**501**

* 37mm 口径以上の大型砲。迫撃砲含まず。

Dickson, P.312から作成

バルバロッサ作戦発動以来、中央軍集団は、南方軍集団に劣らぬ、めざましい戦果をあげていた。開戦９日間で、中央軍集団は２５０キロ以上も進撃し、ミンスク西方でソ連第３、第４、第10、第13の４個軍を包囲撃滅したのだ。対するソ連軍としては、モスクワに向かう街道上の要衝スモレンスク前面に、動員した予備軍を投入、戦線構築をはかるほかない。が、そのためには時間が要る。よって、当該方面を担当する西正面軍に残った切り札、第５および第７機械化軍団を使った反撃を実行することが決まった。反撃作戦の責任を負うのは、第20軍である。当時、第20軍は、西ドヴィナ河畔のベシェンコヴィチから、その南方およそ１００キロにあるドニエプル川のほとりシュクロフまでの戦線を守っており、５個狙撃師団と３個独立砲兵連隊を擁する第61ならびに第69狙撃軍団がそれを支えていた。第７機械化軍団は、その予備として控置されていたのである。さらに増援として、７月５日から６日にかけて、第１５３狙撃師団が増援され、ヴィテブスク前方に展開している。合計６個となった狙撃師団の担当正面はそれぞれ16・７キロで、かなり安定した戦線となったといえる。

第７機械化軍団と鉄道輸送されてきた第５機械化軍団は、この戦線を跳躍板として、反撃を仕掛けることになっていた。両軍団ともに、そのころのソ連軍としては最強部隊の範疇《はんちゅう》に属し、１個軍団は、２個戦車師団、１個自動車化狙撃師団、１個オートバイ連隊と、ほか多数の支援部隊から成っていた。特筆すべきは、両軍団とも建制上の編制、完全充足状態にきわめて近かったことであろう（第７機械化軍団が保有していた人員装備については、付表３を参照）。

ただし、この強大な機甲兵団を率いる指揮官の質はというと、いささか心もとない。第20軍司令官パーヴェル・A・クロチキン中将は第一次世界大戦の准尉からの叩き上げ、第5機械化軍団長イリヤ・P・アレクセーンコ少将と第7機械化軍団長ヴァシリー・I・ヴィノグラードフ少将も、革命後に一兵卒として赤軍に入隊、内戦で下士官から下級将校へと進んでいった歴戦の軍人ではある。しかも、クロチキンとヴィノグラードフは、1940年のフィンランド侵攻で軍団を指揮していた。だが、この両者は、大規模な機械化部隊を運用した経験を有していなかったのだ。もっとも、アレクセーンコだけは、1939年のノモンハン戦で戦車旅団を率いたことがあり、独ソ開戦前に第17戦車師団長を務めたことがあったが——。

これでは、彼らの対手となることになる装甲作戦の手練、第2装甲集団司令官ハインツ・グデーリアン上級大将、第3装甲集団司令官ヘルマン・ホート上級大将、第47自動車化軍団長ヨアヒム・レメルセン装甲兵大将、第39自動車化軍団長ルドルフ・シュミット装甲兵大将といった面々に対抗できるかどうか。興味深いことに、センノ戦を研究したアメリカの歴史家ディクソンは、このレベルの両軍指揮官の平均年齢を比べると、ソ連軍のほうが11歳若かったと指摘している。かてて加えて、西正面軍指導部が粛清されたことも、暗い影を落としている。スターリンは、緒戦に敗れたのは、西正面軍の高級指揮官が敵に通じていたためだというフィクションをでっちあげ、生け贄の羊を捧げたのである。6月30日には、西正面軍司令官ドミトリー・G・パヴロフ上級大将を解任して、モスクワに召喚、「人民の敵」として処刑した。▼[12] 正面軍空軍副司令官、同砲兵部長、同通信部長ほかが、続いて逮捕される。こんな状況では、誰もが疑心暗鬼に陥り、戦友すら信用しなくなったとしても、何の不思議もなかった。

さらに、南のドゥブノの場合と同じく、空軍の支援は期待できなかった。この戦区でもやはり、ドイツ空軍は初期段階で航空撃滅戦に成功し、空を支配していた。これに対し、第20軍が7月7日から10日にかけての時点で使用できたのは、戦闘機31、爆撃機21で、しかも、それらは旧式の頼りにならない機種ばかりだったのである。

問題の多い反撃

ミンスク包囲戦の決着がつくと、第2ならびに第3装甲集団は東方への突進を再開した。やがて戦場となるセンノ方面の地形は、多数の湿地や森林、湖が点在しているものの、ドヴィナ川とドニエプル川の間にあり、大河を防衛線に利用することができない。しかし、全天候型の道路は、ヴィテブスク＝リーペリ高速道とボグシェフスコエ＝リーペリ高速道しかない。それ以外の道路は、激しい雨が降るとぬかるんで、装輪車両はおろか、装軌車両さえも通行困難になるのだった。

この地域に、第2装甲集団第47自動車化軍団と第3装甲集団第39自動車化軍団が突進してきた。7月5日、第20軍司令部は、航空捜索により、センノ南西8キロおよび西12キロの地点に、ドイツ軍戦車隊の縦列が迫ってきたことを知った。敵右翼の第47自動車化軍団はいまだボリソフ方面にある一方、左翼の第39自動車化軍団が突出してきている。あきらかに、前者と高速道を使える後者の間隙が広がりつつあるのだった。

すでに7月4日の時点で、西正面軍は2個機械化軍団を以てする反撃を準備すべしとの命令第16号を発していたが、いよいよ5日に作戦を実行することになったのである。主攻を受け持つのは第7機械化軍団で、第153狙撃師団と第69狙撃軍団の陣地から出撃、ベシェンコヴィチを占領しつつ、リーペリ北方地域までのおよそ130キロを突進するのだ。第5機械化軍団も、これに呼応してオリョール北西の集結地からリーペリめざして進撃することになっていた。しかし、第7機械化軍団長ヴィノグラードフ少将は、この作戦に不安を感じていた。地形が戦車の行動には不適な上、道路が東西方向にしか走っておらず、単調な機動しかできないのだ。第5機械化軍団と行動予定をすりあわせる時間もない。ヴィノグラードフは、センノ経由で直接南に攻撃する案を許可してくれと求めたが、却下された。

また、ここでも、緒戦の敗北と混乱が尾を引いていた。兵力分散、兵站の問題が生じていたのである。実は、第7機械化軍団は書類上は1000両以上の戦車を持っていることになっていたけれども、ヴィテブスク防衛に戦車20両、歩兵師団群の支援にT-26を40両、第20軍司令部指揮所防衛にBT-7を1個大隊というように、かなりの兵力が引き抜かれていたのだ。それでも、同軍団は反撃に備え、火焔放射戦車を含む448両を集めた。兵站も、第7機械化軍団は比較的良好で、7月6日の時点では、師団レベルで2会戦分、軍団レベルでは1会戦半分の弾薬を保有していた。燃料についても、麾下の第14戦車師団は2度、第18戦車師団は3度給油できるだけの量を持っている。問題は、アレクセーンコの第5機械化軍団のほうだった。この軍団は、反撃開始時になってもなお集結を終えておらず、補給部隊の多くが到着していない状態にあったのだ。

さらに、戦車の修理に関しては、第7機械化軍団も憂慮すべき状態にあった。修理所を設置することはできたものの、損傷を受けた車両を回収する手段がごくわずかだったのである。[13] その結果、いざ戦闘に突入すると、損傷車両の多くを戦場に放棄するはめになった。加えて、無線装置の装備も貧弱で、通信連絡には大きな困難があった。これらは、ソ連軍の反撃に際し、深刻な影響を及ぼさずにはおかないであろう。

7月5日の夜、地雷除去その他の作業を行わなければならなかったため、予定より遅れたものの、反撃は開始された。が、前進ははかばかしくない。やはり地形が戦車向きではなかった上に、午後の雷雨によって地面が泥沼と化してしまったのである。結局、第14戦車師団は、5日は前線への移動、6日は前方に横たわるチェルナゴストニツァ川の渡河準備に費やしてしまった。南の第18戦車師団も、同じく5日は攻勢発起点への移動で終わったが、翌6日にはセンノを占領している。だが、それ以上は前進できなかった。第39自動車化軍団所属の第7装甲師団および第20自動車化歩兵師団、そして、第47自動車化軍団の第17装

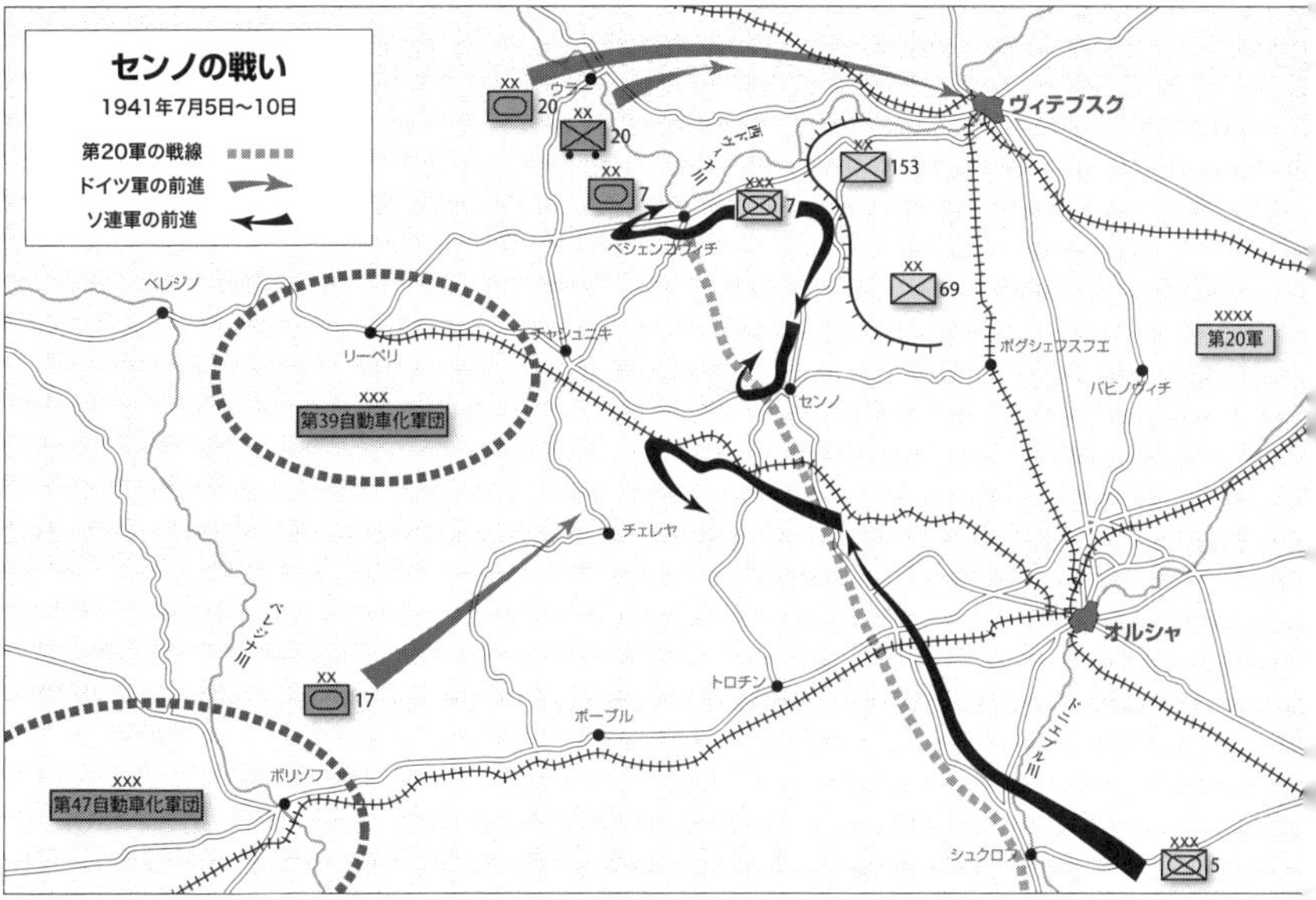

甲師団が、地形によって分断されたソ連軍を拒止したのである。第7と第17装甲師団は、7月6日の時点で稼働戦車240両を有しており（第7が150両、第17が90両と推定されている）、数に優る第7機械化軍団の攻撃を受け止めることができたのだった。[14]

続く7日から9日にかけても、第7機械化軍団は苦戦を強いられた。ヴィノグラードフが危惧した通り、湿地や沼に戦車がはまりこみ、放棄される例が続出した上に、ドイツ空軍の連続的な爆撃と、第17装甲師団のⅢ号戦車を主力とする編合部隊の逆襲を受けたのである。また、ドイツ軍は、第7装甲師団を以て第7機械化軍団を拘束する一方、第20装甲師団と第20自動車化歩兵師団に西ドヴィナ川を渡河させ、ヴィテブスク占領を企図した。それは、9日に実現する。かくて、包囲される危険に直面した第20軍は、7月10日、第5および第7機械化軍団に退却を命じた。

腐っていた爪

戦後、ソ連の戦史研究は、防衛線を再構築するための貴重な時間を稼ぎ、侵略者に多大な損害を与えたとして、ドゥブノやセンノのソ連軍の戦いぶりを称賛してきた。しかし、ソ連崩壊後に公開された文書とドイツ側の史料をつきあわせれば、そのような主張は政治的歪曲にほかならないことがわかる。センノの例をみれば、ソ連軍の反撃は、西ドヴィナ川を渡河し、ヴィテブスクを奪取するというドイツ軍の作戦を遅滞させることすらできなかったのである。しかも、ソ連軍の損害は甚大だった。7月11日の時点で、第7機械化軍団は390両の戦車を失い、稼働させられるのは57両のみ。また、第5機械化軍団は、戦車366両を喪失していた。こうした大敗ぶりは、ソ連軍の汚点として、戦史から消されていたのだ。

要するに、独ソ戦初期にみられたソ連機械化軍団の反撃は、攻撃偏重のドクトリンのまま[15]、地形や状況を顧みずに決行されたのだった。さらに、ソ連機械化軍団は、書類の上でこそ強力だったものの、すでにみたように、兵站、整備、通信といった面に著しい欠陥があり、とうてい戦力を発揮できるものではなかった。敢えていうなら、赤い熊の爪は根元から腐っていたのである。

写真：Ju88中型双発爆撃機

第三章　極光の鷲たち

――PQ17護送船団氷海に潰ゆ

戦機来る

よく知られているように、夏の北極圏の陸と海にあっては、夜は来ない。

太陽は、地平線近くを動いていくだけで、けっして沈まないのだ。地球の自転軸が、地球が太陽を回る公転面に対して23・5度傾いていることに起因する、自然のいたずらである。この傾斜のために、北半球が夏を迎えるときには、地球は北極を太陽に向けているかたちになり、半年以上も昼が続く。ゆえに、極北の大氷原も表面が溶けはじめ、しばしば濃霧が発生する。

霧と白夜。幻想的で、美しい光景だ。

にもかかわらず――1942年初夏のノルウェーに駐屯しているドイツ国防軍の指揮官たちには、北極圏の自然を嘆賞しているひまなどなかった。

無線傍受部隊やアイスランドにいる諜報員は、すでに援ソ船団が組まれるきざしを捉《とら》えていた。加えて、5月末の航空偵察によって、戦艦3、重巡3、軽巡4、駆逐艦22から成る、強力な艦隊が、スカパ・フローに集結していることが確認されたのである。さらに、6月初めには、アイスランド南西海岸の諸港に、多くの商船が入っているという事実もあきらかになった。

１年前の独ソ開戦以来、英米はソ連に対し、大量の物資を供給している。北極海も、中東や極東とならぶ、その輸送路の一つだ。彼らは再び、このルートを使い、ドイツの猛攻にあえぐソ連にとっては、干天の慈雨ともいうべき兵器を運ぼうとしているにちがいない。

北部方面海軍司令長官《オーバーベフェールスハーバー・デス・マリーネグルッペンコマンドス・ノルト》に直属し、北極海の作戦指導にあたる「北極海提督《アトミラール・ノルトメーア》」、フーベルト・シュムント海軍中将は、さっそく手元にあるＵボート３隻（Ｕ２５１、Ｕ３７６、Ｕ４０８）に「氷の悪魔《アイストイフェル》」なる秘匿名称を授け、グリーンランドとアイスランドのあいだ、デンマーク海峡に配置した。

シュムントの配慮は、無駄にはならなかった。

6月27日、商船リヴァー・アフトンに座乗するジョン・Ｃ・Ｋ・ダウディング海軍予備准将の指揮のもと、商船36より構成される大規模な船団が、アイスランドのフワル・フィヨルドから出発したのである。30日には、当初護衛にあたっていた掃海艇３、武装トロール船４に、駆逐艦６、コルヴェット艦４、潜水艦２、特設防空艦２、救難船３が合流し、堂々たる護送船団《コンヴォイ》となった。護衛艦隊の責任を負うのは、最先任のケッペル駆逐艦長ジャック・ブルーム中佐である。▼1

この船団が運ぶのは、航空機２９７、戦車５９４、車両４２４６、その他の積荷15万６４９２トン。これらがソ連軍のもとに届けば、ドイツ軍にとっては深刻な脅威となるのはいうまでもない。

だが、同船団の航海は、幸先が悪いものであった。出港直後の霧中航行中に、貨物船エクスフォードが、油槽船グレイ・レンジャーに衝突。▼2さらに、アメリカ船リチャード・ブランドが岩礁に乗りあげて動けなくなり、早くも３隻が脱落する。

さよう、この護送船団は、最初から呪われていたのだ。

なんとなれば、その名はＰＱ17、第二次世界大戦中に組まれた護送船団のうち、最大の損害を受けたことで有名になる船団だったからである。

一方、ノルウェー各地には、戦神がＰＱ17にあらかじめ授けていた苦難の宿命を現実のものとすべく、ドイツ軍の精鋭が待ち構えていた。

第三帝国の技術がつくりあげた、戦艦ティルピッツ以下、鋼鉄の大海獣の群れ。

航空戦力は、北岬《ノールカップ》周辺の基地に展開しているだけでも、Ｊｕ88爆撃機１０３、Ｈｅ１１１爆撃機42、Ｈｅ１１５水上機15（雷撃可能）、Ｊｕ87急降下爆撃機30、長距離偵察機（Ｆｗ２００、Ｊｕ88、Ｂｖ１３８）74、総計２６４機を擁していた。

とくに、空軍《ルフトヴァッフェ》は、これまで悪天候など、さまざまな理由で、十分な戦果をあげることができず、海軍《クリークスマリーネ》に後れを取っている。ゆえに、在ノルウェーの第５航空軍《ルフトフロッテ》に属するゲルマンの猛禽類《もうきんるい》は、今度こそ、おのが爪を存分に振るわんと奮い立っていた。

待ち望んでいた戦機が、ついにやってきたのである。

極北戦線を強化せよ

とはいえ、第5航空軍は、誕生のときから強力だったというわけではない。１９４０年に新編された同航空軍が、初めて本格的な戦闘を経験したのは英本土航空戦であったが、さしたる働きをすることもないまま、大損害を出している。当時のドイツ空軍の技術では、ノルウェーから北海を渡り、イギリスを攻撃する長距離作戦は困難だったのだ。以後、第5航空軍が、この種の大規模な渡洋爆撃を実行することはなかった。

翌年のソ連侵攻にあっても、第5航空軍に与えられた任務は、陸軍がフィンランド軍と協力して、ソ・フィン国境、カレリア方面で実行するムルマンスク鉄道遮断作戦を援護するという端役《はやく》にすぎず、しかも、与えられた航空機は、わずかなものにすぎなかった。

当該時期の第5航空軍の配置と構成をみよう。総兵力は180機、これを、戦闘機隊を統括する「ノルウェー戦闘航空司令《ヤークトフリーガーフューラー》」、中部を管轄する「スタヴァンゲル航空司令《フリーガーフューラー》」、キルケネス（ノルウェー語ではチルケネス）とバナクに展開する部隊を指揮する「キルケネス航空司令」の麾下《きか》に分けていた。うち、カレリア作戦に直接関わるのは、「キルケネス航空司令」アンドレアス・ニールセン大佐である。だが、彼に与えられたのは、わずかJu88爆撃機10、急降下爆撃機30、Bf109戦闘機10、Bf110駆逐機5、偵察機10と高射砲1個大隊にすぎない。正面幅350キロ、縦深900キロにおよぶ戦区をカバーするには、あまりに少なすぎる兵力であった。

ちなみに、第5航空軍には、ソ連にとって重要な北の港ムルマンスクおよびアルハンゲリスクの攻撃のみならず、陸軍への航空支援、ムルマンスク鉄道による部隊輸送の妨害、ソ連空軍基地やバルト海・白海運河の閘門《こうもん》破壊といった、さまざまな任務が課せられていた。かくも弱体な部隊が、かくも多くの作戦を要求されたとあっては、たとえ、めざましい活躍ができなかったとしても、責めるのは酷であろう。

しかしながら、かつての「カール・フォン・プロイセン公」擲弾兵《てきだんへい》連隊の士官候補生であり、一時は空軍参謀総長をつとめたこともある第5航空軍司令官ハンス＝ユルゲン・シュトゥンプフ上級大将の武運は、いまだ尽きてはいなかった。思わぬ展開から、極北の支戦場であったノルウェーが脚光を浴びはじめたのである。

きっかけは、1941年3月のイギリス軍コマンド部隊によるロフォーテン諸島急襲だった。たしかに、この作戦は、同地の魚油工場やガソリン集積所を破壊し、停泊中の船舶を撃沈するなどの戦果をあげはした。さりながら、その本質は、典型的なコマンド作戦、いわゆるヒット・エンド・ランにすぎなかったのだが、アドルフ・ヒトラーは、異なる解釈をした。連合軍はノルウェー進攻を狙っているとの疑念を抱い

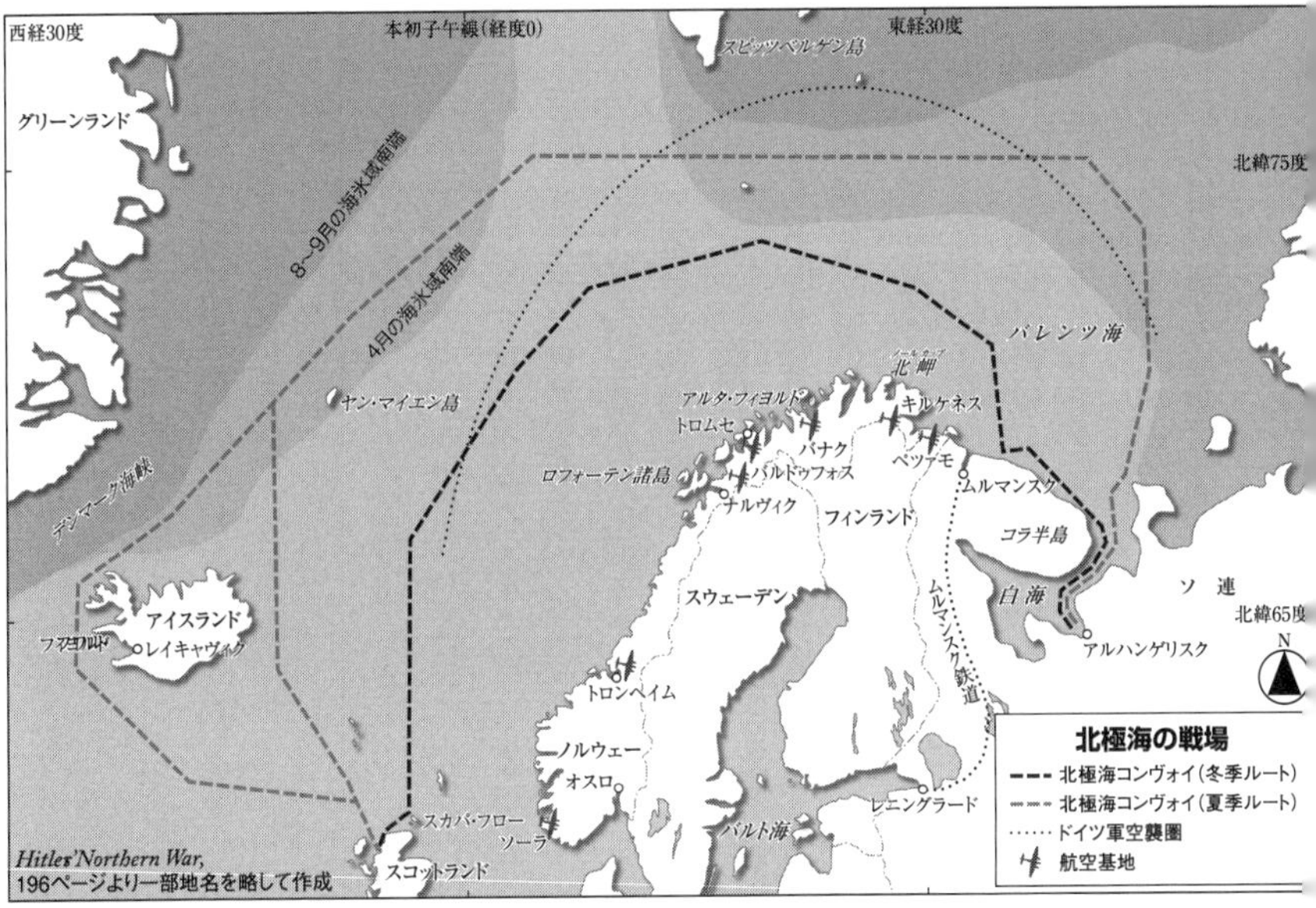

Hitler's Northern War,
196ページより一部地名を略して作成

たのである。同年12月に、再びロフォーテンが急襲されたことも、かかる不安に拍車をかけた。

加えて、イギリス軍の偽情報工作《ディスインフォメーション》がおよぼした影響も看過できない。1941年末から42年初頭の、ドイツ海軍軍令部《ゼークリークスライトゥング》の戦時日誌を見れば、その効果は一目瞭然だ。

「1941年12月30日　数日中に、ロフォーテン諸島、ヴエスタローレン諸島、ブーデを占領確保するための大規模な作戦があるとの噂を、イギリスは意図的に広めている」

「1942年1月3日　きわめて信頼できるという諜報員からの報告に従えば、スウェーデン軍事筋は、スカンジナビアの以下の地域において、イギリスが上陸作戦を実行する公算が高いとしている。すなわち、アルタ・フィヨルド、ターナ・フィヨルド、ホニングスヴォーグ……」

こうした揺さぶりに、ヒトラーは過敏に反応した。1941年12月29日の晩、総統大本営「狼の巣《ヴォルフスシャンツェ》」で開かれた海軍総司令官エーリヒ・レーダー元帥との戦況検討会議において、彼はこう述べている。「もし、イギリス軍が正しく行動するなら、北部ノルウェーの拠点の多くに、艦隊ならびに上陸部隊による総攻撃を加え、そこからわが軍を駆逐、可能ならナルヴィクを占領して、スウェーデンとフィンランドに圧力をかけようとするだろう。この作戦は、戦争の帰趨《きすう》を決する可能性がある。ゆえに、ドイツ艦隊は、ノルウェー防衛に全力を注がなければならないのだ」ひとたび固定観念に囚われた独裁者の措置は徹底的だった。フランスのブレストにある戦艦シャルンホルスト、グナイゼナウ、重巡プリンツ・オイゲンには、英仏海峡を突破させ——有名な「ツェルベルス」作戦の発端である——本国に戻した上で、あらためてノルウェーに派遣する。乗員訓練が完了し、戦闘可能となった戦艦ティルピッツも派遣すべし！

かくて、ノルウェーの防備は、飛躍的に強化された。海峡突破作戦の際、機雷に接触して損傷したシャルンホルスト、グナイゼナウ、そして、1942年2月23日にノルウェーに向かう途上で、英潜水艦トライデントに雷撃され、大破したプリンツ・オイゲンは派遣できなかったものの、1月16日にはティルピッツがトロンヘイムに到着した。他の艦船も続々と送り込まれ、ノルウェーにおけるドイツ水上部隊の兵力は、戦艦1、いわゆるポケット戦艦[3]2、重巡1、駆逐艦8、魚雷艇4にまで増大した（1942年5月現在）。一方、陸上においても、ニコラウス・フォン・ファルケンホルスト上級大将が司令官を務めるノルウェー駐屯軍に、沿岸防衛施設の構築に必要な人員と資材の供給、戦闘部隊の増援がなされていく。

しかし、現代戦を遂行するには、海と陸の備えだけでは不完全である。空の牙も、また鋭く研《と》がれなければならない。

陸鷲《りくわし》から海鷲《うみわし》へ

もちろん、ノルウェー方面の防備を固めるにあたって、空軍だけが蚊帳《かや》の外に置かれていたわけではなかった。それどころか、海軍は、水上艦隊の行動を安全にするために、索敵機と、味方にとって脅威となる連合軍艦艇を叩くための爆撃機の増強を求めていたのだ。かような要請を受けて、第5航空軍の陸鷲から海鷲への変身がはじまる。

１９４１年12月末から新年にかけて、シュトゥンプフは、待ち望んでいた増援を受け取った。オランダから第30爆撃航空団《カンプフゲシュヴァーダー》第３戦隊、フランスのボルドーからは、航続距離の長さを誇るＦｗ２００「コンドル」を装備する第40爆撃航空団の１個中隊が飛来したのである。▼4 これらは、増強第一波にすぎなかった。シュトゥンプフが握る兵力は、１９４２年１月の１５２機から、２月の１７５機、３月には２２１機と、着実に拡大されていく。これらは、「北東航空司令《フリーガーフューラー・ノルト＝オスト》」（キルケネス）、「ロフォーテン航空司令」（バルドゥフォス）、「北西航空司令《フリーガーフューラー・ノルト＝ヴェスト》」（ソーラ）の３集団に分かれ、ノルウェー各地に展開していた（麾下部隊については別表参照）。

しかし、新たに極北にやってきた鷲たちのなかで、もっとも注目すべきは、５月になって、ノルウェーの地に降り立った第26爆撃航空団第１戦隊であったろう。彼らこそ、雷撃訓練を受けた搭乗員と、魚雷投下装置を装備したＨｅ１１１を有する、本格的な海上航空戦部隊だった。

ただし、この雷撃隊ができあがるまでには紆余曲折《うよきょくせつ》があった。周知のごとく、ドイツ空軍では、航空魚雷の開発ならびに雷撃隊の編成と訓練は非常に遅れていた。海軍との縄張り争いの結果である。空軍は、海軍航空隊には索敵と偵察の機能しか認めないとする一方で、航空雷撃には冷淡だった。爆撃だけで充分、魚雷を懸吊《けんちょう》したりすれば、その大きさと重さで飛行機の運動能力が減殺され、搭乗員の危険が増すばかりだというのだ。当然のことながら、こうした偏見と誤謬は、地中海におけるイタリア空軍雷撃隊の活躍、そして、真珠湾やマレーで日本海軍航空隊があげた大戦果によって、くつがえされることとなった。筆者は、豊田隈雄海軍元大佐より、こうした事情に関連する興味深いエピソードを聞いたことがある。日米開戦の日、当時中佐で、駐独武官補佐官としてベルリンに勤務していた豊田に、ドイツ空軍総司令官ヘルマン・ゲーリングが直接電話をかけてきたというのだ。その際、ゲーリングは、日本海軍の勝利を祝う言葉もそこそこに、航空雷撃のノウハウを教えてくれと要請してきた！

この挿話が示すように、1941年末には、さしもの頑固なドイツ空軍首脳部も、現実によって航空雷撃の力を思い知らされていた。結果として、ゲーリングも、1942年1月31日に、1個航空団相当の兵力を雷撃隊に改編せよと命じている。その過程で、第26爆撃航空団第1戦隊も指名を受け、航空魚雷先進国イタリアで訓練を受けるべく、同国グロセットの魚雷学校に派遣されていたのだった。来るべき戦いにおいて、彼らが、打撃力の中核となることはいうまでもない。

かくて、海上航空作戦に適した部隊を多数指揮下に置き、海鷲に生まれ変わった第5航空軍――あるいは、同じLuftflotteでも、もう第5「航空艦隊」と訳すほうが適切であるかもしれない――だったが、その将兵にとって不本意なことに、最初から護送船団攻撃で戦功をあげられたわけではなかった。濃霧や曇天など、北極圏特有の悪天候が、彼らの出撃を妨げたのである。ゆえに、1941年8月から5月に、同海域を通過したPQ護送船団16個に対し（PQは、イギリスからソ連に向かうコンヴォイであることを示し、個々の船団に番号が付けられる）、言うに足る損害を与えることはできなかった。PQ17以前で、もっとも多くの被害を受けたPQ16でも、沈没は7隻のみであった。

こんなことでは、イギリスの獅子とアメリカの白頭鷲が分け与える肉で、ロシアの熊が太るのを止められはしない。空軍参謀本部の推定によれば、1942年に海路で供給される物資230万トンのうち、中東経由が60万トン、極東ルートが50万トンであるのに対し、北極海を渡って送り込まれるのは、実に120万トンに及ぶのだ。この動脈を断つことができなければ、対ソ戦は、ロシアの大地でなく氷海において、敗北を決定づけられてしまうやもしれぬ。

PQ17接近の報を受けた第5航空軍の海鷲たちが、まなじりを決していたのも当然のことであった。

海の方陣

7月1日、高々度索敵中のコンドル機が、ついにPQ17を捉えた。すかさず、「氷の悪魔」のUボートが当該海面に向かい、ヤン・マイエン島東方95キロの地点で触接に成功する。かなり北寄りの航路だ。イギリス側の意図は、簡単に見て取れた。

この時期、北極圏の氷が溶け、海氷域が小さくなっている。ゆえに、スカンジナビア半島北端、すなわち、ドイツ空軍の攻撃範囲を、大きく迂回するルートが取れるのだ。しかし、艦船の北上を阻む海氷域がゼロになるわけではないから、出発から到着までの航路すべてを空襲圏外に設定することは不可能である。

7月2日、「氷の悪魔」に導かれ、PQ17を追蹤《ついしょう》していたUボート群が最初の攻撃をかけるも失敗。が、それによって、戦闘の火蓋《ひぶた》は切って落とされた。

同日夕刻、トロムセ附近のセルレイサから離水した第406沿岸航空戦隊第1中隊のHe115水上機7が雷撃をかけたものの、猛烈な対空砲火に邪魔され、命中弾を与えることはできない。けれども、第二波、第906沿岸航空戦隊第1中隊に属する、同じく7機のHe115水上機から成る編隊は、より幸運に恵まれていた。7月3日深夜に——といっても、既述のごとく、夏の北極圏では太陽は沈まないから、真夜中でも昼間と同じ条件で飛行できる——発進した、この隊は、4日早朝にPQ17を攻撃、アメリカのリバティ船(戦時急造船)クリストファー・ニューポートを大破せしめた(のち、Uボートの雷撃により沈没)。

さらに、この日の夜、第5航空軍は、最初の本格的な空襲をかけた。第30爆撃航空団のJu88爆撃機1個中隊と、第26爆撃航空団第1戦隊のHe111雷撃機33である。これだけの兵力が協同攻撃を実行すれば、大きな戦果が得られたはずだが、奇妙なことに、彼らは、およそ1時間弱の間隔をおいて、個別にPQ17を襲撃した。戦史家カーユス・ベッカーは、その理由を、当時のドイツ空軍が雷爆同時攻撃の訓練を受けていなかったことに帰している。ところが、ニュージーランドで大学講師をつとめるアダム・クラーセンの研究によれば、5月のPQ16攻撃の際の戦訓から、雷撃と急降下爆撃の併用の効果はすでに注目されていたという。たとえば、6月1日付の第5航空軍の戦時日誌には、PQ16に対する戦闘は、「雷撃と急降下爆撃の適切な協同により、わずかな損害を出すだけで、特別の成功をもたらし得る」ことを示したとある。こうした事実から考えれば、7月4日の個別攻撃は、空中会合の失敗、もしくは、英軍対空砲火により、Ju88編隊が早々に撃退されてしまった結果であるのかもしれない。

いずれにしても、午後7時30分のJu88による爆撃が不首尾に終わったあと、8時20分に、He111雷撃隊は低空で攻撃を開始した。コンヴォイの進行方向正面から突撃するかたちで襲撃した第一波は、高角砲の火網に突入するかたちになり、混乱して、命中弾丸を与えることができなかった。しかし、後方から攻撃した、コンラート・ハイネマン少尉の指揮する第二波は、貨物船ナヴァリノとリバティ船ウィリアム・フーパーを大破させ、ほか1隻に魚雷を命中させる。だが、ドイツ側は、He111雷撃機3を代償として支払わなければならなかった。ちなみに、ハイネマン少尉は、この突撃で乗機を撃墜され、戦死、騎士十字章を追贈されている。

つまり、当面の収支を計算するならば、必ずしもドイツ側の一方的勝利とはいえない展開となっていたのである。

そう、イギリス海軍は、護衛艦艇と商船を緊密に連携させ、海の方陣を組んでいたのだった。これを崩すのは、勇敢なる空の騎兵たちといえども、容易なことではない。

PQ17をめぐる戦いは、死闘になることが予想されたのだが——。

騎士は動かず

ＰＱ17の指揮にあたるダウディングとブルームにとって、青天の霹靂《へきれき》とは、まさに、このことだったろう。

第5航空軍が最初の大規模な空襲をかけた直後、7月4日の晩に、イギリス海軍本部《ネイヴァル・スタッフ》は、あたかも恐慌を来したかのごとく矢継ぎ早に、ＰＱ17とその護衛艦隊に打電した

午後9時11分、「緊　急《モスト・イミディエート》。巡洋艦隊は全速で西方に避退せよ」

午後9時23分、「至急《イミディエート》。水上艦艇の脅威に鑑み、護送船団は解散、【個々に】ロシア諸港に向かえ」

午後9時36分、「緊急。4日9時23分電【確認】、護送船団は分散すべし」

わずか30分にみたないあいだに、ＰＱ17の潰滅をみちびいた、致命的な指令が下されたのである。7月4日の対空戦で効果を示した海の方陣を自ら解き、ばらばらに戦えというのだった。そんなことをすれば、無力な商船が各個に沈められていくのは必至だ。

何故に、かくも誤った決断がなされたのか？

それはいわば、イギリス海軍本部が、合わせ鏡におのれの恐怖を映して増幅させた結果であった。

すでに述べたように、ドイツ海軍は、ノルウェーに、戦艦ティルピッツ、ポケット戦艦リュッツオゥ、シェーア、重巡ヒッパーなど、水上艦艇の主力を配置していた。この艦艇群を動員すれば、敵護送船団に壊滅的な打撃を加えることも夢ではない。事実、海軍軍令部と北極海における作戦の当事者である北部方面海軍司令部では、「騎士の跳躍《レーセルシュプルング》」（チェスにおけるナイトの動きの意）の作戦名のもと、そうした艦隊出撃の計画を練っていた。ただし――強力なイギリス艦隊の介入がない場合にしか、成功は見込めない。ヒトラーは、とりわけ航空攻撃により味方艦艇が損傷することを危惧し、敵空母の位置が確認され、かつ、Ｊu88の爆撃でその戦闘能力を奪うことができた場合にのみ、出撃許可を与えると、海軍に足枷《あしかせ》をかけていた。

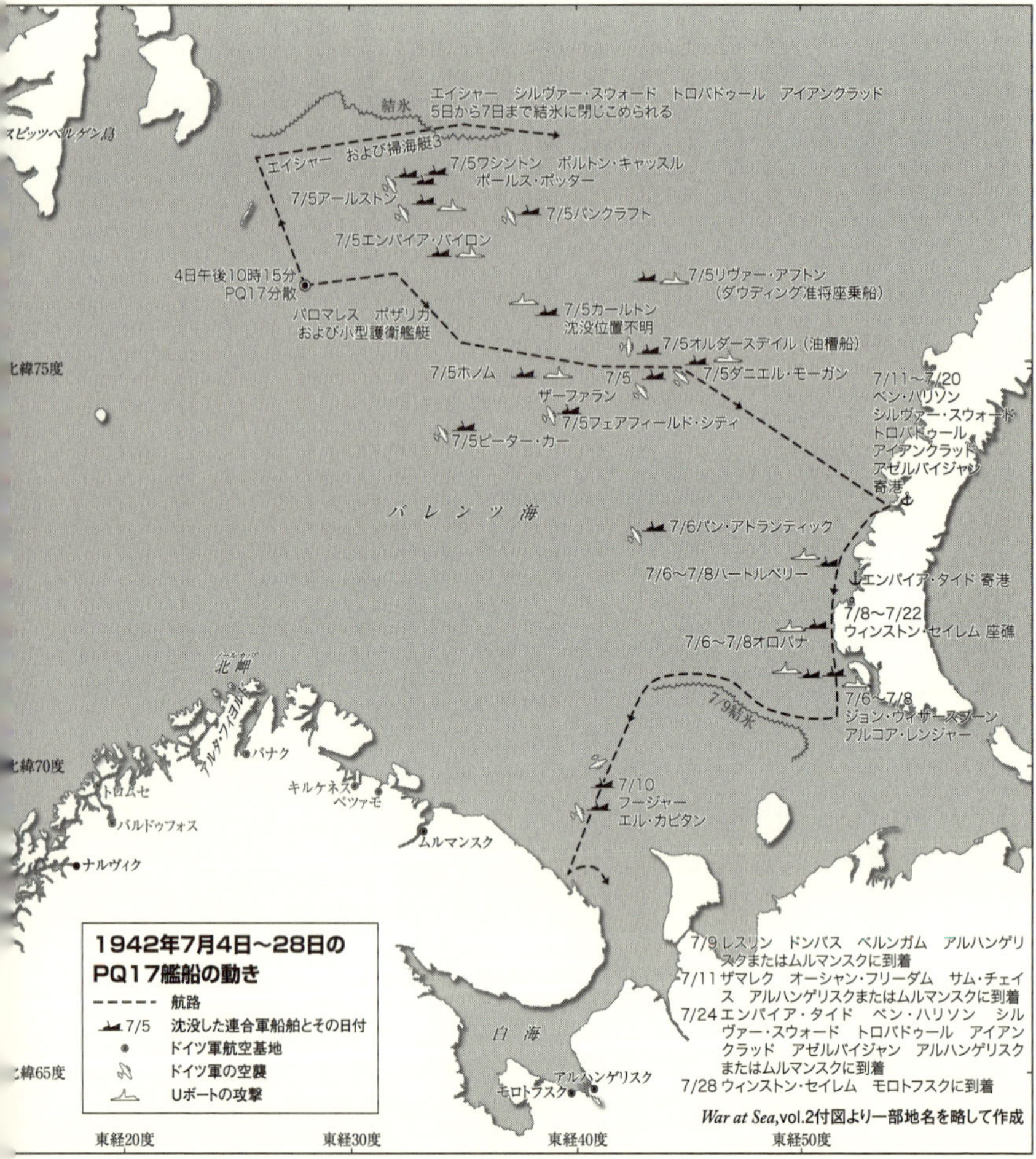
スピッツベルゲン島
結氷
エイシャー　シルヴァー・スウォード　トロバドゥール　アイアンクラッド
5日から7日まで結氷に閉じこめられる
エイシャー　および掃海艇3
7/5ワシントン　ボルトン・キャッスル
ポールス・ポッター
7/5アールストン
7/5パンクラフト
7/5エンパイア・バイロン
4日午後10時15分
PQ17分散
パロマレス　ポザリカ
および小型護衛艦艇
7/5リヴァー・アフトン
（ダウディング准将座乗船）
7/5カールトン
沈没位置不明
7/5オルダースデイル（油槽船）
北緯75度
7/5ホノム
7/5
ザーファラン
7/5ダニエル・モーガン
7/5フェアフィールド・シティ
7/5ピーター・カー
7/11～7/20
ベン・ハリソン
シルヴァー・スウォード
トロバドゥール
アイアンクラッド
アゼルバイジャン
寄港
バレンツ海
7/6パン・アトランティック
7/6～7/8ハートルベリー
エンパイア・タイド 寄港
7/8～7/22
ウィンストン・セイレム 座礁
7/6～7/8オロパナ
北岬《ノールカップ》
アルタ・フィヨルド
7/9結氷
7/6～7/8
ジョン・ウィザースプーン
アルコア・レンジャー
北緯70度
バナク
トロムセ
キルケネス
ペツァモ
バルドゥフォス
ムルマンスク
ナルヴィク
7/10
フージャー
エル・カピタン
1942年7月4日～28日の
PQ17艦船の動き
航路
7/5　沈没した連合軍船舶とその日付
ドイツ軍航空基地
ドイツ軍の空襲
Uボートの攻撃
白海
アルハンゲリスク
モロトフスク
北緯65度
7/9 レスリン　ドンバス　ベルンガム　アルハンゲリスクまたはムルマンスクに到着
7/11 ザマレク　オーシャン・フリーダム　サム・チェイス　アルハンゲリスクまたはムルマンスクに到着
7/24 エンパイア・タイド　ベン・ハリソン　シルヴァー・スウォード　トロバドゥール　アイアンクラッド　アゼルバイジャン　アルハンゲリスクまたはムルマンスクに到着
7/28 ウィンストン・セイレム　モロトフスクに到着
War at Sea, vol.2付図より一部地名を略して作成
東経20度
東経30度
東経40度
東経50度

かかる条件を付けられてしまっては、ＰＱ17をめぐる戦闘で、水上艦艇の出番が来ることはないかと思われた。というのは、同コンヴォイには、直接護衛にあたる部隊のほかに、いわゆる間接援護として、ルイス・Ｈ・Ｋ・ハミルトン少将率いる艦隊（巡洋艦４、駆逐艦３）が、船団と一定の距離を保ちつつ、随伴していたからだ。かてて加えて、本国艦隊司令長官サー・ジョン・トーヴェイ大将も、戦艦デューク・オヴ・ヨークに将旗を掲げ、自ら北極海に出撃していた。こちらの遠隔援護部隊も、戦艦２、空母１、巡洋艦２、駆逐艦14と、強大な兵力を誇っている。

ゆえに、ドイツ水上部隊は、フィヨルドに身をひそめているしかなかったのだが、７月１日の索敵機による報告は、思いがけぬ事実を伝えてきた。ＰＱ17は、ヤン・マイエン島東まで進んできているのに、トーヴェイの艦隊はまだアイスランド近海にいるというのである。

好機到来！　ドイツ海軍総司令官エーリヒ・レーダー元帥は、トロンヘイムとナルヴィクに分散していた艦隊に、護送船団攻撃の出撃拠点としては、より都合のいい位置にあるアルタ・フィヨルドに移動せよと命じた。この過程で擱坐《かくざ》や座礁《ざしょう》などの事故が続発し、ポケット戦艦リュッツオゥと駆逐艦３が使えなくなるというアクシデントはあったものの、７月３日には、戦艦ティルピッツ以下の強力な艦隊がアルタ・フィヨルドに集結した。

同日午後、トロンヘイムに飛ばした偵察機がもたらした航空写真により、同港がもぬけの殻になっていることを知った英海軍本部は狼狽《ろうばい》した。そもそも、本国艦隊をＰＱ17のはるか後方に置いていた理由は、同コンヴォイの護衛に力を注いでいる隙に、ドイツの大型艦艇が大西洋に侵入、通商破壊戦に出た場合に備えるためだったのだ。けれども、敵は、こちらの裏をかいて、護送船団を襲うつもりだ。そう考えた海軍本部長サー・ダドリー・パウンド大将は、４日午後８時30分、参謀たちを召集、協議したのちに、かの悪名高き決断を下した。このままでは、ＰＱ17と間接援護にあたっている巡洋艦隊は、ティルピッツほか

【別表】

1942年3月における第5航空軍

北東航空司令

第5戦闘航空団	第2戦隊	(キルケネス)
同	第5戦隊	(ペツァモ)
同	第6戦隊	(ペツァモ)
第5駆逐航空団	第10戦隊	(キルケネス)
第26爆撃航空団	第3戦隊	(ペツァモ)
第30爆撃航空団	第2戦隊	(バナク)
同	第3戦隊	(バナク)
第5急降下爆撃航空団	第1戦隊	(キルケネス)
第22長距離偵察隊	第1中隊	(バナク)
第124長距離偵察隊	第1中隊	(キルケネス)
第125沿岸航空戦隊	第1中隊	(ビレ・フィヨルド)

ロフォーテン航空司令

(通常は戦闘兵力を持たないが、状況に応じ、他の航空司令麾下の部隊を配置される)

第123沿岸航空戦隊	第1中隊	(トロムセ)
第906沿岸航空戦隊	第3中隊	(トロンヘイム)

北西航空司令

第40爆撃航空団	第1戦隊	(スタヴァンゲル)
第406沿岸航空戦隊	第1中隊	(スタヴァンゲル)
同	第2中隊	(スタヴァンゲル)

第6気象観測中隊(スタヴァンゲル)

の攻撃を受け、狼に襲われた羊の群れと同様の惨状を呈することになるであろう。ならば……前者は分散し、個別にロシアに向かわせ、後者は退却させる。そのほうが、艦船が生き残る可能性は高くなるはずだ。パウンドは(一説によれば、すでにこのとき、後年彼を苦しめることになる脳腫瘍の兆候が出ていたという)自ら命令を起草し、打電させた。

なんたる錯誤であったか! 実は、このとき、ドイツ側は、索敵機が触接を失い、トーヴェイ艦隊の位置がわからなくなっていたため、問題の7月4日いっぱい、アルタ・フィヨルドに艦隊を足止めしていたのである。翌5日になって、ティルピッツ以下の艦隊は、ようやく出撃したが、連合軍の飛行艇と潜水艦により、2度発見されたため、すごすごと引き返している。

つまり――哀れなパウンド提督の予想に反し、騎士は動いていなかったのだ。

猛禽たちの饗宴

むろん、イギリス側の失敗は、ドイツ側の幸運である。

第5航空軍は、あらかじめ定めてあった戦策通りに動いていた。各「航空司令」は、護送船団集結の情報が入りしだい、北部スコットランドとアイスランド、北極海への進入路に長距離索敵を実行。護送船団が発見されたら、協同して触接を保ち、連続的な空襲をかける。船団が、北岬とスピッツベルゲン島を結ぶ線を越えるまでは、「ロフォーテン航空司令」、それ以降は「北東航空司令」が攻撃を担当することになっていた。また、「北東航空司令」が主攻部隊になったのちは、「ロフォーテン航空司令」麾下の航空機もキルケネスやペツァモに移動し、前者の指揮下に入るのだ。

この手はずに従い、今や「北東航空司令」が、ＰＱ17攻撃の主役となっていた。指揮官は、アレクサンダー・ホレ大佐。第一次世界大戦では、第7野戦飛行船大隊に属し、観測任務で数々の戦功をあげたベテランである。

7月4日午後10時15分、ＰＱ17に属する艦船がスピッツベルゲン島沖で護送隊形を解き、個々に東進をはじめると、ホレは、容赦なく空襲をしかけた。

かくて、7月5日には、猛禽たちの饗宴が繰り広げられることになる。午後3時、まずは、第30爆撃航空団のＪｕ88が、アメリカ船フェアフィールド・シティを撃沈、同ダニエル・モーガンに至近弾を与えて、停船に追い込む（のち、Ｕボートが撃沈）。続いて、同じく第30爆撃航空団が主力となった雷爆撃隊が、Ｕボートと連携して、繰り返し攻撃をかけ、この日だけで12隻を沈めた（空軍が独力で撃沈したのは6隻）。連合軍にとって不幸なことに、北部ノルウェーを覆っていた霧が晴れ、「北東航空司令」は全力で出撃することができたのだ。また、第30爆撃航空団第1戦隊が採用した「黄金のペンチ《ゴルデネ・ツァンゲ》」戦術が——Ｈｅ１１１が広い横隊で突撃し、ちょうど櫛《くし》で髪を梳《す》くように雷撃を行う——功を奏したことも見逃せない。いずれにしても、この5日の戦闘により、大勢は決した。以後、6日から10日にかけての作戦は、残敵掃討であったといっても過言ではない。

7月12日、シュトゥンプフ上級大将は、誇らしげにゲーリングに報告した。「国家元帥閣下《ヘル・ライヒスマルシャル》！　謹んで、PQ17護送船団の潰滅をご報告いたします。1942年7月10日の偵察によれば、白海、西方航路、コーラ海岸、同海岸北方海域のいずれにおいても、ただ1隻の商船たりと発見されておりません……」。

シュトゥンプフが胸を張ったのも、無理からぬことであった。PQ17は24隻、14万3977トンの船舶を失ったのである。同時に、搭載されていた戦車430、航空機210、車両3350、積荷9万9316トンも氷海の底に沈んだ。

たしかに、大勝利であった。

しかし、PQ17の艦船に乗り組んでいた男たちが、待ち受ける破滅を予感していなかったように、第5航空軍の極光の鷲たちもまた、おのれの未来を覆う暗黒に気づいていない。

海鷲は、このあとも、何度も羽ばたき、舞い上がらねばならぬ宿命《さだめ》にあったのだ。そう、繰り返し、繰り返し、爪と嘴《くちばし》が欠け落ち、猛禽のいのち果てるまで……。

されど、1942年初夏、ゲルマンの鷲は、自らが滅びの運命を負っていることなど知るよしもなく、ただ凱歌《がいか》に酔うばかりだったのである。

第四章　北方軍集団　五つの激闘

写真：レニングラードまで『75キロ』」の道路標識を指し示すドイツ兵たち

北の嵐（ルーガ要塞線を突破せよ）

　1941年6月22日、バルバロッサ作戦の北翼を担う北方軍集団は、怒濤の勢いで国境を越えた。左翼に第18軍、中央に第4装甲集団《パンツァーグルッペ》、右翼に第16軍を配した布陣である。とくに、第4装甲集団麾下のエーリヒ・フォン・マンシュタイン歩兵大将率いる第56自動車化軍団の進撃はめざましく、6月26日にはダウガヴァ（ドヴィナ）川[1]に架かる二つの大橋梁を奇襲、無傷で占領していた。ところが、マンシュタインは足踏みしなければならなかった。第56自動車化軍団があまりに突出した態勢にあるのを危惧した第4装甲集団司令官エーリヒ・ヘープナー上級大将は、同じく麾下にある第41自動車化軍団と第16軍左翼が到着するまで現地点を保持待機せよとマンシュタインに命じたのである。対するソ連北西正面軍[2]司令官フョードル・I・クズネツォフ大将は、悪名高い人民国防委員会指令第3号[3]に従い、2個機械化軍団を投入して反撃に出たものの、それは完全な失敗に終わり、総退却に移っていた。ゆえに、追撃のチャンスだったのだけれど、北方軍集団は急進よりも態勢を整えることを選んだのである。

　7月2日、第4装甲集団は豪雨を衝いて、攻撃を再開した。この間に、ソ連軍はクズネツォフを更迭、

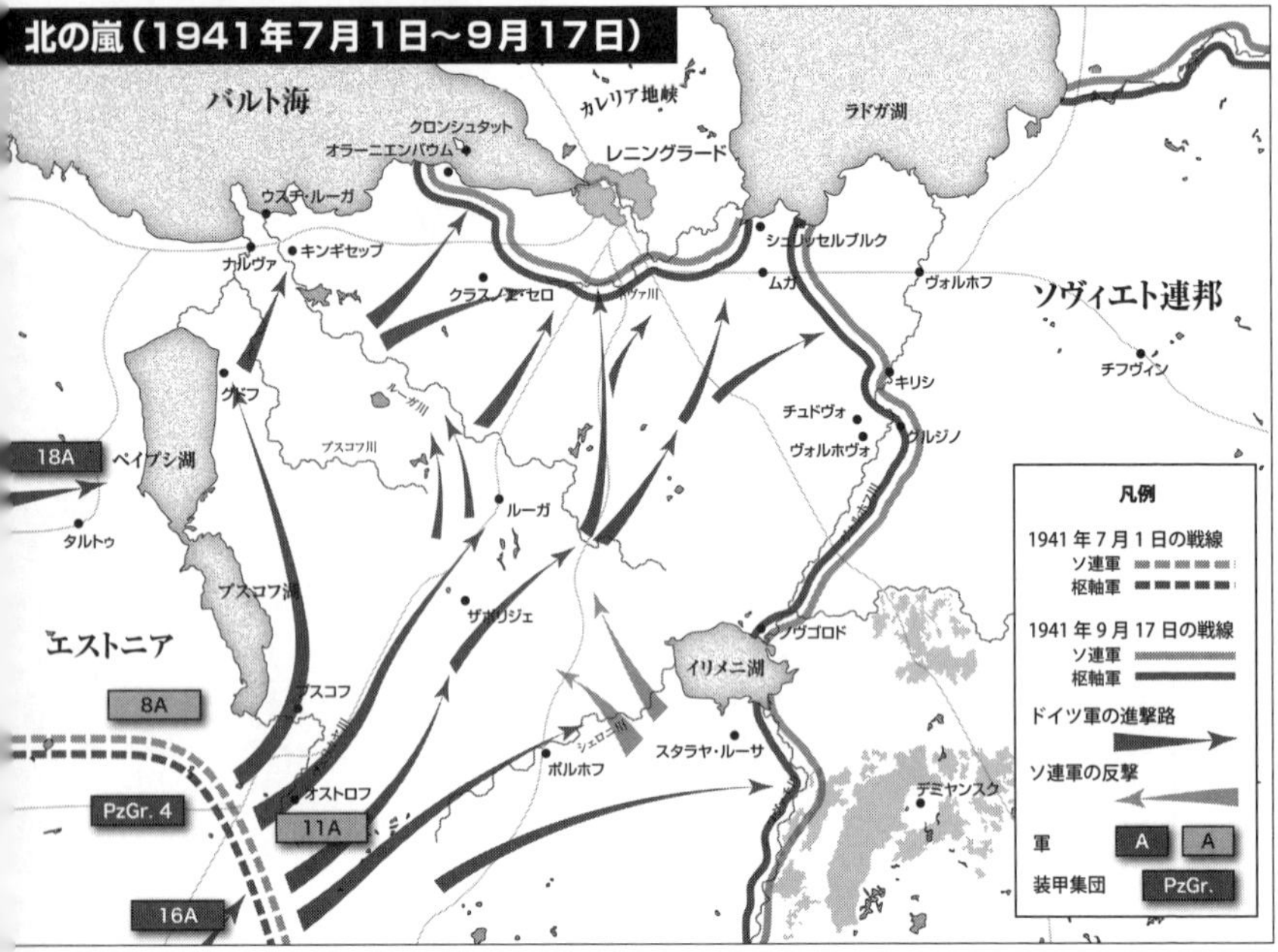

ピョートル・P・ソベンニコフ中将を新司令官に据えた上に、ニコライ・F・ヴァトゥーチン中将を赤軍参謀総長代理として派遣、北西正面軍参謀長に任命して、てこ入れをはかっていた。[4] だが、なお混乱したままだったソ連軍は、充分な抵抗ができない。7月4日、ゲオルク＝ハンス・ラインハルト装甲兵大将指揮の第41自動車化軍団所属の第1装甲師団がオストロフを占領し、またやはり同軍団麾下の第6装甲師団がプスコフ南方でヴェリカヤ川沿いに布かれたソ連軍の陣地を抜いた。一方、第56自動車化軍団の第8装甲師団もヴェリカヤ川の線を突破しようとしていたが、この戦区は沼沢地であるため、前進には時間を要した。とはいえ、これらの戦闘により、第4装甲集団は、ポーランド東部やバルト三国を併合する前のかつてのソ連国境に沿って築かれていた国境要塞帯、いわゆる「スターリン線」に穴を開けたことになる。また、しだいに第4装甲集団両翼の第18ならびに第16軍の歩兵部隊も追いついて、側面を固めつつあった。北方軍集団の最終目標、レニングラードに突進する態勢が整ったのである。

　ソ連軍にとっては、悪夢のごとき事態だった。開戦

戦闘序列 1941年6月22日

北方軍集団編制

- 北方軍集団（勲爵士《リッター》ウィルヘルム・フォン・レープ元帥）
  - 第16軍（エルンスト・ブッシュ上級大将）
    - 第2軍団（第12、第32、第121歩兵師団）
    - 第10軍団（第30、第126歩兵師団）
    - 第28軍団（第122、第123歩兵師団）
    - 軍予備（第253歩兵師団）
  - 第18軍（ゲオルク・フォン・キュヒラー上級大将）
    - 第1軍団（第1、第11、第21歩兵師団）
    - 第26軍団（第61、第217、第291歩兵師団）
    - 第38軍団（第58歩兵師団）
  - 第4装甲集団（エーリヒ・フォン・ヘープナー上級大将）
    - 第41自動車化軍団（第1および第6装甲師団、第36自動車化歩兵師団、第269歩兵師団）
    - 第56自動車化軍団（第8装甲師団、第3自動車化歩兵師団、第290歩兵師団）
    - 装甲集団予備（武装親衛隊「髑髏《トーテンコップフ》」自動車化歩兵師団）
  - 軍集団ならびにOKH予備＊
    - 第23軍団（軍集団予備：第206、第251、第254歩兵師団）
    - 第50軍団（OKH予備：第86歩兵師団、武装親衛隊「警察《ポリツァイ》」歩兵師団）
  - 第207保安師団
  - 第281保安師団
  - 第285保安師団

＊軍集団予備は、北方軍集団の裁量で運用できるが、OKH予備を使うには許可が必要となる。

レニングラード方面ソ連軍編制

- 北正面軍（マルキャン・M・ポポフ中将）
  - 第7軍（フィリップ・D・ゴレレンコ中将）
    - 4個狙撃師団基幹
  - 第14軍（ヴァレリアン・A・フロロフ中将）
    - 4個狙撃師団ならびに1個戦車師団基幹
  - 第23軍（ピョートル・S・プシェンニコフ中将）
    - 5個狙撃師団、2個戦車師団、1個自動車化狙撃師団基幹
  - 軍予備（2個狙撃師団、1個戦車師団、1個自動車化狙撃師団基幹）

- 北西正面軍（フョードル・I・クズネツォフ大将）
  - 第8軍（ピョートル・P・ソベンニコフ少将）
    - 7個狙撃師団、1個自動車化狙撃師団基幹
  - 第11軍（ヴァシリー・I・モロゾフ中将）
    - 7個狙撃師団基幹
  - 第27軍（ニコライ・E・ベルザーリン少将）
    - 4個狙撃師団ならびに2個騎兵師団基幹

Glantz, *Leningrad* および Haupt, *Heeresgruppe Nord* の巻末資料に、他の資料による修正を加えて作成。以下同様。

からわずか3週間ほどのあいだに、北西正面軍は、将兵9万、戦車1000両以上、大砲と迫撃砲4000門、航空機1000機以上を失っていた。きわめて危険な状態だ。北西正面軍は、麾下第8軍をタルトゥを中心としたエストニア南部に、同じく第11軍と第27軍をヴェリカヤ川東岸に配して、薄い戦線を張っている。だが、これらを構成する師団群の多くは、兵力2000人以下に痩せ細っていた。この苦境をみた赤軍参謀総長ゲオルギー・K・ジューコフ上級大将は、北正面軍とレニングラード正面軍の司令官を兼任するマルキャン・M・ポポフ中将▼[5]に以下の命令を下した。北正面軍を前進させ、ナルヴァ、ルーガ、スタラヤ・ルーサを結ぶラインに、レニングラード外郭防衛線を築いて、退却してくる北西正面軍を収容するのだ。加えて、7月10日には、スターリンの命により、北正面軍、北西正面軍、レニングラード正面軍を統合指揮する責任者として、ソ連邦元帥クリメント・E・ヴォロシーロフが派遣されることになる。

攻めるドイツ軍としては、こうしてソ連軍が態勢を整えるのを傍観しているわけにはいかない。7月9日、北方軍集団は、

レニングラードへの突進にかかった。主役は、むろん第4装甲集団で、第41自動車化軍団がプスコフからルーガに進撃、また第56自動車化軍団はイリメニ湖をめざすことになっていた。第4装甲集団の両側面では、第18軍がエストニアのソ連軍残存部隊を掃討、第16軍があり得る南東方面からの反撃に対して、楯となる計画だ。第41自動車化軍団の前進は順調で、早くも7月13日には第6装甲師団がルーガ川を渡り、続いて他の部隊も数か所の橋頭堡を築く。けれども、ドイツ軍は、それぞれの居場所で停止を余儀なくされた。レニングラードよりわずか１１０キロの地点にファシストが迫ったことを知ったポポフは、手持ち兵力をルーガ戦線に注ぎ込み[6]、死守を命じたのである。第56自動車化軍団からの支援は期待できなかった。同軍団は猛進したものの、ソ連軍の強力な抵抗と反撃に遭い、第8装甲師団が味方から分断され、孤立する事態となっていたからだ。この反撃は、北西正面軍参謀長のヴァトゥーチンが調整したもので、第10機械化軍団と第１７７狙撃師団は複雑な地形を利用して攻撃、第8装甲師団を4日間に渡り包囲下に置いた。そのため、ヘープナーは、ルーガ方面の兵力を割いて、第8装甲師団の救援に向かわせるほかなかった。また、これ以降、第16軍と第18軍の歩兵が追いついてきて戦線を安定させ、順次ソ連軍を押し返していったのだけれども、ヴァトゥーチンの企図は当たり、レニングラードをめざすドイツ軍の攻勢は遅延した。この貴重な時間を利用して、ソ連軍は陣地を強化、増援として第34軍と第48軍を受け取っている。

　一方、期待を裏切る遅々たる進展にいらだったヒトラーは、モスクワ攻略の前にレニングラードを奪取せよと厳命、中央軍集団より第3装甲集団の一部を増援してやると約束した。8月8日、総統はレニングラードを包囲し、南下してくるフィンランド軍と連結せよと指示する。北方軍集団総司令官勲爵士《リッター》[7]フォン・レープ元帥は、3個の打撃部隊を以て、ナルヴァ川からイリメニ湖に至る戦線を突破するつもりだった。最北方の支隊は、第41自動車化軍団ならびに第38歩兵軍団より成り、ルーガ川の橋頭堡からキンギセップ経由でレニングラードに進む。中央支隊は第56自動車化軍団（予備に第8装甲師団）を基幹としており、ルーガからレニングラードを直撃する。第1および第28軍団で構成される南方の支隊は、ノヴゴロドを通ってレニングラード東方に進出、同市を包囲して、モスクワとの連絡線を断つ役目を帯びていた。このほかにも、イリメニ湖南方では、第16軍が助攻を実行する手はずになっている。

ヴァトゥーチンは、先手を打ってドイツ軍を叩くべく、8月12日に攻勢をしかけたものの、今度は一足遅かった。さしたる成果もあげられぬまま、逆にドイツ軍大攻勢に呑み込まれてしまったのである。8月8日、レニングラードへの進撃を再開した北方軍集団は、北正面軍と北西正面軍の諸部隊を撃破しつつ、ほぼ計画通りに前進する。ノヴゴロドは8月16日、チュドヴォは同月20日、ルーガは同じく24日に占領される。9月6日には、レニングラード東方の要衝シュリッセルブルクが陥落した。このころから、レニングラード市街に対する重砲の砲撃と昼間空襲とがはじまる。

かかる苦境に直面したスターリンは、切り札を投じることにした。9月11日、ジューコフをレニングラード正面軍司令官に任命したのである。だが、彼が着任したその日、9月13日に、北方軍集団は猛攻を開始した。レープは、中央軍集団から派遣されている増援部隊がモスクワ作戦のために引き抜かれる前に、決着を付けたかったのだ。ジューコフは、頑強に抵抗し、隙があるとみれば戦術的に反撃、粘りに粘った。そうした抵抗の激化は、ドイツ軍の進撃率の低下をみてもわかる。平均すると、北方軍集団は、7月には1日あたり約5キロ、8月になっても2・2キロ前進していたが、9月の進撃率は1日1・4キロに落ちていたのである。

革命の聖都を救援せよ（北ロシアの死闘）

この間、ヒトラーの関心は、南のキエフ包囲戦、さらには、それに続くモスクワ攻略作戦に移っていた。レニングラード占領が予想よりも困難であることを識ったヒトラーは、無理に奪取するよりも、包囲して

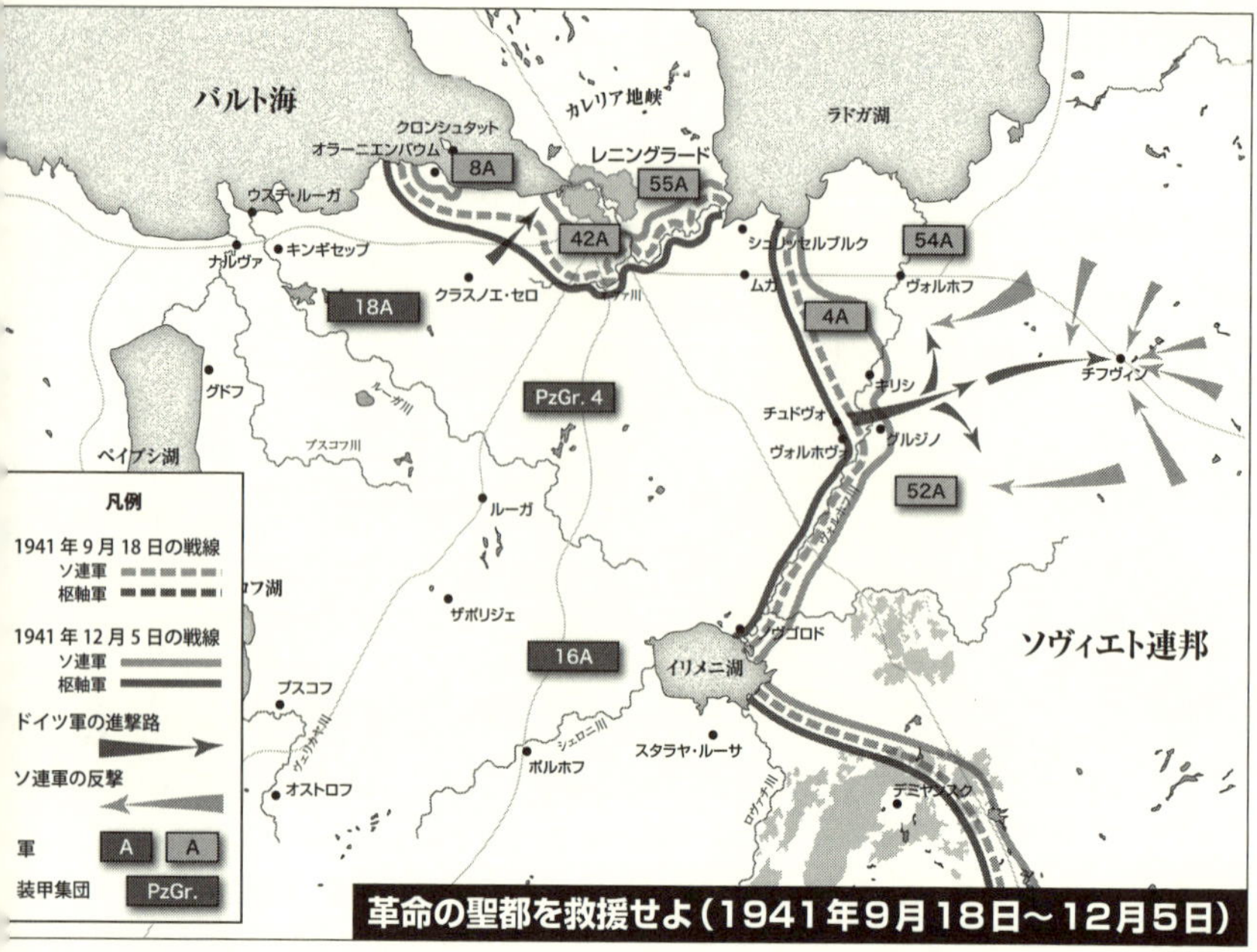

革命の聖都を救援せよ（1941年9月18日～12月5日）

枯死せしめるほうが得策だという考えに傾きつつあったのである。9月22日付で出された軍の指示書には、「総統はペテルスブルク市を地上から抹消すると決定された」[8]とあり、そのために「同市の封鎖を密にし、あらゆる口径の砲兵射撃ならびに空爆の継続によって覆滅する」ことになっていた。

この原則に従い、ヒトラーは、チュドヴォからチフヴィンに前進、しかるのちに北西に転回、ソ連第54軍を包囲殲滅しつつ、鉄道沿いに進撃してヴォルホフを占領せよと命じた。機動距離も長くなり、麾下部隊に負担を強いることになるヒトラー案に、レープは難色を示したが、命令は拒否できず、10月16日の作戦発動を目途に準備にかかる。

一方、スターリンも、レニングラード方面で反撃に出る必要を感じていた。それが成功すれば、レニングラードの包囲を食い止めることもできるし、北方軍集団からモスクワ作戦に向けて兵力が転用されるのを防ぐことも可能となる。スターリンは、レニングラードに自身の代理として、副国防人民委員で赤軍防空司令官のニコライ・N・ヴォロノフ砲兵上級大将を派遣するとともに、正面軍司令官イヴァン・I・フェジュニンスキー少将に10月20日に攻勢を発動するよう命令していた。[9]目標は、赤軍戦線に打ち込まれたくさび、シュリッセルブルク周辺の回廊地帯である。ここを挟撃し、レニングラードとの連絡を回復するのだ。

しかしながら、既述のごとくドイツ軍も攻勢のために集結していたから、フェジュニンスキーの作戦は思うとおりに進まなかった。たちまち激戦が生じ、大損害を出したものの、さしたる戦果は得られず、10月下旬に反撃は中止される。対するドイツ軍は、チフヴィンへの攻撃を継続した。初雪はとうに降って、地表は10センチの積雪に覆われている。もとより、この地域は、川と沼と森林にみちみちた、攻撃には不適な地形だ。雪が足を止めてしまう前にチフヴィンを占領、ラドガ湖畔に突進して、レニングラードの包囲を完成させたいというのが、ドイツ軍の願いだった。事実、悪天候と困難な地形にもかかわらず、北方軍集団は、じりじりとチフヴィンに迫った。ソ連軍としては看過できない状況である。赤軍大本営《スタフカ》は、なけなしの増援を送り込み、ドイツ軍を押し戻させた。

北方軍集団の前進が滞りだしたのを

戦闘序列 1941年9月1日

北方軍集団編制

北方軍集団（勲爵士ウィルヘルム・フォン・レープ元帥）
- 第16軍（エルンスト・ブッシュ上級大将）
  - 第1軍団（第11、第21、第122、第126歩兵師団）
  - 第2軍団（第12、第32、第123歩兵師団）
  - 第10軍団（第30、第290歩兵師団）
  - 第28軍団（第96、第121歩兵師団）
  - 第39自動車化軍団（第12装甲師団、第18および第20自動車化歩兵師団）
  - 第56自動車化軍団（第3自動車化歩兵師団、武装親衛隊「髑髏」自動車化歩兵師団）
- 第18軍（ゲオルク・フォン・キュヒラー上級大将）
  - 第42軍団（第61、第217、第254歩兵師団）
- 第4装甲集団（エーリヒ・フォン・ヘープナー上級大将）
  - 第26軍団（第93歩兵師団）
  - 第38軍団（第1、第291歩兵師団）
  - 第50軍団（第8装甲師団、第269歩兵師団、武装親衛隊「警察」歩兵師団）
  - 第41自動車化軍団（第1および第6装甲師団、第36自動車化歩兵師団）

レニングラード方面ソ連軍編制

レニングラード正面軍（ソ連邦元帥クリメント・E・ヴォロシーロフ）
- 第8軍（ピョートル・S・プシェンニコフ中将）
  - 6個狙撃師団基幹
- 第23軍（ミハイル・N・ゲラシモフ中将）
  - 5個狙撃師団基幹
- 第42軍（ヴラジミル・I・シュチェルバコフ少将）
  - 2個親衛人民民兵師団基幹
- 第48軍（マクシム・A・アントニュク中将）
  - 1個狙撃師団ならびに1個山岳狙撃師団基幹
- 第55軍（イヴァン・G・ラザレフ少将）
  - 4個狙撃師団ならびに2個人民民兵師団基幹
- コポリ作戦集団（司令官名不詳）
  - 1個親衛人民民兵師団ならびに1個人民民兵師団基幹
- 南方作戦集団（司令官名不詳）
  - 3個狙撃師団基幹
- 正面軍直轄部隊
  - 4個狙撃師団、1個親衛人民民兵師団、1個内務人民委員部（NKVD）師団基幹

赤軍大本営直轄部隊
- 第52独立軍（ニコライ・K・クリコフ中将）
  - 7個狙撃師団基幹

みたレープ元帥は、10月26日に総統大本営「狼の巣《ヴォルフスシャンツェ》」を訪ね、中央軍集団の第3装甲集団による支援をヒトラーに求める。けれども、ちょうどモスクワ北方のカリーニンで、ソ連軍の大反撃がはじまったこともあり、それはできない相談だった。

以後、一進一退の状況が続く。10月後半に繰り返されたソ連軍の反攻を撃退しつつ、ドイツ軍は第39自動車化軍団を先鋒として、チフヴィンをめざし、11月8日には同市を占領した。が、ドイツ軍は限界に達していた。すでに気温は零下40度に達しており、多くの将兵が凍傷で斃れていた。またチフヴィンに向けて突出したことにより、ヴォルホフ川東方の戦線は、70キロから350キロに伸びきっており、とうてい攻勢を継続できる状態になかったのだ。

ソ連軍に、反撃の好機がやってきた。赤軍大本営は、第54、第4、第52の3個軍を用いて、チフヴィン突出部を攻撃する計画を立てた。第4軍はチフヴィン攻撃中のドイツ第39自動車化軍団を包囲殲滅、さらに突進して、南北から攻勢を取る第52、第54軍と連結することになっていた。11月19日には第4軍のチフヴィン攻勢、12月3日には第54軍のヴォルホフ西方での攻勢が開始される。消耗しきった第39自動車化軍団では、抗しきれるものではない。12月6日、レープは、第39自動車化軍団をヴォルホフ川の線まで後退させる許可をＯＫＨ《オーカーハー》（陸軍総司令部《オーバーコマンド・デス・ヘーレス》）に求めた。しかし、日付が変わった直後、真夜中にレープに伝えられたのは、総統は本来の計画を遂行せよと主張しておられるということだった。つまり、チフヴィンからラドガ湖への旋回を続けろということである。この指令によれば、北方軍集団は、「大砲の射程距離以上に、チフヴィンから離れてはならない」のだった。レープは、第39自動車化軍団が倍以上の敵と死闘を繰り広げていると訴え、繰り返し撤退許可を求めた。12月8日午前2時になって、ヒトラーはようやく退却を認める。

12月9日、第39自動車化軍団の退却が開始されたが、豪雪に阻まれ、その実行は困難をきわめた。ソ連軍の追撃も執拗をきわめ、後衛となった第61歩兵師団隷下の第151歩兵連隊は大損害を被った。この連隊は、第18自動車化歩兵師団から派遣された2個中隊の戦車に支援されていたけれど、彼ら戦車兵は文字通り「最後の一兵まで戦って」掃討されてしまった。かかる犠牲を払いながら、ドイツ軍はチフヴィン突出部を縮小し、ヴォルホフ川沿いの戦線に退いたのである。

多くを求めすぎた攻勢（デミヤンスク包囲戦）

１９４１年末の一連の反攻の成功は、スターリンに過大な期待を抱かせることになった。彼が夢見たのは、南方ではウクライナの資源地帯とクリミア半島を奪回し、セヴァストポリの守備隊を救出、モスクワ前面ではスモレンスクに進撃し、ドイツ中央軍集団を殲滅することであった。そして、北では、レニングラードを解放し、北方軍集団を撃破する！

このころ、氷結したラドガ湖の上を通しての補給路、いわゆる「命の道」を除いては、レニングラードは孤立している。放置すれば、大都市レニングラードのインフラストラクチャーは崩壊し、飢餓が訪れるであろう。そうした観点からすれば、スターリンがレニングラード解放作戦を急がせたのも、政治的には当然であった。が、それは、かろうじて「バルバロッサ」をしのぎきったばかりのソ連軍には過大な任務であり、その無理は、以後の作戦遂行過程で無惨なまでに露呈することとなる。

１９４１年12月17日、赤軍大本営は、レニングラード正面軍、ヴォルホフ正面軍、北西正面軍に、レニングラードからノヴゴロドに至る戦線での攻勢を準備するよう命じた。作戦構想は、こうである。まず北では、レニングラード正面軍が南東、ヴォルホフ正面軍が北西に進撃、ドイツ軍を挟撃・殲滅、レニングラードの解放にあたる。一方、南西正面軍も、その南で攻勢を発動、ドイツ軍部隊を拘束しつつ、デミヤンスク、スタラヤ・ルーサを攻略、またヴォルホフ正面軍と協同して、ドイツ軍の退路を断つことになっ

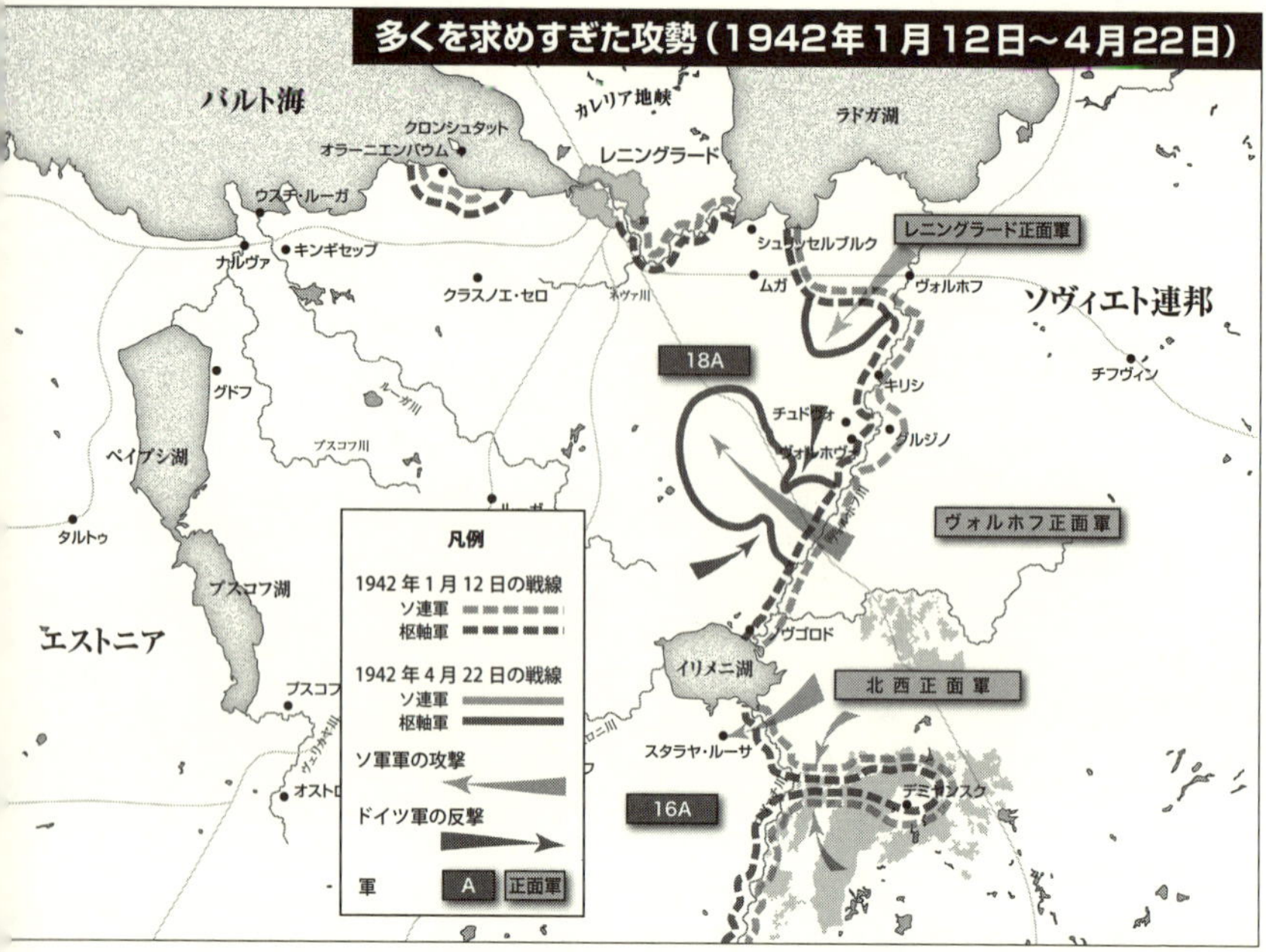

多くを求めすぎた攻勢（1942年1月12日～4月22日）

ていた。赤軍大本営は、攻勢発起のための準備陣地奪取と部隊の集中を12月26日までに完了すると予定していたが、ドイツ軍の抵抗と悪天候[10]により、作戦発動を1月6日まで延期することに決めた。しかし、それでも時間が足りず、ヴォルホフ正面軍の歩兵ならびに戦車部隊の集中は1月7日ないし8日、砲兵の配置は1月10日ないし12日までかかった。ところが、一刻も早く勝利を、と焦るスターリンは、予定通り1月6日に攻勢を開始せよと厳命したのである。

赤い独裁者の望み通り、1月6日に開始されたヴォルホフ正面軍の攻撃は停滞した。ヴォルホフ川西岸に陣取ったドイツ軍の抵抗が激しかったこともさることながら、正面軍主力がまだ東岸後方にいたため、ごく一部の兵力しか投入できなかったからだ。たまりかねたヴォルホフ正面軍司令官キリル・A・メレツコフ上級大将は、赤軍大本営に3日間の攻撃停止を要請し、認められた。ただし、スターリンは、ヴォルホフ正面軍を再編成し、1月13日に、より協同の取れた攻勢を再開せよと留保をつけている。加えて、お目付役として、赤軍政治総局長レフ・Z・メフリスをメレツコフのもとに派遣した。攻勢が失敗すれば、メフリスが、メレツコフの助言者から審問官に変わることはいうまでもない。だが、1月17日に再開された第2打撃軍[11]を中心とする攻勢は、功を奏した。ヴォルホフ正面軍は、ようやく対岸の陣地からドイツ軍を駆逐し、彼らに脅威を与えることができたのである。

予期しなかった本格的攻勢に、レープ元帥は懊悩した。北方軍集団の戦線が、膨らみきった薄いものであることを誰よりもよく知っていたのは、ほかならぬ元帥である。レープは、自分を解任するか、さもなくば、機動の余地があるうちに撤退させる許可をくれと、OKHに請願する。だが、戦線の反対側の独裁者は、スターリンに負けず劣らず酷薄だ。レープは「健康上の理由で」北方軍集団司令官職を解任されたのであった。

一方、ヴォルホフ正面軍の左翼、南方では、北西正面軍が1月7日にスタラヤ・ルーサめざす攻撃を開始していた。さらに南のカリーニン正面軍による攻勢[12]がドイツ軍を圧迫したことにも助けられ、北西正面軍はめざましい進撃を見せ、その先鋒部隊は攻勢2日目にスタラヤ・ルーサ外縁部に達していた。スキー部隊は凍ったイリメニ湖の氷上を通って、ドイツ軍の後方に進出、補給線を遮断する。

戦闘序列 1942年1月1日

北方軍集団編制

北方軍集団（勲爵士ヴィルヘルム・フォン・レープ元帥）
- 第16軍（エルンスト・ブッシュ上級大将）
  - 第2軍団（第12、第32、第123歩兵師団）
  - 第10軍団（第30、第290歩兵師団、第18自動車化歩兵師団、武装親衛隊「髑髏」自動車化歩兵師団）
  - 第38軍団（第61、第126、第215歩兵師団、第250スペイン歩兵師団〈青師団〉）
- 第18軍（ゲオルク・フォン・キュヒラー上級大将）
  - 第1軍団（第11、第21、第291〈1個歩兵連隊欠〉歩兵師団）
  - 第26軍団（第93、第212、第217歩兵師団）
  - 第28軍団（第1、第96、第223、第227、第269歩兵師団、第291歩兵師団より歩兵1個連隊、第12装甲師団の一部）
  - 第50軍団（第58、第121、第122歩兵師団、武装親衛隊「警察」歩兵師団、）
  - 第39自動車化軍団（第12装甲師団、第20自動車化歩兵師団）
- 軍集団予備
  - 第8装甲師団、第81歩兵師団

レニングラード方面ソ連軍編制

レニングラード正面軍（ミハイル・S・ホージン中将）
- 第8軍（アンドレイ・L・ボンダレフ少将）
  2個狙撃師団、1個NKVD狙撃師団基幹
- 第23軍（A・I・チェレパノフ中将）*
  3個狙撃師団基幹
- 第42軍（イヴァン・F・ニコラエフ中将）
  2個狙撃師団、1個NKVD狙撃師団基幹
- 第54軍（イヴァン・I・フェジュニンスキー少将）
  9個狙撃師団、1個親衛狙撃師団、1個戦車師団基幹
- 第55軍（ヴラジミル・P・スヴィリドフ中将）
  10個狙撃師団基幹
- 沿岸作戦集団（1個狙撃師団基幹）
- 正面軍直轄部隊（2個狙撃師団基幹）

ヴォルホフ正面軍（キリル・A・メレツコフ上級大将）
- 第2打撃軍（グリゴリー・G・ソコロフ中将）
  1個狙撃師団基幹
- 第4軍（ピョートル・A・イヴァノフ少将）
  6個狙撃師団、1個親衛狙撃師団、2個騎兵師団基幹
- 第52軍（ニコライ・K・クリコフ中将）
  7個狙撃師団、1個騎兵師団基幹
- 第59軍（イヴァン・V・ガラニン少将）
  6個狙撃師団基幹
- 正面軍直轄部隊（1個騎兵師団基幹）

＊ファースト・ネーム不詳。

その東方、デミヤンスク周辺では、ドイツ第2軍団が罠にかかった。1月下旬までに、同軍団は、ラムシェヴァを通る細い回廊地帯を除いて、ほぼ包囲されてしまう。

2月に入って、ソ連軍の攻勢はテンポを増した。第2打撃軍はノヴゴロド北方でヴォルホフ川の線を突破し、急進していた。レニングラード正面軍もキリシ西方で前進し、南北からの挟撃のかたちをつくる。ドイツ軍にしてみれば、危険な毒キノコを思わせる突出部が形成されたのである。

ところが、3月中旬までに、赤いキノコは毒を抜かれていた。第2打撃軍は、巧妙に構成されたドイツ軍の陣地網に、充分な砲兵援護や兵站支援がないまま不用意な攻撃を行ったため、ひどく消耗しきっており、ドイツ軍を撃滅しつつレニングラードを解放するなどという二重任務はとうてい達成できない状態になっていたのだ。また、南に眼を転じると、北西正面軍はスタラヤ・ルーサとデミヤンスクを攻めあぐねていた。赤軍大本営は、レニングラード・ノヴゴロド攻勢の成否は、北方軍集団の右翼を潰滅させることが前提になると考えていたから、両市を迂回進撃するのではなく、[13]占領せよと命じていたのだ。ゆえに、北西正面軍はラムシェヴァ回廊を遮断しデミヤンスクを奪取するための攻撃とスタラヤ・ルーサへの突撃を繰り返した。しかし、空輸により物資を補給されたデミヤンスク包囲陣の抵抗は頑強で、スタラヤ・ルーサの守備隊もまた一歩も譲らなかった。かくて、膠着状態が訪れる。

ドイツ軍は、この好機を逃さなかった。3月2日、レープの後任として北方軍集団司令官となったゲオルク・フォン・キュヒラー上級大将と会見したヒトラーは、3月7日から12日のあいだに戦線の間隙を埋めるとともに、突出してきたソ連第2打撃軍を包囲、またデミヤンスクの友軍を解囲する作戦を遂行するよう命じた。キュヒラーはこれに応じて、反撃作戦を練った。今や、第2打撃軍は、わずか10キロほどの幅の回廊状の地域を通っている二筋の細い道（ドイツ軍は、それぞれ「エリカ」と「ドーラ」と通称していた）に補給を頼っている。これを断てば、第2打撃軍は無力となるのだ。一方、デミヤンスク方面では、ヴァルター・フォン・ザイトリッツ＝クルツバッハ中将[14]の6個師団、ザイトリッツ支隊が、ラムシェヴァを通る回廊を拡大し、デミヤンスクの味方を救援する攻撃にかかる。このようなドイツ軍反撃の兆候をみた赤軍大本営は、3月17日付でヴォルホフ正面軍に対し、先手を取って攻撃し、第2打撃軍の補給路を確保せよという意味の指令を出したが、もう遅かった。「肉食獣《ラウプティーア》」作戦、ドイツ軍の反撃は、3月15日午前7時30分に開始されていたのである[15]。

　第2打撃軍がつくった突出部を南北から挟撃したドイツ第18軍は、ソ連軍の激しい抵抗に悩まされはしたものの、3月18日には「エリカ」、その翌日には「ドーラ」を遮断した。さらに3月20日、南北の挟撃部隊が手をつなぎ、ドイツ軍を包囲殲滅する役目を帯びていた第2打撃軍とそれに随伴していた第59軍は、逆に包囲されてしまった。ソ連軍は、ただちに反撃に出て、「エリカ」を奪回したが、糸のごとく細い補給路であることに変わりはない。第2打撃軍が戦略的に意味のある攻撃を実行する能力は奪われてしまったとみてよかろう。

　そのはるか南、デミヤンスク方面でも、ザイトリッツ支隊が3月20日に攻撃をはじめ、およそ1か月後の4月20日までにラムシェヴォ回廊を奪回、4キロ幅の通路に拡大した。ソ連軍はこれを遮断しようと攻撃を繰り返したものの、大損害を出して撃退される。

　こうして大勢は決した。これ以降も小競り合いが繰り返されたが、ヴォルホフ正面のドイツ軍撃滅、デミヤンスクやスタラヤ・ルーサの奪取といった目的、何よりもレニングラード解放という大命題が達成されることはなかったのである。ソ連軍の冬季攻勢が、こうした結果に終わった理由について、従来は、デミヤンスクのそれをはじめとするドイツ軍の奮戦に帰せられることが多かった。しかしながら、今では、むしろソ連軍の作戦に問題があったことがわかっている。おそらく、ソ連軍は、目標を絞り、兵力を集中すれば、戦略目標を達成できるだけの実力を備えていた。けれども、彼らは、というより、スターリンは、あまりにも多くを望みすぎ、結果として、ドイツ軍が守り抜くことを許してしまったのだ。敢えていうなら、ドイツ軍の頑張りがソ連軍の企図をくじいたのではない。個々の部隊の戦いぶりが作戦・戦略レベルに影響を与えるような状況を、ソ連軍の作戦立案の不備がつくってしまったのである。

連続打撃作戦の試み（ラドガ湖の戦い、第2ラウンド）

１９４２年の晩秋になると、ソ連軍は作戦術の原則に従い、北、中央、南の三正面で戦略的攻勢をかける準備を進めていた。北の焦点となるのは、むろんレニングラード解囲であった。11月から12月にかけて、レニングラード正面軍司令官リャニート・Ａ・ゴヴォロフ中将とヴォルホフ正面軍司令官メレツコフ上級大将は、赤軍大本営代表のソ連邦元帥ヴォロシーロフの監督下、反撃の計画を練る。攻撃は、二重包囲のかたちを取ることになっていた。シュリッセルブルク周辺のドイツ軍を短く切り取るように、レニングラード正面軍とヴォルホフ正面軍の挟撃がなされる。さらに、その南側で別の大規模な挟撃が実行され、レニングラードへの通路が開かれることになっていた。もし、この作戦が成功すれば、続けてレニングラードやその西のオラーニエンバウムにたてこもっている部隊との連結が試みられる。すべてがうまくいけば、連日レニングラードに加えられていたドイツ軍の砲撃を停止させることも可能だ。

とはいえ、ドイツ北方軍集団も手をこまねいていたわけではない。もともと森林や湿地が多く、守りやすい地形であるところに、細心の注意を払って、強力な陣地を構築しているのである。この鉄壁を打ち崩すために、ソ連軍は大量の砲兵を用意した。レニングラード正面軍は１８７３門の砲・迫撃砲を（１キロあたり１４４門）攻撃正面に集中、ヴォルホフ正面軍も同様に２８８５門の砲・迫撃砲を集めた（１キロあたり１８０門）。加えて、作戦準備最終段階の1月10日には、ゲオルギー・Ｋ・ジューコフ上級大将がスタフカから派遣され、「火花《イースクラ》」作戦と命名された攻勢の調整と指導にあたることになる。

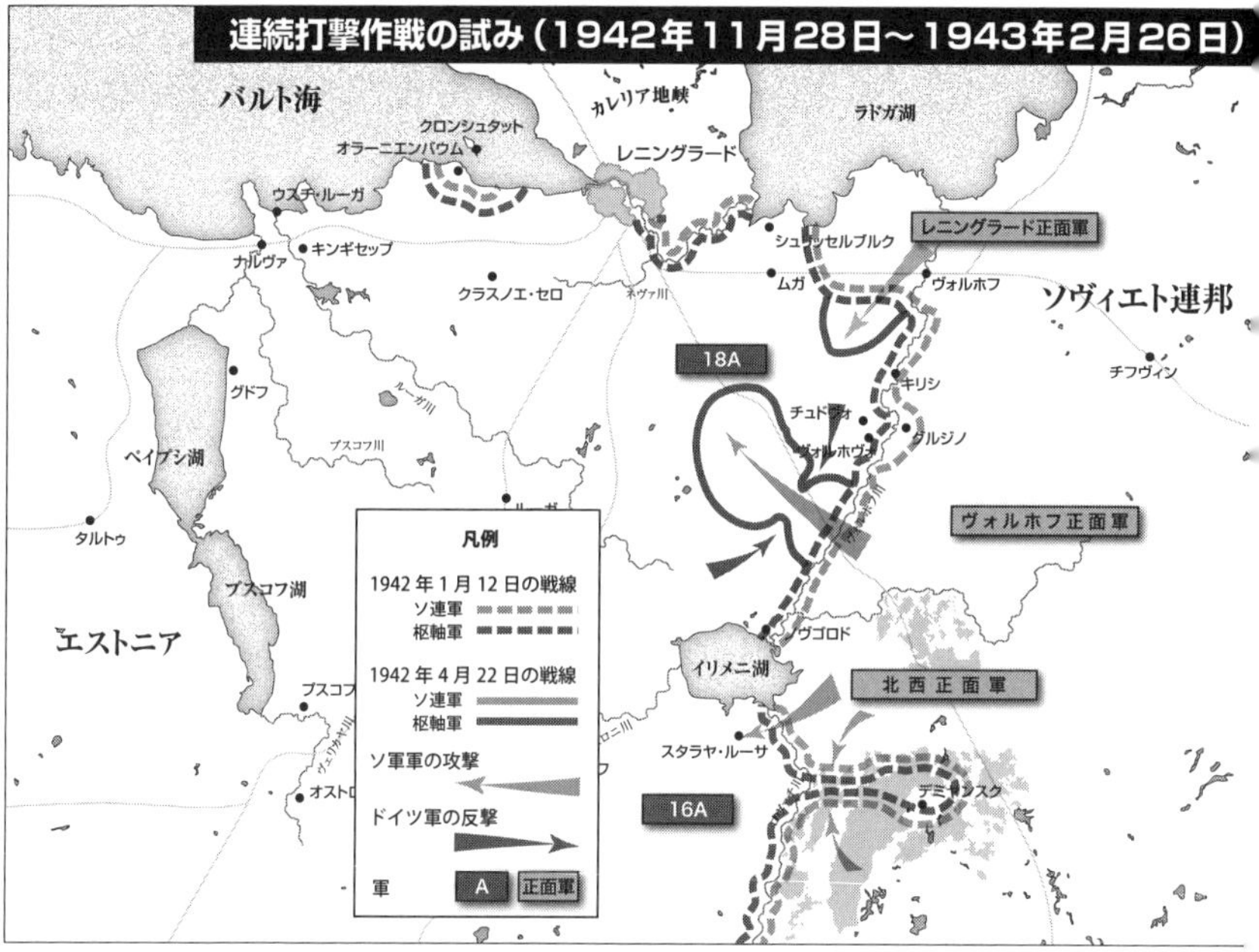

1月12日、猛烈な砲爆撃を加えたのち、零下23度の極寒を衝いて、ソ連軍は攻勢に出た。かつてのような協同の不備はなく、レニングラードとヴォルホフの両正面軍は息を合わせて、ドイツ軍に圧力をかける。シュリッセルブルク地域の守備に当たっていたドイツ第26軍団は予備をやりくりして反撃に出たが、焼け石に水であった。1月18日、ジューコフがソ連邦元帥に進級したその日に、ソ連軍はシュリッセルブルクを占領する。20日には、二重包囲の内側を担う第67軍と第2打撃軍の攻撃も開始され、戦闘は、逃げるドイツ軍をソ連軍がどの程度捕捉できるかという追撃戦の様相を呈してきた。とはいえ、レニングラードとの連絡という観点からすると、「火花」作戦の戦果はいまだ充分ではない。シュリッセルブルク付近に回廊を通したものの、この通路はなおドイツ軍の阻止砲撃の射程内にあった。

さらなる攻勢が必要である。しかも、1943年のソ連軍には、それを遂行するだけの実力が備わっていた。1月14日、北西正面軍司令官セミョーン・K・ティモシェンコ・ソ連邦元帥は、野心的な作戦を提案し

戦闘序列 1943年1月1日

北方軍集団編制

北方軍集団（ゲオルク・フォン・キュヒラー上級大将）
- 第16軍（エルンスト・ブッシュ上級大将）
  - 第2軍団（第12、第30、第32、第122、第123、第329歩兵師団）
  - 第10軍団（第18自動車化歩兵師団、第5猟兵師団、第21空軍野戦師団）
  - ホーネ支隊（第126、第225、第290歩兵師団、第8猟兵師団）
  - ティーマン支隊（第93、第218歩兵師団）
- 第18軍（ゲオルク・リンデマン騎兵大将）
  - 第1軍団（第11、第21、第61、第69、第132、第217歩兵師団）
  - 第26軍団（第1、第170、第223、第227歩兵師団）
  - 第28軍団（第24および第121歩兵師団、第28猟兵師団）
  - 第38軍団（第96、第212、第254歩兵師団、第1、第10空軍野戦師団、第285保安師団）
  - 第50軍団（第215、第225歩兵師団、第9空軍野戦師団、武装親衛隊「警察」歩兵師団、）
  - 第54軍団（第5山岳猟兵師団、第250歩兵師団〈青師団〉、武装親衛隊第2警察旅団）

レニングラード方面ソ連軍編制

レニングラード正面軍（リャニート・A・ゴヴォロフ中将）
- 第23軍（A・I・チェレパノフ中将）＊
  4個狙撃師団基幹
- 第42軍（イヴァン・F・ニコラエフ中将）
  4個狙撃師団基幹
- 第55軍（ヴラジミル・P・スヴィリドフ中将）
  4個狙撃師団基幹
- 第67軍（ミハイル・P・ドゥハノフ中将）
  2個狙撃師団、1個親衛狙撃師団基幹
- 沿岸作戦集団（2個狙撃師団基幹）
- 正面軍直轄部隊（5個狙撃師団基幹）

ヴォルホフ正面軍（キリル・A・メレツコフ上級大将）
- 第2打撃軍（ヴラジミル・Z・ロマノフスキー中将）
  11個狙撃師団基幹
- 第4軍（ニコライ・I・グゼフ中将）
  3個狙撃師団基幹
- 第8軍（フィリップ・N・スタリコフ中将）
  4個狙撃師団基幹
- 第52軍（ヴセヴォロド・F・ヤコヴレフ中将）
  3個狙撃師団基幹
- 第54軍（アレクサンドル・V・スホムリン中将）
  7個狙撃師団基幹
- 第59軍（イヴァン・T・コロヴニコフ中将）
  4個狙撃師団基幹
- 正面軍直轄部隊（2個狙撃師団、1個砲兵師団基幹）

＊ファースト・ネーム不詳。

た。デミヤンスク＝スタラヤ・ルーサ間で攻勢に出て、北方軍集団の右翼を潰滅させるべきだと主張したのだ。ジューコフは、ティモシェンコの計画に大きな可能性を見出した。「火花」作戦によって、ドイツ第18軍の主力はレニングラード方面に誘引され、その他の地区の守りは弱体化している。ここで、イリメニ湖南方から攻撃すれば、レニングラードからの圧力と相俟って、北方軍集団全体を包囲殲滅することも夢ではない。かくて、ジューコフのバックアップのもと、「北極星《パリヤールナヤ・ズヴェズダー》」作戦が立案される。北西正面軍がデミヤンスク方面から突破、ルーガを経てプスコフやナルヴァまで進撃する。その一方、レニングラード正面軍とヴォルホフ正面軍が南東に突進、北方軍集団を包囲殲滅するのだ。

　しかしながら、壮大な「北極星」作戦は、みじめな失敗に終わった。2月10日から12日、レニングラード正面軍とヴォルホフ正面軍が攻勢に出て、ドイツ第18軍を拘束したのち、15日に北西正面軍がデミヤンスク方面の突出部攻撃を開始した。ジャンプボードの上に置かれた大石である、このデミヤンスクのドイツ軍を一掃してしまわなければ、北方軍集団の背後にまわる大機動作戦は実行できない。ところが、ドイツ軍は先回りしていた。デミヤンスク突出部はもはや維持不可能、むしろ部隊を撤収させたほうが得策だと判断した北方軍集団は、ＯＫＨの許可を得て、退却準備を進めていたのである。19日に撤退を開始したデミヤンスクのドイツ軍に対し、北西正面軍は猛攻を加えた。けれども、幾重にもわたる収容陣地をつくっておいたドイツ軍の抵抗は強力で、北西正面軍は大損害を出して撃退された。23日までにデミヤンスクからの退却は終了し、包囲下に消えてなくなるはずだったドイツ軍12個師団が、あるいは戦線を支え、あるいは予備兵力として使用できるようになったのである。「北極星」作戦の大前提が崩れたといっても過言ではない。それでも、北西正面軍は、27日に第27軍と第1打撃軍を投じて攻撃を再開したが、やはり出血を大きくしたのみで、さしたる戦果は得られなかった。たまりかねたスターリンは、そくざに攻勢を中止させた。[16] 北の戦線は小康状態を迎えたのだ。

雪原に潰ゆ（北方軍集団の壊滅）

一連の激闘や他戦線への兵力引き抜きの結果、極度に弱体化した北方軍集団は、１９４３年末には、東部防衛線「東方防壁《オストヴァル》」の一部である「豹《パンター》」線（ほぼナルヴァ川・ペイプシ湖・プスコフ・オストロフを結ぶ線）への退却を計画していた。作戦名称としては、皮肉なことながら、かつての戦略攻勢に付けられたのと同じ「青《ブラウ》」が採用されていた。この撤退は翌１９４４年1月から段階的に実行される予定で、一時的な収容陣地も準備されつつあった。ところが、またしてもヒトラーの横やりが入る。総統は、１９４３年のウクライナにおける諸戦闘でソ連軍は大損害を出しているから、他の方面で攻勢をかける余力はないと判断し、敵の攻撃によって発動を余儀なくされる場合を除いては、「青」作戦は実行してはならないとしたのだ。第18軍司令官ゲオルク・リンデマン上級大将のように、ソ連軍の攻勢は支えられると楽観している人物もいたから、北方軍集団の作戦指導は困難の度合いを増した。

一方、ソ連側は、北方軍集団の窮状を見抜いていた。なるほど、ドイツ・ファシストはまだレニング

雪原に潰ゆ（1943年11月29日〜1944年3月27日）

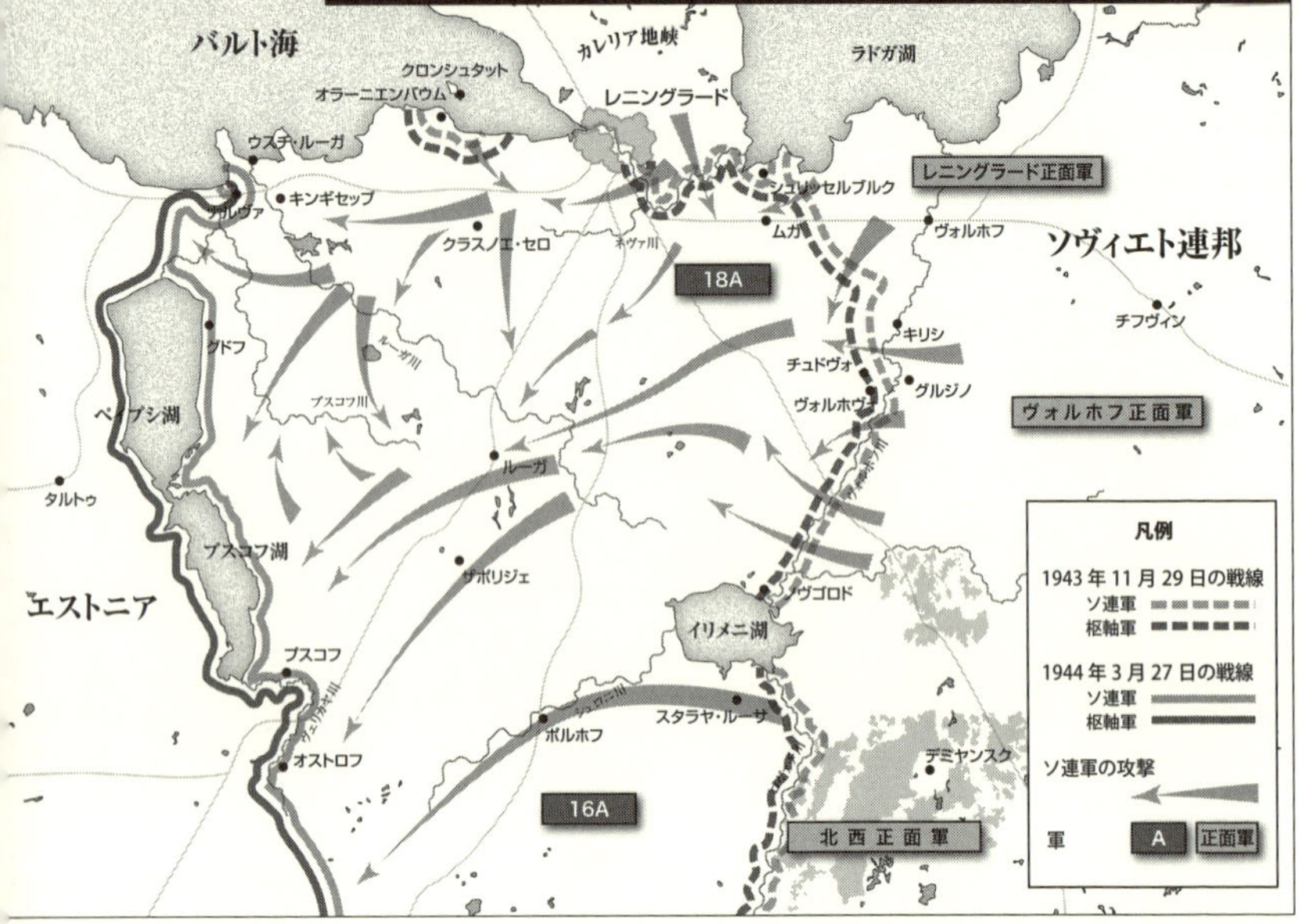

ラードを攻撃できる位置にいるし、砲撃や空爆を加えることはできる。しかし、レニングラードへの連絡線はすでに打通されており、圧倒的なソ連軍の前に防勢に回っている上、増援は望めない。こうした状況をみたゴヴォロフとメレツコフは、突破機動によりルーガを占領、ドイツ第18軍を包囲する作戦を提案した。これを受けた赤軍大本営は、さらに北西正面軍を加えて、より規模の大きな攻勢を実行することに決した。さまざまな情報源から、ドイツ軍が後方の陣地線に退却し、防御を固める企図を有していることが伝わってきていたから、その前に北方軍集団を捕捉撃滅すべきだと判断したのである。

作戦は、大胆な要素を含んでいた。それまで、比較的静かな戦線だったオラーニエンバウム橋頭堡に、ひそかに第2打撃軍を移し、レニングラードの東西からの挟撃の一方の刃とするのだ。これは、ソ連軍が制海権を奪回しつつあったからこそ可能になったことで、バルト海艦隊がフィンランド湾の凍った洋上の隙間を縫って、第2打撃軍を運んだのである。この輸送作戦は、11月5日に開始され、ソ連軍攻勢発動時もなお継続中だったが、その時点までに5個狙撃師団を基幹とする大軍をオラーニエンバウム橋頭堡に送り込んでいた。この第2打撃軍が南東に突破するのに呼応して、レニングラード南西の部隊が攻撃し、同市南方にあるドイツ軍の陣地を包囲覆滅する。さらに、ヴォルホフ正面軍も、ヴォルホフ川の線を越えて前進、ノヴゴロド方面でも攻勢を実施して、ドイツ軍がレニングラード正面軍の攻撃に対応するのを困難にすることになっていた。

兵力の集中も怠りなかった。レニングラード正面軍は、攻撃戦域で敵に対し、歩兵で3倍、砲兵で4倍、戦車・自走砲で6倍の優位を確保した。ヴォルホフ正面軍も、同様に歩兵と砲兵で3倍、戦車・自走砲で11倍と、圧倒的な兵力を集めていた。加えて、作戦直前に大規模なパルチザン作戦も実行されることになり、その指導のため、11月にレニング

戦闘序列 1944年1月1日

北方軍集団編制

- 北方軍集団（ゲオルク・フォン・キュヒラー上級大将）
  - 第16軍（クリスチャン・ハンゼン砲兵大将）
    - 第1軍団（第23、第58、第122、第290歩兵師団）
    - 第2軍団（第93、第218、第331歩兵師団）
    - 第8軍団（第81、第329歩兵師団、ヤケルン支隊、ヴァーグナー支隊〈第132歩兵師団〉）
    - 第10軍団（第30歩兵師団、第8猟兵師団、第21空軍野戦師団）
    - 第43軍団ならびに武装親衛隊第6軍団の隷下に置かれた部隊（第69、第83、第205、第263歩兵師団、武装親衛隊第15ラトヴィア旅団）
  - 第18軍（ゲオルク・リンデマン騎兵大将）
    - 第26軍団（第61、第212、第227、第254歩兵師団）
    - 第28軍団（第21、第96、第121歩兵師団、第2、第13空軍野戦師団、スペイン兵団）
    - 第38軍団（第28猟兵師団、第1空軍野戦師団、武装親衛隊第2ラトヴィア旅団）
    - 第50軍団（第126、第170、第215歩兵師団）
    - 第54軍団（第11、第24、第225歩兵師団）
    - 第3SS装甲軍団（武装親衛隊「警察」歩兵師団より1個歩兵連隊、武装親衛隊「ノルトラント」装甲擲弾兵師団、第9、第10空軍野戦師団）

レニングラード方面ソ連軍編制

- レニングラード正面軍（リャニート・A・ゴヴォロフ中将）
  - 第2打撃軍（イヴァン・I・フェジュニンスキー中将）
    7個狙撃師団基幹
  - 第23軍（A・I・チェレパノフ中将）*
    3個狙撃師団基幹
  - 第42軍（イヴァン・F・ニコラエフ中将）
    7個狙撃師団、3個親衛狙撃師団、2個砲兵師団基幹
  - 第67軍（ヴラジミル・P・スヴィリドフ中将）
    7個狙撃師団基幹
  - 正面軍直轄部隊
    6個狙撃師団基幹

- ヴォルホフ正面軍（キリル・A・メレツコフ上級大将）
  - 第8軍（F・N・スタリコフ中将）
    4個狙撃師団、1個山岳狙撃師団基幹
  - 第54軍（S・V・ロジンスキー中将）
    6個狙撃師団基幹
  - 第59軍（I・T・コロヴニコフ中将）
    9個狙撃師団、1個砲兵師団基幹
  - 正面軍直轄部隊
    2個狙撃師団基幹

*ファースト・ネーム不詳。

ラードにパルチザン司令部が設置されている。

1月14日朝、レニングラード正面軍は、第3SS装甲軍団と第9、第10空軍野戦師団の陣地に65分間の準備砲撃を加えたのち（10万4000発の砲弾が撃ち込まれた）、歩兵の突撃が開始された。レニングラード正面軍司令官と第2打撃軍司令官イヴァン・I・フェジュニンスキー中将が[17]、付近の指揮所から見守るなか、ソ連軍の大波はドイツ軍陣地を呑み込んでいく。15日、第3装甲軍団は、ソ連軍の猛進を食い止めようと、建設大隊を含む残存部隊を投入したが、無駄だった。

また、北の攻勢と同時に、ヴォルホフ正面軍も、北方軍集団の南翼であるノヴゴロド地区に大攻勢をかけていた。何度となく、ソ連軍の攻撃を拒止してきた堅陣も、今度ばかりは圧倒的兵力差のもとに、なすすべもなく蹂躙されていく。1月19日、北方軍集団司令官キュヒラー元帥は、「ドイツ軍5個大隊」が「ソ連8個師団」に包囲されているとして、ヒトラーにノヴゴロド守備隊の撤退許可を求め、総統の同意を得た。だが、時すでに遅かった。20日朝、ソ連軍は、ロシアの歴史的な土地ノヴゴロドを奪回していたのだ。

以後、北方軍集団は潰滅に近い損害を出しながら、エストニア方面に退却し、かろうじて戦線を固める。[18]北方軍集団の任務は、もはやレニングラードの攻略ないし封鎖ではなく、ドイツ本国に戦禍が及ぶのを可能なかぎり遠ざけておくことに変わったのである。

第五章　森と湿地帯の死闘
——ナルヴァ攻勢１９４４

写真：1944年、雪の中のティーガーI型戦車と兵士たち

危機に立つ北方軍集団

１９４４年1月、東部戦線北翼の兵力のバランスは、大きく逆転していた。

わずか2か月で沿バルト地方を征服し、ソ連第二の都市であるレニングラードを包囲の鉄環のもとに置いた、強大な北方軍集団のおもかげはすでにない。この時点で北方軍集団が有しているのは、およそ40個歩兵師団のみ。中央軍集団や南方軍集団の戦区に火がついたために、前線部隊の多くを手放し、増援として送り出さなければならなかったためである。その数は、過去半年だけで18個師団に達しており、これは北方軍集団の兵力のおよそ40％に相当していた。

また、残る部隊の質も疑問視されていた。たとえば、6個配属されていた空軍野戦師団などは、陸軍の将兵から「空軍の設計ミス」とののしられるような戦力しか持っていなかったのだ。もっとも、そういう陸軍もお寒い状態にあり、第16軍などは1月なかばの時点で、それぞれ１００名以下の兵員がいるだけの歩兵大隊14個を持つだけだったと、公式報告に記されている。

かかる窮境に、北方軍集団司令官ゲオルク・フォン・キュヒラー元帥は、つぎの戦闘では破局が訪れる

ナルヴァ近郊の塹壕にて

のではないかと憂慮していた。このまま、ソ連軍の攻勢を受けては、北方軍集団がドミノ倒しのごとく潰滅することは必至で、少なくとも戦線の短縮が必要だった。幸い、1943年8月に、ヒトラーは、フィンランド湾からアゾフ海に至る、「東方防壁《オストヴァル》」もしくは「豹陣地《パンター・シュテルング》」と呼称される後方陣地構築の許可を与えており、中央軍集団と南方軍集団はすでに、この防衛線に退却している。北方軍集団の戦区では、この豹陣地はフィンランド湾からナルヴァ[▼1]川とペイプシ湖に沿ってプスコフに達し、さらに南のポラツクに延びていた。この陣地まで下がれば、約1000キロもの長さの担当戦線を、400キロに短縮できるのだ。ただし、バルト海やペイプシ湖の沿岸も押さえておかねばならなかったが、それは少数の警戒部隊で足りるはずだった。

ゆえに、1943年12月30日の総統大本営におけるヒトラーとの会見において、キュヒラーは、北方軍集団を豹陣地に撤退させる許可を求める。続いて、元帥の意見に同意していた陸軍参謀総長クルト・ツァイツラー上級大将も、1944年元旦の晩に総統の説得を試みた。だが、結果は、惨憺たるものだった。ツァイツラーと激論を交わしたヒトラーは、あらためて撤退禁止を言いわたしたのだ。結局、陸軍参謀総長は、キュヒラー元帥に対し、「提案はすべて頑《かたく》なに拒否され、この問題は行き詰まった」と伝えるほかなかったのである。

それから、およそ1か月後、戦況は、キュヒラーやツァイツラーの危惧が正しかったことを証明していた。すでに1943年1月の時点で、ソ連軍は「火花《イースクラ》」作戦によりレニングラードへの連絡路を打通していたが、1944年1月に発動された攻勢で、27日に同市を完全解放したのだ。およそ900日にわたる包囲は終わり、祝砲が撃ち鳴らされた。しかも、ソ連軍の勢いはそれにとどまらず、北方軍集団の戦区を南北でおびやかしつつ、エストニア進攻の機をうかがっている。また、パルチザンの脅威も看過できない。この月には、約4万のパルチザンが北方軍集団の後方地区で活動しており、実に5万8000か所で線路を爆破、300の橋梁と133両の貨車を破壊していた。

こうした苦境に直面したキュヒラー元帥は、1月20日にヒトラーと面会し、豹陣地に撤退する許可を求めた。だが、総統は聞く耳を持たず、『豹』が突破されないという保証はない。……戦闘は、可能な限りドイツ国境より離れた地点で遂行されなければならない」と反駁し、後退が不可である理由を並べ立てた。同盟国フィンランドに及ぼす悪影響、スウェーデンからの鉄鉱石運搬に必要なバルト海の制海権が失われること、ナルヴァ付近に産出する頁岩油《けつがんゆ》の必要、Uボートをはじめとする海軍艦艇にはバルト海東部における演習海域がなくてはならないこと……。最後の主張からもわかるように、ヒトラーは、海軍総司令官カール・デーニッツ元帥の見解を援用していた。デーニッツは、バルト海東部の沿岸地域を放棄すれば、今まで閉じ込められていたソ連艦隊が行動を開始するだろうと考えていたのである。

しかしながら、そうしているあいだにも、北方軍集団は圧迫されていく。麾下《きか》の第18軍が、南の第16軍と分断され、包囲されかねない状況におちいったのだ。加えて、ソ連軍攻勢の矢面に立った第18軍はひどく消耗していた。とくに、歩兵戦力のそれが顕著で、1月10日には使用可能兵力5万7936人だったものが、1月28日には1万7000人にまで減少したとの数字が記録されている。この退勢にたまりかねた北方軍集団参謀長エーベルハルト・キンツェル中将は1月28日、ツァイツラー上級大将の了解を得て、独断で第18軍をルーガ川沿いの防衛線に撤退させる措置を取った。総統大本営から帰還したばかりのキュヒラー元帥は、当初キンツェルの指示を取り消すよう命じたものの、第18軍が潰滅寸前であることを認めないわけにはいかず、参謀長の決定を追認した。1月29日付のOKH《オーカーハー》、陸軍総司令部《オーバーコマンド・デス・ヘーレス》宛の電文には、こう記されている。「第18軍は三つに分断された。現在の地点で連続した戦線を構築することは不可能である」激昂したヒトラーは、30日に元帥を総統大本営に呼びつけ、難詰したが、現実を受け入れないわけにはいかず、第18軍の退却を許した。が、この一件が、総統のキュヒラーに対する不信を決定的に深めることになった。

翌31日、ヒトラーはキュヒラー元帥を解任し、お気に入りのヴァルター・モーデル上級大将を後に据えたのである。

満を持すソ連軍

「防御戦の獅子」とあだ名されるモーデルは、総統の命を受け、ただちに動いた。彼は、赴任に先立って、北方軍集団司令部に打電している。「私がはっきりと許可しないかぎり、一歩も退いてはならぬ。本日午後、第18軍のもとに飛ぶ。リンデマン将軍【第18軍司令官ゲオルク・リンデマン上級大将】に、私を信じろと伝えよ」

ただし、モーデルといえども、不可能を可能にする魔法など心得てはいない。当面の増援は第12装甲師団と第58歩兵師団のみというていたらくでは、本質的な防御態勢の改善など無理だった。ゆえに、モーデルが最初に取った処置は、彼が「豹精神病」と呼んだ戦場心理を払拭することであった。将兵が、ともすれば後方の豹陣地に退却したがるのを防ぐために、豹陣地の呼称を使うことを当面禁じ、それを指すのに「封鎖・遮断陣地」という言葉を用いさせたのである。

かように貧弱なドイツ軍とは対照的に、ソ連軍の戦力は充実していた。1月なかばの時点で、北方軍集団の2個軍に、11個軍を擁する正面軍[2]3個を対峙させていたのだ。具体的には、兵員120万2000名、砲および迫撃砲2万1836門、戦車・駆逐戦車2580両、航空機1386機の大兵力である。

加えて、当時のソ連軍高級司令部が「作戦術《アピラーチヴノエ・イスクーストヴァ》」を基盤に置いた戦略攻勢を実施する能力を獲得していたことは看過できない。実のところ、この時期になっても、ソ連軍の下級将校たちは、委任《アウフトラークス》戦術《タクティーク》[3]を使いこなすドイツ軍の対手に比べて、なお上級者からの命令を墨守する、硬直した指揮スタイルに囚われていた。ために、大きな損害を出すことが多かったことはよく知られている[4]。当時、第16軍参謀長を務めていたパウル・ヘルマン少将が戦後にまとめたレポートから引用しよう。「【ソ連軍の】歩兵の戦闘効率が平均以下であるのは、はっきりしている。ソ連軍司令部が攻撃部隊を前進させるために取った残忍な措置により、それらの部隊が戦闘精神を吹き込まれているかのような、誤った印象を受ける。が、実際には、たいていの部隊において、戦闘精神などない。そのことは、とりわけ作戦遂行中にあきらかになる。司令部のしっかりした統制下に歩兵を置くことは、もはや不可能となり、そうした部隊は、孤立した戦闘グループ、極端な場合にはバラバラの戦闘員となりながら、与えられた任務を達成しなければならない」[5] 国民の平均的な教育水準が低く、良質の将校下士官を確保できないことや、うかつに自主性を発揮すれば、逮捕や投獄につながりかねないスターリニズム社会の拘束が――皇帝《ツァーリ》の専制支配の帝国も似通った性格を持っており、あるいはロシアの宿痾《しゅくあ》と呼べるかもしれない――こうした弱点を生じさせていたのだ。

ナルヴァ軍支隊戦闘序列（1944年3月1日）

- ナルヴァ軍支隊（ヨハネス・フリースナー歩兵大将）
  - **第26軍団**（アントン・グラーサー歩兵大将）
    - **第11歩兵師団**（ヘルムート・ライマン中将）
    - **第58歩兵師団**（クルト・ジーヴェルト中将）
    - **第214歩兵師団**（ハリー・フォン・キルヒバッハ中将）
    - **第225歩兵師団**（エルンスト・リッセ中将）
  - **ベルリーン集団**（ヴィルヘルム・ベルリーン中将）
    - **第61歩兵師団**（ギュンター・クラッペ中将）
    - **第170歩兵師団**（ジークフリート・ハス大佐）
    - **第227歩兵師団**（マクシミリアン・ヴェングラー大佐）
    - **フェルトヘルンハレ装甲擲弾兵師団**（アルベルト・ヘンツェ大佐）
    - **グネーゼン連隊**（ヘルムート・メーダー大佐）
  - **第3SS装甲軍団**（フェーリクス・シュタイナーSS大将）
    - **第11SS装甲擲弾兵師団ノルトラント**（フリッツ・フォン・ショルツSS中将）
    - **第4装甲擲弾兵旅団ネーデルラント**（ユルゲン・ヴァーグナーSS少将）
    - **第20エストニアSS武装擲弾兵師団**（フランツ・アウクスベルガーSS少将）
  - **第2高射砲師団**（アルフォンス・ルチュニイ空軍中将）
  - **レヴァル連隊**（リハルト・ルバハ少佐）
  - **第29エストニア警察大隊**（リハルト・アント少佐）
  - **第31エストニア警察大隊**（アグ・ランヌ大尉）
  - **第32エストニア警察大隊**（ペーテル・プラド少佐）
  - **第113砲兵司令部**（ヴェルナー・ホイケ大佐）
  - **第32工兵司令部および付属工兵隊**（カペレ大佐）*
  - **第502重戦車大隊**（ヴィリー・イェーデ少佐）
  - **第752戦車猟兵大隊****
  - **第540特別（訓練）歩兵大隊***

*　ファースト・ネーム不詳。
**　指揮官名不明。

Estonia 1940-1945, p.1041 f. により作成。

しかしながら、作戦術の起源が、そもそも日露戦争の敗北への反省にあることからもわかる通り、それは、柔軟ならざる下級指揮官、レベルが高いとはいえない兵士を使って、いかに勝つかという課題に挑んだものである。この困難な問題と格闘することによって、作戦術は、両大戦間期に理論的に大きく進歩し、ノモンハンや独ソ戦前半の諸会戦といった血まみれのテストを経て、完成の域に達していた。１９４３年のクルスク戦以降、ソ連軍が行った一連の攻勢は、勝利へのグランドデザインに従い、おのおのの目的を持つ作戦を組み合わせて、戦略目標を達成する能力を遺憾なく示したといえよう。▼6 さりながら――ナルヴァ攻防戦は、作戦術の利点が発揮されなかった失敗例になる宿命を負っているのだが、ここで結論を述べるのは気が早すぎるだろう。

いずれにせよ、連続作戦の発想より生まれた作戦術の観点からすれば、レニングラード解放によって、一つの作戦が終わったからといって、手をこまねいていることは許されない。普通なら、当該戦域に多数存在する湿地は大きな障害になるはずだった。けれど、幸いアメリカから供給されたトラックの機動力が、その克服を助けてくれる。ソ連軍大本営《スタフカ》は、レニングラード正面軍司令官リャニート・A・ゴヴォロフ上級大将ならびにヴォルホフ正面軍司令官キリル・A・メレツコフ上級大将のそれぞれに（前者に対しては1月29日、後者には2月1日に発令）、ルーガ川のドイツ軍防衛陣を粉砕し、敵第18軍を殲滅せよと、厳格きわまりない命令を下した。スターリンの署名があるその命令書の一節には、作戦進展の遅れへの不満がみなぎっている。「レニングラード正面軍左翼およびヴォルホフ正面軍右翼に対して作戦中の敵集団は、ルーガとプスコフに向けて退却中である。しかるに、ヴォルホフ正面軍主力のルーガへの前進は緩慢にしか進んでいないし、1月29日ないし30日までにルーガを占領せよという大本営の貴官に対する要求は、いまだ達成されていない」

とはいえ、スタフカは、2人の将軍を叱咤するのみならず、攻勢強化のための具体的な措置も取っていた。第2バルト正面軍麾下にあった第1打撃軍を引き抜き、メレツコフに与えたのだ。いうまでもなく、ルーガにより大きな圧力を加えるための増援である。これを受けたメレツコフのヴォルホフ正面軍も、第124狙撃軍団をゴヴォロフに渡し、ナルヴァへの突進力を強化するように命じられていた。すなわち、ソ連軍は今や万端の準備を整え、バルト地方への門を開こうとしていたのである。

国土防衛に立つエストニア人

このように強力なソ連軍の前には、北方軍集団の戦力はいかにも貧弱に思われたものの、ドイツ軍は頼りになる援軍をあてにできた。戦場となるであろうエストニアの住民である。そう、エストニア人の大半は、ドイツ軍を助けて、ソ連軍に抗しようとしていたのだ。こうした動きが起こったのは、エストニアを見舞った歴史的変動によるところが大きい。

エストニアは、中世以来、デンマークやドイツ騎士団、ポーランド、スウェーデンなど、さまざまな外国勢力の支配を受けたのち、ロシアに征服されている。だが、第一次世界大戦と革命によりロシア帝国が崩壊すると、エストニア人は独立を求めた。もともとエストニア人は印欧語族ではなく、ウラル語族に属しており、民族的にはフィンランドのフィン人に近い。従って、ツァーリの帝国に編入されることは、異民族支配にほかならなかったのである。けれども、１９１８年2月24日に独立宣言を発したエストニアは、すぐに試練に見舞われる。沿バルト地方をわが手におさめようとしたドイツ帝国の侵攻を受けたのだ。もっとも、ドイツが敗戦を迎えたため、その攻撃は止んだが、つぎに勃発したのは、ロシアのボリシェヴィキ政権相手の独立戦争であった。エストニア人たちは善戦し、ついにボリシェヴィキ政府との講和に至る。１９２０年2月2日のタルトゥ条約調印により、ボリシェヴィキはエストニアの独立を承認した。エストニア人は、念願だった自前の国家をついに得たのである。

だが、独立エストニアの寿命は短かった。大戦間期の繁栄も空しく、１９４０年、独ソ不可侵条約に付属する秘密議定書により、エストニアはソ連の勢力圏に入ると認められたスターリンが軍隊を差し向け、併合してしまったのだ。以後、ソ連が実行した共産化のための諸措置は、エストニア人の反ソ意識を極度に高めることになる。ソ連当局は、旧エストニア政府の要人や軍の指導者、警官や裁判官、公務員などをロシアの「矯正収容所」に連行した。独ソ戦前夜の１９４１年6月14日には、1万１０００人の「反ソ分子」がソ連奥地に移送された。そのうち約１０００人がシベリアの囚人都市ノリリスク近郊で殺害されている。[7] 加えて、およそ3万３０００人がソ連軍に徴兵されたが、彼らは充分に信用できないという理由で、ドイツの侵攻直前に兵役から解除され、労働収容所に入れられた。そこでの苛酷な強制労働によって、８０００から1万２０００名が死亡したと推定されている。ついで、独ソ戦がはじまると、エストニアはさらなる惨禍をこうむった。ソ連軍が退却を強いられるのをみたスターリンは焦土作戦を命じたのだ。ただちに、エストニア人の親ソ分子からなる「人民警備隊」、ラトヴィアの共産主義者、ロシア人将兵より、「破壊部隊」と呼ばれる部隊が編成される。この「破壊部隊」は住民や家畜を強制退去させ、ドイツ軍に利用されそうなものを奪い、運べぬものは焼き払っていった。

かかる蛮行にたまりかねたエストニア人は、あるいは徴兵を逃れ、あるいはソ連軍から脱走して、森林にひそみ、対ソ抵抗運動を開始した。エストニアのパルチザン組織「森の兄弟たち」の誕生である。

こうした経緯からすれば、エストニア人のあいだに、ドイツ軍を解放者として歓迎する気運が高まったのも、むしろ当然だったろう。「森の兄弟たち」は、進撃する北方軍集団に協力し、ソ連軍を攻撃した。パルチザンのみならず、1941年8月にはエストニア人志願者からなる保安大隊編成が決まり、9月までに6個大隊（第181から186）が揃った。これらは、のちにエストニア人東方大隊《オストバタリヨーン》に再編される。

しかし、ドイツはエストニアの独立を認めたわけではないし、エストニア人部隊にも、補助兵力として利用価値があるという程度の評価しか下していなかった。事実、北方軍集団の作戦領域後方にあって、エストニアを統治する「エストニア弁務官区」（弁務官はカール＝ジークムント・リッツマン突撃隊上級集団指導者）においては、「人種的優良分子」の「ゲルマン化」、ドイツ系住民による植民などの計画が検討され

レニングラード正面軍戦闘序列（1944年1月1日）*

- レニングラード正面軍（リャニート・A・ゴヴォロフ上級大将）
  - 第2打撃軍（イヴァン・イヴァノヴィッチ・フェジュニンスキー中将）
    - 第43狙撃軍団（アナトーリ・ヨシフォロヴィッチ・アンドレーエフ少将）
      - 第48狙撃師団（アレクセイ・イヴァノヴィッチ・サフローノフ少将）
      - 第90狙撃師団（ニコライ・グリゴレヴィッチ・リャシェンコ大佐）
      - 第98狙撃師団（ニコライ・セルゲイヴィッチ・ニカノロフ大佐）
    - 第122狙撃軍団（ニコライ・モイゼヴィッチ・マルティンチュク少将）
      - 第11狙撃師団（ヴラジミル・イヴァノヴィッチ・シュケル大佐）
      - 第131自動車化狙撃師団（ピョートル・ロクヴィノヴィッチ・ロマネンコ少将）
      - 第168狙撃師団（アレクサンドル・アレクサンドロヴィッチ・エゴロフ少将）
    - 第43狙撃師団（イアン・ピョートロヴィッチ少将）
    - 第50狙撃旅団
    - 第48海軍狙撃旅団
    - 第71海軍狙撃旅団
    - 第152戦車旅団
  - 第23軍（アレクサンドル・イヴァノヴィッチ・チェレパノフ中将）
    - 第10狙撃師団（アンドレイ・フョードロヴィッチ・マショーシン少将）
    - 第92狙撃師団（ヤーコフ・アファナシェーヴィッチ・パニチュキン少将）
    - 第142狙撃師団（グリゴリー・リャンテヴィッチ・ソニコフ大佐）
  - 第42軍（イヴァン・フョードロヴィッチ・ニコラエフ中将）
    - 第30親衛狙撃軍団（ニコライ・パヴローヴィッチ・シモニャク少将）
      - 第45親衛狙撃師団（サヴェーリィ・ミハイロヴィッチ・プチロフ少将）
      - 第63親衛狙撃師団（アファナーシィ・フョードロヴィッチ・シュチェグロフ少将）
      - 第64親衛狙撃師団（イヴァン・ダニーロヴィッチ・ロマンツォフ少将）
    - 第109狙撃軍団（アファナーシィ・セルゲイヴィッチ・グリャズノフ中将）
      - 第72狙撃師団（イリヤ・イヴァノヴィッチ・ヤストレヴォフ少将）
      - 第109狙撃師団（ニコライ・アンドレーヴィッチ・トリューシュキン少将）
      - 第125狙撃師団（イヴァン・イヴァノヴィッチ・ファジェーエフ少将）
    - 第110狙撃軍団（ミハイル・フォーミッチ・ブクシュティノヴィッチ少将）
      - 第56狙撃師団（ステパン・ミハイロヴィッチ・ブニコフ少将）
      - 第85狙撃師団（コンスタンチン・ヴラジミロヴィッチ・ヴヴェジェンスキー大佐）
      - 第86狙撃師団（ニコライ・アントノヴィッチ・ポリアコフ少将）
    - 第189狙撃師団（P・K・ロスクートフ大佐*）
    - 第18突破砲兵師団（ボリス・イリイッチ・コズノフ少将）
      - 第65軽砲兵旅団
      - 第58榴弾砲旅団
      - 第3重砲兵旅団
      - 第80重榴弾砲旅団
      - 第120高性能榴弾砲旅団
      - 第42迫撃砲旅団
    - 第23突破砲兵師団（ニコライ・カルポヴィッチ・ロゴジン少将）
      - 第79軽砲兵旅団
      - 第38榴弾砲旅団
      - 第2重砲兵旅団
      - 第96重榴弾砲旅団
      - 第21親衛高性能榴弾砲旅団
      - 第28迫撃砲旅団
    - 第7高射砲師団（グリゴリー・イヴァノヴィッチ・ボイチュク大佐）
    - 第32高射砲師団（ヴァシーリー・ヴァシレヴィッチ・ズナメンスキー大佐）
    - 第1戦車旅団（V・I・ヴォルコフ大佐*）
    - 第220戦車旅団（V・L・プロツェンコ中佐*）
  - 第67軍（ヴラジミル・ピョートロヴィッチ・スヴィリドロフ中将）
    - 第116狙撃軍団（アンドレイ・ニキチッチュ・アスターニン中将）
      - 第13狙撃師団（パヴェル・セルゲイヴィッチ・フョードロフ大佐）
      - 第46狙撃師団（セミョーン・ニコラエヴィッチ・ボルシュチョフ大佐）
      - 第376狙撃師団（ミハイル・ダニーロヴィッチ・グリシン少将）
    - 第118狙撃軍団（ヴラジミル・クズミチュ・パラムジン少将）
      - 第124狙撃師団（ミハイル・ダニーロヴィッチ・パンチェンコ大佐）**
      - 第128狙撃師団（パヴェル・アンドレーヴィッチ・ポタポフ大佐）
      - 第268狙撃師団（ニコライ・ドミトリーヴィッチ・ソコロフ大佐）
    - 第291狙撃師団（ヴラジミル・カジミロヴィッチ・ジャイオンチュコフスキー少将）
    - 第81砲兵旅団
  - 第13航空軍（ステパン・グリゴリーヴィッチ・ルィバチェンコ航空元帥）
    - 第276爆撃飛行師団（A・P・アンドレーエフ少将*）
    - 第277突撃飛行師団（F・S・ハトミンスキー大佐*）
    - 第275戦闘飛行師団（A・A・マトヴェーフ大佐*）
  - 第108狙撃軍団（ミハイル・フョードロヴィッチ・チホノフ少将）
    - 第196狙撃師団（ピョートル・フィリッポヴィッチ・ラトフ少将）
    - 第224狙撃師団（フョードル・アントノヴィッチ・ブルミストロフ大佐）
    - 第314狙撃師団（イヴァン・ミハイロヴィッチ・アリーエフ少将）
  - 第117狙撃軍団（ヴァシーリー・アレクセーヴィッチ・トルバチェフ少将）
    - 第120狙撃師団（アレクセイ・ヴァシリーヴィッチ・バトルク大佐）
    - 第123狙撃師団（アレクサンドル・パヴローヴィッチ・イヴァノフ少将）
    - 第201狙撃師団（ヴャチェスラフ・ピョートロヴィッチ・ヤクトーヴィッチ少将）
  - 第123狙撃軍団司令部（ゲオルギー・イヴァノヴィッチ・アニシモフ少将）
  - 第3砲兵軍団司令部（ニコライ・ニコラエヴィッチ・ジダーノフ少将）
  - 第51砲兵旅団
  - 第4親衛迫撃砲師団（フョードル・ニキフォロヴィッチ・ジューコフ大佐）***
    - 第2親衛迫撃砲旅団
    - 第5親衛迫撃砲旅団
    - 第6親衛迫撃砲旅団
  - 第43高射砲師団（I・G・ブルダーエフ大佐*）
  - 第30親衛戦車旅団（V・V・フルスチツキー大佐*）
  - 第2特殊任務工兵旅団（スペツナズ）
  - 第52工兵旅団

* ファースト・ネームと父称不明。
** 当該時期は編成中とする別資料もあり。
*** カチューシャ・ロケット砲装備。

The Battle for Leningrad 1942-1944, p.514 ff. により作成。ただし、他の資料により、修正補足した。また、非常に部隊数が多いため、連隊以下の正面軍・軍・軍団直轄独立部隊は割愛。指揮官名は、判明しているもののみを記した。

ていたのである。だが、戦局の悪化は、ドイツ軍ならびに占領当局に、エストニア人を懐柔し、戦力として活用をはかることを余儀なくさせた。1942年8月には、武装親衛隊エストニア人部隊の募兵が布告され、自動車化歩兵連隊が編成される。これは、のちに旅団に拡充された[8]。続いて1943年3月には、1919年から1924年のあいだに生まれた男子を、武装親衛隊もしくは国防軍の補助部隊に徴兵するか、労働者として徴用し、ドイツに送り込むとの決定がなされる。これに対し、当該年齢層の男子およそ85%が出頭し、武装親衛隊は5300名、国防軍は6800名の新兵を得ることができた[9]。

けれども、エストニア人が危機に目覚め、国民総動員にかかったのは、翌1944年2月のことであった。ソ連軍がレニングラードを解囲し、沿バルト地方への侵攻に着手したのをみたエストニア人は、好むと好まざるとにかかわらず、ドイツ人を助けて祖国を防衛しなければ、再び怖ろしい「ソヴィエト化」に見舞われることになると判断したのだ。1944年2月、エストニア最後の首相であり、反ソ抵抗運動の指導者だったユリ・ウルオツのラジオによる総動員の呼びかけに応え、約3万人のエストニア人が義勇兵として志願し、ドイツ軍を驚かせた。彼らは、武装親衛隊や国境警備連隊に編入されて、おおいに活躍する。つまり、来るべき戦いは、独ソの対決に加えて、エストニア人の祖国防衛戦という、もう一つの側面を持ったのである。

ナルヴァを占領せよ

1944年1月末、ソ連軍は再び行動を開始した。同月29日、レニングラード正面軍司令官ゴヴォロフ上級大将は、麾下第2打撃軍と第42軍にフィンランド湾沿岸の敵を掃討しつつ、ルーガ川の線を突破、ついでナルヴァ川西岸に橋頭堡を築くべしと下令する。その南では、第67軍がヴォルホフ正面軍北翼と協同し、ナルヴァ市攻略をめざすのだ。

第2打撃軍は、迅速な前進ぶりを示した。2月1日、同軍所属の第109狙撃兵軍団が15分間の準備砲撃ののち、ルーガ川東方の要地キンギセップを攻撃、これを奪取した。一方、同じく第2打撃軍麾下の第43狙撃軍団と第122狙撃軍団もナルヴァ川に迫り、2月1日には前者がナルヴァ市の北、同3日には後者が南で渡河する。ゴヴォロフは、この機を逃さず、予備の第30親衛狙撃軍団を増援して、橋頭堡の拡大をはかった。

またしても、退却を許さぬヒトラーの方針が裏目に出たのである。ソ連軍の先鋒は無防備にひとしい豹陣地に迫りつつあった。このままでは、第18軍は包囲下に潰滅、東部戦線の北翼に大穴が開くことになろう。また、第18軍そのものも分断されたため、同軍司令部がナルヴァ方面の作戦を指揮することは困難になった。ために、1月27日に、第54軍団と第3SS装甲軍団[10]を前者の司令部の麾下に置いて、臨時に「シュポンハイマー集団」を編成することを強いられた。[11] 2月4日に第18軍への隷属を解かれ、北方軍集団司令部に直接指揮されることになったこの集団は、同月23日正午をもって「ナルヴァ軍支隊」と改称される。[12]

だが、不屈のモーデルはあきらめない。2月1日、彼は、自らの「盾と剣《シルト・ウント・シュヴェルト》」論、不利な戦区で後退しながらも、有利な地点を見つけて反撃を加えるという原則に基づく命令を第18軍に下した。主力を退却させ、第16軍との間隙を第12装甲師団で埋めたのちに、同師団とかき集めた諸部隊を以て、ルーガ西方からナルヴァに向かって攻撃、同地で孤立しつつあるシュポンハイマー集団との連絡を回復するのだ。しかし、モーデルの命令は、少しばかり遅かった。シュポンハイマーは、現在地にとどまっていては殲滅される可能性が高いと判断し、すでにナルヴァ川の西岸ならびに、ナルヴァ市東部地区(川の東岸)に撤退していたのである。しかたなく、モーデルは2月2日に第3SS装甲軍団の戦線を訪れ、ナルヴァ市を断固死守すべしと厳命した。

幸い、ナルヴァには、増援部隊が続々と到着しつつある。さしものヒトラーも危機的な状況に手当ての

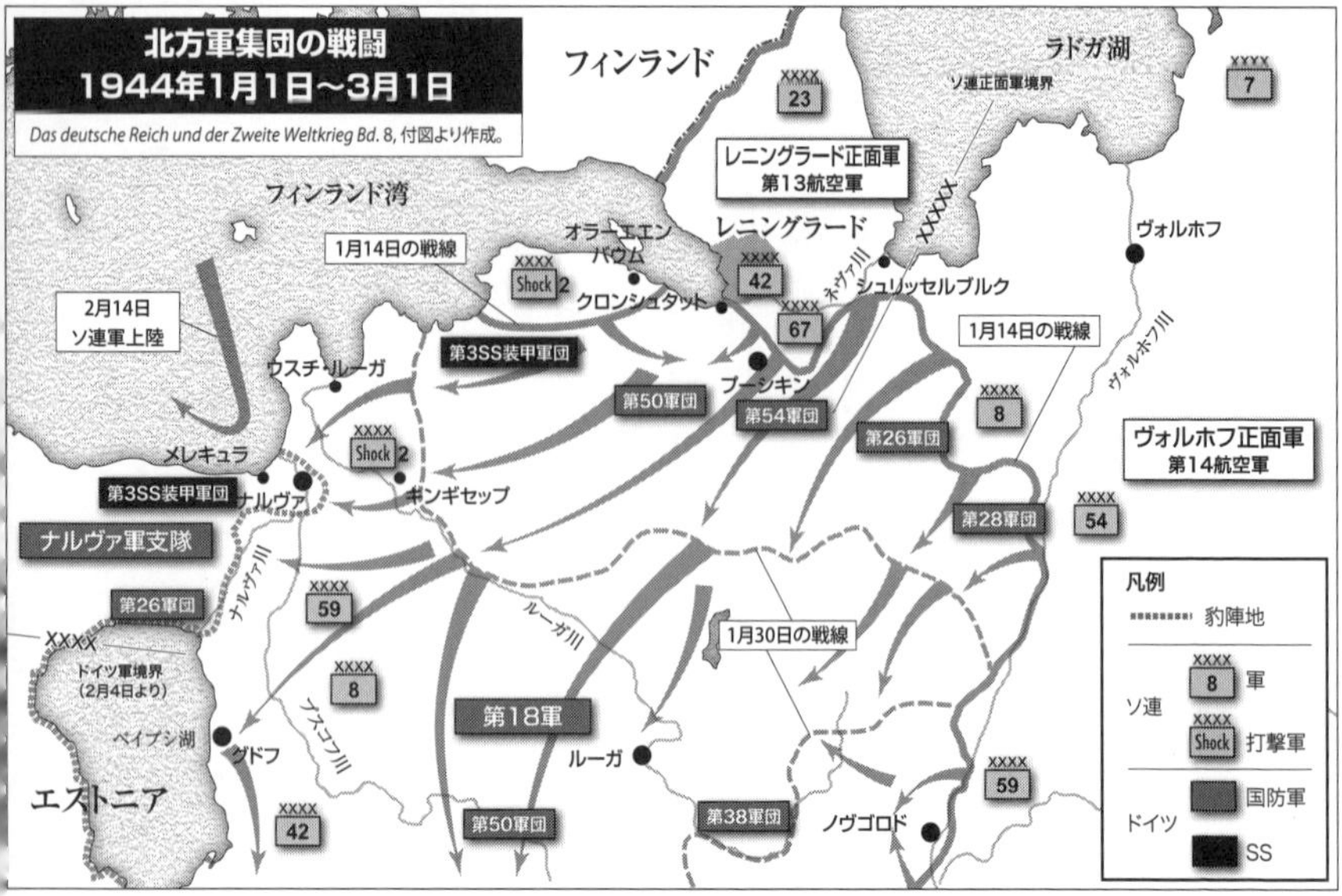

必要を覚え、各地から予備の精鋭や新鋭部隊を引き抜いて、北方軍集団に送り込んできたのだ。まずは、国防軍のフェルトヘルンハレ装甲擲弾兵師団（以下、FHHと略）がタルトゥ飛行場に空輸され、そこから自動車輸送された。第一陣が前線に到着したのは、2月1日である。ついで、2月6日には、「ナルヴァ戦線を確保し、強化するため」、グロスドイッチュラント装甲擲弾兵師団隷下《れいか》の第5大隊、すなわち総統護衛大隊を中心とする「ベーレント戦隊《カンプフグルッペ》」を送るべしとのヒトラー命令が下されている（2月9日到着）。また、ドイツ本国で新編されたグネーゼン擲弾兵連隊も、FHHの麾下に置かれた（先発隊が2月11日に着陣）。さらに、2月13日に、すでに記したエストニアの総動員によって編成された3個大隊（通称「レヴァル」▼13連隊。兵力約2000名）、翌14日には、かつてのエストニアSS義勇旅団より拡充された第20SS（エストニア第1）武装擲弾兵《ヴァッフェン・グレナディアー》師団が馳せ参じた。これらの増援により、ナルヴァ戦線は息をついたのである。

が、モーデルはまだ安心するわけにはいかなかった。増強され、攻勢開始時のおよそ倍の兵力を有するに至った第2打撃軍が、エストニアへの門であるナルヴァを占領しようと、2月11日に攻撃をかけてきたのだ。第一次ナルヴァ攻防戦がはじまった。ナルヴァ北西の第43狙撃軍団は、4キロ幅の狭い正面に集中、2kmほど前進したが、第225歩兵師団と第4SS装甲擲弾兵旅団ネーデルラントの激しい抵抗に遭い、停止を余儀なくされる。市の南西からは、第109狙撃軍団と第122狙撃軍団が西および北西に向かって突進し、5日間で12キロ進んだものの、第11SS装甲擲弾兵師団ノルトラント、第170歩兵師団、FHHに拒止された。第30親衛狙撃軍団の攻撃はより順調に進展し、15日にはナルヴァ西方で鉄道線を遮断、17日にはアウヴェレを占領したけれど、FHHの反撃により、それ以上進撃することができなくなる。

第2打撃軍は、手詰まり状態におちいった。2月8日、レニングラード正面軍司令官ゴヴォロフは、不充分な偵察、お粗末な砲撃計画、軍団・師団レベルでの編制・組織の不備、戦車・工兵・防空・兵站といった面での支援面の準備不足といった諸問題の責任は、第2打撃軍司令部の幕僚にあると不満をぶちまけた。もっとも、第2打撃軍司令官イヴァン・I・フェジュニンスキー中将も、ナルヴァの狭い正面に兵力を過剰に集中することの不利に気づいていなかったわけではない。彼は、いわゆる間接的アプローチを作戦計画に組み込んであり、ゴヴォロフの認可を得ていた。それは、ドイツ軍後方への上陸作戦である。

2月14日午前3時、クロンシュタットを出港した砲艦3、上陸用舟艇12から成る小艦隊は、ナルヴァ戦線の後方メレキュラに上陸を開始した。第115海軍歩兵旅団の3個大隊および第260海軍歩兵旅団の第3大隊がメレキュラを占領し、アウヴェレ方面から前進してくる友軍と連結して、ナルヴァのドイツ軍を包囲するという野心的な計画だ。しかし、フェジュニンスキーの思惑は最初から外れた。陸海軍の連絡に不備があり、砲艦の支援が得られなかった上、第115海軍歩兵旅団は海岸に到達できず、上陸したのは第260海軍歩兵旅団第3大隊の432名のみ。そこにドイツ軍沿岸砲兵の猛射が浴びせかけられ、ついで、第502重戦車大隊のティーガー3両の支援を受けた[14]、ノルトラント師団の捜索大隊と海軍の陸上部隊、第227歩兵師団の一部などから成る編合部隊の反撃が加えられる。結果として、上陸したソ連軍将兵のほとんどが戦死するか、捕虜となり、砲艦2隻と上陸用舟艇の多くが撃沈された。メレキュラの橋頭堡は数日のうちに掃討され、戦線後方の脅威は除去されたのだ。

かかる戦況にいらだったスタフカは、2月14日、いかなる犠牲を払っても、ナルヴァを占領せよと下令した。その指令の文言には、「遅くとも1944年2月17日までに、わが軍がナルヴァを奪取することが必須である。軍事的ならびに政治的な理由の双方から、それが要求されているのだ」とある。まさに「軍事的ならびに政治的な理由」から、ナルヴァは必要だった。そこを突破すれば、沿バルト地方、ひいてはドイツへの進撃路が開けるばかりか、雪隠詰《せっちんづ》めにされていたソ連バルト海艦隊が行動できるようになる。また、ドイツの同盟国フィンランドも、同地域から脅威を受けることになれば、戦争継続を断念する可能性が高いのだ。

ナルヴァ空襲

スタフカの厳命を受けたゴヴォロフは、第2打撃軍に攻撃を再開させ、第二次ナルヴァ攻防戦に突入した。ソ連軍の猛攻を受けて、シュポンハイマー集団の兵力は、たちまち痩せ細る。2月13日の夜、たまりかねたシュポンハイマーは、増援なしにはナルヴァは持ちこたえられないと、モーデルに告げた。モーデルは迅速に反応した。兵力の3分の1と重装備のすべてを失ったために後方に下げられていた第58歩兵師団を――同師団は、わずか3日間の休息を得たのみということになった――前線に差し向けたのである。ついで、モーデルはOKHに対し、予備を捻出するため、ナルヴァ東方に残っている小陣地を守る3個大隊を撤収させる許可を求めた。ツァイツラー参謀総長は、これを許したばかりか、ノルウェーから1個歩兵師団を送ると申し出たのだった。また、ツァイツラーがヒトラーを説得した結果、ついに豹陣地への退却が可能となり、2月17日には後退が開始されている（3月1日完了）。

かかるドイツ軍の対抗措置により、第2打撃軍の攻勢も、2月末までにナルヴァ川の橋頭堡を幅35キロ、縦深15キロに拡大しただけに終わった。その過程でゴヴォロフは、正面攻撃では目的を達せられないと判断し、策を講じる。ナルヴァの陣地を直接攻撃するのではなく、迂回突進してその背後を遮断、包囲撃滅するというのが、ゴヴォロフの考えであった。この計画はスタフカの認可を受け、第6、第43、第109の3個狙撃軍団を擁する第59軍に、第2打撃軍から引き抜いた第117および第122狙撃軍団が付けられ、ナルヴァ南西、ジルガーラ東方の橋頭堡に集結した。もちろん、第59軍の突進に呼応して、第2打撃軍もナルヴァ正面で助攻を行う。

着想においては、賢明な作戦であった。が、再配置と第2打撃軍の休養と補充のために時間を費やしたことは、ドイツ軍にも態勢を立て直す余裕を与えることになった。よって、レニングラード正面軍の新攻勢は、はかばかしい進展を示さなかった。1944年3月1日、まず第2打撃軍が攻撃を開始したものの、またしてもナルヴァの陣地にくい止められてしまう。続いて、18日にも増援の第6狙撃軍団を投入して、作戦を再開したものの、橋頭堡をわずかばかり拡大し、ナルヴァ西方の鉄道線の一部を占領したのみにとどまった。

同じく3月1日に南方で前進をはじめた第59軍も、新司令官ヨハネス・フリースナー歩兵大将[15]に率いられたナルヴァ軍支隊の激しい抵抗に遭っていた。準備砲撃が不充分だったことに加えて、砲兵と空軍の支援を受けたドイツ軍の反撃を受けた第59軍は、2日まで攻撃を繰り返したけれど、さしたる戦果は得られなかった。そこに、4日から6日にかけて、ドイツ軍の強力な逆襲が加えられる。結局のところ、第59軍は激戦にまきこまれ、ほとんど前進できなかったのだ。

こうして、ソ連軍の進撃が停滞しているあいだ、ドイツ側ではエストニア人部隊がめざましい活躍を示していた。やや時系列をさかのぼる。2月21日、第20SS武装擲弾兵師団は第227歩兵師団と交代し、ナルヴァの陣地に入った。とたんに敵陣からのスピーカーによるプロパガンダが、ドイツ語からエストニア語に変わる。しかし、このような子供だましが効くと、ソ連側が思っていたのだとしたら、あまりにもエストニア人の敵愾心《てきがいしん》を舐めていたといえよう。武装親衛隊のエストニア人たちは、そのことを、たっぷりと思い知らせた。24日には、ルドルフ・ブルースSS大尉に率いられた第46連隊第2大隊が、ナルヴァ北方リーギキュラ付近のソ連軍橋頭堡を攻撃、これをつぶす。ナルヴァ軍支隊の戦時日誌に、「第3SS装甲軍団の戦区では、本日、エストニアの独立記念日に、第46エストニア義勇擲弾兵連隊が、ブルースSS大尉の指揮のもと、攻撃を遂行し、激戦ののちにリーギキュラの橋頭堡を掃討した」と特筆された武勲であった。これ以降も、第20SS武装擲弾兵師団は白兵戦も厭わず、ナルヴァ市北方にあるソ連軍橋頭堡を圧迫し、旧ソ連・エストニア国境であったナルヴァ川の向こうに撃退する。武装親衛隊のそれのみならず、他のエストニア人部隊も、戦線後方に進入したパルチザン撃滅や沿岸警備など、さまざまな局面でドイツ軍に貢献していた。

かようなエストニア人の奮戦にいらだったわけでもあるまいが、ソ連軍は、文化的遺産の価値を顧みぬ暴挙に出た。3月6日から7日にかけての夜に、100機以上の航空機による無差別爆撃と地上部隊による砲撃をナルヴァに加えたのである。ついで、7日の夜にもソ連空軍が飛来し、およそ3000発の爆弾を投下していった。その結果、中世都市ナルヴァの美しい街は、廃墟と化したのだ。空襲されたのはナルヴァだけではない。9日の夜には、首都のタリンも約350機の爆撃を受けている。このとき、バレエ上演中だった「エストニア劇場」も目標となり、鑑賞中だった市民に多数の犠牲が生じた。一説によれば、ソ連軍は、より多くの被害を与えることを狙い、非軍事目標である劇場を故意に攻撃したともいわれている。

おそらくは、エストニアの抵抗意志をくじくことを企図した一挙だったのであろう。だが、当然のことながら、それは逆効果となり、エストニア人の反ソ意識はいっそう高まった。

ナルヴァ要塞

これまで北方軍集団に冷淡だったヒトラーもまた態度を一変させ、３月23日に「ナルヴァ要塞」作戦指令を発していた。以後、ナルヴァは要塞地区であると宣言し、いかなる場合においても死守されなければならないと命じたのである。

一方、現地のナルヴァ軍支隊戦区でも、状況はやや好転していた。さしものソ連軍も連続攻勢に消耗し、勢いが衰えつつあったのだ。事実、３月24日にゴヴォロフは、再編成と休養のために、３ないし４週間ほどナルヴァ攻撃を中止したいと、スタフカに申し出ている。ナルヴァ軍支隊は、この機を逃さず、防衛線を確保するための反撃を企図した。ドイツ軍の後方を脅かしている、ナルヴァ市南西のソ連軍橋頭堡を切断し、ナルヴァ川の線に敵を押し戻すのである。問題の突出した橋頭堡は、二つあった。一つはアウヴェレまで延びたもので、ドイツ軍は「東の袋《オストザック》」と呼んでいた。もう一つは、ジルガーラ付近にふくらんだもので、こちらは通称「西の袋《ヴェストザック》」。いずれの橋頭堡も、先端がナルヴァ市西方の鉄道線に達し、補給連絡の妨げとなっている。

３月26日、ナルヴァ軍支隊は、第11、第１７０、第２２７の３個歩兵師団を投入し、まず「西の袋」を破りにかかった。支援には、第５０２重戦車大隊のティーガー群があたる。それらを指揮する伯爵ヒャツィント・フォン・シュトラハヴィッツ予備役大佐（「戦車伯爵《パンツァーグラーフ》」とあだ名されていた）[16]にちなみ、作戦の秘匿名称は「シュトラハヴィッツ」とされた[17]。地形は一面の湿地で、敵の砲爆撃に対して身を隠す場所もなく、攻撃には不向きだったけれど、ドイツ軍は３日にわたる激戦の末に「西の袋」を撃滅した。

1941年9月に撮影されたナルヴァ要塞

続いて、4月6日、第二次シュトラハヴィッツ作戦が発動された。第502重戦車大隊を中心としたシュトラハヴィッツ戦隊と第61歩兵師団の攻撃によって、「東の袋」をつぶすのが目的である。これも上首尾に終わり、ソ連軍の橋頭堡は消え去った。

かくて、おもな脅威は除去されたものの、ナルヴァ市の南西にはなおソ連軍の小橋頭堡が残っている。それを殲滅すべく、ナルヴァ軍支隊は、第61、第122、第170の3個歩兵師団とFHHから引き抜いた部隊、さらに第502重戦車大隊から成る戦隊による攻撃を企図した。第三次シュトラハヴィッツ作戦である。さりながら、すでに天候は、ドイツ軍にとっては不都合な状態になっていた。最初の雪解けにより、川や沼の増水がはじまっていたのだ。

激しく雨が降りしきるなか、4月19日午前4時35分に発動された作戦は、困難をきわめた。第170歩兵師団第401擲弾兵連隊と第61歩兵師団第151擲弾兵連隊は、水に呑まれ、ほとんど消えかけた道を突進して、敵陣に躍り込まねばならなかった。それでも、第401擲弾兵連隊第2大隊ならびに第

3大隊は、ソ連軍第一線にある塹壕陣地を奪取したが、すぐに退却を強いられる。彼らの背後で、敵が再び戦線を結んだためだ。第170師団第399連隊第1大隊は、先行した味方のあとを追って前進しようとしたものの、しょせんは無理なことだった。同大隊は、わずか69名に減少していたのだ。FHHの尖兵中隊群は、比較的通行可能だった道を進んだティーガーの援護を受けていたから、もう少し前進できた。が、こちらの攻撃もソ連軍の砲撃に遭い、頓挫する。砲火のもとで、擱座《かくざ》したティーガーを後方に牽引することは不可能で、その場で爆破するほかなかった。

翌20日、第3攻撃戦隊《シュラハトゲシュヴァーダー》の支援を受けて、攻撃が再開された。同戦隊は、1月以来、実に7600回の出撃を実行しており、疲れ切っていたのであるけれど、気力を振り絞って陸軍に協力したのだ。さりながら、不可能を可能にすることはできず、やはり言うに足る成果は得られない。

4月24日、ナルヴァ軍支隊は、攻撃中止を命じた。敵味方ともに消耗し、もはや活発な行動に出ることはできなくなったのだ。結果として、エストニア戦線に小康状態が訪れ、つぎに大規模な戦闘が起こるのは夏以降ということになった。ヒトラーのナルヴァ要塞は、ひとまず保持されたのである。

こうして、1944年前半のナルヴァをめぐる戦闘は終わった。この間、ソ連軍には、ドイツ軍主力を包囲撃滅する機会がしばしば与えられていたのである。にもかかわらず、それが達成されなかったことについて、ドイツ側の戦訓調査報告は、こう記している。「長期にわたる陣地戦【レニングラード包囲戦を意味していると思われる】ののちに動き出した部隊には、中級、下級、そして最下級の指揮官の自主性、決断力、柔軟性といったものが、あきらかに欠如していた。この攻勢においては、何度となくあった好機が見逃され、歩兵、戦車、航空機の優越やロシア軍の高度の冬季移動能力も、適切に用いられなかったという印象を受ける」レニングラード正面軍司令官ゴヴォロフ上級大将も、麾下の諸軍司令官が重点形成を怠り、あまりにも広い正面で攻撃を実行したことを強く批判し、以後は、このような「横隊戦術」を採らず、「主要攻勢軸に機動する」よう、彼らに要求した。

つまり、ソ連軍は、ありあまる兵力を持っていたというのに、「作戦術」的な発想をほとんど活用できず、狭隘な戦線に大軍を詰め込んでしまった。そのため、身動きが取れなくなったあげく、ドイツ軍に少数兵力による防衛戦を許してしまったのである。また、住民、すなわちエストニア人が、ソ連軍を解放者として認めず、激しく抵抗したことも見逃せまい。

しかしながら、より大きなレベルでの潮流は、ソ連軍に有利なままであり、スターリンもまた、ドイツ・ファシストの沿バルト地方支配を許すつもりなどない。わずかな安息ののち、ソ連軍は大規模な攻勢を再開した。１９４４年夏には、有名な「青い丘」の戦いをはじめとする死闘がエストニアの大地にくりひろげられ、さらに多数の血が流されていったのである。

写真：降伏するドイツ軍戦車兵

第六章　二つの残光――「チュニスへの競走」とカセリーヌ峠の戦い

戦力の空白

1942年11月8日早朝5時半、イタリア外相ガレアッツォ・チャーノは、電話でたたき起こされた。ドイツ外務大臣ヨアヒム・フォン・リッベントロップが、連合軍がアルジェリアとモロッコ諸港に上陸したことを知らせてきたのである。チャーノは、このときのやりとりについて、「不意打ちでもあり、あまりにも眠かったので、満足な答えを返すことができなかった」と日記に書いている。ただし、頭領《イル・ドゥーチェ》ムッソリーニのほうは、もっと敏感に反応していた。彼は、続いてコルシカ上陸やフランス占領があり得るのではないかと憂慮していたのだ。それでも、大本営《コマンド・スプレーモ》より、フランス領北アフリカへの進攻作戦が実行される可能性があると、あらかじめ警告されていたムッソリーニやチャーノは、まだましだった。

ドイツ側は、同盟国や中立国に置かれた在外公館を通じて、第二戦線形成のきざしを察知していたものの、連合軍はロンメルの背後をおびやかすべく、リビアに上陸するという見解に傾いていた。事実、11月6日に海軍軍令部《ゼークリークスライトウング》は、敵はトリポリ・ベンガジ間に上陸作戦を実行するという判断を下しており、これに基づいて、ヒトラー総統と国防軍統帥幕僚部長アルフレート・ヨードル砲兵大将も、4ないし5個師団が同地域を攻撃するものとみていたのである。しかし、ジブラルタルを出港した連合軍船団のルートについての情報が入ってくるにつれ、ヒトラー以下ドイツ軍指導部の誰もが意見をあらためなくてはならなかった。

——敵は、フランス領北アフリカに来ると！

しかも、連合軍が攻撃してきた地域、仏領モロッコやアルジェリアは、ヴィシー・フランスの統治下にあった。枢軸側は、そこでの防衛準備を同政権にまかせていたのだが、これが、予想外の不利をもたらすことになる。というのは、連合軍側が事前に、ヴィシー政権の司令官たちとひそかに接触し、作戦実行のあかつきには休戦に応じるとの約束を取り付けておいたからだ。ために、枢軸軍は、連合軍の進攻に対して抵抗してくれるはずだったヴィシー・フランス軍をあてにすることができなくなった。

実際、連合軍の3支隊、モロッコに上陸した西方任務部隊《ウエスタン・タスク・フォース》、アルジェリアのオランを狙う中央任務部隊《センター・タスク・フォース》、同地のアルジェをめざす東方任務部隊《イースタン・タスク・フォース》のいずれも、最初の段階でこそ激烈な抵抗を受けたものの、11月10日午前11時20分、ヴィシー・フランス軍総司令官フランソワ・ダルラン元帥が仏領北アフリカ全域における停戦を受諾したのちは、戦闘なしで前進することができた。モロッコ、アルジェリア、チュニジアに駐在するヴィシー・フランス軍は、もはや連合軍の障害ではなくなってしまったのだ。

枢軸側は、この戦力の空白を自力で埋めなければならなくなった。11月9日夜、ヒトラーは、ミュンヘンにおいて、チャーノおよびヴィシー・フランス首相ピエール・ラヴァルと協議し、フランス本土の非占領地区への進駐、コルシカ上陸、そして、チュニジアの橋頭堡確立という方針を決める。会見後、ヒトラーは、すでにチュニジアの航空基地使用について、イタリア大本営と取り決め、2個戦闘機戦隊《ヤークトグルッペ》ならびに1個急降下爆撃機戦隊《シュトゥーカグルッペ》をそこに急派すると、チャーノに明言した。

当然のことであろう。この時期、東方では、エル・アラメインの戦いに敗れたロンメルのアフリカ装甲軍《パンツァーアルメー・アフリカ》が、エジプトからリビアに向けて退却している。トブルクが奪還され、ベンガジやトリポリを占領されるのも時間の問題だ。そうなれば、北アフリカの枢軸軍を支えられる良港は、チュニジアのチュニスとビゼルトのほかにはない。これらの失陥は、北アフリカからの撤退、さらには、ヨーロッパの柔らかい下腹、南フランスからイタリア、バルカンに至る地域が危険にさらされることを意味しているのだ。

ゆえに、ヒトラーは、チャーノやラヴァルと会談する前、9日午前に、地中海方面の責任を負う南方総軍総司令官《オーバーベフェールスハーバー・ジュート》アルベルト・ケッセルリング空軍元帥に自ら電話をかけ、「チュニジアに関しては、自由裁量権を与える」とした上で、緊急措置を講じるよう命令していた。ケッセルリングは、ただちに動いた。同日、総統がチャーノに約束した航空兵力をチュニスに飛行させ——ドイツ公使ルドルフ・ラーン博士の必死の外交交渉が成功し、現地のヴィシー・フランス軍は飛行場の使用を認めていた——夜には、この「チュニス兵団《ゲフェヒツフェアバント・チュニス》」と名付けられることになる部隊の指揮官として、マルティン・ハーリングハウゼン大佐を送り込む。ついで、手持ちの輸送機が動員され、第5降下猟兵連隊の一部が空輸された。彼らは、12日夜までに、飛行場とチュニス市街の占領を終えている。

さよう、枢軸軍は、なんとしてもチュニジアを保持し、ヨーロッパ要塞の外郭《がいかく》陣地である北アフリカを守り抜くつもりだったのだ。

最初の接触

一方、連合軍の先鋒、ケネス・アンダーソン中将率いる第1軍（東方任務部隊より改称）も、チュニジアへの進軍を開始していた。ただし、この時点では、軍と称していても、アンダーソンが握っているのは、第78師団所属の2個旅団（第11・第36）、第6機甲師団の先遣隊、第1落下傘旅団の3個大隊と若干のコマンド部隊のみである（すべてイギリス軍部隊）。しかし、それでも、11月16日にチュニスに着任した、かつてのDAK《デーアーカー》――ドイツ・アフリカ軍団長《ドイッチェス・アフリカコーア》、ヴァルター・ネーリング装甲兵大将に与えられた兵力に比べれば、はるかに堂々たるものだったろう。

ネーリングは、エル・アラメインへの前進中に重傷を負って、療養中だったのだが、地中海の危機に直面した国防軍統帥幕僚部長に急遽《きゅうきょ》呼び出され、チュニスに「ネーリング司令部」を設置し、ビゼルト・チュニス間に橋頭堡を確保、これを可能な限り西に拡大せよと、口頭で命令されていた。ところが、実際に、ネーリングがチュニスに着いてみると、そこで待っていた麾下《きか》の諸部隊は、せいぜい3000人ほどしかいなかったのだ。

この時期のドイツ軍が、いかに寄せ集めの兵力しか持っていなかったかを示すために、煩《はん》をいとわず、11月末までにチュニジアに到着した部隊を列挙しておこう。第5降下猟兵連隊の2個大隊および2個中隊、第104装甲擲弾兵連隊より1個中隊、第11降下工兵大隊、バレンティン・グライダー連隊（ヴァルター・バレンティン大佐のもとで新編された降下猟兵部隊）2個大隊半、3個補充大隊、1個通信大隊、野砲1個大隊、88ミリ砲1個中隊（ドイツ軍では通常、砲の口径をセンチであらわすが、本稿では、日本で一般的なミリ表示で記す）、1個戦車猟兵中隊および1個オートバイ大隊（いずれも一部のみ）、3個捜索中隊、第190ならびに第501戦車大隊の先遣隊、第10装甲師団第7戦車連隊の2個中隊。つまり、麗々しくも第90軍団と命名されたネーリングの部隊は、手近にあった部隊を片っ端から集めて、チュニジアに送り込んだ「ごった煮」だった。そもそも、ネーリングの司令部からして、当初は将軍のほかに幕僚が一人いるだけで、移動もチャーターしたフランス人のタクシーによるというありさまだったのだ。

11月9日、アルジェに到着したアンダーソンは、この第90軍団を撃破し、チュニスを早期に占領すべく、空挺部隊とコマンド部隊などと協同し、ブージとボーヌの港、テベサとガフサの飛行場、スーク・エル・アルバの町などを押さえさせた。本格的攻勢のための準備だったことはいうまでもない。しかしながら、アンダーソンは慎重すぎた。枢軸軍の戦力を過大評価したばかりか、自軍右翼が弱体であるのを危惧し、主力の集結が終わるまで、前進を手控えると決めたのである。

こうして生じた貴重な時間を無駄にするネーリングではない。まず、手持ち兵力を、2個戦隊にまとめ、それぞれチュニスとビゼルトの守備にあてる。ただし、ネーリングは、連合軍は二筋の街道沿いにこれらの地点の占領にかかるだろうし、テベサ経由で東海岸に突進し、退却中のロンメルへの補給路を遮断することを試みるにちがいないと読んでいた。こうした企図をくじくには、攻撃しかない。

枢軸軍は、増援部隊の到着と集結を待たず、大胆にも、少数の部隊のみを以て、橋頭堡の拡大にかかる。最初に叩くのは、連合軍の到着を待って、枢軸軍と決別することを考えていたヴィシー・フランス軍。彼らは、急降下爆撃機に支援された降下猟兵によって、早々に退却に追い込まれる。つぎなる段階で、連合軍との最初の接触が起こった。11月17日、ルドルフ・ヴィツィヒ少佐の降下工兵を基幹とする戦隊が、英第36歩兵旅団の前衛とぶつかったのだ。この戦闘は、双方ともにかなりの損害を出したものの、いずれも、さしたる戦果を得られずに終わる。けれども、南方では、連合軍戦力が手薄であったこともあり、スース、スファックス、ガベースといった、ロンメルの退路を確保する上で重要な地点の占領に成功した。

きわめて弱体な、ぎりぎりの戦力しか持たぬ部隊によって支えられた、糸のごとき戦線ではあったにせよ、枢軸軍の橋頭堡は確立されたのである。

くじかれた攻勢

とはいえ、アンダーソン中将も、手をこまねいていたわけではなかった。一刻も早く、チュニスとビゼルトを占領する必要があるのは、彼も承知していたのだが、前述したように、第1軍の右翼が存在していないも同然の状態では――この地域で行動しているのは、アメリカ空挺部隊1個大隊と若干のフランス軍

第501戦車大隊に配備されたドイツ軍のティーガー戦車
German Federal Archive (Bundesarchiv)

のみだった——とうてい作戦を開始できるものではない。アンダーソンの上官である連合軍遠征軍総司令官アイゼンハワー中将は、その危惧を理解し、アメリカ軍の増援を送り込んだ。かくて、11月25日、連合軍の最初の攻勢がはじまる。

攻勢軸は3本、左翼（北）を担当するのは第36歩兵旅団、中央は第6機甲師団隷下諸部隊を編合した「刀身《ブレイド》」戦隊《フォース》（米第1戦車連隊第1大隊を麾下に置く）、右翼（南）は第11歩兵旅団だった。

なれど、この作戦は、ドイツ軍の果敢な抵抗に遭い、いたるところで齟齬《そご》を来《きた》した。左翼の第36歩兵旅団は、前進はしても、敵を捕捉撃滅することはできず、伏兵の攻撃を受けて、大損害を出す。右翼の英第11旅団も同様で、メジェズ・エル・バブへの前進を阻止されたばかりか、ドイツ軍の反撃を受けて、退却する始末だった。最強の機甲戦力を有する中央縦隊「刀身」戦隊も、作戦開始日こそ順調に進撃したものの、翌26日、戦車に支援されたバレンティン少佐の降下猟兵の逆襲を受け、マトゥールの南10キロの地点で停止を余儀なくされてしまう。

しかし、100両以上の戦車を有する「刀身」戦隊は無理押しを避け、迂回機動を実行、メジェズ・エル・バブ方面への突進を試みた。かような機甲部隊ならではの作戦が、功を奏した。彼らは、メジェズ・エル・バブを西と南西から攻撃し、そこを守っていたコッホ戦隊の一部を包囲したのちに、前衛部隊を、さらに東進させる。連合軍の狙いが、重要な飛行場のあるジェデイダであることは明白だった。

ネーリングは、手持ちの地上部隊を運用するだけでは、敵の攻撃を拒止することはできないと判断し、動員できるかぎりの航空兵力をすべて投入するよう、ケッセルリングに要請する。かくて、「刀身」戦隊の将兵は、急降下爆撃機の脅威にさらされることになった。この日以降の一連の爆撃が彼らに与えた恐怖は、よほどすさまじいものであったらしい。11月末に、前線を視察したアイゼンハワーは、多数の兵士から不満をぶつけられている。彼の回想録から引用しよう。『わがほうの、ろくでなし空軍はどこにいるんです』、『どうしてまた、敵機《ヘイニーズ》以外はあらわれないんですかね』。敵が航空優勢を有しているとき、地上部隊は『航空兵』を呪詛《じゅそ》するのをためらったりはしなかった」

そう、ドイツ空軍は、まだまだ強力だったのである!

それでも、優勢な連合軍部隊の突進を止めることはできなかった。11月25日の午後、米軍の先遣戦車隊がジェデイダ飛行場を急襲、地上にあった20機の航空機を炎上させる。高射砲部隊の防御射撃により、これは撃退できたものの、側面と後方をおびやかされたネーリングは、プロトヴィルからジェデイダを経てサン・シプリエンにいたる線、すなわち、チュニス周辺部まで橋頭堡を縮小することを決意せざるを得なかった。この撤退は、支障なく実行されたが、ケッセルリングは、かかる措置が取られたことに激昂する。

28日、自らチュニスを訪れたケッセルリングは、あらたに歩兵1個連隊を増強するとした上で、時間をかせぐことの重要性を強調、「軍事的措置のみならず、持ちこたえようとする将兵の意志を鼓舞することこそが重要なのだ」と、ネーリングを叱責した。

ここまで言われては、ネーリングも橋頭堡の再拡大のために、反撃を実行せざるを得なくなる。砂漠の「古ギツネ」である彼の計画は周到なものだった。南で、装甲車を中心とする部隊に攻勢防御を実行させる一方、動かせるすべての部隊を投入して、西に向かって攻勢をかけ、テブールバを奪う。この主攻を担う部隊には、到着したばかりの第10装甲師団の一部が含まれており、戦車64両を使用することができた。

12月1日、午前7時5分、攻撃は開始された。急降下爆撃機が、テブールバ北西チュイギ峠の連合軍陣地を叩く。前進を開始したドイツ軍は、たちまちジェデイダ前面の敵を駆逐、連合軍機甲部隊の反撃をしりぞけて、橋頭堡を拡大した。連合軍は、攻撃の成功に気をよくし、戦果を拡大しようとするあまり、分散しすぎていて、ドイツ軍の好餌《こうじ》となってしまったのだ。かかるドイツ軍の進撃は、12月10日にメジェズ・エル・バブ東方で、アメリカ軍部隊に阻止されるまで続く。9日に、解任されたネーリングの後任として——一時的ではあったにせよ、チュニス周辺への後退を命じたことにより、ケッセルリングの不興を買ったのだ——チュニジアの枢軸軍最高司令官となったハンス＝ユルゲン・フォン・アルニム上級大将は、防御態勢への転換を命じた。事実、攻撃を継続する必要はなかった。この日までに、ドイツ軍は、メジェズ・エル・バブの東12キロの地域まで主戦線を推し進めていたのである。

こうした不利な戦況と、豪雨の到来に鑑み、アイゼンハワーは、ときもあろうにクリスマスの日に、攻勢中止を決定することを強いられた。「チュニスへの競走」は、勝利どころか、ゴールのテープを切ることもできなかったのだ。加えて、枢軸軍が、チュニジア橋頭堡を確保したことは、大きな戦略的意義を有していた。いうまでもなく、連合軍は、アンダーソンの英第1軍でチュニジアを押さえ、リビア方面から追撃してくるモントゴメリー大将の英第8軍とともに、ロンメルのアフリカ装甲軍を挟撃、これを殲滅《せんめつ》することをもくろんでいたのだが、枢軸軍がチュニスを確保したことにより、それはかなわぬ夢と消えたのだ。寄せ集めの少数部隊で攻撃し、拠点を確保するという、捨て身の作戦が、連合軍の企図をくじいたのであった。

双頭の作戦

続く二か月半ほどのあいだに、情勢は大きく変わった。

チュニジアの枢軸軍の兵力は着実に増大し、もちろん完全編制ではないにせよ、名目上は6個師団（第10装甲、フォン・ブロイヒ、第20高射砲、ヘルマン・ゲーリング、第334、スペルガ）およびインペリアーリ旅団を擁するに至っていた。また、ロンメルのアフリカ装甲軍も、2月初頭に虎口を脱し、いわゆるマレト線（フランス軍が、イタリア軍のリビアからの侵攻を想定して、築いた陣地を接収したもの）にすべりこんでいる。

一方、チュニジアの連合軍も、着実に戦力の集中を実行し、1943年2月はじめには、英第5軍団（第46、第78、第6機甲の3個師団）、フランス第19軍団（マチェネ師団、米第1師団および第34師団の一部）、米第2軍団（米第1機甲師団）から成る相当規模の兵力を誇るまでになっていた。これらの部隊から成る英第1軍に加え、1月23日にトリポリに入城して以来、補給の備蓄と再編成のために前進を停止している英第8軍がある。両者が合流すれば、戦力比の天秤は、連合軍側に大きく傾く。

ならば、モントゴメリーが追いついてこないうちに、チュニジアの連合軍、とりわけ、いまだ実戦経験に乏しく、未熟なアメリカ軍の戦線を突破し、敵を崩壊させなければならない。かかる攻撃精神の結晶ともいうべき作戦を望んだのは、むろん、エルヴィン・ロンメル元帥であった。驚くべきことに、「砂漠のキツネ」は、エル・アラメインからの長い長い退却行の直後に、再び攻勢を計画していた。それも、単に戦術的な成功を求めるのではなく、連合軍戦線の中央にある要衝テベサを奪取、さらに北進して、ボーヌ港を占領、敵の補給線を遮断するという、大規模な作戦を企図していたのだ。もし、この試みが成功すれ

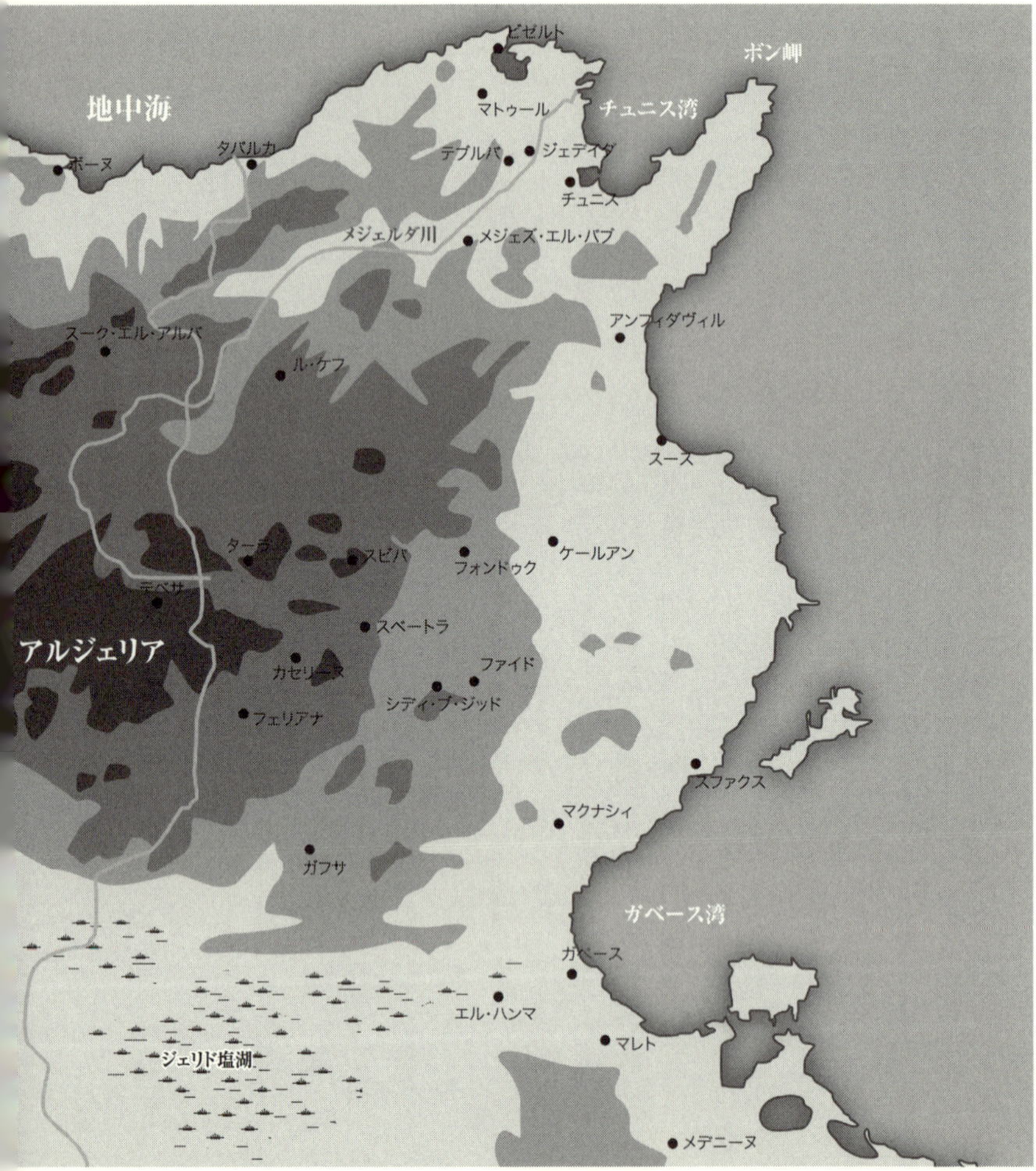
ビゼルト
ボン岬
地中海
マトゥール
チュニス湾
タバルカ
ボーヌ
テブルバ
ジェデイダ
チュニス
メジェルダ川
メジェズ・エル・バブ
アンフィダヴィル
スーク・エル・アルバ
ル・ケフ
スース
ケールアン
ターラ
スビバ
フォンドゥク
テベサ
スベートラ
アルジェリア
ファイド
カセリーヌ
シディ・ブ・ジッド
フェリアナ
スファクス
マクナシィ
ガフサ
ガベース湾
ガベース
エル・ハンマ
マレト
ジェリド塩湖
メデニーヌ

ば、まずアイゼンハワーを無力化し、しかるのちにモントゴメリーに対処するという、理想的な展開が期待できると、ロンメルは信じたのである。ただ、攻撃目標となる米第2軍団にあたるには、ガフサ、ファイド、フォンドゥクの三つの峠を進路とするしかなく、困難が予想されたのだけれど、1月下旬の第21装甲師団の作戦により、ファイド峠が確保され、出撃陣地も得られていた。

かくて、ロンメルは何の問題もなく、おのが企図を実行できるかと思われた。なれど、障害は味方のほうにあった。この時期、チュニジア方面の指揮権を持っていたのは、「砂漠のキツネ」ではなく、第5装甲軍（第90軍団より改編）司令官フォン・アルニム上級大将だったのである。また、アフリカ軍団の古強者《ふるつわもの》、第21装甲師団も、すでにアルニムの麾下に移されていたのだった。となれば、アルニムが主役となるのが理の当然というものであろう。だが、彼は、モントゴメリーの英第8軍が到着する以前に、連合軍を叩く必要があるという点に関しては、ロンメルと同様の見解を抱いていたものの、「砂漠のキツネ」流の大機動作戦を遂行するには、枢軸軍の兵力は弱体すぎるという判断を下していたのだ。

二人の将軍は議論し、駆け引きを繰り広げ――危険な妥協をなすことになった。アルニムの第5装甲軍の攻勢とともに、ロンメルのアフリカ装甲軍が助攻をなす。ただし、統一司令部は置かず、それぞれが自らの権限に基づいて、作戦を実行する。つまりは、アルニムとロンメルがてんでんばらばらに動きかねない、たとえるなら、双頭の攻勢をなすというのだ。この取り決めは、カセリーヌ峠の戦いに、大きな影響をおよぼすことになる。

カセリーヌ峠をめざして

2月14日午前6時、「春風《フリューリングスヴィント》」の秘匿名称をつけられた、アルニムの攻勢が開始された。第10装甲師団の一部をもって増強された第21装甲師団が、ファイド峠前面に布陣していた米第1機甲師団A戦闘団に対し、巧妙な攻撃を開始する。第10装甲師団から派遣された部隊より成るゲルハルト戦隊ならびにライマン戦隊は、急降下爆撃機と戦闘爆撃機の支援のもと、迎撃してきた米軍のM3スチュアート戦車を蹴《け》散《ち》らし、A戦闘団を蹂躙《じゅうりん》する。その間に、第21装甲師団のシュッテ戦隊とシュテンクホフ戦隊が南に回り込み、包囲を試みる。かかる猛攻の前に、A戦闘団は、戦車40両、自走砲15両、車輌多数を失って、潰走した。

翌日の第1機甲師団C戦闘団の反撃も、傷を深めるだけだった。遮蔽物のない平地を前進してきた米戦車隊は、ドイツ空軍の急降下爆撃と機銃掃射、隠蔽された対戦車砲の射撃によって、兵力を減殺されたのちに、敵戦車と激突、46両の戦車とその他の車輌130両を喪失して、撃退される。ローズヴェルト大統

チュニジアにおける連合軍の編制
(1943年2月末)

- 遠征軍総司令官(アイゼンハワー)
  - 第18軍集団(アリグザンダー)
    - 英第1軍(アンダーソン)
      - 英第5軍団
        - 第78師団
        - 第6機甲師団
        - 第46師団
      - 仏第19軍団
        - コンスタンティーヌ師団
        - マロー師団
        - アルジェ師団
        - オラン師団
      - 米第2軍団
        - 第1機甲師団
        - 第1歩兵師団
        - 第9歩兵師団
        - 第34歩兵師団
    - 英第8軍(モントゴメリー)
      - 第10軍団
        - 第1機甲師団
        - 第7機甲師団
      - 第30軍団
        - 第2NZ《ニュージーランド》師団
        - 第50師団
        - 第51師団
        - 第4インド師団
        - 第201近衛旅団

チュニジアにおける枢軸軍の編制
(1943年2月末)

- アフリカ軍集団(ロンメル)
  - 第5装甲軍(アルニム)
    - 第10装甲師団
    - フォン・ブロイヒ師団
    - 第20高射砲師団
    - ヘルマン・ゲーリング師団
    - 第334歩兵師団
    - スペルガ歩兵師団
    - インペリアーリ旅団
  - イタリア第1軍
    - ドイツ・アフリカ軍団
      - 第15装甲師団
      - 第21装甲師団
      - チェンタウロ装甲師団
      - 第19高射砲師団
    - イタリア第20軍団
      - 青年ファシスト師団
      - トリエステ自動車化歩兵師団
      - 第90軽師団
    - イタリア第21軍団
      - シュペツィア歩兵師団
      - ピストイア歩兵師団
      - 第164軽師団

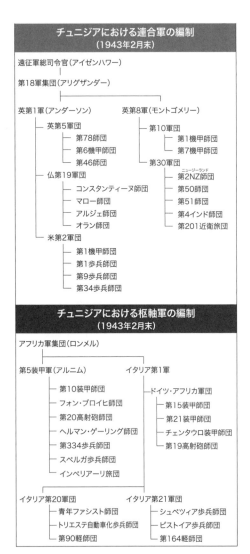

領が、「われわれのボーイは戦争ができるのか？」と嘆いたのも当然といえよう。それほどの大敗だった。

　一方、南方では、ロンメルの攻勢「朝の空気《モルゲンルフト》」作戦が実行に移されていた。投入されたのは、アフリカ軍団の残存部隊を集めて編成されたＤＡＫ戦隊《カンプフグルッペ・ドイッチェス・アフリカコーア》。先頭に立っているのは、「アフリカ装甲擲弾兵連隊」と改称された独立部隊第２８８集団である。彼らの攻撃も順調に進み、北の「春風」作戦成功の影響を受けて、連合軍が撤退し、空となったガフサを占領、さらに17日には、テレプテの飛行場に進入した。アフリカの装甲擲弾兵は、そこで印象的な光景に遭遇する。退却する連合軍は、地上にあった航空機を自ら破壊し、６万ガロンの燃料に火をつけていったのだ。

　これこそ、連合軍が混乱しているしるし、一気に海岸まで突進せよという戦神の手招きではないのか？少なくとも、ロンメルはそう考えた。しかし、米軍が守っていたスベートラを奪取し、戦果を拡大しつつあったアルニムは、攻撃続行のために第10装甲師団を使用させてほしいという「砂漠のキツネ」の要求を拒否した。ロンメルは、こうしたアルニムの態度について、この師団は、彼がやっていた「余興」のために必要だったのだろうと、辛辣な論評を加えている。

　けれども、ロンメルは、そのまま黙っているような男ではなかった。２月18日、ロンメルは、ガフサから北西に進撃し、テベサを占領、連合軍の背後を衝《つ》く作戦の許可を、上官にあたる南方総軍総司令官ケッセルリングに求めた。ケッセルリングも、それに同意し、イタリア軍大本営に伝える。答えは、諾《ヤー》か、否《ナイン》か？　ロンメルは、じりじりしながら待った。深夜になっても返事はなく、貴重な時間が過ぎていく。19日、午前1時30分になって、ようやく到着した大本営の命令は、元帥を失望させるものだった。

　大本営は、第10装甲師団と第21装甲師団をロンメルの指揮下に移すと通達してきたものの、攻勢は北西ではなく、北のターラとル・ケフをめざすべしと命じてきたのである。すなわち、連合軍の徹底的な撃滅を狙う戦略攻勢ではなく、単に打撃を与えるだけの戦術攻勢にとどめよと言われたも同然であった。しかも、この指示に従ったなら、連合軍の予備部隊とぶつかるのは必至であり――事実、アンダーソンは、戦線を立て直すため、ターラに機甲部隊を集結させていた――決定的な戦果を得ることなど期待できない。

　さりながら、ロンメルとしては、命令に従うしかなかった。もし、このとき、「砂漠のキツネ」の計画通りにテベサを攻撃していたなら、同地には米第1機甲師団の残存部隊しか配置されていなかった。よって、最終的には総合的な兵力差が大きすぎ、ロンメルの望むがごとき大勝利は難しかったとしても、より枢軸軍に有利な展開になったかもしれない。なれど、「命令は命令《ベフェール・イスト・ベフェール》」である。

　ロンメルは、二筋の攻撃ルートを選んだ。右翼では第21装甲師団をスビバ経由で進撃させ、左翼ではDAK戦隊をターラに向かわせる。この両縦隊の協同のもとに、最終的にはル・ケフを奪取するのだ。だが、後者の進撃路には、自然の要害があった。スベートラとフェリアナの中間にある峠、その名をカセリーヌという。

峠の死闘

　2月19日早朝、ロンメルは総攻撃を命じた。されど、すでに防御態勢が固まっている地点への攻撃である。迅速な成功は、とうてい見込めなかった。まず、右翼の第21装甲師団は、戦車と砲兵に援護された英第1近衛旅団、米第18歩兵連隊戦闘団、米第34歩兵師団より派遣された3個大隊の激烈な抵抗を受け、スビバ占領どころか、一歩も前進できない状態におちいっていた。ここでは、攻撃側よりも、防御側の兵力のほうが、はるかに大きかったのである。

　しかし、カセリーヌ峠では、攻撃は、思いのほか進展していた。この地点の守備隊は、アリグザンダー・N・スターク大佐が指揮していたが、寄せ集めの混成部隊であり、充分な抵抗力を持っていなかった。スタークは、「ストーンウォール・ジャクソン【トーマス・ジャクソン。南北戦争で巧妙な防御戦を展開、

「ストーンウォール」とあだ名された南部の名将】のようにやれ」と命じられていたものの、無線が故障し、伝令を走らせなければならない状況では、そんな防戦は望むべくもなかったのだ。他方、こちらに向かったDAK戦隊の指揮官カール・ビュロヴィウス少将は、入念な偵察ののち、アフリカ装甲擲弾兵連隊を投入した。装甲擲弾兵が浸透に成功するとともに、敵陣に空いた空隙に戦車をつぎ込む。こうして、カセリーヌ峠攻撃が進捗するのをみたロンメルは、左翼に、アルニムからもぎとった第10装甲師団を送り、突破を企図する。

だが、以前に出された命令に従い、北進していた第10装甲師団がカセリーヌ峠に到着するには時間がかかった。ために、攻撃の再開は、20日午後までずれ込んだけれど、枢軸軍の兵力の厚みは、弱体化した連合軍の守備隊を圧倒した。急降下爆撃と88ミリ砲とネーベルヴェルファーによる猛烈な準備射撃に続き、ロンメルは手持ちの兵力全てを投入する。午後4時30分、枢軸軍はカセリーヌ峠を突破し、北進の態勢をつくった。

さりながら、ロンメルの攻勢も、これが限界であった。連合軍は、峠の北方に英第26戦車旅団を急派、さらに米第1機甲師団B戦闘団も、そのあとに続いていたのだ。ゆえに、21日に実行されたカセリーヌ峠北方への攻撃は、連合軍に打撃を与えたものの、撃退されてしまう。翌22日になると、航空偵察により、連合軍の増援部隊が続々集結しつつあることがあきらかになり、これ以上の戦果拡張は難しいことが判明する。

この日、ロンメルは、直接意見を交換しようと、チュニジアを訪れたケッセルリングと会見、攻勢を中止し、東から迫る英第8軍に対処すべきであるとの結論に達した。その結果、夕刻には、攻撃部隊に、カセリーヌ峠まで撤退せよとの命令が出される。

連合軍にとっては、追撃の好機であったが、現地の指揮官である米第2軍団長ロイド・R・フリーデンドール少将は、枢軸軍はなお後方に迂回してくるのではないかと恐れ、積極的な行動に出なかった。彼が総攻撃の命令を出したのは、なんと25日になってからであり、そのころには、枢軸軍はカセリーヌ峠を越えて、撤退を完了していた。

とはいえ、皮肉な運命に見舞われたのは、ロンメルとて同様だった。2月23日、チュニジアの枢軸軍すべてを指揮下に置く「アフリカ軍集団」の編成が下令され、ロンメルは、その総司令官に任命されたのである。一週間前に、この指令が出されていたなら、あるいは、カセリーヌ峠の戦いは、様相を異にしていたかもしれなかった……。

いずれにせよ、こうして、チュニジア戦の初期段階は終わった。多くの戦史家は、いちように、枢軸軍の優れた作戦指導を評価している。

第一に、ほとんど絶望的な状況から、橋頭堡を確立し、堅固な防御線を築いた。

第二に、優勢な連合軍に自ら攻勢をかけ、一時は戦略的な危機に追いこんだ。

これらは、まさに北アフリカの枢軸軍がみせた、二つの残光ともいうべきものだった。

しかしながら、ひとたび勝機を逸した枢軸軍には、戦力の差が、しだいに重くのしかかっていくことになる。彼らは、以後も連合軍相手に互角の戦闘を繰り広げたけれども、1943年5月13日、文字通り、刀折れ矢尽きて、降伏したのであった。

写真：北アフリカに陸揚げされるIII号戦車

第七章　データでみる北アフリカ補給戦

第二次世界大戦における北アフリカで繰り広げられた枢軸軍と連合軍の戦いは、そのシーソーゲーム的な展開と相俟《あいま》って、戦史ファンを魅了せずにはおかない。とくに、ロンメル将軍が優れた戦術能力を発揮して、連合軍を崩壊直前まで追い詰めたかのごとくにみえることは、イフの興味をかきたて、枢軸側に大きなチャンスがあったのではないかと夢想させる。事実、軍事評論家と称するひとびとのなかにも、北アフリカ作戦はスエズ運河、さらには中東征服に至る大きな可能性があったと断言してはばからない向きがあるほどだ。

しかしながら、名著『補給戦』の著者マーチン・ファン・クレフェルトは、そうした死児の齢《よわい》を数えるような発想を、40年近く前に粉砕している。彼によれば、港湾能力、さらには港から前線への物資追送能力が、枢軸軍には決定的に不足していた。ロンメルには、他の戦域にあるドイツ軍以上のトラックが与えられていたが、それでも補給の困難を克服することはできず、実際以上の成功は見込めなかったというのだ。筆者も、このクレフェルトの見解に与するものである。ロンメルが作戦・戦術を重視するあまり、兵站を顧みなかったことは、早くからさまざまな文献にみられたところであるが▼1、新しく公開された史料や研究は、それを否定するどころか、枢軸軍の補給面の困難を実証するばかりなのである。

本稿では、極力データに基づいて、そうした事情を描いてみようと思っている。その作業は同時に、北アフリカ戦の記述を読む際、華々しい戦闘の背後で何が起こっているかを想像する助けとなるであろう。

必要な物資

1945年3月、アメリカ陸軍省は、敵情参考書の一冊として、電話帳ほどの厚さがあるドイツ軍ハンドブックを発行した。この詳細な書物には、ドイツ軍の携帯口糧についても興味深い記述がある。それによれば、携帯口糧は3種類。第一は「行軍口糧《マルシュフェアプフレーグング》」、3日ないし4日続けて徒歩ないしは乗車して行軍する場合に与えられるものだ。中身は、1梱包あたり、約700グラムのパン、200グラムの冷肉、またはチーズ、60グラムのバターやジャム、9グラムのコーヒー（もしくは茶葉4グラム）、砂糖10グラム、タバコ6本で、全部で980グラムほどの重さになる。

つぎに、通常の携帯口糧、通称「鉄製糧食《アイゼルネ・ポルツィオーン》」があり、乾パン250グラム、冷肉200グラム、保存処置[2]された野菜150グラム、コーヒー25グラム、塩25グラムが入っている。総量は650グラムで、梱包すると825グラムになる。ちなみに、「鉄製糧食」には半量梱包があり、こちらになると、中身は250グラムの乾パンと保存処置された肉200グラムである。重量は、梱包した状態で535グラム。

最後の種類として、「大規模戦闘用口糧《グロースカンプフペッケン》」もしくは「接近戦用口糧《ナーカンプフペッケン》」が、大戦後半に導入された。これは一種の緊急食で、チョコバー、フルーツバー、キャンディ、乾パンなど、運搬が容易でカロリーが高いものが詰められており、タバコも添えられていた。

ドイツ兵1人につき、少なくとも（後方や安全地帯では、しかるべき調理を施された食事が給養される）これだけの食糧を支給しなければならない。もちろん、別の補給体系を持つイタリア軍も、相応の食糧を兵

■表1　部隊への給水

（単位リットル）

1日あたり消費基数のもととなる状況	作戦行動時	停止時
人間の通常消費	5	6
3日分の水筒による最低携行量	1.5	
飲料・調理用の最低量		4.5
その他の利用も含む消費総量		23
入浴施設を備えた軍後方地帯の休息所		68
衛生施設を備えた駐屯地		135
都市の駐屯地		230
携帯食糧による給食（1人あたり）		3.5
調理食糧による給食（1人あたり）		7
パン焼き中隊	8,000	10,000
装軌車両	10	2
トラック・乗用車（水冷式）	5	1

（*Taschenbuch*, 111ページより一部を略して作成）

■表2　師団レベルの水の消費量

（単位リットル）

1個装甲師団（1日あたり）	
16,000人	80,000
装軌車両500両	5,000
トラック・乗用車3,300台	16,500
衛生・管理部隊	16,000
合計	120,000
1個歩兵師団（1日あたり）	
16,000人	80,000
駄馬4,500頭	202,500
乗用車280台	1,400
トラック360台	1,800
衛生・管理部隊	16,000
合計	300,000

（*Taschenbuch*, 112ページより一部を略して作成）

士に与えることになる。では、食糧以上に不可欠の物資である水はどうか。幸い、参考になる資料として、ドイツ陸軍総司令部《オーバーコマンド・デス・ヘーレス》、ＯＫＨ《オーカーハー》が作成した『砂漠・ステップ戦教範』がある。１９４２年12月11日に発行されたものだから、北アフリカや東部戦線のステップ地域での戦訓が反映されている、つまり、実情に即したものだと考えてよかろう。その付録８「部隊への給水」の項には、「砂漠・ステップ地帯において、水の供給は、弾薬、食糧、燃料の補給同様に重要である。それによって、戦闘行動の結果が決定的に左右されることになる」とある。その水の消費について、ドイツ軍兵站当局は、戦闘中で１日１人あたり５リットル、停止中には６リットルを必要とすると判断していた。ただし、緊急時、最大１週間程度ならば、１日１人当たり２ないし３リットルで耐えられるものとみなされている。[3] こうした水の必要が積み重なっていき、師団レベルになると表２に示すような規模の消費になる。むろん、オアシスや地下水を汲み出す井戸から直接給水されることもあるけれど、むしろ、それは例外にすぎず、基本的には後方から前線へ運んでやらなければならない。

以上、食糧と水という必須の物資について検討してみた。

軍隊という大量の人間集団がいかに物資を費消するかを具体的にイメージさせてくれる数字ではある。戦闘どころか、そもそも軍隊を存在させるだけで、これだけの物資が要求されるのであった。

地中海越えの補給

では、北アフリカの枢軸軍への補給は、どのようにして行われていたのか。いうまでもなく、ドイツもしくはイタリアから送り込まれる物資や装備、増援や補充のほとんどは、地中海を越えて送り込まれなくてはならない。船積み港としては、ナポリ、バリ、ブリンディシ、タラントが利用可能と目されたが、そこまでの鉄道輸送経路の関係から、もっぱらナポリが使われた。

問題は、どの程度の物資が海上輸送されたかである。これには史料上の問題があって、数字の矛盾が多く、長らく確定できなかったのだが、1972年にイタリア海軍公刊戦史『第二次世界大戦におけるイタリア海軍』の第1巻第2版（*La Marina italiana nella seconda guerra mondiale.* Vol.1: Dati statistici. Ed.: Ufficio Storico della Marina Militare, 2.ed., Roma, 1972）が刊行されるに至って、ようやく信頼できるデータが出された。ここでは、それに基づくドイツの歴史家ラインハルト・シュトルンプフの分析を紹介していこう。

表3にみるように、1941年12月にドイツ軍向けに運ばれてきた物資は1万トン余りにすぎないが、翌1942年1月には約2倍、さらに2月にはおよそ3倍になっている。この数字は、連合軍の攻勢に敗れ、キレナイカに押し込められていたロンメルが、1942年1月28日に奇襲反撃に出た事実と平仄《ひょうそく》が合っている。続いて3月には物資の到着量が低下するものの、4月にはピークに達する。この時期、3月30日より4月28日にかけて、ドイツ空軍は海上輸送路に対する脅威であるマルタ島に連日空襲をかけて、同島の航空隊の活動を封じていたのだ。ロンメルは、その間に得た物資を使って、5月26日にガザラの連合

軍陣地に対する攻勢を開始する。それでも補給は不足していたのだが、敵の物資を鹵獲するなどの幸運も手伝って、6月21日から22日にかけての晩に、トブルク要塞奪取に成功した。しかし、それから後に到着した物資の量は、地中海航空戦の展開に従って、乱高下し――8月にイタリア軍船舶が大量に失われたことも影響して、海上輸送の効率は急激に低下していく。1943年1月にドイツ軍が得られたのは、わずかに33トン。ドイツ軍が、挟撃状態で急進してくる米英軍に対し、急遽チュニジアの防衛態勢を固めるために持てる輸送機を集中したことはよく知られているが、かかる海上輸送状況をみれば、それが苦肉の策であったことが実感されよう。

このように、海上輸送の盛衰と北アフリカの戦況に相関関係があることは明瞭であるけれども、実は、そうした数字とは別に、枢軸側が自ら招いた組織上の問題があった。ドイツ軍とイタリア軍は同盟軍でありながら、それぞれまったく別の兵站組織を動かしていたのである。[4] 従って、ドイツ軍はイタリアで物資

■表3　地中海の海上輸送と損失

年	月	損失（単位：総登録トン数）	物資量（単位：トン）積出し量／到着量：ドイツ軍向け	総計
1941	12月	37,747	11,793 / 10,275	47,680 / 39,092
1942	1月	18,839	19,948 / 19,948	65,614 / 65,570
	2月	15,842	29,087 / 29,087	59,468 / 58,965
	3月	8,729	19,134 / 13,276	57,541 / 47,588
	4月	5,516	56,727 / 55,883	151,578 / 150,389
	5月	12,392	34,675 / 31,787	93,188 / 86,849
	6月	15,666	11,976 / 8,267	41,519 / 32,327
	7月	6,339	35,095 / 32,060	97,794 / 91,491
	8月	50,562	30,936 / 22,178	77,224 / 51,655
	9月	22,041	36,664 / 31,763	98,965 / 77,526
	10月	41,409	21,799 / 11,669	83,695 / 46,738
	11月	17,970	32,983 / 23,255	85,970 / 63,736
	12月	17,304	3,075 / 1,167	12,981 / 6,151
1943	1月	16,306	168 / 33	487 / 152

（*Das deutsche Reich und der Zweite Weltkrieg*, Bd.6, 753ページより作成）

と輸送手段を確保し、船積み港まで送り込まなくてはならなかった。[5]もっとも、そこから先の海上輸送は、イタリア海軍と商船隊の仕事となっていた。[6]加えて、イタリアで調達できない物資、ドイツ軍の武器や弾薬、軍服はドイツから運び込み、ナポリほかの港に送らなければならなかったのだ。とくに、戦車の燃料は深刻な問題だった。イタリアの燃料はドイツ軍の戦車には不適だったから、わざわざドイツで精製したものを補給する必要が生じたのである。

とはいえ、おおかたのイメージとはちがい、イタリアから北アフリカまでの海上輸送は、必ずしも失敗だったとはいえないことが数字から読み取れる。ドイツ海軍史の大家ユルゲン・ローヴァーの概算によれば、1940年から1943年にかけて船積みされた枢軸軍物資のうち、燃料の80％、車両の85％、武器装備の88％、その他81％が無事北アフリカの港に到着したのだ。ちなみに、ドイツ軍向けに限ると、燃料の82％、他の物資の86％が安着している。また、空輸された将兵についても数字が残っていて、その91・6％が目的地に運ばれたとされている。ロンメルが史実にみられるような活躍をできたのもむべなるかな。ただし――こうした輸送の成功は、北アフリカの港まで、ということとなのだった。

陸上輸送の困難

地中海を越えて運ばれた物資は、トリポリ、ベンガジ、のちにはエジプトのトブルクやチュニジアのビゼルトで陸揚げされた。問題は、そこから先である。ロンメルが攻勢を発動して、前線が東に動くとともに、補給路はどんどん延びていくのだ。[7]一部は沿岸海上輸送で運ばれたが、その量は問題とするに足りない。枢軸軍の戦士たちが必要とする物資の補給は、陸上輸送に頼るほかなかった。しかしながら、それは容易なことではない。枢軸軍の主たる補給港であるトリポリから、リビア・エジプト国境までの距離は、1500キロに及ぶのである。この困難を克服できるだけの輸送手段、具体的にいうなら充分な数のトラ

イタリア海軍駆逐艦フルミネ。1941年11月、トリポリに向かう補給船団の護衛任務中に撃沈されたが、こうした損失の影で輸送の多くが成功した

ックは、ロンメルに与えられていただろうか？

　北アフリカの戦いに参入する前に、ＯＫＨは、機械化１個師団を維持するには、１日あたり３５０トンの物資を必要とし、およそ３００キロ余りにもなる補給線を維持して、これらを運ぶには、各２トン・トラック30台から成る補給段列39個を用意しなければならないと算定した。実際には、ヒトラーがロンメルの要求に応じたため、北アフリカのドイツ軍の自動車輸送能力は６０００トンに増大した。この数字は、対ソ作戦に従事する軍に配置されたトラック部隊よりも、比率でみるとはるかに大きかったため、ＯＫＨの兵站総監が抗議したほどであった。

　だが、それでも足りなかった！　すでに触れたように、ドイツ軍はイタリア軍のそれとはちがう型式のトラックを持ち込んでおり、その補充や部品の供給は独自に行わなければならなかった。[8] しかも、トラック補充の優先度は必ずしも高くはなかったから（戦車など直接戦闘に使用する装備が優先された）、ドイツ軍の自動車輸送能力は慢性的に不足していたのである。そのため、第90軽アフリカ師団や第１６４軽アフリカ師団などは自前の兵站段列を持てず、最寄りの装甲師団に補給を頼っていたのだ。

2010年に翻刻刊行された、かつての第15装甲師団の兵站責任者[9]ヘルムート・フライ参謀中佐の日記は、その実情、長距離をピストン輸送する兵站縦列の困難について、生々しく綴っている。

「部隊が進軍すれば、すぐに燃料が必要になる。専門的にいうなら、それらは『消費基数』という言葉で表現される。ある車両1台が100キロ踏破するのに使う燃料の量を『消費基数（V.S.）』というのだ。たとえば、トラックなら30リットル、フォルクスヴァーゲンなら8・5リットル。この数字は常に変化する。今日30リットル使ったトラックが、4週間もすると、エンジンのピストンがゆるんで、40リットル必要とするようになる。荒れた地形を走れば、ガソリン消費は、1・5倍から2倍になろう。これが1個師団ともなると、100キロ踏破するのに1万リットルは燃料を使う。だから、部隊がX地点に到着するまでに、少なくとも10万リットルは費やすと予測できるのだ。すべてがうまくいっても、つぎの燃料として1000立方メートルほど用意しておくか、そこに運んでやらなければならない。砂漠越えで師団を進めれば、飲料水が要るから、あらかじめ然るべき量を輸送してやる。こうした戦闘部隊と補給部隊の協同がなされたときにのみ、成功（とくに砂漠の戦争での成功）は得られるのである」（1942年2月9日の条）

「新鮮な野菜と果物に関しては、今年は1941年よりも悪かった。いまいましいキレナイカの遠さが利き過ぎている。エル・アラメインからデルナまでは、730キロほどであるが、そこから地元の果樹園までは結構ある。20ツェントナー[10]ほどのブドウと、ほぼ同じ量のトマトとメロンを確保した。野菜を満載したトラック2台も戻ってきた。ただ、品物が腐ってしまう危険は相変わらず高い。ともあれ、大きな黒ブドウの房は——1房2キロほどもある——新鮮な状態で到着した。運転手は、このために1日半かけて、750キロの距離を走破してきたのだ」（1942年8月16日から17日までの条）

「地雷原から、あらゆる種類の車両30台を救い出した。何ダースものエンジンが修理される。自動車3台分の残骸から、稼働できる自動車1台が組み立てられた。同様に、何百本ものタイヤが得られた。ビル・ハケイムでは、部下段列長の1人が、地下に埋められた燃料倉庫を発見した。段列の者たちによって、10万リットルものガソリンや機械油がつぎからつぎへと掘り出された。おかげで、ここ数週間は燃料不足について文句を言わずに済む。スプリング、ラジエーター、タイヤといった交換用の部品要求も、完全に満たすことができた。われわれにとって、この砂漠は豊かな金鉱だったのだ」（1942年9月17日から18日までの条）

なるほど、ロンメルは北アフリカを縦横無尽にかけめぐり、土俵いっぱいに暴れまわった。しかし、その機動を支えていたのは、フライに代表されるような兵站部隊の将兵の超人的な献身によるものだったのである。

以上、検討してきたごとく、北アフリカの補給戦において、海上輸送はむしろ成功してきたことがわかる。古い見解――一部には、現在でもそうしたことを口にする向きもあるが――によれば、イタリア海軍が無能であったため、護送船団を安全に北アフリカに送り届けられなかったから、枢軸軍は補給不足となり、戦略的なチャンスを生かせなかったのだということになる。だが、データに照らせば、そのような主張はとても支持できない。すでにクレフェルトが喝破しているように、北アフリカにおけるロンメル敗北の重要な一因となったのは、港湾の荷揚げ能力と陸上輸送手段の不足▼11、さらにいうならば、そんな状況にもかかわらず大機動作戦を実行したその無謀さにあったのだ。

第八章　騎士だった狐

写真：北アフリカのロンメル

「砂漠の狐」こと、エルヴィン・ヨハネス・オイゲン・ロンメル元帥が、かつての名声を失って久しい。作戦・戦術次元の能力はともかく、戦略的な視野に欠けていた。兵站に対する理解がなく、補給面からみて実行不可能な作戦計画を実行した。そもそも、その名将としての評価は、ゲッベルスのプロパガンダがつくりあげた伝説にすぎない……。30年ほど前まで、戦史ファンのみならず、本職の軍人たちにとっても讃仰の的であったのが嘘のような凋落ぶりである。もっとも、こうした厳しい批判は必ずしも根拠がないものではなかったから、戦術的には優秀でも、広い戦略的視野に欠けた指揮官という評価が定まってきたのも無理からぬことであった。連邦国防軍《ブンデスヴェーア》において、ロンメルの名を冠した兵営がある一方[1]、彼を記念する銘板が取り外された事例[2]もあるというのは、こうしたロンメル理解の変遷を象徴しているといえるかもしれない。

しかし、ここで疑問が生じる。ロンメルが敵に対してもフェアに振る舞ったというのは、枢軸側からだけでなく、連合軍の将兵にもひとしく広まったイメージであった。たとえば、北アフリカでドイツ軍の捕虜となった経験を持つデズモンド・ヤング准将は、使者として英軍砲兵隊のもとに赴き、砲撃をやめさせるよう（砲弾は、英軍捕虜の隊列のまわりにも着弾していた）ドイツ軍将校に命じられた。ヤングがそれを拒み、悶着になりかけたときに、ロンメルが現れたのである。

「その男はあかるい空色の眸、しっかりした顎をしていて、ひとの長としての風格をそなえているのに、わたしは気づいた。ドイツ語がわからなくとも、彼が『何をしている？』と訊ねているのは、すぐにわかった。ドイツ軍の将校たちはしばらく話し合っていた。それから英語をしゃべった士官が、わたしの方へ顔をむけた。【原文改行】『将軍のいわれるには』と彼は苦々しげにいった。『あんたがいまだした命令に従わなくとも、しろと強要できないそうだ』【原文改行】わたしは将軍を見やった。思いなしか、微笑の影が、ちらっとその面《おもて》をかすめた。とにかく彼の調停には、敬礼をもって報いるべきだと思った。きびすを返して捕虜の群へ戻る前に、わたしはさっと敬礼した」（清水政二訳）

はたして、こうした清々しいイメージもまた虚像だったのだろうか？　幸い、ロンメルの実像解明は、その面でも進んでいて、証言だけでなく、文書史料に基づいた研究がなされている。本稿では、そうした新しい知見に基づき、ロンメルが騎士道精神に基づいて行動したかどうかをあらためて追ってみたい。

政治的捕虜の扱い

１９４２年初夏のビル・ハケイム戦において、自由フランス軍旅団《フォルス・フランセーズ・リーブル》が奮戦し、アフリカ軍団を悩ませたことは、よく知られている。しかしながら、彼らは国際法的には「違法」な存在だった。というのは、１９４０年６月22日に締結された独仏停戦協定では、それ以降フランス国民は対独戦に参加してはならないとする一項があったからだ。にもかかわらず、イギリスに逃れていた国防次官（兼陸軍次官）シャルル・ド＝ゴール准将の徹底抗戦の呼びかけにより（１９４０年６月18日）、自由フランス軍が結成され、連合軍の一翼を担うことになったのである。

もちろん、ドイツ軍は、この停戦協定違反を見逃しはしなかった。１９４１年11月、国防軍最高司令部《オーバーコマンド・デア・ヴェーアマハト》、OKW《オーカーヴェー》は、自由フランス軍の将兵を捕虜とした場合、便衣兵として扱う、つまり銃殺するとの命令を出したのだ。とはいえ、この命令がドイツ・アフリカ軍団《ドイッチェス・アフリカコーア》にも下令されたのかどうか、出されたとしたらいつなのかについては、実のところ、はっきりしたことがわかっていない。けれども、ビル・ハケイムで初めて自由フランス軍に相まみえたドイツ軍は、彼らを捕虜にしても銃殺したりはしなかった。イタリア軍も同様で、通常の捕虜として取り扱った。枢軸軍がこうした措置を取ったことについて、国際赤十字委員会は自分たちの努力が実ったのだと主張している。また、自由フランス軍の捕虜を銃殺した場合、連合軍の手中に落ちた自軍将兵も同じ扱いを受けることになるのを、枢軸側が恐れたということもあろう。いずれにせよ、彼らを通常の捕虜とひとしく扱うという決定にロンメルが与っていない可能性は考えられないというのが、イギリスの戦史家も含めて、多くの研究者が推論しているところである。

　しかしながら、自由フランス軍との戦いで、より深刻な問題になったのは、彼らのなかに亡命ドイツ人が混じっていたことであった。ヒトラー自身の厳命により、これら亡命ドイツ人を捕虜にした場合には、生かしておいてはならぬとするOKW命令が発された。自由フランス軍に入隊している多数のドイツ人政治亡命者は、戦闘中にはただちに「除去」されねばならず、それがかなわぬ場合には、戦闘後ただちに射殺せよとされたのだ。この命令が、アフリカ装甲軍《パンツァーアルメー・アフリカ》▼3司令部に届いたのは１９４２年６月９日のことであった。同命令は、文書による配布を禁じられ、口頭でのみ伝えるものとされていたという。また、当時のロンメルの参謀長ジークフリート・ヴェストファル大佐は、この命令の対象には、連合軍のユダヤ人大隊▼4も含まれていたと回想している（ただし、その言及に対する、公文書による裏付けは取れていない）。

　だが、この命令が実行され、自由フランス軍の捕虜が銃殺されたことを示す文書や証言は存在しない。総統自らの意志が反映された命令を、ロンメルはあきらかに無視したのである。

また、１９４２年9月の長距離砂漠挺進隊《ロング・レンジ・デザート・グループ》の事例も興味深い。彼らは長駆トブルク付近の枢軸軍補給基地を急襲したのだが、その隊員のなかには、ドイツ軍の軍服を身にまとって偽装したドイツ系ユダヤ人も混じっていたのだった。この作戦は失敗し、ユダヤ人隊員も捕虜となった。彼らが取った行動が戦時国際法違反であることは明白である。にもかかわらず、ユダヤ人隊員が処刑されることはなかった。これは例外ではなく、北アフリカにおいて枢軸軍の手に落ちたユダヤ人が虐待されたり、いわんや処刑されることはなかったのである。

ちなみに、１９４１年8月に、北アフリカの捕虜収容所を視察した国際赤十字代表団が、ドイツ軍の連合軍捕虜に対する取り扱いは模範的であると評価していることも付け加えておこう。

特殊部隊の扱い

しかし、ヒトラーの犯罪的な命令は、とどまるところを知らなかった。１９４２年8月19日のディエップ上陸作戦に際して、戦死したカナダ軍将校から、ドイツ軍捕虜は扼殺すべしとした文書が発見されると、[5]ヒトラーは激怒し、同年10月に、連合軍のコマンド部隊は戦時国際法に反する存在とみなして、捕虜としたときにはその場で射殺するか、ＳＤ《エスデー》、公安機関《ジッヒャーハイツディーンスト》に引き渡せと命じたのである。同18日、ＯＫＷは、この「コマンド指令」として知られることになる命令を、各戦域の司令官たちに通達した。反応は、さまざまであった。ノルウェー方面総司令官ニコラウス・フォン・ファルケンホルスト上級大将は、この指令を実行し、戦後、イギリス軍の軍事裁判で死刑を宣告されている。[6]また、１９４２年12月には、捕虜となった英軍コマンド隊員2名がボルドーで銃殺されている。

ロンメルの対応は、これらの事件で取られた方針とは１８０度逆だった。前出のヴェストファルによると、ロンメルはコマンド指令を受け取るや、ただちに焼き捨ててしまったという。事実、現存する文書をいくらあたってみても、北アフリカのドイツ軍部隊にコマンド指令が下達された例は発見できなかった。

　こうしたロンメルの姿勢は、アフリカを去ったのちも変わらなかったと思われる。予備Ｂ軍集団司令官としてイタリアにあった１９４３年から１９４４年にかけては、彼はあきらかにコマンド指令を無視している。逆に、予備Ｂ軍集団の麾下にあった第２ＳＳ装甲軍団は、１９４３年９月のイストリア半島における対パルチザン作戦で、捕虜とした英米のコマンド隊員を「ただちに最寄りのＩｃ《アインスツェー》【陸軍情報部】担当係官に引き渡せ」と命じていた。あきらかなコマンド指令への違背である。しかしながら、この命令がロンメルの意思によるものなのか、それとも第２ＳＳ装甲軍団長パウル・ハウサー武装ＳＳ大将から出たのかは、史料的に確定できない[7]。

　続くノルマンディ戦においても、ロンメルがコマンド指令に従ったことを示す文書は発見されず、むしろ、その逆であることが実証されている。一例を挙げれば、１９４４年６月22日付の西方総軍の文書に、Ｂ軍集団情報参謀アントン・シュタウプヴァッサー中佐との打ち合わせのもようが記録されているのだが、そこには、中佐は、コマンド隊員は他の連合軍捕虜とまったく同様に扱われていると率直に語ったと書かれている。この証言を裏付けるかのごとく、捕虜となったコマンド隊員の扱いに責任を持つＳＤは同時期に、ブルターニュ半島では指令が実行されていないと抗議を申し立てていた。

　このような事態を受けて、ＯＫＷは、西方総軍、フランス占領軍総司令部、ＳＤは協議を重ね、コマンド指令をあらためて通達した。加えて、コマンド隊員捕虜を処刑した場合には、その報告を上げるようにと指示した。にもかかわらず、Ｂ軍集団の管轄する戦域内では、何人かの自由フランス軍捕虜を除けば[8]、コマンド隊員、もしくはそれに類した部隊の捕虜が処刑された例はみられない。「砂漠の狐」は、ノルマンディの田園においても、人間性を保っていたとみてもよかろう。

一つのイフ――アフリカ強制収容所

　ここまで、ロンメルがフェアな戦いぶりを維持してきたことを述べてきた。おそらく、読者の多くには当然の疑問が生じていることだろう。ロンメルがそのような態度を維持できたのは、幸運にも、東部戦線のような、ナチスのイデオロギーが剝き出しになる戦場に赴任しなかったからではないのか。もし、戦争遂行と人種絶滅政策が不可分となっていた戦域の司令官に任命されたなら、騎士道精神を守ることは不可能だったのではないか？

　この問題を考える際に重要となるであろう史実が、近年の研究の進展によって確認されている。実は、北アフリカにおいても、絶滅政策の実行が検討されていたのだ。ときは１９４２年の夏、トブルクを陥落させたロンメルがナイル・デルタを越え、中近東に迫る勢いをみせたことから、ＳＳは同地においても人種主義に基づく措置が取られなければならないと考え、ＯＫＷに協力を申し入れた。１９４２年7月13日、アフリカ戦域における国防軍とＳＳ出動部隊《アインザッツコマンド》の協同について、ＯＫＷとＳＳ全国指導者ハインリヒ・ヒムラーは協定を結ぶ。それに従い、ＳＳ上級大隊指導者《オーバーシュトルムバンフューラー》ヴァルター・ラウフ率いる24名の「アフリカ出動部隊」が編成され、アフリカに派遣されることが決まった。彼らには「任務遂行の枠内においては、自らの責任で民間人を処刑する」権限が与えられていたのだ。

　はたして、ロンメルは、この「アフリカ出動部隊」に対し、どのように接しただろうか。ラウフは、１９４２年7月20日にトブルクに飛び、ロンメルと協議したと、のちに証言している。しかしながら、それは鵜呑みにできない。当該時期は、まさに第一次エル・アラメイン戦がたけなわのころであり、ロンメルは前線指揮に余念がなかったはずなのだ。しかし、ラウフが、後方の司令部で参謀業務にあたっていたヴェストファルと会ったことは考えられる。事実、ヴェストファルの回想には、ＳＳ大隊指導者《シュタンダルテンフューラー》がアフリカにやってきて、エジプトのユダヤ人を「調査する」と言ってきたことがあったが、遠ざけておいたとする記述がある。

いずれにせよ、「アフリカ出動部隊」による虐殺が実現することはなかった。アテネで待機していたラウフ以下は、戦況の悪化による困難ゆえに非戦闘部隊を輸送する余裕はないと言い渡されたのである。のち、１９４２年10月になって、ラウフのみが「反ユダヤ措置」を監督するため、チュニジアに派遣され、同地の国防軍の責任者ヴァルター・ネーリング装甲兵大将や公安警察、外務省の代表と協議、現地のユダヤ人を陣地構築に動員すると取り決めている。だが、それだけのことであった。東部戦線で現出したような無惨な事態が北アフリカに生じることはなかったのだ。

こうして、人種絶滅戦争の最前線に立たされた場合、ロンメルはいかに振る舞っただろうかという疑問は、未回答のままに終わったのである。

以上、ロンメルの戦いぶりの倫理的な側面に関する最新の研究成果を紹介してきた。なるほど、「砂漠の狐」の名声は色あせてきた。しかしながら、そのフェアネスの評価だけは、なお紅の一点のごとく鮮明である。狐はやはり騎士だった、と結論づけても、強弁のそしりは受けることはあるまい。

写真：1935 年、ゼップ・ディートリヒと武装親衛隊

第九章　ヒトラーの鉄血師団

——数量分析で読み解くその実態

　サンケイの赤本といえば、筆者と同じ世代の方にはおなじみであろう。米国バランタイン社の「図解第二次世界大戦」シリーズ[1]を、サンケイ新聞社出版局が「第二次世界大戦ブックス」として翻訳出版、のちには日本オリジナルのものも加えた叢書だ。背表紙が赤で統一されていたことから、この名があり、第二次世界大戦のさまざまなテーマについて、それぞれ一冊にまとめ、コンパクトに情報を伝えてくれるということで、戦史ファン育成におおいに貢献したシリーズである。

　この赤本のなかに、イギリスの著名な軍事史家ジョン・キーガンによる『ナチ武装親衛隊』という一書があり、そのサブタイトルが「ヒトラーの鉄血師団」という[2]。まさに言い得て妙で、武装ＳＳのイメージをよく表しているといえる。事実、おおかたの武装ＳＳ像は、「鉄」、すなわち質量ともに良好な装備を優先して与えられ、戦術能力が不充分であるのを、流血をいとわぬ高い士気、つまり「血」によって補ったエリート部隊といったところであろう[3]。たとえば、アメリカの歴史家スティンの古典的な武装ＳＳ研究などは、こう述べている。「１９４１年から42年にかけてのモスクワ前面での冬の戦いで、武装ＳＳは、ヒトラーに何が最も価値のあるものかを示すことになった。つまり、劣勢下において、いかに戦闘精神を保持できるかについてである。しかしながら、エリートSS部隊の戦闘能力を特徴付ける熱狂主義、もしくは精神的無鉄砲さの結果、彼らは厖大な死傷者を出すことになった。事実、ほとんどの古参のSS隊員――戦前期からの筋金入りのSS隊員――が、東部戦線で命を落としたのである」

しかし、近年、こうした武装SSエリート師団の実態が、急速に解明されつつある。結論からいえば、武装SSのエリート師団は、たしかに優良な装備を保有していたが、国防軍の装甲師団や装甲擲弾兵師団（「装甲擲弾兵」は、戦争後半のドイツ軍における自動車化歩兵の呼称）に比べて、とくに上だったわけではない。また、戦術能力が未熟であるために、国防軍よりも多くの損害を出すのが常であったというのも実証できない。

このような見解は、すでにスウェーデンの戦史家ニクラス・セタリングによって、先駆的に指摘されていたが、若手研究者が彼の主張を裏付ける論文を、続々と発表したのである。[4]具体的な分析対象となったのは、クルスク戦とノルマンディ戦であった。以下、その議論を紹介し、最新の武装SS像を提示していくことにしよう。

ケーススタディI　クルスク

「城塞」作戦における武装SSの装備と人員

クルスク戦における武装SS像の修正を迫ったのは、現在ドイツ現代史研究所の研究員であるローマン・テッペルである。

彼は、早くも2002年に、従来流布されていたクルスク戦イメージは伝説にすぎないとする衝撃的な論考を出していたが、[5]今度は、とくに同会戦における武装SSについて、その実態を追った。テッペルがまず検証したのは、クルスク突出部挟撃作戦「城塞《ツィタデレ》」に参加した武装ＳＳの師団群が、国防軍のそれよりも、質量ともに装備の面で優遇されていたかという問題である。

「城塞」作戦で、南からの突進を担当したのは南方軍集団、その先鋒となったのは第４装甲軍とケンプフ軍支隊[6]だった。武装ＳＳのエリート部隊、第１ＳＳ装甲擲弾兵師団「アドルフ・ヒトラー直衛旗団」（以下、ＬＡＨと略記）、第２ＳＳ装甲擲弾兵師団「ダス・ライヒ」（以下、「ライヒ」と略記）、第３ＳＳ装甲擲弾兵師団「髑髏《トーテンコップフ》」（以下、「髑髏」と略記）は[7]、第２ＳＳ装甲軍団に編成され、第４装甲軍の麾下にあった。これらのエリート師団の装備編制をみると、たしかに国防軍の装甲師団よりも優良である。前記の武装ＳＳ装甲師団は、それぞれ給養人数[8]で２万人を擁しており、国防軍の装甲師団よりも数で優っていた。

「城塞」作戦は、クルスク地区に突出したソ連軍の戦線を南北から挟撃するべく計画された

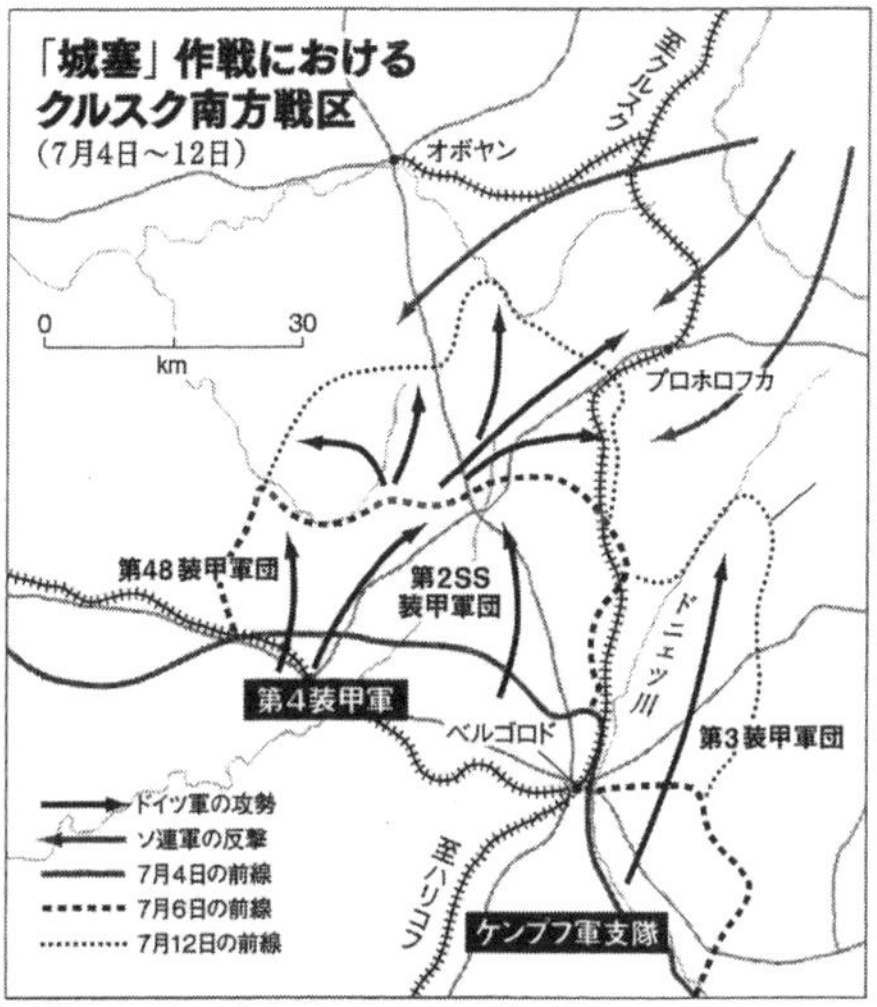

武装SSのエリート部隊である3つの装甲擲弾兵師団は、第4装甲軍隷下の第2SS装甲軍団に編成され、クルスク南方戦区突破の“穂先”として投入された

表1　1943年6月30日付

「城塞」作戦参加装甲・装甲擲弾兵師団の戦車・自走砲保有数（Töppel, 321より作成）

師団	新型戦車(1)	うち「ティーガー」の占める数	旧型戦車(2)	突撃砲	対戦車自走砲	自走砲	合計
「大ドイツ」	81	15	54	35	28	34	232
「ライヒ」	73	14	73	34	13	30	223
「髑髏」	59	15	80	35	14	30	218
LAH	96	13	26	35	29	30	216
第2装甲師団	65	—	51	—	34	30	180
第4装甲師団	79	—	22	—	26	30	157
第9装甲師団	56	—	53	—	28	18	155
第11装甲師団	25	—	89	—	14	18	146
第7装甲師団	37	—	75	—	14	12	138
第6装甲師団	32	—	85	—	12	6	135
第20装甲師団	40	—	42	—	28	6	116
第3装甲師団	22	—	78	2	14	—	116
第12装甲師団	36	—	50	—	16	6	108
第19装甲師団	38	—	49	—	14	—	101
第18装甲師団	29	—	46	—	16	6	97
第10装甲擲弾兵師団	—	—	—	—	39	—	39

(1)「新型戦車」に分類したのは、Ⅳ号戦車（長砲身）、Ⅴ号戦車パンター、Ⅵ号戦車ティーガー、鹵獲されたT-34である。(2)「旧型戦車」に分類したのは、Ⅰ号戦車、Ⅱ号戦車、Ⅲ号戦車、Ⅳ号戦車、35(t)戦車、38(t)戦車、ならびにこれらをもとに改装した指揮戦車である。

加えて、隷下にある自動車化歩兵大隊も国防軍装甲師団の3個に対して5個、軽砲兵大隊も1個に対して2個だったのだ。

国防軍の装甲部隊で、このレベルにあるのは装甲擲弾兵師団「大ドイツ」《グロースドイッチュラント》のみである。▼9 LAH以外では、「大ドイツ」だけが、通常の4個ではなく5個中隊編制の自動車化歩兵大隊群を有していた。また、LAH、「ライヒ」、「髑髏」の武装SS師団3個と「大ドイツ」には、ティーガー重戦車大隊と突撃砲大隊が配属されている。このほかの国防軍装甲・装甲擲弾兵師団との装備比較については、表1を参照されたい。

それでは、武装SS師団は、やはり国防軍よりも装備人員において優遇されていたのだろうか？ この当然の疑問に対して、テッペルは一般化をいましめる。LAH以下の3個師団は、「城塞」作戦の槍の穂先としてとくに強化する方針が定められていたから、留保がつくというのだ。彼の主張は史料によって裏付けられており、たとえば1943年4月1日にケンプフ軍支隊参謀長が提出した「『K』【Kursk クルスクのことであろう】作戦構想に関する提案」などに、すでにそうした意見が反映されているという。

なるほど、第2SS装甲軍団以外の他の武装SS師団に眼を転じてみると、意外な数字が示される。同様に1943年に東部戦線にあった第5SS装甲擲弾兵師団「ヴァイキング《ヴィーキング》」（以下、「ヴィーキング」と略記）は、国防軍の装甲擲弾兵師団に装備で劣っていた。具体的には、大部分が旧式化した戦車46両、突撃砲6両、対戦車自走砲14両を持つだけだったのである。同師団とともにドニェツ戦区に投入された国防軍の第16装甲擲弾兵師団が戦車53両ならびに対戦車自走砲14両を有していたことを考え合わせれば、「ヴィーキング」がとくに優遇されていたわけではないとわかる。

また、新型装備であるパンター戦車が最初に配備されたのも、武装SSの師団ではなく、「大ドイツ」であった。ほかにも、国防軍の師団で装備に恵まれていた例はある。極端な例は第78突撃師団《シュトゥルムディヴィジオーン》だった。この師団は、元の第78歩兵師団が1943年1月1日付で、豊富な武装を有する打撃部隊である「突撃師団」に改編されたものだった。が、1943年夏に戦闘に投入されるとともに、その問題性があきらかになっていく。ある参謀将校の視察報告には、以下のごとく指摘されている。

「第78突撃師団は、現状の編制では有用性に欠ける。少なくとも戦車猟兵大隊を外さねばならない。そうしてもまだ、まるまる突撃砲1個大隊が残っている。同師団の武装は過剰で、指揮官たちは大量の兵器を適切に使いこなせないでいるのだ」▼10

このように、第2SS装甲軍団麾下の3個師団を基準として、武装SSは国防軍よりも装備人員において優遇されていたと結論づけることはミスリーディングとなる恐れがある。ノルマンディの事例をみると、そうした主張は必ずしも維持できないことがいっそうはっきりしてくるのであるが、それについては後述しよう。

武装SSは過剰な損害を出したか

本稿冒頭で記したように、武装SSについては「狂信」ゆえに勇猛に戦ったものの、不必要な損害を多

右・「城塞」作戦後その戦功により叙勲し、SSの勇戦敢闘の象徴となった、武装SSの「育ての親」、第2SS装甲軍団長パウル・ハウサー武装SS大将（右、1880～1972年）
左・「城塞」作戦における「ライヒ」のティーガー1型重戦車と装甲擲弾兵。従来のイメージと異なり、近年、南方戦区における特に武装SSの進撃はめざましかったとの指摘がある

数出したというイメージがある。クルスク戦で南方軍集団を率いたエーリヒ・フォン・マンシュタイン元帥も、有名な回想録『失われた勝利』で、同様の見解を述べている。

ただし、こうしたイメージは、SS全国指導者ハインリヒ・ヒムラー以下の親衛隊首脳部によって意識的に広められた側面があるのを見逃してはなるまい。彼らは、犠牲を厭わずに戦うタフで熱狂的な戦士という武装SS像を確立することによって、ナチ体制下のSSのステータスを高めようとしたのである。しかしながら、それを徹底した結果、戦死や重傷を負うことを恐れた若者が武装SSへの志願をためらうという喜劇的な事態も生じたのであるが——。

では、武装SSが平均以上に高い損害を出しているという主張は、事実によって裏付けられるものだろうか。テッペルは、ここでも疑義を呈している。

近年、クルスク南方戦区でのドイツ軍の進撃は、従来の、縦深陣地にひっかかり遅々たる前進しかできなかったというイメージとはちがい、かなりめざましいものであったという指摘がされている。そのなかでも、第2SS装甲軍団の活躍は、南方軍集団の将星たちがひとしく認めるところであった。

「城塞」作戦たけなわであった7月12日、マンシュタイン元帥は、第2SS装甲軍団司令部を訪ね、その麾下3個師団の圧倒的な勝利と戦闘における模範的な振る舞いに、感謝と賞讃」を述べた。[12] 数日後、第4装甲軍ヘルマン・ホート上級大将も、日々命令において、過去数日の戦闘で指揮下の武装

SS師団が発揮した「規律ある態度、強靭さ、お手本となるべき勇敢さ」に「最高の賞讃」を贈ると記した。

しかも、その言葉は、「城塞」終了後、ホートの叙勲申請により、第2SS装甲軍団長パウル・ハウサー武装SS大将が柏葉付騎士鉄十字章を得たことでも裏書きされている。

しかし、3個の武装SS装甲擲弾兵師団は、こうした戦功をあげるために、どれだけの犠牲を払ったのだろうか。それは、「城塞」作戦に参加した部隊の平均損耗率よりも高かったのか。簡単には結論が出せない問題である。単に戦線を維持するだけだった部隊もあれば、攻撃の先鋒となって激戦を経験した師団もおり、置かれた状況はさまざまであるからだ。

けれども、テッペルは一次史料にあたり、作戦発動時の兵力と死傷者を確定して、損耗率のデータを算定している（表2）。また、装甲部隊については、戦車の損耗率もみた（表3）。そこではっきりするのは、「城塞」作戦において、大損害を被ったのは主として歩兵だということである。武装SS師団にあっても、それは同様で、装甲擲弾兵（すなわち自動車化歩兵）の損耗率は、国防軍とさして変わりはない。

だが、戦車のそれを検討すると、事情は変わる。表3を参照すれば一目瞭然で、武装SS師団は驚くほど少ない損害しか出していないのだ。むろん、もともと平均以上に多数の戦車を保有していたのであるから、パーセンテージにすると、数字の魔術で損耗率は低くなる。それを差し引いても、注目すべき低さだと言わざるを得ない。

武装SSの指揮官は未熟だったか

こうしてみると、武装SSの指揮官は戦意旺盛ではあったものの、戦術能力に劣っていたため、不必要な損害を出したとの評価がゆらいでくる。とはいえ、「城塞」作戦前後の武装SSが戦闘のかなめとなる

表 2　1943 年 7 月 4 日から 18 日にかけての
クルスク南方戦区におけるドイツ軍の損耗（Töppel, 326 より作成）

師団	作戦発動時の兵員数	戦死者数	負傷者数	行方不明者数	損耗総数	損耗率
第 332 歩兵師団（第 4 装甲軍）	15,959	398	2,340	129	2,867	18.0
第 106 歩兵師団（ケンプフ軍支隊）	19,848	533	2,470	63	3,066	15.4
第 168 歩兵師団（ケンプフ軍支隊）	15,880	383	1,946	66	2,395	15.1
第 320 歩兵師団（ケンプフ軍支隊）	20,030	469	2,159	378	3,006	15.0
第 167 歩兵師団（一部が第 4 装甲軍、別の一部がケンプフ軍支隊に所属）	14,347	389	1,551	48	1,988	13.9
第 19 装甲師団（ケンプフ軍支隊）	14,906	260	1,710	91	2,061	13.8
LAH（第 4 装甲軍）	23,160	514	2,541	81	3,136	13.5
「髑髏」（第 4 装甲軍）	19,795	503	2,103	38	2,644	13.4
「大ドイツ」（第 4 装甲軍）	21,524	442	2,247	82	2,771	12.9
「ライヒ」（第 4 装甲軍）	20,303	483	1,931	23	2,437	12.0
第 11 装甲師団（第 4 装甲軍）	15,894	234	1,449	39	1,722	10.8
第 7 装甲師団（ケンプフ軍支隊）	15,705	232	1,238	33	1,503	9.6
第 3 装甲師団（第 4 装甲軍）	13,968	204	989	21	1,214	8.7
第 6 装甲師団（ケンプフ軍支隊）	20,229	257	1,390	23	1,670	8.3
第 255 歩兵師団（第 4 装甲軍）	14,107	124	671	13	808	5.7

表 3　1943 年 7 月 5 日から 14 日にかけての
「城塞」作戦に参加した装甲・装甲擲弾兵師団の戦車損耗数（Töppel, 327f. より作成）

師団	作戦発動時の保有戦車数	7 月 14 日までの全損戦車数	損耗率
第 19 装甲師団（ケンプフ軍支隊）	80	23	28.8
第 6 装甲師団（ケンプフ軍支隊）	98	17	17.3
第 18 装甲師団（第 9 軍）	67	11	16.4
第 2 装甲師団（第 9 軍）	102	14	13.7
「大ドイツ」（第 4 装甲軍）	158	19	12.0
第 7 装甲師団（ケンプフ軍支隊）	93	10	10.8
第 3 装甲師団（第 4 装甲軍）	90	9	10.0
LAH（第 4 装甲軍）	144	12	8.3
「髑髏」（第 4 装甲軍）	165	12	7.3
第 4 装甲師団（第 9 軍）	95	6	6.3
第 11 装甲師団（第 4 装甲軍）	101	5	5.0
第 20 装甲師団（第 4 装甲軍）	66	3	4.5
「ライヒ」（第 4 装甲軍）	143	3	2.1
第 9 装甲師団（第 9 軍）	102	2	2.0

老練な下級将校ならびに下士官の不足に悩んでいたことも事実だ。そのような事態を引き起こしたのは、1943年の武装親衛隊の急激かつ大規模な拡張だった（同年前半に6個師団を新設することになっていた）。第2SS装甲軍団を構成する3個師団も、これらの新編に必要な下級将校や下士官を割愛したため、質的な弱体化を強いられていた。

ヒトラーの名を冠した武装SSの頭号師団であるLAHでさえ、1943年7月初めの時点で、建制に照らして、将校227名、下士官1179名の欠員があると報告している。LAHの「弟」師団となる第12SS装甲師団「ヒトラーユーゲント」（以下、HJと略記）に、幹部要員を取られてしまったのである。LAHだけでなく、「ライヒ」や「髑髏」も同様で新編部隊に基幹要員を差し出さねばならず、前者で将校286名、下士官734名、後者で将校259名、下士官967名の欠員が生じていた。

一方、国防軍の装甲師団には、深刻な指揮官不足はみられない。同じく「城塞」作戦に投入されることになっていた装甲師団のうち、将校の欠員数がもっとも大きかったのは第2装甲師団であったが、それでも21名にすぎない。下士官の欠員数では、第12装甲師団がいちばん大きかったものの、不足は388名であった。たいていの国防軍装甲師団では、これよりも良好な状態を保っており、第6装甲師団などは、将校・下士官においては完全充足、欠員なしとなっていた。

こうしたハンデ、さらには前出の損耗率を勘案した場合、はたして武装SSの諸師団は「城塞」作戦前後の時期に、前線指揮官の未熟ゆえに無駄な損害を出したといえるだろうか。実際、同時代の評価にも、武装SS師団の戦術能力を酷評しているものはある。1943年8月初め、第2SS装甲軍団は「ヴィーキング」とともにハリコフ周辺に移動、第3装甲軍団の麾下に入った。「城塞」作戦のため、ドイツ軍主力がクルスク突出部周辺に集結した隙を衝いて、ミウス川正面でソ連軍が実行した攻勢に対応し、その橋頭堡をつぶすことが企図されていたのである。が、第3装甲軍団参謀長エルンスト・メルク参謀大佐は、

「城塞」作戦での重症者を後送する兵士たち

１９４３年8月13日、陸軍総司令部（ＯＫＨ）から視察に来た参謀将校に、武装ＳＳに対する否定的な評価を洩らした。

「ＳＳの諸師団では、その隷下部隊において人員装備の充足がずばぬけているため、それに相応した働きをしている。だが、指揮官たちは優良な部隊編制にふさわしいとはいえず、上級司令部が厳しく指導し、常に監視している必要がある」

たしかに、メルクの査定を裏付けるかのように、「城塞」作戦とその後のソ連軍反撃への対応において、武装ＳＳ部隊が拙劣な指揮のために大損害を被った例はかなりある。しかし、実は、その種の失態は武装ＳＳに限ったことではなく、国防軍にも多々みられるのだ。

「城塞」作戦における実例をあげれば、「戦車伯爵《パンツァーグラーフ》」こと、伯爵ヒャツィント・フォン・シュトラハヴィッツ大佐の直接指揮のもと、実行された「大ドイツ」ならびに第39戦車連隊の攻撃がある。シュトラハヴィッツは損害を顧慮することなく、両戦車連隊に無謀な突撃を命じた。大佐の直属上官で、両連隊を隷下に置く第10戦車旅団の長であるカール・デッカー大佐は、その指揮スタイルを「まさに錯乱したような」「馬鹿げた」ものだったと嘆いた。

また、有名な第５０５重戦車大隊についても、ＯＫＨから派遣されていた将校の辛辣な報告が残っている。

「それまで後方勤務だったり、司令部中隊長だった者が補充として送り込まれ、中隊長になっていた。その経験不足ゆえに、大隊の攻撃は失敗に終わり、多くのティーガー戦車が犠牲になった」

つまり、国防軍の側にも、武装ＳＳに負けず劣らずの、指揮官の未熟さに由来する失態が存在する。その事実と、何よりも損耗数のデータをみれば、「城塞」作戦において、武装ＳＳは、平均以上の損害を出したとはいえないと、テッペルは結論づける。にもかかわらず、武装ＳＳが無駄な失血を起こしたというテーゼが蔓延《まんえん》したのは、国防軍に存在した武装ＳＳへの対抗心が大きくあずかっているのではないかというのが、彼の推測だ。

ケーススタディII　ノルマンディ

戦車数の比較

続いて、ノルマンディ戦における武装ＳＳの実態に関する分析を紹介しよう。これを行ったのは、英サンドハースト陸軍士官学校上級講師を務める新進研究者ペーター・リープである。[13]

リープが最初に着目したのは、戦車の保有両数だった。武装ＳＳは国防軍に優先して装備を充足されていたとする、これまでの議論の多くは、戦車を基準にしていたからだ。リープによれば、こうした数字を比較の土台とすることには問題がある。なぜなら、１９４４年６月６日のＤディを迎えたとき、いくつかのドイツ軍装甲師団は「回復」段階にあり、戦車が補充されるのを待っていたのである。従って、適切な比較をするためには、６月初めから８月なかばまでのノルマンディ戦の全期間を通じて、投入された戦車数を確定しなければならない。

セタリングの優れた先行研究『ノルマンディ　１９４４』があきらかにしたデータに従い、リープは、のべ投入戦車数（突撃砲を含む）を割り出す。その結果は、武装ＳＳの５個装甲師団が使った８７８両に対して、国防軍の５個装甲師団が用いたのは９２５両。わずかながら、国防軍のほうが多数の戦車を有していたということになる。ただし、パンター戦車や突撃砲といった優良装備に限っていえば、武装ＳＳが

図1

ノルマンディ戦に参加した装甲・装甲擲弾兵師団の保有戦車・突撃砲数

（Lieb,338より作成）

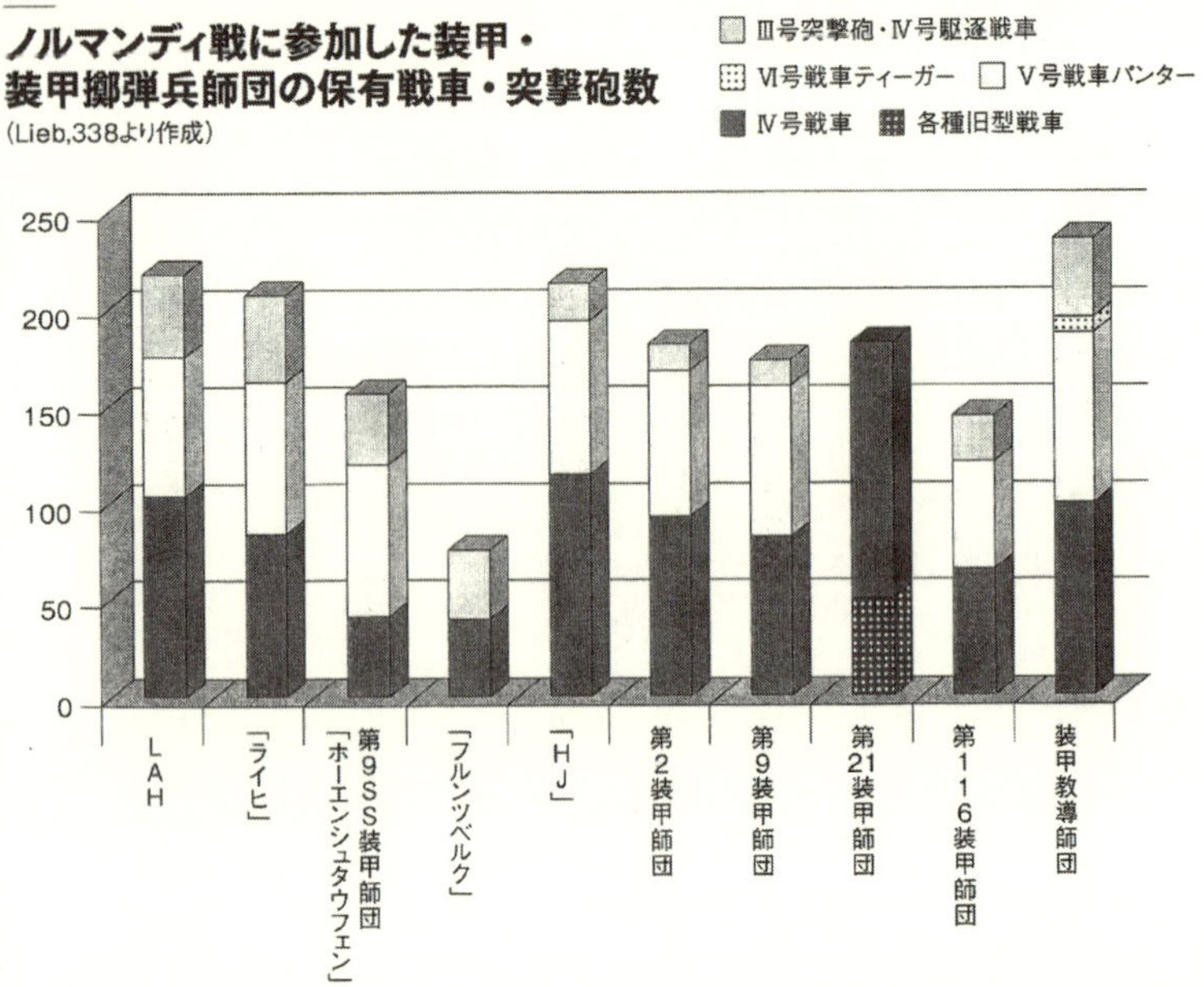

より多く供給されていた。

　個々の師団をみていくと、いっそう興味深い事実がわかる。ノルマンディに投入された装甲師団は、それぞれの戦歴により、編制充足状況は千差万別だったのだ。たとえば、1943年のチュニジア戦で潰滅し、ゼロに近い状態から再編された第21装甲師団は、一時、旧式化したⅢ号戦車、鹵獲されたフランス軍のソミュアもしくはオチキス戦車を合計52両持っているだけだった。武装SSの装甲師団のうち、もっとも装備劣弱だったのは、東部戦線の激戦を経験し、消耗していた第10SS装甲師団「フルンツベルク」（以下、「フルンツベルク」と略記）で、ある段階では、建制では2個あるはずの戦車大隊が1個だけ、装備されているのはすべてⅣ号戦車だった。

　結局のところ、ノルマンディ戦で最多数の戦車を有していたのは、国防軍のエリート部隊、装甲教導師団《パンツァー・レーア・ディヴィジオーン》であった（図1参照）。つまり、総合的にみるならば、国防軍と武装SSの装甲師団のあいだに決定的な差異はない。武装SSが装備面で優遇されていたという神話は、ここでも否定されたのである。

兵卒は多いが指揮官と参謀が足りない

しかし、装備にさしたる差はなくとも、それをあやつる兵員の数と質はどうか。実は、すでに師団ごとの兵員数には依拠できる統計がある。そこから平均を取ると、ノルマンディ戦に投入された装甲師団の兵員は、国防軍が約1万5000になるのに対して、武装SSは約2万。このような高水準を維持できた背景として、一つには、ヒムラーのいう「志願によらざる志願兵」、つまり名目だけは志願のかたちを取っているけれども、実際には徴兵されてきた兵をかき集めたことが挙げられる。1944年には武装SSも、志願制による質の維持をあきらめざるを得なかったのだ。

ただし、武装SSは、徴兵の際、高評価で合格した者を優先的に採ることができた。その効果があってか、LAHなどは、戦闘開始前に、30歳以上の将兵を戦闘部隊から外し、後方勤務や野戦憲兵隊に配転させるといった措置を取れるほどの余裕を見せている。一方、国防軍では、装甲師団といえども、人的資源の不足や給養の問題に悩まざるを得なかった。

このころ、第21装甲師団は、食料の配給量があまりにも低く、部隊の戦闘力に悪影響を及ぼすことを懸念しているとの苦情を上級司令部に申し立てている。また、装甲教導師団からの最初の捕虜を得たイギリス軍の報告には、彼らは「質も士気も低く」「貧弱な印象」を残すと記されている。

すると、武装SSは人員においても、国防軍より優遇されていたと結論づけてよいものだろうか。別の視点を取り入れると、必ずしもそうはいえないことがわかる。前述した武装SS拡張による基幹要員の不足は、1944年になってもなお解決されていなかったからだ。具体的にいうなら、国防軍の装甲師団にあっては、おおむね将校下士官の定数を充足していたが、武装SSは相変わらず直接戦闘に関わる指揮官を充分にそろえられずにいたのである。

たとえば、第17SS装甲擲弾兵師団「ゲッツ・フォン・ベルリヒンゲン」(以下、GvBと略記)には、

１９４４年６月１日の時点で、将校と下士官それぞれ40％の欠員があった。ＨＪも、将校で22％、下士官で48％の欠員を埋められずにいたのだ。[14]

加えて、師団長クラスの人材供給についても、問題が生じていた。この時期に武装ＳＳの師団長になるような人物は、専門的な高等軍事教育を受けていない者が大多数であり、彼らは実戦で勇猛さを示し、功績をあげることによって進級し、より高位のポストに就いてきた。しかしながら、戦争後半にもなって、

上・1944 年フランス。HJ 師団長フリッツ・ヴィット SS 少将（中央）と討議する隷下の将校たち。右端が「パンツアーマイアー」の異名で知られるクルト・マイヤー第 25 装甲擲弾兵連隊長。LAH から転出してきた叩き上げの前線指揮官で、師団長戦死ののち、その後任となる。／中・撃破されたシャーマン・ファイアフライの砲身に座って敵情を偵察する武装 SS 擲弾兵 1944 年 7 月、カーンにて／下・カーンの戦いでカナダ軍の捕虜となった HJ の若き擲弾兵

以前と同じ「蛮勇」を振るうことは、あまりにも危険だった。結果として、ノルマンディ戦に投入された武装ＳＳ師団６個の師団長のうち、実に４人が重傷を負い、１人が戦死[15]、無事に残ったのは「フルンツベルク」師団長ハインツ・ハルメル武装ＳＳ少将のみというありさまだった。

　これに対し、国防軍の装甲師団６個の師団長のうち、５人は無傷で、ただ１人、第９装甲師団長エルヴィン・ヨラッセ中将が負傷しただけだったのである。師団長の戦死、あるいは負傷は、部下将兵の復仇心をかきたて、士気を高める効果があるかもしれないが、爾後の指揮統率に重大な影響をおよぼすことはいうまでもない。

　事実、武装ＳＳの諸師団における上級指揮官や参謀勤務ができる人材の不足はあきらかだった。作戦参謀の例でみると、ノルマンディ戦に参加した全師団の当該ポストは、陸軍の参謀教程を修了した者によって占められていた（「ライヒ」の作戦参謀は、陸軍から武装ＳＳに派遣されていた）。さらに、それらの師団で構成された武装ＳＳの２個装甲軍団の参謀長は、いずれも元陸軍の参謀将校で武装ＳＳに移籍した人物が就任している。けれども、兵站参謀や情報参謀となると心もとないかぎりで、参謀教程も修了していなければ、専門講習も受けていない武装ＳＳの将校が登用される始末だった。

　すなわち、ノルマンディに投入された武装ＳＳの諸師団は、たしかに優秀な兵士を供給されてはいたが、師団長以下の将校、下士官という「頭」と「神経」において、なお欠点が目立った。総合的にみれば、人員の側面においても、武装ＳＳが国防軍に優っていたとは言いにくいのである。

再び損耗について——捕虜の視点から

　「城塞」作戦とは異なり、ノルマンディ戦に関しては、損耗に関する公式報告が充分に残っていない。しかし、１９４４年６月の損耗については、ＨＪ、第２装甲師団、第21装甲師団、装甲教導師団の現状報

表4　1944年6月の

国防軍ならびに武装SS装甲師団の損耗と行方不明者数（Lieb, 345より作成）

師団	行方不明者数	全損耗中に占める割合	英軍捕虜となった者の数	行方不明者数から捕虜数を引いた数	行方不明者中捕虜となった者の割合
第2装甲師団	95	6.8%	49	46	52%
第21装甲師団	776	27.2%	508	268	65%
装甲教導師団	673	22.6%	288	385	43%
HJ	898	23.1%	195	703	22%
GvB	83	10.9%	10	73	12%

告があり、比較可能である。それに従い、6月の戦死・負傷・行方不明者を数えると、装甲教導師団で計2972名、第21装甲師団で2854名、第2装甲師団で1391名であるのに対し、HJは3892名になる。[16]この数字だけをみると、HJは熱狂的に戦ったものの、その未熟さゆえに無駄な損害を出したという「伝説」が証明されたかに見えよう。

だが、リープは、イギリス側の史料とつきあわせ、全損耗中の行方不明者、そして英軍の捕虜となった者の数を確定し、そのデータをもとにユニークな考察を示した。それによると、第21装甲、装甲教導、HJ、GvBの4個師団の損耗数のうち、行方不明者が占める率を検討すると（表4）、いずれも有意の差は見いだせない。

ところが、行方不明者に対して、英軍が取った捕虜の数をパーセンテージにすると、両武装SS師団は、国防軍の装甲師団に比べて、あきらかに低く、投降したものの数が少ないことがわかる。これは二通りに解釈できる。一つは、彼らが捕虜となることをいさぎよしとせず、絶望的な状況になっても、最後まで戦ったからだとする見解。もう一つは、いささか陰鬱な推測ではあるけれども、連合軍がしばしば武装SSの将兵を捕虜に取らず、射殺したことにその原因をみる理解だ。

7月の経過をみると、前者のほうが事実に近いように思われる。ドイツ軍の戦線が崩壊に瀕すると、国防軍の消耗に行方不明者が占める割合は（当然、かなりの部分が投降したものと思われる）、にわかに増大した。他方、イギリス軍もしくはカナダ軍の捕虜となった武装SSの将兵は相変わらず少ないままであった。

こうした「狂信的」な戦いぶりの芯となっていたのは将校、一部には下士官だったと推測される。１９４４年７月11日付のGvB隷下第37SS装甲擲弾兵連隊の報告は、そうした事情をほうふつとさせる。そこには、指揮官不足のため、普通の兵士は往々にして持ち場を離れ、「ただ実力によってしか止められない退却」をはじめると記されていた。

HJについても状況は変わらず、１９４４年６月の損耗中、戦死者が占める割合は下士官兵で22・３％だったのに対し、将校では31・７％もの効率に上っている。逆に、全損耗のうちの行方不明者比率は、下士官兵で23・３％に対し、将校では15・４％にすぎない。１９４４年７月25日付のイギリス軍第７機甲師団情報概報第45号は、「もしHJが、われわれが賞讃を贈るべきSS攻撃師団の典型だとするなら、すでに遭遇した国防軍のもろもろの部隊は同じ分類には入らない」と警告している。けれども、イギリス軍が高く評価したHJの能力は、ヒトラーユーゲントのまだ幼いといってよい少年兵士よりも、彼らを戦闘に駆り立てた将校たちのナチズム信奉によっていたのだといえよう。

つまり、ノルマンディにおける武装SS師団の高い損耗率は、拙劣な指揮統率というよりも、将校のファナティシズム、そして、SSには投降を許さないという連合軍に拡がっていた空気が主たる原因ではないかと、リープは示唆しているのだった。

以上、最新の研究に従い、武装SSにまつわる「伝説」を検証してきた。もちろん、他のケーススタディが積み重ねられることによって、本稿で提示した像も修正されていくのかもしれない。しかしながら、今のところ、武装SSのエリート師団は装備と人員の両面で優遇されており、またイデオロギーに基づき熱狂的に戦ったが、指揮統率のよろしきを得ず、不必要な損害を出したとする従来の主張は否定されつつあるといってさしつかえなかろう。

武装SSのいくつかのエリート師団は、たしかに装備・人員を優先的に供給されていた。ただし、それはSSだからという理由ではなく、決勝点や危機に瀕した戦区に投入される切り札を持ちたいという理由からだった。ゆえに、「大ドイツ」や装甲教導師団のような国防軍のエリート部隊は、武装SS同様に装備や人員を重点配備されている。

武装SSエリート師団の消耗率が平均以上に高かったということも、「城塞」の例からあきらかな通り、戦争中盤までは事実とはいいにくい。戦争後半には、なるほど、そうした局面も出てきたものの、それは将校のイデオロギーや状況がなさしめたのであって、必ずしも拙劣な指揮ゆえではなかったと思われる。

暫定的な結論としては、テッペルが論文の終わりに引いている、ある武装SS隊員の言葉がふさわしかろう。1942年に応召、「髑髏」に配属されて、敗戦まで東部戦線で戦ったこの下士官は、2010年に行われたインタビューで「あなたの師団の将兵は、自らが軍のエリートであると感じていましたか」と問われ、こう答えた。

「われわれは、自分たちがエリートだなんて思ってもいなかった。他人《ひと》がそう仕立てたのさ」

戦史エッセイ

髑髏《どくろ》の由来

ドイツ国防軍の戦車兵やナチスの親衛隊が髑髏の徽章《きしょう》をつけていることは、こうして、あらためて書くのが馬鹿馬鹿しくなるぐらい、あまねく知られていることだろう。だが、あれは、どういう由来があるのか、また何を意味しているのかと聞かれれば、ぐっと詰まるひとも多いのではなかろうか。だいたい、何故に、しゃれこうべなどという、縁起の悪いシンボルを使わなくてはならないのか？

実際、ナチス・ドイツの軍装を扱った本や記事があれだけたくさん出ているというのに、この髑髏の由来について解説を加えたものは、まずないようだ。翻訳も含めて、それに触れた和書は、私の知るかぎり、40年余り前にイラストレーターの高荷義之が出したムック『電撃！　ドイツ戦車軍団』（主婦と生活社、１９７２年）だけである。

同書の、戦車兵の軍服についての解説には、「襟章のドクロは戦車兵のシンボルであり、〝肉が骨になるまでガンバルぞ！〟という意味だ」とあるのだが……あまりに単純すぎて、当時少年だった私でさえ、にわかには信じがたいと思ったものだ。ところが、この説明は、プロイセン軍、そしてドイツ軍に言い伝えられていることと、ある程度一致していたのである。以下、ドイツ軍の伝統や慣習を調べる際のスタンダードである、トランスフェルトの陸海軍用語辞典に従い（*Transfeld Wort und Brauch in Heer und Flotte*, 9.Aufl., herausgegeben von Hans Peter Stein, Stuttgart, 1986）説明していこう。

まず、ドイツの軍事史において、髑髏の徽章を用いた部隊が初めて現れるのは、18世紀なかば、フリードリヒ大王の時代である。当時のプロイセン軍のうち、近衛軽騎兵や第5軽騎兵連隊など、黒い軍服から「黒色軽騎兵《シュヴァルツェ・フザーレン》」と呼ばれた諸部隊は、すでに軍帽に髑髏の徽章を飾っていたのだ。ちなみに、１７５８年に創設された第8「ベリング」連隊（のち「ブリュッヒャー」と改称される）などは、ごていねいなことに、しゃれこうべに加え、「征服か死か《ウィンケレ・アウト・モリ》」のモットーが刺繍されていた。

いったい、なぜ、彼らは、このシンボルを選んだのだろう。黒色軽騎兵のあいだの伝承には、いくつかのヴァリエーションがある。

いわく、この徽章を着けている者を、義務と名誉から分かつことができるのは、ただ死だけであるという意味だ。

いわく、隷従《れいじゅう》のもとに生きるよりも、死を選ぶということを示している。

いわく、敵には容赦しないし、また情けも受けないという決意表明だ……。

つまり、もし髑髏がこうしたことを意味しており、それがドイツ国防軍の戦車兵にまで受け継がれていったのだとしたら、高荷の解釈も、あながち間違いではないということになる。だが、他に、もっと興醒めな言い伝えもあるのだ。

実は、彼らの軍帽をつくった生地は、フリードリヒ大王の父、「軍人王《ゾルダーテンケーニヒ》」ことフリードリヒ・ヴィルヘルム1世が亡くなったとき、遺体を安置したポツダム宮殿の広間を飾っていた布であり、そこに多数の髑髏が刺繍されていたのを、そのまま流用したというのである。これに似た説に、シュレージェンの修道院から戦利品として奪い取ってきた、棺覆いの布を使ったからだというものもあった。

しかし、のちになって、ツェルプストの文書館で発見された公式報告により、髑髏の徽章が導入されるにあたっての、意外な事実があきらかになった。

1741年のことである。第一次シュレージェン継承戦争を遂行中だったフリードリヒ大王は、鹵獲《ろかく》したハンガリー歩兵《パンドゥーア》の軍帽を、軍需物資の調達にあたっていたフォン・マッソフ大佐に送り、それを手本に、新編される軽騎兵連隊の帽子をつくるべしと命じた。ところが、大王の命令に従い、マッソフが契約した

帽子職人は、見慣れぬパンドゥーア帽の裏表を取り違えてしまったのだ。さらに悪いことには、当時のハンガリー人の習慣で、裏地に髑髏が描かれていた。

ゆえに、できあがった軍帽の見本を見たマッソフは、驚きあわてることになる。

よりによって、死の象徴、しゃれこうべが付いた軍帽とは！

困りはてたマッソフは、自らに与えられた権限では対応しきれないと判断し、シュレージェンにあった大王に手紙でお伺いをたてた。大王の返事は、驚くべきものであった。

オーストリア軍が髑髏を帽子の内側に隠しているのなら、わがプロイセン軍は、堂々と軍帽の正面に掲げさせよ、そうすれば、敵に与える威圧感もいや増すであろうと……。

かくて、黒い軍服に髑髏の徽章の黒色軽騎兵が誕生した。

彼らは、七年戦争やナポレオン戦争で活躍し、プロイセン軍の精華と讃えられた。当然のことながら、1871年に成立したドイツ帝国でも、そのあとのヴァイマル共和国、ナチス・ドイツにおいても、陸軍は、この伝統を受け継ぎ、精鋭部隊に髑髏の徽章を与え続けた。SS、親衛隊《シュッツシュタッフェル》も、黒色軽騎兵に倣《なら》ったか、髑髏のシンボルを採用したのである。

だが、それらは、実は、18世紀のハンガリー人の風習に由来していたということになり、まさかと思いたくなるのだが——トランスフェルト辞典によれば、これが、もっとも信憑性の高い説明なのであった。歴史の皮肉、とでもいうほかはない。

エース＝エクスペルテ？

「エクスペルテ」（Experte、複数形はExperten《エクスペルテン》）は見ての通り、英語のexpertと同様、熟練者とか専門家を意味する。ところが、これが空軍用語となると、いわゆる撃墜王のことである、さよう、ドイツでは5機以上の撃墜数をあげたものを「エース」ではなく「エクスペルテ」と呼ぶのだ、という主張が、いつのころからか、日本の戦史ファンや航空マニアのあいだで流れはじめた。しかし、筆者は、この議論を聞いたときから、首をかしげていた。というのは、ドイツ語の空戦関係の文献を読んでいると、普通にエースという表現（ドイツ語ではAsとなる）が出てくるのだ。ひるがえって、ドイツ空軍の文書をみると、このエクスペルテなる言葉はいっこうに眼につかないのである。

どういうことなのだろう。あるいは「エース」という称号は、イギリスやフランスから入ってきた、いわば俗な表現で、ドイツ空軍では正式には使わないのだろうか。それにしては、エクスペルテもいっこうに公式文書には見当たらないが？

こんな疑問を長年抱いていた。けれども、こうして気にしていれば、自然と情報が集まってきて、しだいにわかってくるものだ。結論からいうと、エース＝エクスペルテではない。では、なぜ、この誤った説が流されたか。それについても、おおよその経緯もつかめてきた。どうも、エースとエクスペルテは別の概念であるのに、両者が混同されてしまったものらしい。

ともあれ、まずは、エクスペルテという言葉と概念を使いだした論者を特定しなければなるまい。できるかぎり、その起源をたどってみると、自身第8航空軍に所属してドイツ爆撃に参加したこともある、アメリカの航空研究家エドワード・H・シムズの記述にゆきあたる（ちなみに、日本では、彼の著作のうち、

エーリヒ・アルフレート・ハルトマン

ハンス・ヨアヒム・マルセイユ

Fighter Tactics and Strategy 1914-70, New York, 1972が、石川好美訳『大空戦』、朝日ソノラマ、1989年として刊行されている)。

　シムズは、ドイツ空軍の戦闘機パイロットたちに取材するうち、エクスペルテなる概念を発見し、1967年に上梓された著書『最強のエースたち』(Edward H. Sims, *The Greatest Aces*, New York) で紹介した。それによれば、驚くべきことに、エクスペルテの称号は撃墜数とは関係がないというのだ。そもそも、ドイツでは、5機撃墜ですら充分な戦功とみなされなかったのだが――このあたり、ドイツ空軍のエースがあげた驚異的な撃墜数を考えるとうなずける――エクスペルテと呼ばれるには、長期にわたり卓越した手腕を示し、かつ飛行技術も平均以上であると、その戦友たちに認められる必要がある。事実、何十機も敵機を撃墜していながら、エクスペルテとみなされなかった例は多数あるというのだった。しかし、具体的な基準がないとすると、誰がエクスペルテとされていたかを特定するのは難しい。が、シムズはドイツ空軍の生き残りたちにあたり、エクスペルテと認められていた戦闘機乗りたちを列挙している。以下、それに従い、実例をあげてみよう。

　「アフリカの星」こと、ハンス・ヨアヒム・マルセイユは、当然エクスペルテ、それも第一級とみなされていた。射撃の名手で、ごくわずかな機銃弾消費のみで敵機を撃墜することから「空飛ぶ計数機《フリーゲンデス・ツァールヴェルク》」

アドルフ・ガラント

ギュンター・ラル

ゲルハルト・バルクホルン

などと戦友たちよりあだ名されていたマルセイユは、上官やほかのエクスペルテたちからも絶賛されていた。ドイツの戦闘機乗りの戦友会「戦闘機搭乗員会」会長をつとめたハンス・リングも、マルセイユをエクスペルテ中のトップであると評している。むろん、撃墜スコアの1位から3位を占めるエーリヒ・ハルトマン、ゲルハルト・バルクホルン、ギュンター・ラルもエクスペルテだ。

しかし、エクスペルテの典型とされているのがアドルフ・ガラントだとなると、なるほど、この言葉のイメージが伝わってくるように思われる。おそらく戦闘機操縦士としての技量や撃墜数もさることながら、統率力もエクスペルテの条件なのであろう。

さて、本筋に戻ると、ドイツの戦闘機パイロットから、こうした談話をひきだしたシムズは、彼らは「エース」という言葉を使わず、すでに触れたような概念「エクスペルテ」を用いると断言している。しかも、この「エクスペルテ」の称号が得られるかどうかは、撃墜数で決まるものではないのだと。これを要するに、ドイツの文献に登場する「エース」の表現は、いわば俗称であり、また「エクスペルテ」も公式の用語ではなく、戦闘機パイロットたちの隠語に近いものであるらしい。

では、なぜ日本では、この二つが混同され、ドイツ空軍ではエースのことをエクスペルテと呼ぶという誤解が生じたのだろうか。これについては、航空雑誌やミリタリー雑誌のバックナンバーをさかのぼって、提唱者を特定する必要がある。筆者もそうした作業を試みてはみたものの、あたるべき資料の数がただごとではないため、とても完全というわけにはいかず、結論は出せない。しかしながら、以上述べてきたようなことからすると――誰かがシムズの文献で呈示されたエクスペルテという概念を早呑み込みするか、孫引きの過程で誤解し、ドイツ空軍ではエース＝エクスペルテなのだと思い込んでしまったのではないか。

筆者は、そのような疑念をぬぐえないでいるのである。

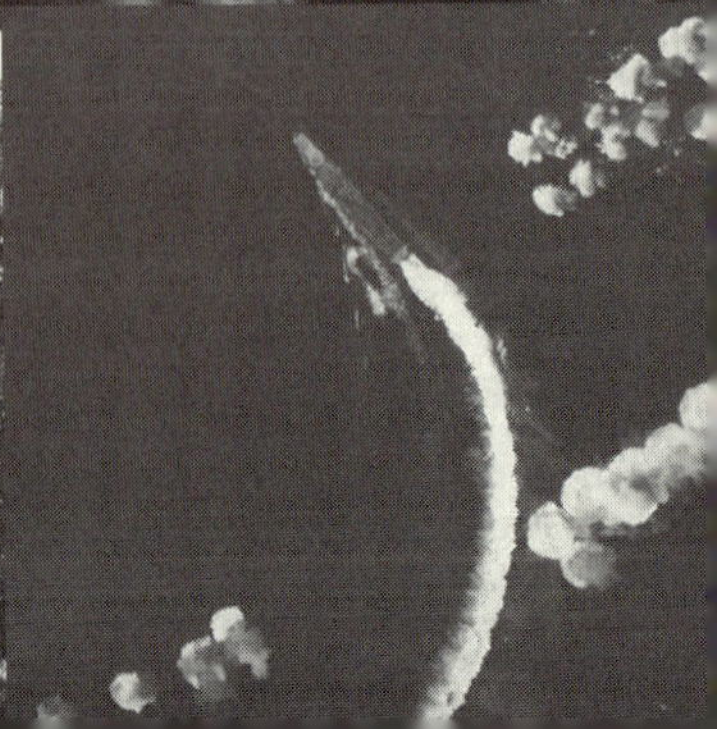

第3部

ユーラシア戦略戦の蹉跌

写真：艤装中の戦艦大和

第一章　ドイツ海軍武官が急報した「大和」建造

１９３６年1月にロンドン海軍軍縮条約が失効するとともに、日本海軍があらたな超弩級戦艦を建造するという噂が、各国海軍筋のあいだに流れはじめた。この新型戦艦は、ワシントン・ロンドン海軍軍縮条約の制限に拘束されることなく設計され、排水量４万５０００トンから５万５０００トンの大型艦になるというのだ。[1] もっとも、この段階で流れた風聞はしょせん軍事的な常識に基づいて日本の企図を推測したにすぎず、海軍省や軍令部の当事者より確証を得たものではなかった。

かかる状態にあって、ただ一人、日本海軍の中枢から得た情報に基づき、短いが、きわめて正確な情報を本国に送った駐日海軍武官がいた。ドイツのパウル・ヴェネカー（Paul Wenneker）海軍大佐である。

まず、彼が１９３６年初頭にベルリンに向けて送った報告の本文を訳出してみよう。[2]

1月20日　第15号

海軍統帥部宛

信頼できる海軍筋からの情報によれば、日本は、パナマ運河の幅によってアメリカ戦艦の大きさが3万5000トンに制限されているという事実に鑑み、少なくとも5万トンの戦艦建造を準備中なり。

太平洋と大西洋の両洋に迅速に展開するためには、アメリカ戦艦の全幅はパナマ運河を通過できる大きさにとどまらなければならない。これに対し、太平洋方面のみで運用される日本戦艦には、そうした制限はない。この利点を活用し、米戦艦よりも大きな艦を建造、個艦優越を保つ。

周知のごとく大和級建造の原点にあった発想であるが、ヴェネカーは、そうした日本海軍の狙いを正確に聞き出し、国防省と外務省に伝達していたのだった。[3] すなわち、ドイツは、早くも1936年初頭の時点で、巨大戦艦の建造によって太平洋上でアメリカと対抗していこうとする日本の国家意思を知ったことになる。

では、かくも核心を衝いた情報を獲得したヴェネカーとは、いかなる人物だったのだろうか。ドイツで出版されている海軍将官履歴に基づき、主要な経歴をまとめてみる。[4]

1890年2月27日　キールに誕生。
1909年4月1日　海軍入隊。
1910年4月12日　士官候補生。
1912年9月19日　少尉任官、10月1日より小型巡洋艦マインツ乗組。
1914年8月28日　捕虜（1918年1月15日まで）。引き続き、1918年2月10日までオランダに抑留さる。
1918年12月11日　第1海軍総監部付。

1919年5月17日　中尉進級。
1920年2月15日　大尉進級。
1922年5月27日　水雷艇ならびに司令部勤務を経たのち、砲術学校教官。
1924年12月14日　巡洋艦ニュンフェ砲術士官。
1926年9月24日　バルト海艦隊司令部第2参謀。
1928年10月1日　少佐進級。
1929年10月1日　戦列艦▼5エルザス第一砲術士官。
1930年2月25日　戦列艦シュレスヴィヒ・ホルシュタイン第1砲術士官。
1931年9月23日　艦隊総司令部第2参謀。
1933年9月27日　海軍統帥部付。
1933年10月1日　中佐進級。
1933年12月18日　在日ドイツ大使館付海軍武官。
1935年4月1日　大佐進級。
1937年8月24日　海軍総司令部付。
1937年9月3日　装甲艦▼6ドイッチュラント（1939年11月15日、重巡洋艦リュッツオウに艦種分類・艦名変更）艦長。
1939年10月1日　少将進級。
1939年11月30日　海軍総司令部付。
1940年3月21日　在日ドイツ大使館付海軍武官再任、東アジア方面ドイツ海軍司令官（Deutscher Admiral Ostasien）兼任。

1941年9月1日　中将進級。
1944年8月1日　大将進級。
1945年5月8日　抑留。
1947年11月5日　釈放。
1979年10月17日　ハンブルク近郊ベルクシュタットにて死去。

この経歴からあきらかなように、ヴェネカーは、ヴェルサイユ条約の制限によって縮小されたドイツ海軍にあってもなお順調に出世コースを進み、海軍大将にまで昇りつめたエリートである。しかしながら、ヴェネカーが大和建造に関する正確な情報を得られるほどに、日本海軍、とりわけ軍令部に食い込むことができたのは、必ずしも彼個人の能力のみによるものではない。その背景には、日英同盟廃止後の日本海軍が、イギリスに代わる、あらたな軍事技術の供給元としてドイツを選択、急速に接近したことがあったのである。

第一次世界大戦に敗れたとはいえ、航空機や潜水艦といった最新の軍事テクノロジーにおいて卓越した力量を示したドイツは、日本海軍の喫緊の必要を満たしてくれる技術国家であった。一方、ヴェルサイユ条約によって航空機や潜水艦の保有を禁じられ、莫大な賠償金支払いの義務を課せられたドイツにしてみれば、それらを日本に供給することによって、技術的水準を維持し、かつ外貨を獲得することができる。つまり、両者の利害は一致していたのだ。ゆえに、ドイツ軍部・軍事産業と日本海軍は友好の度合いを深めてゆく。▼7

また、それに伴う交渉や調整、技術取得のために送り込まれた日本海軍の士官たちの多くは、帰国後、軍令部を中心に枢要な地位に就くこととなった。そこには、当然のことながら、親独的な空気が醸成される。かかる機運と日本海軍の中堅将校たちの友好的な姿勢に助けられ、ヴェネカーは、日本での情報収集において、他国の駐在武官たちよりもはるかに有利な位置を占めるに至った。1935年1月にヴェネカーが空母赤城の見学を許可されているという事実は[8]、その一証左といえるだろう。かかるネットワークを利用し、ヴェネカーは、大和建造の根幹にあるアイディアを聞き出して、いち早く本国に通報したのだった。

なお、こうしてヴェネカーが最初の駐日武官時代（1933〜37年）に構築した人的関係は、ドイツにとっても代え難いものであり、その後任となったヨアヒム・リーツマン（Joachim Lietzmann）大佐の働きは不満足なものと感じられた[9]。ゆえに、ポケット戦艦の艦長として最前線で戦っていたヴェネカーはベルリンに呼び戻され、1940年に再び東京に派遣されることになる。

以後、ヴェネカーは精力的な情報収集を続け、その結果、ドイツ海軍首脳部は、当時の日本国民はもとより[10]、日本政府や日本陸軍でさえ知らなかった日本海軍の情報を得ていった。そうしたヴェネカーの活動の頂点ともいうべき事象は、1943年の大和見学だったろう。このドイツ海軍武官は、外国人としては唯一、昭和天皇ですら実見することができなかった大和の艦内に足を踏み入れたのだった[11]。

以上、1936年のドイツ海軍武官の報告を紹介し、若干の解説を加えてきた。

ごく断片的な史料ではあるものの、この文書は、大和建造への世界の関心の一端を指し示しているし、その行間からは日本海軍をめぐる国際関係の変遷が読み取れるのである。かくのごとき日本の軍事に関する情報収集活動を物語る文書は、ドイツのみならず、他の関係諸国にも多数存在すると推測される。各地域の専門家による発掘を期待したい。

第二章　フリードリヒ・ハックと日本海軍

写真：“ドクター”ハック

はじめに

ここにハック博士なる人物がいる。第一次世界大戦以前に極東を訪れて以来、このドイツ人は防共協定への関与をはじめとする顕著な役割を、日独関係において果たしてきた。そして、終戦時にはスイスにおける日米和平交渉の起動者となったのである。かように数奇な人生を送った人物の存在を知るとき、我々はクリオの紡ぎの匠ぶりに瞠目を禁じえないであろう。

本稿はフリードリヒ・ハックの生涯を可能な限り詳細に再構成することに努める。しかしながら、それは伝記的叙述を意味するものではなく、むしろ以下の三点の視角からの分析を実行することを企図している。第一に、ナチズム体制初期に簇生《そうせい》した「政治的投機者」の一典型としてハックを観察することにより、通時的なレベルでのナチ・エリートの変化の問題を解明する手がかりとする。第二に、今日なお充分に解明されているとはいえない、1930年代から40年代にかけての日独関係における日本海軍の役割を、[1]ハックというキー・パーソンの動きを通じて間接的に観察する。第三に、終戦史の一ページとして扱われがちなスイスにおける和平工作の起源を日独関係史の文脈から再検討することにより、その意味を評価し直す。これらの分析によって、本稿はハック小伝にとどまらぬ意義を有することができるであろう。

一　兵器商人ハック

フリードリヒ・ハック（Friedrich Wilhelm Hack）は、1887年10月7日に南西ドイツの古都フライブルクに生れた。[2] 父は医学教授、母は詩人であった。[3] 1910年に国家学の学位（Dr. d. Staatswissen-schaften）を得たのち、[4] 当時の満鉄総裁であった後藤新平がドイツから招聘したクルップ社の重役「ゲハイムラート・ヴィーネフェルド」（枢密顧問官ヴィートフェルト（Otto Wiedfeldt）であろう）の秘書として来日、ヴィートフェルトが駐米大使となったのちに顧問事務所を引き継いだ。[5] 第一次世界大戦が勃発すると義勇兵として青島に赴き、膠州湾総督府で通訳・情報収集に携わるスタッフとして勤務、そこで日本軍の捕虜となる。[6] 福岡のち習志野の収容所で捕虜生活を送ったが、福岡収容所時代の1916年にケンペ陸軍中尉（Paul Kempe）の脱走を援助し、その罪を問われて1年半の懲役刑を宣告された。が、刑期満了以前の同年12月に釈放され、[7] 大戦が終了すると、1920年にドイツに戻っている。[8]

さて、帰国したハックは、シンツィンガー（Albert Schinzinger）にベルリンで協力し、日本とドイツの実業界の仲買に従軍することになった。シンツィンガーは退役陸軍少佐で、長らくクルップ社の日本代表として対日兵器売り込みに携わった人物であり（のちイリス商会 Firma Iiles & Co. に移る）、「日露戦争後、日本の名誉総領事となった経歴を有し、独逸政界でも隠然たる勢力を有した人」であった。ハックは、シンツィンガーとともに商社「シンツィンガー・ハック商会（Schinzinger, Hack & Company）」を設立し、仲介した事業の代理権を獲得し、その仲介手数料を得ることとした。1920年代から1930年代前半にかけて、ハックはこのシンツィンガー・ハック商会をテコとして、日本陸海軍、そしてドイツ外務省との結びつきを深めていくのである。[9] その際ハックに期待されたのは、単なる通商の促進のみならず、兵器ブローカーとしての役割であった。以下、可能な限り一次史料によって、ハックの活動を検証してみよう。

筆者の調査した限り、ハックの名が初めてドイツ海軍当局の文書に登場するのは、1923年6月13日付の海軍統帥部（Marineleitung）政務部所属のシュテファン（Werner Steffan）海軍大尉宛意見書である。この文書において、近く帰国する駐独海軍武官荒城二郎大佐と「【双方において関心がある】といえる、潜水艦および火砲、その他の分野で話し合いを行なう」（強調筆者）よう、ハックは進言している。しかも、この意見書の書き出しには「我々のこれまでの会談に続いて」とあり、ハックとドイツ海軍当局の連絡がこの案件に始まったわけではないことを窺わせるのである。[10]続いて、1925年2月6日に駐独海軍武官小槇和輔中佐とドイツ海軍当局との間で、日本の援助による航空機用ディーゼル・エンジンの開発、ロールバッハ及びハインケル航空機の日本への供給が話し合われた際も、このエンジン開発計画がハックの発案によるものであると明言されていた。[11]

このように、ハックが日独両国海軍の関係において初めて介入した分野が潜水艦と航空機であったことはまことに興味深い。というのは、1922年のワシントン会議によって主力艦の保有量を制限された日本海軍は航空機と潜水艦の活用に注目せざるを得ず、しかも1921年の日英同盟廃棄に伴ってイギリスからの軍事技術導入が困難になったため、おのずから日本海軍はドイツの持つ軍事テクノロジーに止目することを余儀なくされていた。[12]一方のドイツ海軍にとっても、ヴェルサイユ条約で保有を禁止された潜水艦や航空機に関する技術水準を外国との協力によって維持することはきわめて重要であった。[13]かかる状況下にあって、ハックはまさしく両国海軍の Desiderata（喫緊の必要事）を埋める存在だったのである。

そして、ハックが主たる活動領域として選んだのは航空機の分野であった。当時の日本陸海軍は航空技術における欧米列強との溝を埋めることに躍起となっており、航空機のサンプル、あるいはパテントの購入に熱心だったし、ドイツの航空機産業もまた日本市場に注目していたのである。[14]そうしたドイツ航空産業のうち、とくに日本海軍に注目されていたのがハインケル社であった。[15]海軍武官補佐官としてベルリンに赴任していた小島秀雄大尉は艦船からの航空機の発進に興味を抱き、1925年にカタパルトと航空機の開発をハインケルに依頼した。これはハインケル博士の来日、戦艦「長門」艦上の発進実験の成功となって結実する。更にハインケルは来日中に航空機開発を手がけていた愛知時計電機と接触し、同社との関係も深めていくのである。[16]

しかし、ハックとハインケルとの関係の端緒は残念ながら判然としない。前述のドイツ軍事文書館の文書から、遅くとも1925年にはハックが日本海軍とハインケル社の仲介者となっていることが看取できるが、いかにして両者の関係が始まったかは史料的にあきらかにできないのである。が、ハックの持っている日本人脈が、[17]外国に市場を求めるハインケルにとって重要であったろうことは想像に難くない。やがてハックはハインケル社の対日代表となって、同社製品の日本への売り込みに奔走することとなる。若干の例をあげよう。1931年から1932年にかけてハックは、ハインケル工場を見学した橋口義男造兵少佐（当時航空本部、のち横須賀海軍鎮守府勤務）を通じ、日本海軍への新型飛行艇売り込みを図った。[18]ハックとハインケルの歓待を受け、親ハインケル側に獲得された橋口は「あらゆる提督と他の士官たち」に新型飛行艇に関するすべてを語り、「【海軍】省内に大きなセンセーションがあった」とハインケル宛の書簡に記したのだった。[19]また1932年には、ハインケルの紹介を受けてポルシェ博士（Ferdinand Porsche）に接触し、ディーゼル・エンジン技術の日本への導入を計画している。[20]こうした活動はライバルのユンカース社系人物との軋轢を生じさせることとなり、のちにハックが日本を追われる遠因となるのだが、それについては後段で論じることとする。

さて、ハックはこれらの兵器商人としての活動と並行して、自らの日本人脈を強化することも忘れなかった。例えば、1931年の満州事変の勃発とともにドイツの反日感情がつよまるのをみたベルリンの日本海軍武官府は、日本よりの情報を翻訳、ドイツ側の関係官庁に配付することにしたが、ハックはその翻訳にも関わっていた。[21] 更にハックが当時の日独関係において枢要な地位にあったことがもっとも明瞭に示されたのは、おそらく帰国途上満州において1933年8月20日に急死した小槇和輔海軍少将の葬儀に際してであったろう。ハックはその影響力を行使し、ドイツ外務省を通じて軍令部長レーダー大将（Erich Raeder）をはじめとするドイツ海軍の要人たちの弔文を東京に送り、葬儀に花輪を供えさせた。[22] すなわち、日独両海軍筋に対しておおいに得点を稼いだのだった。

これを要するに、ハックはヴァイマル時代に日独両国の海軍、兵器関連企業、そしてドイツ外務省に対し人間関係の網を投げかけ、のちの政治的投機の資本をつくりあげたのである。1933年にナチスが政権を奪取すると、ハックはかかる基盤をもとに兵器商人の域を超えた政治的活動に手を染めていくこととなる。

二 「政治的投機者」ハック

のちの亡命時代に、ハックはしばしば「反ナチ」を自称している。

しかし、そのような主張は一次史料に基づく検証にどの程度耐えうるものであろうか。そして「第三帝国」初期にハックはいかなる動きを示したのであろうか。

ナチスの政権奪取からおよそ3か月後の1933年4月26日、プロイセン内務省警察局長・特務全権委員であるダリューゲ（Kurt Daluege）親衛隊中将は、大ベルリン大管区から一通の報告書を受け取った。それは、独日協会会長ハース（Wilhelm Hass）がユダヤ人であるばかりか、ベルリンを訪れる日本人に反独感情を植えつけるような言動をなすが故に、ベルリン在住の日本人たちが彼の解任を求めているという内容であった。[23] ダリューゲはこの一件をドイツ外務省に伝達したが、その返答は驚くべきものだった。外務省は既に数週間前から日本側の名士とハースの解任について意見を交換しており、独日協会改編の全権は日本海軍武官府勤務の酒井直衛と「警察局長ダリューゲ氏とも面識がある【!】」ハックに委任されていると回答したのである。[24] 更に6月13日には、外務省および宣伝省の代表とハックを参加者として会議が催され、独日協会の改編は従来通りハックと酒井が実行すること、協会首脳部を可能な限り強力にし、望ましくない分子を協会から遠ざける権限を持たせること、古参のナチス党員を総書記程度として幹部に据えることなどが定められた。同日午後10時にはこの会議の結果を受けて、ベルリン日本クラブで酒井を代表とする日本側とのあいだに会談が持たれ、ハースほかユダヤ人幹部の辞任とベーンケ（Paul Behncke）退役海軍大将の会長就任を決めたのである。[25]

これだけをみればハックを親ナチスとみなすことができそうだが、彼はそう単純な人物ではない。1934年4月に、カフェでオランダおよびチェコ製機関銃の設計図を広げて話していた日本陸軍武官補佐官と大倉商事のベルリン代表がゲシュタポに逮捕されるという事件が起こったが（約1時間後に釈放）、ハックはこの事件を秘密裡に外務省に報告した。外務省の担当者はこの報告を受けて、ゲシュタポの外交官に対する扱いに不満を漏らしたのだった。[26] もしハックがナチス党に追随するような人物であったなら、外務省側もそのような反応を慎むであろう。加えて、政権奪取直後のナチス党へは入党希望者が機会主義的に殺到したのであるが、今日残されている史料で判断する限りにおいてはハックがナチス党員となった形跡はない。[27] しかも、様々な回想においてもハックをナチス党員としたものは見当たらないのである。

従って、ハックをナチス追随者と決めつける、あるいは彼自身の主張を無批判に受け入れて「反ナチ」と位置づけるような見解は、いずれも偏頗にすぎることとなろう。初めて「ナチズム多頭制」論を唱えたドイツの研究者ヒュッテンベルガーは、ナチス勢力の国家機構への侵入によって、伝統的官僚が弱体化し、行政が権力構成および権力関係の不断の変化の場となっていったと分析している。[28] これを外交・対外経済政策に敷衍するならば、「権力掌握」以前に職業官僚と大企業によって管理されていた政策分野に、従来の支配層に非ざる異端者の参入が可能となったと読み換えることもできよう。しかもそのような旧来の体制下で政治的・社会的・経済的不満をたぎらせていた分子の政策への介入は、ドイツ外交の周縁部――極東外交はまさしくそれにあたる――において顕著であり、単なる対外ブローカーの域を超えて、自らの社会的上昇、更には政治的影響力の獲得をも狙う「政治的投機者」[29]の輩出をみることになったのだった。「第三帝国」初期に現れたこの「政治的投機者」[30]たちのおおくは伝統的支配層に対抗する側、例えば「リッベントロップ事務所（Dienststelle Ribbentrop）」に身を投じるが、ナチズム体制が整うにつれ排除され「反ナチ」を唱えるようになっていく[31]。

おそらくはハックもまた、こうした「政治的投機者」の一典型であったと思われる。その経歴からもわかるように、ハックはナチ党の「古参闘士（alte Kämpfer）」タイプとは程遠い存在であるし、ナチズムのイデオロギーに完全にコミットしているとも思えない。かかるハックの立場を表すものとして、興味深いエピソードが伝えられている。1935年のナチ党大会に賓客として酒井とハックが招かれたときのことであるが、その際のある会合において酒井が「〝ナチ党〟はナチス・ア【ー】リアでなければ人間でない〝というような人種差別感を持っているが、こんな観念では日独協会などを作って日独国民間の親善を計ろうとしても意味のないことだ。【中略】今日は猶太人を差別対象にしてるが、明日Polen【ポーランド人】、明後日はJapanisch【sic, 日本人】となるかも知れぬ……」と「啖呵を切った」ときに、「Dr. Hackも困惑しておろおろした」というのである[32]。ここに、ナチス新政権に活路を見いだしながらもそのイデオロギーの問題性を知っていたハックの「困惑」が露呈されているとみるのは、無理ではなかろう。いずれにせよ、ハックは政治的活動に関与し、「政治的投機者」の一典型ともいえる経歴をたどってゆく[33]。

しかしながら、ハックが兵器商人から情報ブローカー、そして政治的活動に入った時期は明らかではない。筆者が調査した限りにおいて、ハックの情報ブローカーとしての活動を一次史料で確認できるのは1933年のことである。この年の8月28日に、ハックは在ベルリン海軍武官府の構成員リストをドイツ外務省宛に送っている。これは海軍武官遠藤喜一大佐から雇員に至るまでも記した詳細なものであった。[34]全く断片的な史料ではあるが、ハックが日本側、とくに日本海軍に対して有しているパイプが、ドイツ側においても注目され始めていることがわかるであろう。この日独関係における重要な情報の結節点であるハックと深い関係を持ったのが、国防軍防諜局長カナーリス海軍少将（Wilhelm Canaris）であった。カナーリスは元来反共的な人物であったが、防諜局長に就任するとソ連の隣接国あるいは潜在的な反共性を有する国家（例えばイタリア）の軍部と接近し、情報活動における「対ソ包囲網」の形成を企図するようになっていた。当時ソ連の潜在的敵国と目されていた日本も、当然カナーリスが関心を寄せるところであったのである。[35]従って豊富な日本人脈を持つハックと日本の「対ソ防諜包囲網」への抱き込みを図るカナーリスが、いつしか親交を持つに至ったのも不思議ではなかろう。この両者の接近の時期は史料的困難から詳らかにできないが、少なくとも日独防共協定締結交渉の頃にはハックはカナーリスのためにも働いていると自称するようになっていたし、[36]1937年にハインケル社のための活動で困難が生じたときには、ハックの人物や日本との交渉におけるその寄与について「国防省防諜局長カナーリス提督がいつでも、いかなる情報をも与え得る」と記されるような仲になっていたのだった。[37]しかもカナーリスは情報活動上の必要から1934年に赴任した駐独陸軍武官大島浩大佐、ドイツ外務省に対抗して独自の外交政策を推進する必要から対日接近を考慮していた後年の外務大臣リッベントロップ（Joachim v. Ribbentrop）とも接触していた。カナーリス、リッベントロップ、大島の思惑はそれぞれ異なるにせよ、日独接近の推進という一点において三者の利害は一致していた。[38]ここにハックが外交政策の舞台に躍り出る条件が整ったのである。

ハックの最初の仕事は、日独接近のために日本海軍首脳部を獲得することであった。1935年1月、ハックはリッベントロップの特命を受けてロンドンに旅立った。彼の任務はロンドン軍縮予備会議代表として訪欧する山本五十六海軍中将をベルリンに招致し、ヒトラーとの会見を実現させることであった。しかも、その際にハックは「日本にはソ連に対して日本・ドイツ・ポーランドの同盟を結ぶことに賛成する空気があるか否か」を慎重に打診することになっていた。[39] だが、山本・ヒトラー会談は実現しなかった。ハックの見解によれば、英仏伊が対独連合を形成するような情勢下（いわゆるストレーザ戦線）、孤立するドイツに接近することに日本の外交官が不安を覚え、そのため松平恒雄駐英大使と武者小路公共駐独大使が妨害に走ったが故であった。

にもかかわらず、ハックは日独接近の推進に自信を持っており、武者小路が反対したのは彼が新任大使であり、かつ信任状奉呈前で、ドイツ事情についてほとんど外国筋の情報しか聞かされていなかったからだと後日主張した。加えて、防共協定交渉中には、武者小路はドイツの外交的に有利な立場と国内的な強さを承知しており、「更には戦前からの私の旧友である【!】」から、おそらくは頼りにできるとまで記している。[40] 事実、大島および駐独海軍武官横井忠雄中佐の尽力もあり、山本はベルリンを訪問することになったが、[41] 当の山本は「リッベン【トロップ】に逢わせレーダーに紹介したがその対応はテキパキして相手に好感を持たせるが、自分から進んで話題を見いだそうとは決してしない」有様だったのである。[42]

このように最初の一手に躓いたハックではあったが、続く日独防共協定をめぐる交渉では枢要な役割を演じることとなる。1935年9月17日、日本へのグライダー供給の件で面談した大島は、ハックに日独協定締結の可能性を打診したのである。これ以降、ハックは大島・リッベントロップ・カナーリスの三者のあいだの連絡者として、防共協定締結へ向けて尽力する。その過程については、既に田嶋信雄による優れた研究[43]があるので、ここで屋上屋を重ねることはしない。ただし、防共協定をめぐる日独の政治主体間の錯綜した関係において、ハックが占めていた位置について若干論じておきたい。それは、前記のような経緯から大島主導の「陸軍の協定」締結の仲介役となったハックではあったが、やはりなお日本海軍との関係が深かったことである。実際、大島＝日本陸軍の線で秘密裏に進められてきた交渉を、日本海軍にリークしたのはハックであった。ハックは1936年前半に日独合作映画「新しき土」プロデュース[44]のために日本を訪問しているが、その直前の35年12月末に日本海軍武官府に挨拶にきたハックは訪日の真の目的は映画制作に非ず、実は日独協定のための根回し、情報収集であると洩らしている[45]。これを受けた横井海軍武官はただちに海軍次官および軍令部総長に打電、日本海軍は陸軍側が日独協定を策していることをようやく知ったのだった[46]。

更に防共協定締結以後も、ハックは日本海軍に情報を提供し続けていた。一例をあげるならば、横井の後任として駐独海軍武官となった小島秀雄中佐は、1937年2月8日にスペイン内戦とドイツを中心とする欧州政局に関する情報電報を送っているが、それは「屢々西班牙に出入する国防省情報部員及Hack等より入手せる情報を総合」したものだったのである[47]。

一方、防共協定締結交渉と並行して、ハインケル航空機の対日売却も順調に進んでいた。1934年末から進んでいた急降下爆撃機の日本海軍への売却交渉もドイツ航空省との交渉を重ねつつ、愛知時計電機を通じて進捗、また高速のHe70の売り込みも進められていたのである[48]。つまり、ハックはリッベントロップ、カナーリス、ハインケルといったドイツ側の要人の支持および自らが長年にわたって培った日本人脈を活用して、そのキャリアの絶頂にあったのだ。ときにハックは49歳の働き盛り。翌1937年に失脚し、祖国を逐われることになろうとは知る由もなかった。

三　情報提供者ハック

1937年3月10日、ナチス党東京・横浜地区指導者ロイ（H. Loy）は、ナチス党外国組織（Auslandorganisation der NSDAP）指導部宛に1通の報告書をしたためた。その内容は前年に来日したハックへの疑念を伝えるものであった。そこには、「ハック博士が1936年春および夏に【映画製作のための】派遣団員または私人のビジネスマンとして日本に滞在していたおり、ドイツの某筋から日本における何らかの政治的任務を委託されていたのではないか」という疑問が率直に表明されていたのである。しかも、ハックは「当地のドイツ通信社代表に対して事態の経緯について注釈を加えた」というのであった[49]。続く4月5日には、ハックが防共協定締結のための任務を帯びていたという噂に対する解明を求める手紙がナチス党外国組織指導部に送られている[50]。この2通の書簡は、ナチス党外国組織指導部の意見書を添付されて、外国組織部長に送られた。この組織部長こそ、総統代理ルドルフ・ヘス（Rudolf Heß）を後ろ盾とするリッベントロップの政敵ボーレ（Ernst Wilhelm Bohle）だったのである[51]。このボーレ宛の報告書には、意味深長なことに「ハック博士との間に何らかのかたちで存在している関係について、リッベントロップ大使の事務所に照会するのは不適切である」との意見が表明されている[52]。ナチス党外国組織指導部はただちに調査に乗り出し、外務省政務局欧州外諸国部長エールトマンスドルフ（Otto v. Erdmannsdorff）の了解を得、日本支部宛に「ハック博士が実際示唆されたような方向での一定の任務を持っていたこと」を伝える手紙を「伝書使による送達・極秘」扱いで送った[53]。これに対し、日本支部は「この問題は今日もはや公式に否定するか否かということではない。ハック博士の軽率さのおかげで、今日あらゆる民族同胞【Volksgenosseen, 在日ドイツ人の意】が本当の経緯を知っている」と憤懣をぶちまけたのであった[54]。

このやり取りからは、ライバル組織リッベントロップ事務所の関係者によって、防共協定交渉のような日独関係における重要事項を抜け駆け的に実行されたナチス党外国組織の驚愕、そして情報をリークし、在日ドイツ人に対して自らの功を誇ったハックに対するナチス党東京支部の憤怒が伝わってくる。ハックが意識していたか否かは別として、ここにハックは「第三帝国」内部の権力闘争において強力な敵をつくったのだった。そして、敵はナチス党だけではなかった。

前述のように、ハックはハインケル航空機の売り込みに長年従事し、日本陸海軍に食い込んでいた。これを快く思わなかった人物がいる。ライヒ航空産業連盟（Reichsverband der Luftfahrt Industrie）日本代表ゴットフリート・カウマン（Gottfried Kaumann）であった。カウマンは元来ユンカース社の人間であり、ハインケル社を背景にしているハックが持つ日本への影響力は、彼の業務の障害となると思われた。[55]それ故、ハックとカウマンの関係は最初から暗闘の様相を呈することになった。カウマンはまず１９３３年１月12日にハインケル社のベルリン事務所に対し、以後ハインケル社の日本代表業務は彼が引き受けることになろうと通告した。当惑したハインケル社側はハックの存在をカウマンに告げ、両者が直接会談することを求める。この会談は二人の対立をきわだたせることとなった、当然のことながらハックがカウマンの介入を拒否したのに対し、後者は日本海軍武官府を訪ね「ハインケルはハックについて全く不満であり、それゆえに私――カウマン――が同社の日本における代表権を受け継ぐ」と告げたのであった。海軍武官よりこの発言を聞いたハックは赫怒し、３月23日にハインケル社のベルリン事務所を訪問、カウマンとの関係について説明を求めた。そしてカウマンとの契約など考えていないというハインケル社側の釈明に対し、ハインケル社の日本代表権は唯一ハックが所有しているということを日本の当局者に証明する書類の発行を請求したのである。[56]かくてカウマンは日本利権をめぐる最初の争いで敗北を喫したかたちとなったが、ハック追い落としを諦めたわけではなかった。例えば、１９３５年９月19日に愛知時計電機の工場を見学したカウマンは、「直接英語にて『愛知時計とハインケル飛行機会社との密接な関係はよく知っている。自分はこの関係を邪魔する者でなくむしろ橋渡しするのであるから充分の御利用が願い度い』」と甘言を弄する始末だったのである。[57]

両者の日本におけるハインケル社代表権をめぐる争いは１９３６年に入っても続くのだが、[58]これは単なる兵器ブローカーの利権争いの域にとどまらなかった。というのは、若干誇張して言えば、ハックとカウマンはドイツの極東政策における二つの潮流を代表していたからである。当時のドイツ極東政策は親日路線と親中国路線との間で動揺していたのであり、ハックが前者を代表するとすれば、カウマンはむしろ後者に近かった。例示するならば、カウマンは1934年頃中国国民政府に働きかけて、中国にユンカースの航空機工場を建設すべく画策していたのである。[59] しかもカウマンがかかる方針を堅持するならば、同じく親中派の航空大臣兼空軍総司令官ゲーリング（Hermann Göring）の支持を期待できた。ゲーリングは1936年初めに経済政策の全権奪取を策していたが、彼の対外経済政策において中国は重要な地位を占めていた。当時ドイツが再軍備を実行するための経済方策として追求していた工業製品と原料のバーター協定の相手国として、多くの資源を有し近代化を推進する中国はまさにうってつけだったからである。[60] 従って、親日政策を取るハック・ハインケルの路線は、ゲーリングにとって到底肯んじえないものであった。[61] 即ちハックは航空機売却においても、ゲーリング、そしてカウマンという二人の敵を考慮しなければならぬ状況に陥っていたのだ。

こうしてナチス党およびゲーリングをバックに持つカウマンと対立したハックの運命は、1937年7月初めにドラスティックな転換を迎える。カナーリスの命を受けパリに出発する直前、ハックは「男色罪」（当時のドイツでは刑法175条により男色は犯罪であった）の名目で逮捕され、投獄されたのである。この裏の事情について、酒井直衛は、公安本部長官ハイドリヒ親衛隊中将（Reinhard Heydrich）とカナーリスの情報活動をめぐる確執があったとしている。[62] その真偽を史料的に裏づけることはできないが、既に述べたような経緯から、ハック逮捕は、リッベントロップ・カナーリスに対するゲーリング[63]および党・親衛隊筋の反撃と推測してもよかろう。この一撃に対して、日本側はすぐさまハック釈放のために動いた。まず大使となっていた大島からリッベントロップに、またハックの友人を通じてゲーリングにも運動したが、その効果は現れない。そこで、ドイツが軍備強化のため外貨獲得を必要としている事情に鑑み、日本海軍のハインケル機購買（当然日本からの外貨獲得が期待される）交渉のためハックが自由に活動できる立場にいることが必要であると小島海軍武官が申し入れ、ようやくハックは釈放されることとなった。しかしドイツ国内にいることに危険を感じたハックは、１９３７年末に出国、日本に渡ったのである。だが落魄の身のハックを日本で待っていたのは仇敵カウマンであり、そこにも安住できなくなったハックはパリに赴いたのである。[64]

かくて、ここに日本への情報提供者ハックが誕生する。ベルリンの日本海軍武官府は、ハックにスイスでの武器取引や機械購入資金の金融などを担当させる一方[65]、欧州情勢に関する情報収集を行わせた。いまやナチス政権から離反したハックの情勢判断は醒めた厳しいものであった。たとえば１９３８年の「車中談」ではナチス首脳部の人物評価がされており、「Canaris は泳ぎの巧い男」で「内政に興味あり。彼の幕僚は馬鹿ばかり」、「Ribben［trop］は hochmütig【高慢な】で人気がない」「Hitler も undankbar［恩知らず］の男である。人を捨てることは平気である」「Göring-Goebbels［Joseph, 宣伝大臣］、Goebbels-Ribben【trop】仲が悪い」「Bohle は人格劣等」「Hess も dumm【愚か】である」「Himmler【Heinrich, 親衛隊長官】は悧巧な男で影の役者である」「Himmler は Göring より実権あり」と、正鵠を射てはいたが辛辣極まりなかったのである。[66]

さて、欧州戦争が開始され、日本の対応が問題となってくると、ハックの報告はしだいに警告の色彩を帯びるようになってきた。例えば１９４１年には、アメリカは「しきりに対独開戦の口実を捜している。もし此の正面工作がうまく成り立たない場合には必ずや後門の工作、即ち日本を刺激昂憤《（マヽ）》せしめて、開戦に巻き込む方策をとるかも知れぬ。日本側としてはこの謀略に引きずり込まれぬことが肝要だ」と、日本の軽挙妄動を戒めている。[67] この忠告にもかかわらず日本が参戦すると、ハックは早期和平を唱えだす。１

942年1月18日の日独伊軍事協定締結後、三国同盟軍事委員であった野村直邦中将はスイス、ヴィシー・フランス、バルカン諸国を歴訪、その途上でハックと面会した。その席でハックは、日本は米艦隊主力を撃滅、シンガポールを陥落寸前の状態として戦争目的を達したとし、交渉による平和に努力すべきだと主張したという[68]。酒井はこうしたハックの意見を容れ、1942年1月ないし2月頃から彼を通じて米英との接触を保持するよう努めた。酒井の回想によれば、海軍武官横井忠雄大佐はこの件を了承し東京に報告するとともに、アメリカの了解を得られるか試みてみよと命じたとの由である。これを受けて、酒井は1943年にベルンからチューリヒに向かう列車のなかでハックとともに、アメリカ戦略情報部（Office of Strategic Services）欧州総局長ダレス（Allen Dulles）の秘書ゲヴァーニッツ（Gero v. Gaevernitz）と会談、日本海軍はハックを通じて、アメリカとの連絡を維持する旨を確認した[69]。ここに対米和平工作への端緒が開かれた。周知の如くこのハックを仲介者として、1945年のスイスにおける和平工作が始まるのである[70]。

結び

以上、フリードリヒ・ハックの生涯を概観してきた。この人物については、二つの視座からの観察が可能であろう。第一に、「ナチズム多頭制」現象を現出せしめた一因となった「政治的投機者」の一典型としてハックを捉えることができる。彼らはディレッタント的に政治に介入、伝統的な政策決定構造を解体させながら、しかしナチズム体制が安定するにつれて排除されていったのである。かかる過程をみるならば、ナチズム体制の担い手の通時的な変容を観察する必要が生じよう。

第二に、ハックは日独関係における日本海軍の役割を象徴するかの如き人物であった。即ち、日英同盟廃棄後の日本海軍のドイツに対する技術的要求を満たすかたちで、ハックは日独関係の舞台に現れた。ついで、ハックは対独接近期における日本海軍の欧州における政治的アンテナとして機能した。そして、日本海軍が滅びの支度をはじめるや、その葬送を準備したのだった。とくにスイスにおける和平工作が日独関係から断絶した一章ではなく、その連続であることをここで確認しておきたい。敢えて言うならば、日本海軍は最初ドイツに技術を求め、そして政治的援助を期待し——その最期にあたっては平和の小枝を望んだのである。

追記　１９９５年に本章のもとになった論文を発表したのち、日独両海軍の関係をテーマとした、以下の研究書が刊行された。

B. J. Sander-Nagashima, *Die deutsch-japanischen Marinebeziehungen 1919 bis 1942*, Diss. phil., Hamburg,1998.

Hans-Joachim Krug/Yoichi Hirama/Axel Niestle/Berthold J. Sander-Nagashima, *Reluctant Allies: German-Japanese Naval Relations in World War II*, Annapolis, MD., 2001.

写真：「関特演」の様子

第三章　ドイツと「関特演」

はじめに

「関特演」とは「関東軍特種演習」の略称であり[1]、1941年夏に日本が対ソ攻撃の準備を企図して実行した、動員および満州・朝鮮における兵力集中を意味する。この「関特演」は、のちの対米英蘭開戦への物質的基盤をつくったという点において、日中戦争から太平洋戦争への拡大過程での重要な一里程であると思われるが、「未発の戦争」に終わったせいか、注目をひくところが少ない。今日なお1960年代から1970年代の諸業績[2]が研究の出発点となる状況は、その証左であろう。しかしながら、「関特演」、より広くいえば1941年夏に日本が北進に踏み切るか否かという問題は、当時の参戦諸国、あるいは参戦を目前にしていたアメリカにとって、「戦争の発生と拡大」にかかわる重要な要素であった。したがって、「関特演」は一国的な、あるいは極東国際情勢のみの枠組を超えて、よりグローバルなレベルで再検討されるべきであろう。

さて、このような視点からみる限り、この時期の日本の対ソ政策をもっとも注視していた国の一つとして、ドイツが挙げられることはいうまでもない。独ソ戦の一方の当事者であるドイツには、日本の参戦による東西からのソ連挟撃を期待する諸勢力があったのである。本稿では、当該時期においてドイツが日本の対ソ政策をどのように認識していたかがクロノロジカルに観察され、その過程で情報と政策決定の関係が考察される。なお、日米交渉や南部仏印進駐に対するドイツの反応も興味深い問題ではあるが、紙幅の都合上、観察は割愛する。

一　公式参戦要請まで

1941年当時、対日情報収集ならびにドイツの対日政策の当事者として東京にあったのは、駐日大使オイゲン・オット（Eugen Ott）、陸軍武官アルフレート・クレッチュマー大佐（Alfred Kretschmer）、海軍武官パウル・ヴェネカー少将（Paul Wennecker）、空軍武官ヴォルフガング・フォン・グローナウ大佐（Wolfgang von Gronau）であった。彼らは、防共協定締結以来の日独の友好関係のもと、日本政府や軍当局にさまざまな情報パイプを培っており、多岐にわたる公式、非公式の情報を入手できる立場にあった。加えて、ベルリンには、親独派で知られた大島浩大使、陸軍武官坂西一良少将、海軍武官横井忠雄大佐らがおり、彼らからの情報提供も期待できた。しかし、ドイツの日本外政認識は、むしろこの情報の豊富さ故に混乱に陥っていく。というのは、この時期の日本の対外政策の意志決定においては、陸海軍や外務省の政策参画者、さらにみるならばその下のレベルでも中堅層クラスの準政策参画者たちによって、分裂と錯綜の図が描き出されていたのであって、ドイツの情報網はその精密さが仇となり、そうした錯綜の反響板になってしまったと考えられるのである。しかも、日本の政策参画者らが自らの政策を貫徹するための間接的手段として情報を提供することもあったから、ドイツ側が日本の対外政策を把握するうえで、その混乱にはいっそう拍車がかかったのである。以下、その実態を観察していこう。

1941年6月5日の大島駐独大使の電報（ドイツの対ソ開戦決意を伝える）により、日本陸海軍の首脳部は今後の対ソ政策に関する討議を迫られることになった。陸軍にあっては、南進論（主として陸軍省軍務課が主張）、北進論（参謀本部作戦部が主張）、南北準備論（対ソ、対英のいずれにも開戦することなく、南北両面で戦力を強化することを主張。陸軍省軍事課、大本営戦争指導班の意見）の三つの論が出され、論議となった。これに対し、対ソ戦に引き込まれることを警戒する海軍は、6月7日「独蘇新事態ニ対スル措置」を定め、独ソ戦への介入と対ソ兵力増強への反対を唱えた。[3] こうした政策の分裂の一端をつかんだ駐日海軍武官ヴェネカーは、6月10日、有力将校との議論の結果得た情報として、日本陸軍は準備不足のため対ソ戦に参加しない、また海軍省軍務局第1課長高田利種大佐の言によれば日本は三国条約により参戦義務が発生する場合でも状況が適切でなければ参戦しない、とOKM（Oberkommando der Kriegsmarine, 海軍総司令部）宛に報告していた。[4]

しかし、ドイツ側を混乱させる対日情報の矛盾はすでに始まっていた。6月22日にドイツの対ソ開戦を伝えるべく、日本外相松岡洋右を訪ねたオット駐日大使は、会見の席上で松岡が個人的見解であると断りながらも、日本は中立を続けることができないと発言するのを聞いた。[5] また6月25日の会見では、松岡は対ソ参戦に反対する勢力について触れ、しかし自分は対ソ参戦を主張する派であると明言したのだった。[6] 事実、松岡は、自身親枢軸政策に拘泥していたこともあって、6月25日から7月1日まで日曜を除き、連日開催された政府・統帥部間の連絡懇談会において対ソ参戦を主張し続けていた。[7]

このような松岡の発言は日本の政府内政治においては突出したものであったのだが、[8] かつての対英参戦要求から対ソ参戦要求に対日政策を転換したドイツ外務省の諸勢力を力づけ、さまざまな策を取らせることになった。ドイツ外相ヨアヒム・フォン・リッベントロップ（Joachim von Ribbentrop）は、6月28日にオット経由で松岡外相に対して、日本の対ソ参戦を正式に要請してきたのである。[9] ついで、7月1日には、松岡個人宛の電報で日本の対ソ参戦を促している。[10]

しかし、ドイツの期待は、この最初の段階で裏切られることになる。すでに独ソ開戦前から対ソ政策を協議していた陸海軍首脳部は、南北準備陣を進め、好機が到来した場合にのみ独ソ戦に介入するという、いわゆる「熟柿主義」の「帝国国策要綱」を定めていた（海軍は南方進出の態勢を崩さないことを条件として妥協）。これは、7月2日の御前会議において裁可され、日本は独ソ戦への不介入を決めたのである。[11]かくて、ドイツの日本外交把握の混乱は、その第一歩を踏み出した。独外務次官エルンスト・フォン・ヴァイツゼッカー男爵（Ernst Frh. von Weizsäcker）は、この日「日本人はなお我々をじらしている」とそのメモに書いたのだった。[12]

二　松岡退陣まで

この7月2日の御前会議における公式参戦要請拒否から7月18日の松岡退陣までを、ドイツの対日認識混乱の第二段階とみることができるだろう。すなわち、この時期の日本外交にあっては、対ソ主戦派と対ソ慎重派の二つの矛盾する動きが、それぞれ策動を続けていたのであった。しかも、その策動にはドイツに働きかけて、日本の対外政策を動かそうというものすらあったので、ドイツ側の混乱は深まった。

こうした事態を招いた理由は、御前会議の決定にもかかわらず、対ソ主戦派は完全に抑制されたわけではなく、前述のように対ソ戦を発動させるために動く余地が十分に残されていたことにあった。というのは、7月2日に定められていた「帝国国策要綱」はたしかに独ソ戦不介入を原則としていたが、同時に「独ソ戦争ノ推移帝国ノタメ有利ニ進展セバ、武力ヲ行使シテ北方問題ヲ解決シ北辺ノ安定ヲ確保」し、そのために「密《ひそ》カニ対ソ武力的準備ヲ整エ」ることをうたっていたからである。この「武力的準備」を整えることには、陸軍省と参謀本部の間には意見の対立があったが、7月5日東條英機陸軍大臣は動員計画、つまり「関特演」を承認し、7日に動員下令となった。これは、85万人の動員を予定した大動員であった。[13]

この「関特演」はただちにドイツ側の察知するところとなった。7月4日、クレッチュマー陸軍武官が日本参謀本部との会談で得た印象であるとして、日本陸軍はサイゴン占領と対ソ参戦の準備を進めているとの報告がベルリンに送られている。[14]

また、「関特演」を背景として、ドイツ駐在の親枢軸派も動いていた。まず、御前会議の翌日、7月3日に大島駐独大使はヴァイツゼッカー外務次官に面会、本国の弱気な対ソ政策に同意できない旨を伝えた。[15]しかも、大島のこうした発言は、行動によって裏打ちされていた。同日、大島は健康上の理由から辞任したいと東京に打電していたのである。これは、もちろんヒトラーその他のドイツ政府の要人に情報パイプを持つ大島を切り捨てることができないのを見越した上でのジェスチュアであり、その意図が本国の政策に揺さぶりをかけることであったのはいうまでもない。事実、7月5日付の外務省からの返電は大島がその地位に留まるよう懇願している。[16]

さらに、謀略関係者の発言も看過し得ないものがあった。7月6日のハンス・クラマーツ(Hans Kramarz)公使館参事官(Legationsrat)[17]の覚書には、以下のようにある。

ＯＫＷ(Oberkommando der Wehrmacht, 国防軍最高司令部)より、7月6日に通報あり。

「駐ベルリン日本武官補佐官山本［敏］大佐は、樋口［浚］少佐を帯同して、国防軍防諜局長第2部長［エルヴィン・］フォン・ラホウゼン(Erwin von Lahousen)大佐を1941年7月4日訪問、以下のことを言明した。

日本参謀本部は彼につぎのことを伝達するよう委任した。日本参謀本部は極東において、特に蒙古、満州国方面から、まず第一にバイカル湖周辺の地域に破壊攻撃(Sabotage-Angriffe)を実行する用意があると[18]」

このようなメッセージを受けたドイツ側が、日本の対ソ参戦の可能性は皆無となったわけではないと信じても不思議ではなかろう。リッベントロップ外相は、7月5日にオットに打電し、日ソ中立条約締結直後の松岡の言動（日ソ中立条約があっても、独ソ開戦の場合には日本は独側に立って参戦する）を引き合いに出して、日本の参戦をほのめかすようにと指示している。[19] ついで7月10日には再度、日本を対ソ参戦させるべく試みよと命じたのだった。[20] かかる外相の指令を受け、オット大使以下の駐日独大使館はさまざまな策動を行った。クレッチュマーは、ソ連極東軍の大多数がソ連西部に送られ、独軍の捕虜中にはシベリアの部隊に所属していたものがいるという情報を流した。また、空軍武官補佐官ネーミッツ（Wilhelm Nehmiz）は、オットの命を受けて、極東ソ連には日本を空襲できる新鋭機は50機程度しか存在しないという文章を作成した。これはオットから松岡に手交されたのであった。[21]

このように、日独の双方が実行した、情報を政策決定に影響を与える手段とする試みは、ドイツの対日認識をますます歪ませる結果となった。つまり、ドイツ側が情報を与えて煽動すればするほど、日本の対ソ主戦派という反響板を通じて肥大化された日本の対ソ参戦の可能性にドイツは眩惑されていったのである。いわば、彼らは日本の対ソ参戦という願望を、日本という凸面鏡に映していたのだった。

7月15日、日本外務省欧亜局長（阪本瑞男）は、オットに対して松岡と駐日ソ連大使の会見の模様を伝えた。席上、松岡は日ソ中立条約は独ソ戦には適用されないとしたというのだ。[22] こうした動きがドイツ側の期待を高めたことは、想像に難くない。だが、その3日後の7月18日、松岡外相は辞任したのだった。

三　大いなる幻影

松岡はかねて親枢軸政策を推進し、ついには松岡内閣を組織する動向すら示していた。このような松岡の動きは強力ではあっても孤立を招くもので、[23] とうとう第三次近衛内閣成立に伴う外相解任という結果となった。この政変は、ドイツ側の期待に冷水を浴びせかけ、駐日独大使館の士気を阻喪させるものであった。かくして、ドイツの対日認識は混乱の極に達し、日本の対ソ政策がどうなるかという問いに答えることはできなくなっていった。7月20日、新内閣は対米政策では待機主義に、対ソ攻撃準備ではより慎重になるであろうとした報告がオットにより打電された。[24] クレッチュマーもまた7月25日に「関特演」による動員の進捗と予想される日本軍の作戦案を報告しながらも、作戦開始の時期は未だわからないとした。しかもその際、オカモト将軍（参謀本部第2部長で情報担当の岡本清福少将であろう）の、日本は独軍がヴォルガ川に到達した時に初めて参戦するとした言を引いたのであった。[25]

たしかに、松岡外相の退陣の結果、日本外務省による対ソ参戦の推進には期待できなくなっていたし、7月28日の南部仏印進駐に対するアメリカの対日石油禁輸（8月1日）は、かような状況をより厳しいものとしていた。にもかかわらず、日本陸軍の対ソ強硬派はなお策動を続けていた。彼らの行動により、ドイツは再び日本の対ソ参戦という幻影に傾くことになる。

1941年8月4日、OKH（Oberkommando des Heeres, 陸軍総司令部）第4（情報）部長ゲルハルト・マッツキー少将（Gerhard Matzky, 前駐日武官）は、駐独陸軍武官坂西一良中将の訪問を受けた。以下、その時の会見の内容をまとめたマッツキーの覚書から引用する。

一、この訪問は日本陸軍武官により手紙にて願い出され、参謀総長と陸軍総司令官の承認を得て、1941年8月4日にイェーガーヘーエ【Jägerhöhe, 当時のOKH所在地】にて行うと約定された。

二、坂西中将は、その大使の了解と日本の参謀総長杉山【元】上級大将の公式委任を受けてやってきたと宣言した。彼は以下の報告を陸軍総司令官に知らせるように求めた。

三、日本――陸軍および政府！――は、すべての軍事的、経済的、政治的（内政および外政）困難にかかわらず、三国同盟の精神により――【軍の】転回技術上可及的速やかに――ドイツの側に立って、対ソ参戦することに決した。【後略】

四、【略】

五、大島大使は帰国するという脅しによって、日本政治の活性化に相応の影響を与えている。日本内閣の指導的人物は、以前同様に陸軍大臣東條中将である。

ドイツ側は、この坂西の申し出に色めきたった。8月5日には、OKH付の外務省代表ハッソー・フォン・エッツドルフ（Hasso von Etzdorf）によりこの覚書は外務大臣官房にもたらされた。これは特務大使（Botschafter zur besonderen Verwendung）カール・リッター（Karl Ritter）の「目前に迫った日本大使大島との会見のために。日本陸軍武官による日本の対ソ参戦宣言に関する覚書同封。【ヴィルヘルム・】カイテル元帥（Wilhelm Keitel, OKW長官）は日本政府に対し、【ドイツ】外務省がこの宣言を承知しているのをあきらかにしてもらいたいとの意見である。カイテル元帥は、日本大使の目前に迫った訪問において、このことを話題にしてもらうよう外務大臣に要請した」というメモ付きで8月15日、リッベントロップ宛に送られた。[26]

その後の経過をみれば、この坂西の宣言は全くの空証文であったことがわかる。しかし彼の宣言は何を根拠としていたのであろうか。実は、8月2日に「関特演」の緊張下にある関東軍から、満州東部国境方面のソ連軍が無線封止を実施中という連絡があった。関東軍司令官梅津美治郎大将は、これを対日攻撃のための準備秘匿とみて、「ソ連軍の大挙空襲ある場合には中央に連絡するが、好機を失うおそれのあるときは独断ソ連領内に航空進攻あることを予期する。あらかじめ承認をこう」と打電した。これを受けた陸軍省と参謀本部は協議のうえ、8月3日「ソ連側の真面目な進攻にたいしては機を逸せずこれに応戦するとともに廟議は速やかに開戦を決意する」との方針を打ち出した。これは、8月6日の大本営政府連絡会議において承認された。[27]おそらく、坂西は8月3日の陸軍の決意を過大にドイツ側に報告したものと推測される。

しかしながら、東京のドイツ大使館は日本の対ソ参戦の可能性に対して、一様に懐疑的であった。クレッチュマー陸軍武官は、まさに上述の「緊張」の時期、8月4日から8月7日まで満州・朝鮮に滞在、朝鮮軍および関東軍司令部、駐新京ドイツ公使館などを歴訪していた。8月9日、クレッチュマーはこの視察の成果を織り込んだ「関特演」に関する詳細な情報を送ったが、その中で「実際にソ連を攻撃するという政治的決定は、なお下されてはいない」としたのだった。[28]オットもまた、おそらくはクレッチュマーの報告に影響されてであろう、対ソ戦準備は行われているが、明確な指導の欠如により対ソ参戦決意はみられないと同じく9日に報告している。[29]事実、この8月9日には、対日石油禁輸により日米開戦の可能性が高まってきた状況に鑑み、日本参謀本部は年内は対ソ武力解決を行わないと決定していたのである。[30]

にもかかわらず、ドイツ側は坂西宣言の幻想を追っていた。坂西宣言に関する報告はヒトラーにも達したものと思われる。8月22日、海軍総司令官エーリヒ・レーダー（Erich Reader）とヒトラーは会見した。その席上、ヒトラーは、兵力展開が済みしだい日本がウラジオストックを攻撃するものと確信していると述べたのだ。[31]

だが、まさにこの日にヴェネカー海軍武官は、日本は北進せず南進するに決したという日本海軍の意見をベルリンに送っていた。[32]さらに8月30日には、日本陸軍もまたこの冬の北進を断念したというヴェネカーの報告が送られた。[33]かくて、日本の対ソ参戦は一場の夢に他ならなかったことは、次第にドイツ側にも明らかになっていったのである。

結びにかえて

かつて防共協定から三国同盟への過程を研究したテオ・ゾンマーは、「ドイツと日本は、1941年の一年間を通じ、別箇に、互いに全く異なった目標を追求し、その際、通例同盟国間にあるまじき、奸計にみちたダブルゲームに、相互に鎬を削ったのであった」と記している。[34] たしかにこのゾンマーの言は正鵠を射ていよう。だが、この「ダブルゲーム」は国家理性に基づいて行われたものでは決してなく、むしろ互いの政治過程の錯綜を相手に投影する形で競われたのだった。ここには、情報と政策決定の関係の特異な例がみられるであろう。

また、戦争の発生と拡大という視点からみるならば、「関特演」にあっては「発生」も「拡大」もなかった。しかし、そこには新たな戦争へのダイナミズムが内包されていたのである。このダイナミズムは対米英蘭開戦という形で、その発動をみる。陸軍省軍事課課員として「関特演」を体験した加登川幸太郎中佐のいささか過激な表現を借りれば、「関特演」は「気違いに刃物を持たせた[35]」からである。

写真：東郷茂徳

第四章　独ソ和平工作をめぐる群像——1942年の経緯を中心に

対立する二つの世界観のあいだの闘争。反社会的犯罪者に等しいボリシェヴィズムを撲滅するという判決である。共産主義は未来への途方もない脅威なのだ。我々は軍人の戦友意識を捨てねばならない。共産主義者はこれまで戦友ではなかったし、これからも戦友ではない。みなごろしの闘争こそが問題となる。もし我々がそのように認識しないのであれば、なるほど敵を挫くことはできようが、30年以内に再び共産主義という敵と対峙することとなろう。我々は敵を生かしておくことになる戦争などしない。

——1941年3月30日の国防軍高級将校会同におけるヒトラー演説[1]

問題設定

ナチス・ドイツのソ連侵攻が、それまでの「通常戦争」とは全く異なる、人種イデオロギーに基づく「みなごろし戦争 Vernichtungskrieg」であったことは多くの研究者によって指摘されている。冒頭に引用した演説からも看取できるように、対ソ戦はドイツの世界制覇を担ったイデオロギー戦争であり、そこでは住民の奴隷化に代表されるような他に類をみない残虐な戦争指導が実行されたのだった。[2] このようなイデオロギー的性格から、外交的解決、即ちソ連との和平交渉は一切禁止された。のちにムソリーニ宛書簡で明言されるように、ヒトラーにとって、対ソ戦は「同盟国があろうと無かろうと、この巨人が最終的に崩壊するまで戦」い続けられるべき戦争だったのである。[3]

にもかかわらず――ナチス・ドイツの内外において、権力政治的計算からソ連との単独講和を実現しようという試みがなされていたことが、近年急速に実証研究によって明らかにされている。[4] 特にストックホルムを舞台として行われた交渉については、終戦直後のニュルンベルク国際軍事裁判関係者の証言等[5]からその存在を推測されていたが、交渉当事者クライストの回想録の発表[6]により研究者の関心を呼び、この回想録と関係各国の史料に基づく様々な実証研究[7]を得るに至った。なかでも、スウェーデン当局の文書をはじめ多数の史料を駆使したフライシュハウアーの業績により[8]、ストックホルム交渉の研究は大きく前進した。

これに対して、日本による、あるいは日本を舞台とした独ソ和平工作については、内外におびただしい研究があるにもかかわらず、なお不明な部分が多いと言わざるを得ない。特に本稿の対象である1942年の独ソ和平工作については、その規模・経緯とともに十分には解明されていない。こうした実態解明の停滞には、幾つかの理由が考えられる。まず、日本側の研究について言えば[9]、語学的制約その他により、ドイツ側史料の利用が困難であったことがあげられよう。その結果、外務省・陸海軍史料の渉猟にもかかわらず、事実認識にギャップが生じた。このような史料利用状況は、当然認識の枠組にも影響を及ぼさずにはおかない。即ち我が国の研究では一般に、日本の戦時外交の一側面、ないしはソ連を仲介とする終戦工作の前段階としてのみ独ソ和平工作が関心の対象となり、交渉の一方の主体であるドイツ側の政治過程に、応分の注意が払われたとはいえないのである。翻ってドイツ側の研究をみるならば[10]、やはり語学的制約などから日本側の史料・研究成果にアクセスできず、欧文の史料のみに基づいた事実の再構成にとどまっていた。

この史料的な分断状況を克服し、独ソ和平工作の研究に新境地を開いたのが、守屋純[11]とクレープス[12]の業績であった。そこでは邦文・欧文の史・資料が利用され、日本の独ソ和平工作の全体像把握はおおいに前進した。しかし、１９４２年の和平工作に限るならば、この両者の仕事にも不満が残る。わが国の先行研究があるにもかかわらず、42年の和平工作は守屋の視野から欠落しているし、クレープスもまた日本側の文書館史料を十分に利用していないのである。

かかる研究状況に鑑み、本稿では１９４２年の和平工作の過程を、可能な限り精密に復元することを試みる。その諸段階で登場する日本側の様々な政治主体の活動は、断片的であるにせよ、今日なお不明確な部分が多い第二次世界大戦下の日本政治史[13]研究に、何らかの手がかりを与えることができよう。

が、本稿は独ソ和平工作を時系列に沿って再構成することのみを目的とするものではない。前述の如く独ソ和平工作は、ヒトラーがもっとも強力な指導力を誇り、かつまた多大な関心を有した外交・戦争指導の分野における政策決定に、反する形で実行された。かような特異な事例の分析は、ドイツ現代史研究における、いわゆる「意図派」と「機能派」の論争[14]に、重要な示唆を与えることができる筈である。この両学派に命名したイギリスの歴史家メイソン（Tim Mason）の定義によれば[15]、「意図派（Intentionalisten）」とは、ヒトラーの支配の「プログラム」を重視し、ヒトラーの独裁権を決定的なものとして重視する一群の研究者である。これに対して、「機能派（Funktionalisten）」は、構造的（内政的と言い換えてもよいであろう）な要因に重点を置き、それが体制の急進化をもたらしたものと解釈する。また、「機能派」の議論にあって強調されるのは、ナチズム体制に特有の、激しい内部抗争を惹起せしめた「多頭制（Polykratie）」的構造であった[16]。

このように両派の見解は、ナチズム体制をいかに理解するかという根本的な点で対立していたのであり、それ故に1970年代後半の論争では、ラジカルな応酬が為された。にもかかわらず、この論争は今日なお決着をみたとはいえない。それどころか、「意図派」は外政面、「機能派」は内政面での実証研究に専ら基づいて、相互に排他的に自説の妥当性を主張し、いわば一種の学問的「棲み分け」状態に陥っているのである。

本稿では、こうした研究動向を踏まえつつ、1942年の独ソ和平工作を分析することにより、ナチズム外交、更にはナチズム体制の政策決定および政策執行過程の構造的把握への一階梯としたい。無論、このような長射程の問題設定への回答をただちに下せるわけではないが、かかる試みにより、「意図派」と「機能派」の止揚を目指すことが可能となるであろう。

一　独ソ単独和平工作の胎動

1942年の日本における独ソ単独和平工作を具体的に分析する前に、その前提として日独両国のこの問題をめぐる政治状況を概観しておこう。まずドイツ側にあっては、ヒトラーとリッベントロップの政策の相違に注目する必要があろう。既に述べたように、ヒトラーは対ソ戦を、ドイツの運命が懸かった「世界観戦争」であると見做していた。かかる認識から、ヒトラーは日本の対ソ参戦に消極的であり[17]、ドイツが独力で対ソ戦を遂行している間、英国、のちには米英の戦力を太平洋に牽制するという役割を日本に期待するのみであった[18]。一方、外務大臣リッベントロップは、ヒトラーほどにドグマに固執しておらず[19]、対ソ戦の見通しについても楽観的ではなかった。したがって、対日政策に関してもヒトラーと意見を異にし、日本の対ソ参戦を求めるようになる[20]。

42年1月3日の駐独大使大島浩との会談では、この両者の相違がはからずも露呈された。おそらく5月には日本はソ連を攻撃できるであろうと口を挟んだリッベントロップに対し、ヒトラーは、ドイツにとって最も重要なのは、日本がアングロサクソン勢力に屈服しないことであり、いかなる場合でも日本の戦力を過早に分散することは許されないとはねつけたのである。[21]

とはいえ、ここで確認すべきは、日本という要素に関して見解が異なるにせよ、両者ともに1942年前半の時点では、独ソ単独和平という選択肢を考慮していないことであろう。たしかにリッベントロップは回想録において、42年の新年祝いの際に、ヒトラーに対ソ和平の可能性について語ったとしている。[22]この時期に彼が、日本の対ソ参戦慫慂と独ソ和平工作という二つの相反する政策を権力政治的に弄んでいた可能性は、論理的には考えられるが、管見の限り一次史料によっては証明できない。フライシュハウアーは、42年夏の時点で、総統大本営内に外務省の人員により和平問題を担当する「特別課（Sonderreferat）」が設置されたとしているが、この主張はドイツ通信社（Deutsches Nachrichtenbüro）特派員の戦後の証言に依っており、根拠としては弱い。[23]

しかも、この時期のリッベントロップは、外務省内でのルター（Martin Luther）次官補の勢力拡大により、その権力基盤を侵食される脅威にさらされていた。そして、このルターこそが、和平による戦争終結論者だったのである。[24]このルターとの競合関係から考えても、リッベントロップがこの段階で独ソ和平論を唱え得る状態にあったとは考えにくい。

また、もう一つの政治主体である国防軍をみるならば、日本の対ソ参戦によるソ連挟撃論と、インド・中近東における協同作戦論とに分かれていたが、この時期に日本による独ソ仲介を期待するものは——国防軍最高司令部防諜局長カナーリス（Wilhelm Canaris）海軍大将のような対ソ講和論者も含めて——なかったものと思われる。[25]

そこで日本側に観察を転じると、全く異なる視野が開ける。日本側には、外務大臣東郷茂徳をはじめとして、独ソ和平斡旋を主張する少なからぬ勢力があったのである。戦争終結の困難を知る東郷は、[26]既に開戦直前の大本営政府連絡会議（1941年11月15日）（以下、連絡会議と略）において、外交による戦争終結の機会捕捉を主張、加えて独ソ和平成立による状況の打開を狙っていた。[27] この連絡会議では、戦争終結の見通しをまとめた「対米英蘭蔣戦争終末促進ニ関スル腹案」が決定されるのであるが、そこには「独『ソ』両国ノ意嚮ニ依リテハ両国ヲ媾和セシメ『ソ』ヲ枢軸側ニ引キ入レ他方日蘇関係ヲ調整シツツ場合ニ依リテハ『ソ』聯ノ印度『イラン』方面進出ヲ助長スルコトヲ考慮」するという一項が盛り込まれたのである。[28]

一方、海軍もまた軍令部を中心に、駐日ドイツ海軍武官のルートを通じて独ソ和平の可能性を追求していた。即ち、41年10月24日軍令部7課長（欧州情報担当）前田精大佐は、ドイツ海軍武官パウル・ヴェネカー（Paul Wenneker）少将との会談において、ドイツはソ連との講和に関心をいだくか、その場合日本の仲介を歓迎するかと尋ねた。ヴェネカーは、ドイツの目的はソ連軍の殲滅とスターリンの排除にあり、これが達成されたあかつきには、日本の仲介を歓迎することもないわけではないとしたのだった。[29] 11月3日の会談でも、前田はこの話を蒸し返し、日本政府はやがてスターリン体制崩壊後の独ソ仲介に乗り出すであろうと述べ、ヴェネカーはこれをただちに本国に報告している。[30] こうした事例から観察するに、海軍もまた独ソ和平に消極的ではなかったと判断してもよかろう。事実、海軍のアプローチは、42年に再び実行されることとなる。

陸軍にも独ソ和平の可能性への配慮はあったが、その一方で積年の対ソ警戒心もまたくすぶっていた。南方攻略中のソ連の行動への懸念もあったし、[31] 41年の「関特演」で火のついた対ソ一戦論の余熱はまだ冷めてはいなかった。[32] したがって、陸軍は独ソ和平の及ぼす影響を顧慮して、おおいに慎重であった。これは42年1月10日の連絡会議における「情勢ノ進展ニ伴フ当面ノ施策ニ関スル件」の決定過程にも表れている。そこでは、対ソ政策に関しては「日蘇間ノ静謐ヲ保持スルト共ニ蘇聯ト米英トノ連繋ノ強化ヲ阻止シ得レハ之ヲ離間スルニ努ム」とあるのだが[33]、原案には独ソ和平施策が含まれていたというのである[34]。従来の研究は、独ソ和平施策が原案に記されていたことを以て独ソ和平工作への気運があったとし、他方その一節が削除されたことは独ソ和平への反対勢力が強かったことを示す証左であると解釈している[35]。

しかし、筆者の調査によれば、問題の削除された部分は「独蘇戦争ノ現段階ニ於テハ帝國ヨリ進ミテ和平ノ施策ヲ為スハ未タ其ノ時期ニ非スト認ム」[36]とあり、必ずしもこの一節の削除は、独ソ和平への反対を表すものとは思われない。むしろ、問題のデリケートさへの配慮と、陸軍内部での対ソ施策の動揺を反映しての削除と理解するほうが、整合的ではないだろうか。

ともあれ、かかる配慮のもとで日本側の独ソ和平工作が始まる。スタートを切ったのは海軍であった。42年2月28日、前田軍令部7課長は同8課長中堂観恵大佐とともに、ヴェネカーと会談した。冒頭、前田は、本日の会談内容は連合艦隊司令長官山本五十六大将にも通知されており[37]、影響力ある陸軍将校たちも完全に了解していると強調した。ついで、最近日本が得た情報によれば、ソ連の戦争終結への願望が強まっていること、またインド方面で欧亜の連絡を再開することは極めて重要であるという意見が披瀝される。更に、ソ連の攻撃力が破壊されたとしても、「その抵抗力は少なくともウラルに至るすべての地域の占領までは麻痺しないであろうから」、対ソ戦は長引き、インド方面での日独連絡にドイツの戦力を注げなくなるという論理が展開される。そして、ソ連打倒とインド洋での連絡を同時に遂行することが不可能であれば、交渉による対ソ和平を行うべきではないかという結論が呈示され、日本の仲介意志が表明されたのだった。

ヴェネカーはこの日本海軍の提案をオット駐日大使（Eugen Ott）に報告、オットは政略ではないかとの疑いを抱きつつも、3月3日にベルリン宛の報告・請訓電を打った[38]。リッベントロップの反応は、不快の一語に尽きるものであった。ドイツ側の判断では、ソ連と和解できる可能性はないし、ソ連側に和平意図があるという情報もない。そもそもソ連は、対独和平について日本側に何らかの意志を表明したのか、それとも日本側の推測によるものなのか。いずれにせよ、ドイツには対ソ和平の意志もなく、日本もまた、ソ連に接近したり、あるいは将来接近を図ることはないと確信する旨を日本側に強調せよ。3月7日、外相専用特別列車よりベルリン経由で右のような訓令が出され、しかもその際リッベントロップは、日本側の回答を「可能な限り原語に忠実に（wortgetreu）親展扱いで打電」せよと厳命したのだった。[39]

しかし、リッベントロップの憤激は、この間の東京での独ソ和平論の後退に遭って、ひとまず空を切ることになる。陸軍はドイツの春季攻勢へ期待しながらも、その一方でソ連の継戦能力を評価しており、独ソ戦の勝敗はなお逆睹し難いと判断、かかる情勢下では独ソ和平の斡旋はするべきでないという方向に傾いていたのである。

日米開戦後の戦争指導の基礎となる「世界情勢判断」の策定経過をみると、この陸軍の姿勢が明らかになる。「世界情勢判断」は2月25日、26日、3月7日の連絡会議で討議され、陸軍は「現情勢ニ於イテハ独ソ和平ノ可能性ナカルベシ」の一項を通した。[40] 3月7日の連絡会議では、東郷の「独『ソ』何レカゞ和平ヲヤロウト言ツテ来タラ何トカ考エテ見テモ良キニ非ズヤ」という問いかけに対して、参謀次長田辺盛武中将は「現在ノ情勢ニ於イテハ其ノ可能性ナキコトハ情勢判断ニ於テ明瞭ナリ、故ニ其ノ必要無シ、又現在ノ情勢ノ儘ニテ独『ソ』何レカカラ申出アルモ之ニ応ズルコトハ却テ北辺ノ圧力ヲ増加シ害多シ。尤モ独『ソ』戦ノ状況に大ナル変化アレバ別問題ナリ、何レニセヨ現在ノ情勢ニ於テハ申出ガアロウガアルマイガ斡旋ニ乗リ出スベキニ非ズ」と反駁、外務省の独ソ和平推進論を抑えた。この陸軍の議論は連絡会議の大勢を決し、[41] 3月7日に決定をみた「今後採ルベキ戦争指導ノ大綱」では、対ソ方策は従来の決定によるものの「但シ現下ノ情勢ニ於テハ独『ソ』間ノ和平斡旋ハ行ハズ」とされたのである。[42]

かような空気の変化は、外務省・海軍にも影響を及ぼした。この頃駐ソ大使に任ぜられた佐藤尚武とともに、公使として赴任した守島伍郎は「当時民間では日本は独ソ和平を斡旋すべきであるとの或意味では虫のいゝ主張が相当プリヴェールして居ったが、政府では此の問題を鬼門視して居る様であった」としている。守島はまた、出発前の打ち合わせでも、東郷外相からの独ソ和平工作への指示はなかったようであるとし、陸軍省軍務課長佐藤賢了少将には「独ソ和平問題には絶対に手を触れて貰ひ度くない」と言われたと回想している[43]。海軍もまた前言を翻した。3月3日、前田7課長はヴェネカーに、2月28日の発言は公的な性格を持つものではなく、軍令部の将校たちの見解を述べただけであると告げた。続く3月12日の会見では、ベルリンからの訓令に基づくヴェネカーの質問に対し、中堂8課長はソ連側からのイニシアチヴがあったわけではなく、もちろんドイツがそうした希望を表明しない限り、日本からソ連に歩みよるようなことはないと答えた。この問答は、14日付の電報でただちにリッベントロップに報告された[44]。しかし、リッベントロップにかねてあった日本海軍への不信は増幅され、この半年後の別件に関する意見表明にあっても、日本の軍令部は独ソ和平斡旋にあたり、「何か不明瞭な政治的役割を演じた」と決めつけられるに至ったのである[45]。

二　独ソ単独和平工作の再起

しかし、リッベントロップの拒絶にもかかわらず、駐日ドイツ大使館では、独ソ和平への積極的な動きが出ていた。そもそもオット大使はレーム事件の際に射殺されたシュライヒャーに近かった人物で、単純な親日政策の推進者では有りえなかった[46]。ドイツ大使館に勤務する外交官のナンバー2であるコルト(Erich Kordt)公使も、ヴァイツゼッカー外務次官(Ernst v. Weizsäcker)と親しい伝統的な外務官僚であった。コルトの戦後の回想によれば、この仲介拒絶の時点で、既に大使館側はベルリンと見解を異にしており、オットは日本が和平仲介を申し出たことを、あらゆる手段を尽くしてドイツ陸軍内に広めようと決意していたという。ヴェネカーも日本海軍に対し、ドイツ大使館はリッベントロップと同意見ではないことを伝えたというのである。[47]

事実、日本側の史料によると、ヴェネカーは翌1943年にドイツ海軍総司令官デーニッツ（Karl Dönitz）元帥と連絡を取りつつ、海軍省軍務局長岡敬純中将と接触、リッベントロップ外相とオットの後任大使シュターマー（Heinrich Georg Frhr. V. Stahmer）を迂回するかたちで、独ソ和平工作を推進している。[48]コルト自身も、4月初めに中堂の独ソ和平論を支持し、和平斡旋の申し出を繰り返し行い、可能ならば日本陸軍も取り込むよう激励したとしている。[49]この主張を可能な限り一次史料で検証してみよう。

4月2日、東郷外務大臣は陸軍省の佐藤軍務課長に、再び独ソ和平問題への陸軍の意見を求め、佐藤はこれを参謀本部第1（作戦）部長田中新一中将に伝えた。この東郷の意見照会は、驚くべき内容を含んでいた。ドイツ大使と独ソ和平について話し合ったというのである。以下、田中の日記[50]および田中とともにこの問題を検討した参謀本部第15課長（戦争指導）甲谷悦雄中佐の日記[51]に基づき、経緯を記す。

3月末に東郷を訪問したオットとの会見において独ソ和平が話題とされ、その際独ソ和平の条件として、ムルマンスクおよびアルハンゲリスク（いずれも連合国の対ソ援助受入港）閉鎖、ウクライナ、オデッサ方面の領有、コーカサスの石油保有が挙げられた。これを聞いた東郷は、ドイツの「春季攻勢ガ巧ク行カヌノデハナイカ」と疑念を抱き、「独内部情勢楽観ヲ許サ、ルに非ズヤ」と尋ねた。日本側の史料には、オットの回答は記されていないが、「△独海軍態度①独内部ガ相当危険ナリ」（甲谷日誌）、『ケネデー』海軍武官ハ独乙内部ノ危険ヲ暗示シアリト称ス」（田中日誌）とあり、この会談の席上ではないにせよ、ヴェネカーから悲観的な情報が流されたことを窺わせる。[52]

こうした記述を、この訪問に関するドイツ側の史料と照合すると、興味深い事情が浮かび出る。そもそもオットの東郷訪問は、3月18日のリッベントロップの訓令によるものであった。この訓令では、ドイツとその同盟国が提示するような和平条件、たとえばムルマンスク、アルハンゲリスクの閉鎖、領土割譲などは、現状ではソ連は受け入れないであろうこと、したがってソ連を打倒しなければならないし、またドイツにはその力があること、可能であれば本年中の日本の対ソ攻撃を期待していることなどを、日本側に強調せよとの命が出されている。しかも、ヴェネカーを通じて日本海軍にもドイツの見解を伝えよと、リッベントロップは命じたのだった。[53]

この訓令を受けて、オットは東郷を訪問、会見の内容に関する報告電を3月26日に送っている。ところが、この電報の内容は日本側の記録と矛盾しており、スターリンは領土割譲を含むような和平条件には応じないだろうという意見に、東郷も同意したとされる。しかも、具体的な領土要求に関する東郷の質問に対し、その点については知らされていないと答えた、とオットは報告しているのである。加えてヴェネカーも訓令に基づき、日本海軍にドイツの対ソ決戦意志を伝達したとされた。[54]

かかる矛盾をいかに解釈すべきであろうか。かねてより独ソ和平論者であった東郷が、オット大使の発言を曲解し、独ソ和平に当面反対であった陸軍を説得するのに利用したと考えることも、もちろんできる。しかしながら、後述のように、この直後にドイツ大使館が独自の独ソ和平工作に乗り出していることを勘案すると、むしろドイツ大使館側がリッベントロップの訓令に一応は沿いつつも、独ソ和平の条件、対ソ戦への悲観的な見通しなどを、独断専行的にニュアンスを変えて日本側に伝えた、とみるほうが適切ではないだろうか。日本側史料にみられるヴェネカーの悲観論も、そうした文脈にあるものと推測できよう。

ともあれ、東郷はオットとの会談を契機に、独ソ和平への意欲を再燃させた。佐藤との会談において、東郷は独ソ調停の機会はないかと尋ね、「外務【大臣】個人ノ意見トシテ伯林ニキイテヤルモ可」とした。そして、先般の連絡会議の決定は承知しているが、それでも連絡会議の議題としたい。その前に陸軍の意向を知りたいと、佐藤に回答を求めたのだった。しかし、佐藤からの伝達を受けた田中の判断は否定的であった。情勢は連絡会議決定当時と変化してはいないし、独ソ和平斡旋に成功したとしても、それによって北方の安定が揺らぐ恐れもある。したがって、軽率過早にこの問題を連絡会議に出すべきではないと。[55]東郷の問い合わせに対する大島の4月8日付電報も、独ソ和平の可能性なしとしていた。

この間大島は、リッベントロップより日本海軍の独ソ和平申し出について聞かされており、そうした海軍の施策は全く知らないことであると、不快をあらわにしていた。そして「リッベントロップのメッセンジャー・ボーイ」(コルト)よろしく、ドイツ外相の発言[56]をほぼそのまま報告していた。即ち、ドイツがヨーロッパ・ロシアの工業地帯、ウクライナの原料、コーカサスの油田を奪取、ムルマンスク、アルハンゲリスク、イランと外の世界との連絡を遮断すれば、必然的にスターリン体制は崩壊する。また、ウクライナとコーカサスの支配こそ、欧州新秩序の建設に不可欠とヒトラーは考えており、ソ連との単独講和はその構想を崩してしまう。結論として、独ソ単独講和の可能性はない。[57]

かような経過を経て、4月9日陸軍は独ソ和平斡旋反対の決定をした。「大本営機密戦争日誌」には「対『ソ』和平ニ関シ獨側ヲ打診スルコト亦不可ナリトノ結論に達セリ　主トシテ第一部長ノ熟慮ノ結果ニヨル」とある。こうして、独ソ和平工作は日本側のハイポリティクスにおいては、陸軍の反対に遭ってひとまず蹉跌を迎えたのだった。[58]ただし、東郷の独ソ和平熱は止まず、その後も、独ソ戦のゆくえを憂うムッソリーニを動かし、日伊両国の全力をあげてドイツを和平に傾斜させるという工作を考えている。この工作のため、東郷は小林躋造海軍大将の駐伊大使出馬を求めたが拒絶され、イタリアを巻き込んだ独ソ和平工作も実行以前に頓挫したのだった。[59]東郷はその後もあきらめず、佐藤駐ソ大使の赴任の際に、「独『ソ』和平問題に関する今迄ノ経緯ヲヨク話シ、其ノ様ナ話ノ出タ時ハ之を逸セザル様注意」している。[60]しかし、佐藤のこの問題に対する見解は悲観的であった。[61]

いずれにせよ、既にこの時点でドイツ大使館、日本海軍、日本外務省に、独ソ和平斡旋の気運が醸成されていたこと、それに対しヒトラー、リッベントロップ、大島は、独ソ和平という選択肢を排除していたことが注目されよう。のちに独ソ和平反対論者であった田中が意見を変えるとともに日本陸軍もまた和平推進策を取るに至ると、かかる政策の分裂は、日本陸海軍・外務省、ドイツ大使館とヒトラー、リッベントロップ、大島のねじれた対立の様相を呈することとなる。

ここで時をやや遡って、以後の独ソ和平工作で、日本側とドイツ大使館の連絡において重要な役割を演じたゴットフリート・カウマン（Gottfried Kaumann）の動きをみよう。カウマンは、1893年に輸出商の子としてベルリンに生まれた。第一次大戦では海軍航空隊に入隊、戦後はベルリン、ゲッティンゲン、ケルンで学び、法学博士の学位を得た。1922年にユンカース社に入社したカウマンは、31年に視察と貿易振興のため初来日している。34年にユンカース社を退社後（ナチス党員になることを拒絶したためだとカウマンは主張している）日本に移り、ライヒ航空産業連盟（Reichsverband der Luftfahrt-Industrie）の日本代表となった。以後、43年に中国に転勤になるまで、日本陸海軍、民間航空への航空機売り込みに奔走、その交渉を通じて軍部とのパイプを培ったものと思われる。[62] このカウマンとハルビン国際ホテル社長寺村銓太郎の接触により、独ソ和平工作は再開されるのである。

1942年1月6日、参謀本部第2（作戦）課長服部卓四郎大佐は、カウマンと会談、寺村と面会してくれるよう求めた。服部によれば、寺村は石原莞爾中将と諸重要案件を協議しており、どうしても（unbedingt）それをカウマンに伝えねばならぬというのだった。1月13日服部に同道した寺村は、カウマンと初めて会見、その後三者は1月22日、2月9日、3月6日、3月24日と計5回にわたり、独ソ和平工作について話し合った。寺村によると、彼にその見解を言い含めて送り出したのは石原であり、石原の意見には元駐華大使川越茂、本庄繁陸軍大将、木戸幸一内大臣、軍令部次長伊藤整一中将、参謀本部第2（情報）部長岡本清福少将、満州重工業開発株式会社社長鮎川義介も同意している。

その意見とはすなわち、日独両国の利益に照らして、本年中に戦争を終わらせるのは喫緊の重要事である、日本側には関東軍が紛争を引き起こす危険があり、それは前記の人々のみるところ、すべての可能性がなくなることを意味するのだから、事は急を要するというものであった。寺村はいくつかの仏教団体のメンバーであり、その仏教関係の仕事を通じて、こうした高位の人々、特に石原との連絡を得たという。[63]行論の中断となるが、寺村・カウマン会見の経緯を追う前に、この時期の石原の動きを確認しておこう。

周知の如く石原莞爾については、汗牛充棟ただならぬ研究が蓄積されているにもかかわらず、[64]その戦中期の行動については、なお不明の部分が少なくない。それでも、石原史料の断片と石原に近い人々の回想から、太平洋戦争における石原の戦争指導観が窺える。興味深いことに、石原にとって独ソ和平は、太平洋戦争を勝利に導くための重要な前提となっていたのである。

まず、日米開戦直前の41年10月に石原は上京、陸軍省兵務局長田中隆吉少将を、麻布材木町の東亜連盟同志会本部に呼びつけた。この席上、石原は、日米開戦不可、ドイツの対ソ勝利の困難を説いた。そして、日本はむしろ独ソ和平を推進すべきであり、ヒトラーがこれを承知しないならば日英和解し、三国同盟を破棄すると脅しつけてでも、ソ連との戦争を中止させるべきであると主張したという。[65]

ついで日米開戦当日の12月8日、講演のために高松にあった石原は、その夜一睡もせずに「戦争指導方針」を書き上げたと伝えられている。[66]その第3項には、「強力ナル外交ニヨリ速ニ独『ソ』ノ和平ヲ実現セシム　コレガタメ独乙ノ『ソ』聯ニ対スル要求ハ最小限タラシムベキモノトス」とされており、しかも石原は9日に田辺参謀次長、伊藤軍令部次長に「全力ヲ尽シテ独ソ和平ヲ実現スベキコトヲ要望」したのだった。[67]42年2月5日付草案でも、石原は「独蘇ノ和平ヲ成立セシメ進ンデ蘇聯ヲ対英戦争ニ参加セシムベシ　コレ大東亜戦争ノ目的ヲ達スルタメ外交ニ課セラルルベキ最大任務ナリ」としている。[68]

かような史料をみれば、石原は独ソ和平工作の熱心な推進者だったと推定しても、大胆に過ぎはしないであろう。また、石原は41年に現役を退いていたが、陸軍現役時代の、あるいは東亜連盟運動による人脈を通じて、影響力を保持していたことも見逃せない。したがって寺村の発言も、一概に荒唐無稽なものと片づけることができないと筆者には思われる。

この石原の動向を踏まえた上で、再び寺村・服部・カウマンの三者会談をみることにしよう。数回の会談で次第に話の内容を深めた寺村は、ついに3月6日、独ソ和平斡旋を切り出した。寺村はヴェネカーを通じた海軍の工作の失敗について触れたのち、独ソ和平工作への協力をカウマンに求めたのである。カウマンはこれに関心を示しながらも、こうした交渉は公式に行われねば何事も得られないとし、自分または大使館の代表と、日本の公式筋との連絡を取る必要があると述べた。加えて、この独ソ和平に関する交渉は公にされてはならず、交渉参加者は少数にとどめ、いかなる状況においても、この交渉がベルリンに知られてはならないと、カウマンは条件をつけた。

これに対し、寺村は、「山本【五十六】の失敗の後、陸海軍はこの件を公式に取り上げることを極度に渋っている。彼らはヴェネカーの失敗で面目を失った。そして、再び面子を損ねるようなことは望んでいない」と答えたのだった。カウマンは寺村の回答に満足し、オットとコルトは日本の提案を喜んで取り上げるものと信じると付け加えたのである。続く3月24日の会見では、山本の試みの失敗のため、大本営は秘密に交渉を行うことを決意、ドイツ大使館に深い関係を持つカウマンの連絡役に選んだのだと寺村は打ち明けた。更に、寺村は、多くの点で意見が異なり、和平交渉には適さぬ大島大使の影響力を打ち消し、この案件に重みを持たせるために、特使を派遣するという意見を開陳した。そして、特使派遣のための航空機を、ドイツ側で用意できるかと尋ねた。この頃カウマンは、ドイツ航空省が日独航空連絡を計画しているとの情報を得ており、寺村の問いに肯定的に答えている。こうして和平工作への方策がまとまり、この線で交渉を行うことを日本側で確認準備することを寺村は約束、カウマンが2か月余にわたる中国出張から帰ったのちに交渉を具体化することが決まったのである。[69] かくて、停滞していた独ソ和平工作は、再び水面下で動きだしたのだった。

三　独ソ単独和平工作の挫折

前記の三者会談の結論を受けて、寺村が接触した人物が、参謀本部作戦班長辻政信中佐であった。史料的な困難から、寺村と辻の連絡については詳らかにできないが、辻の戦後の回想には「……石原莞爾将軍の紹介で某氏が獨逸ルフトハンザー《（ママ）》航空会社極東支配人カウフマン《（ママ）》氏を帯同してきた。同氏は具眼の人物だった。当時の駐華獨大使と一脈相通じ、獨ソ和平の工作以外には日獨の活路なしとの信念から真剣に考えていた。具体案としては、久原房之助氏を特派大使として全権を委任せられ、獨逸機で一挙にベルリンに飛びヒットラーに会見して大乗的解決をやろうという腹案であった」とある。[70] しかし実際には寺村・服部の縁で、カウマンの出張からの帰還以前に辻は独ソ和平工作について知らされており、工作推進の決意を固めていたものと推測される。

史料的に確認できる範囲で、辻が独ソ和平問題に初めて触れたのは1942年4月25日の甲谷への進言である。辻は寺村とカウマンの存在を述べ、独ソ和平推進を訴えている。[71] 更に辻の動きは参謀本部首脳部を動かしたものとみえ、5月4日の「大本営機密戦争日誌」には「最近、独、『ソ』和平問題に関し、総長、次長の関心大なるものあり。加うるに辻中佐の進言もありて、『やるなら今の中』という考えにして、次長は直接、鮎川氏【義介】と会談する等色気を見せ、満州出張中の【田中】第1部長に対して招電を発す」とある。もっとも、この記述には「本件主任たる第15課長、何等の内示もなく第2課をして発電せしめたる上司の態度に飽き足らざるものあり。【改行】第1部長帰任後、本件に対する部長の態度たるや見物なり（特に4月の態度とも合せ考慮し）」と皮肉な観測が付け加えられていた。[72]

しかし、5月の田中は、もはや4月の田中ではなかった。かつて対ソ戦を主張した田中も日米開戦後の状況下、対ソ戦準備の困難に直面しており、しかもそうした観測は、関東軍視察（4月25日出発）でも強まるばかりであった。[73] それ故、招電を受けて5月6日に帰京した田中の独ソ和平反対論は、既に動揺していたのだった。その田中に対し辻は、カウマンはゲーリング、シュターマー駐華（汪兆銘政権）大使、駐日空軍武官グローナウ（Wolfgang von Gronau）大佐、陸軍総司令部第4（情報）部長マッツキー（Gerhard Matzky, 元駐日陸軍武官）少将らと連絡のある名士であるとし、ノモンハン事件の調停や独ソ不可侵条約にも関係していると告げた。ついで辻は、カウマンが1月から2月にかけて和平調停に動き、寺村、服部らと会談したこと、久原房之助利用、シュターマー利用を構想し、川越茂もこれに同意したこと等報告、和平条件はソ連からの徴兵、ウクライナの穀物、石油、兵器の有償優先供給となると結んだ。[74]

これを受けた田中は、独英妥協と独ソ妥協のいずれかがあるとすれば、「帝国トシテハ独『ソ』妥協ヲ望マサルヲ得ス独『ソ』妥協ハ真剣ニ之ヲ考慮スルノ必要アリ」と決断、[75] 5月29日に「日獨間戦争遂行ヲ緊密適切ナラシムル為大物ノ連絡員ヲ獨ニ派遣スル件ニ関シ研究ヲ命」じた。[76] 昔日の対ソ戦論者田中は、いまや独ソ和平推進の側に獲得されたのである。かかる決定を受け、5月末服部は上海にあったカウマンに、寺村がすべて準備を完了、上海に赴いて協議する用意がある旨電報を打ち、カウマンは6月初めに帰京会談すると答えた。[77]

6月3日午前7時半、着京したカウマンは、早速服部、寺村と会見、辻がその上司田中の了解のもとカウマンと交渉すると告げられた。その際、寺村は、参謀本部作戦部は石原その他と同様の見解であることを強調したという。5日に打ち合わせを重ねたカウマンらは、6月6日参謀本部を訪ね、辻に面会した。辻は単刀直入に切り出した。参謀本部では、対ソ戦を停止しない限り、勝利も戦争終結もないと判断している。ドイツの対ソ攻勢が戦果を挙げようとも、ソ連軍が壊滅することは考えられず、ドイツの戦力は対ソ戦に拘束されるであろう。ドイツが望むなら、日本には独ソ和平仲介の用意がある。その方策に関しても、天皇の特使として高位の軍人、政治家を送ることを考えている。両国政府間の直接連絡は、独ソ仲介とも関連する喫緊事であり、ついてはドイツ側から特使輸送のための航空機を給与できないか、と辻は尋ねた。

カウマンは、日独飛行は技術的に可能であると答え、誰を特使に予定しているかと反問した。辻は久原、山下奉文陸軍中将の名をあげ、大島大使がこの任に適していないことでは一致しているとつけ加えた。[78]これに対し、カウマンは個人的意見として、ドイツは国力を消耗しつつあるが、独ソ和平に応じる意志があるか否かが最大問題であると述べた。そして、和平のタイミングとしては、ドイツの春季攻勢発展の時期がよいとし、最後にドイツ大使館にこの話を伝えることを約束したのである。辻は、これをオット大使に伝えるものと理解した（「オット」ニ勧誘ノ件　月曜「オット」ニ会見）。

しかし、カウマンは、独ソ和平案を伝える相手として、実際にはコルトを想定していたのである。カウマンは、ほぼ1年前からコルトに面識があり、しかもコルトの来日に先立ち、友人の陸軍総司令部付外務省代表エッツドルフ（Hasso von Etzdorf）から、コルトは心からの反ナチスであり、何事も話し合える人物である旨のメッセージを受け取っていたのだった。[79]従来の研究は、以下の経緯を、主としてコルトの回想録[80]により叙述しているが、[81]本稿では、より細密な再構成を試みることにしよう。

6月8日午後5時、カウマンはコルトに面会、日本側の独ソ和平案を告げた。コルトは乗り気で、特使派遣案は新機軸で見込みがあるとし、少なくとも現在大島が日独関係に及ぼしている悪影響を排除し得ると判断した。そして、コルトはこの件をオット大使に進言したという。翌9日、コルトはカウマンに交渉のための覚書を手渡した。その内容は特使派遣案を歓迎、第一に、派遣の時期はドイツの攻勢の見通しがはっきりするであろう7月末にする、第二に、交渉の枠をはじめから限定せず、軍事、政治、戦争経済上の一般問題に関する論議を目的とする。第三に、特使派遣前にその意義を何らかの適切なかたちでベルリンに伝えるのが必要である、とするものであった。加えて、この一件は極秘とし、しばらくはベルリンに報告しないものとされていた。[82]

この覚書の要点は、ただちに辻に伝えられ、辻から田中に報告されたものと推測され、「田中日誌」の6月9日の項には、「1『オット』下ノ『コルト』モ使節派遣ニ同意 2 和平ハ謂ハサルコト」とある。[83]翌10日カウマンは辻と会談、辻はカウマンの覚書を承認した上、大島は「伯林臭クナッテ」いるので「純日本的立場」で話すことが必要であり、特使は武勲を誇る高位の将軍が望ましいと付け加えた。[84]その直後に田中が入室し、この一件は最重要かつ極秘事項であることを強調した。そして、この和平の試みを潰されないよう、ドイツ大使館の武官たちには秘密にするよう求めたのだった。最後に技術的な問題が触れられ、辻は近くイタリア機が訪日することを告げ、それに便乗することが可能であるとした。[85]こうして独ソ和平工作の準備は整っていく。11日、カウマンより前日の会見の報告を受けたコルトは、この接触を絶対に維持するよう求めた。そして、辻の南方視察からの帰還を待って、交渉を続けることになったのである。[86]

7月7日、コルトより現状と交渉要綱に関するメモを受け取ったカウマンは、夕刻、南方より帰京した辻と会見した。辻はこの席で、使節団派遣は決まったも同然であるとし、天皇の裁可も下り、内閣も承知したと告げた。そして、使節団の団長は天皇の特使とみなされるとし、以下の議題を挙げた。①対米英戦争指導上の一般問題、戦争目的、②枢軸国の作戦的協力、③経済協力、④主要問題(独ソ和平仲介)。辻は、第4議題については公式の議題にはせず、会談のなかで自然な問題として持ち出すことになっているとし、第4議題を知っているのは天皇、東條英機総理、陸軍次官木村兵太郎中将、海軍大臣嶋田繁太郎大将のみであると言明した。また機密保持のため、以後のカウマンとの会談においても、独ソ和平の問題は「第4項」と呼称することになった。更に、辻は7月2日に包頭に到着したイタリア機に便乗、自ら日独連絡にあたると宣言したのである。[87] この時期の辻の使節団派遣に関する熱意は強烈なもので、種村佐考の回想には「そして7日には、辻政信中将が自ら自分宛の参謀総長訓令（案）を草し、このイタリヤ機に便乗して欧州にいくといい出した。ヒットラーと会見して、独ソ和平を勧告しようとするのだろうか」とある。[88] 事実、「第一次連絡者派遣辻志願強烈決定ヲ督促」する有様だったので、7月9日には辻の派遣が決定される。[89]

一方、7日と9日にカウマンより辻との会談に関する報告を受けたコルトは、「多大な関心を以て」聞き、10日には辻の出した交渉議題をよしとし、具体的な共同作戦の目標などを尋ねる覚書をカウマンに与えた。[90] これを要するに、日本政府・陸海軍と駐日ドイツ大使館は、独ソ和平工作の障害となるリッベントロップ・大島を迂回し、頂上会談で独ソ和平仲介を実行するという点で連動したのである。

しかし、ベルリンの空気は、東京のそれと180度逆であった。既にみたように、リッベントロップは日本の対ソ参戦を望んでいたし、大島は折に触れてはドイツの対ソ勝利は近いとする報告を送り続けていた。たとえば、4月6日付のヨーロッパ一般情勢の報告電では、大島はドイツ側の様々な困難を挙げはしたものの、「もしドイツ軍が天候に恵まれたなら、いかなる予想をも上回るスピードで、彼らはこの戦い（独ソ戦）に勝つだろうと予測」していた。[91] 更に、たまたま帰国することになった安東義良駐伊大使館付参事官（帰国後5月29日に欧亜局長に就任）には、ドイツの対ソ戦の勝利を訴え、日本の対ソ参戦を促すような判断を託している。これは安東から陸軍当局に伝達され、5月29日の参謀本部部長会報（会議）において杉山参謀総長から披露された。が、皮肉にも伝達者の安東は、自らの意見として「『ソ』ハ敗戦ノ色ナシ　反独強シ　対日良好　抗戦徹底カ」と正反対の見解をつけ加えていたのである。[92] 大島の判断の突出ぶりを示すエピソードではあった。

大島の対ソ戦熱はおさまらず、7月9日の会見でリッベントロップの慫慂を受けたこともあって、更なる一歩を踏み出したのである。この会見で、リッベントロップは独ソ戦における戦果を誇示し、「今日本がロシアを攻撃したならば、これは最終的な士気の崩壊をもたらすか、少なくとも体制の崩壊を著しく加速することができるだろう」として、日本の対ソ参戦を求めた。そればかりか、イギリス軍のエジプトへの補給を阻止するため、インド洋で日本海軍が大規模な作戦を行うことをも併せて要請したのだった。大島を使嗾し、日本陸海軍をドイツの戦略のために利用しつくそうとする、リッベントロップの権力政治的意図を露呈するが如き要求ではあったが、大島は嬉々として「自分も日本の対ソ攻撃及びイギリスのエジプト補給遮断の必要性を確信」すると答える有様であった。[93] こうした経過を経て、大島はついに7月20日第881号電により、ドイツが日本の対ソ参戦を要求してきたと報告したのである。[94]

　この時、これまで独ソ和平の可能性を否定してきた大島が、不可解なことに別の電報で「此ノ儘行ケバ独『ソ』両国ガ単独講和ヲ行フ虞アリ」[95]と報告している。この矛盾は、おそらく以下のように考えるのが論理的であろう。

　大島は、5月4日にリッベントロップと会見した際に、対ソ攻勢が成功し、スターリン政権が和平を申し出てきた場合のドイツの対応について尋ねた。これに対して、リッベントロップは、そのような場合でもスターリンが和平を申し出るかは不明だとしながらも、「『ヒ』総統の懐抱シアル東方政策遂行ノ企圖ヲ完全ニ獲得シ且ツ蘇聯邦カ『マハトフアクトーア』【権力要素】トシテ存在スル能ハス全然無害ノモノトスル条件ヲ課スル」と答えたのである。[96] ドイツの短期勝利を信じる大島が、かかる情報を注入され、独ソ戦の終結は近く、日本の介入のチャンスは過ぎ去ろうとしていると焦慮したとしても不思議ではあるまい。それ故、ここでの単独講和とは、両国の交渉によるものではなく、ドイツが勝利ののちに、ソ連に強制するものであったと解釈すべきであろう。そう考えると、大島が、にわかに単独講和の可能性を言い立ててきたのは、第一にドイツの勝利が目前であること、そして独ソ単独講和が成立すれば、日本の対ソ参戦の可能性が消滅してしまうことを強調し、対ソ戦決意を促すためのマヌーヴァーであったと推測されるのである。

しかし、東京の見解は、対ソ戦不可の方向に傾いた。陸軍でさえも、対ソ戦による戦線の拡大を肯んずることはできなかったのである。結局、大島の第881号電は、陸海軍外務省の主務者によって検討されたのち、[97] 7月25日の連絡会議で「極力対『ソ』戦争ノ惹起ヲ防止ス」との結論が出される。そして、対ソ参戦は、日本の勢力を分散することになるため枢軸側に不利となる、それ故日本は、従来通り極東のソ連勢力を牽制することにより、枢軸側に貢献するとの旨をドイツ側に伝えよ、との大島宛回訓が送られたのだった。[98] かくて大島は、7月30日のリッベントロップとの会談において、参戦拒否という回答を伝えねばならず、その際、日本にはこの問題に関して様々な見解があるので、この回答も最終的なものとはみなしていないと個人的意見をつけ加えて、釈明に努めたのである。[99] しかも大島にとって不幸なことに、彼がほのめかした独ソ和平の可能性は、その意図とは裏腹に、東京の独ソ和平工作への期待をあおる結果となっていた。

即ち、7月25日の連絡会議において、東條総理は「独『ソ』ガ我ニ諒解無ク単独講和ニ入ルガ如キコト無キ様一本釘ヲ打テ置ク必要無キヤ」「……唯何処カデ独『ソ』和平ニ導クモノトセバ他ニ適当ナル国アラバ格別ナルモ日本ト『ソ』聯邦トハ友好関係ニ存リ、日本ト独トハ同盟関係ニ在ルヲ以テ帝国ハ之ヲ『リード』スヘキ極メテ有利ナル立場ニ存リト思惟ス」[100]と発言している。これは従来言われてきたような不可解な発言ではなく、[101] 本稿で縷々述べてきたような動きを承知していた東條が、この機会に独ソ和平工作への期待を表明したものと解釈することができよう。

この間にも、ドイツ大使館と通じた独ソ和平工作の準備は、着々と進んでいた。7月7日には、とうとうオットが日本代表団のヨーロッパ派遣の件を、ベルリンに切り出している。この日の電報で、オットは一般情勢を述べ、日独連絡の必要性を訴えたのち、日本陸軍筋の連絡者から、指導的人物の航空機による派遣を打診され、しかもこの件は他の方面には秘密にするよう要請されたと報告したのである。加えて、オットは、この日本代表団に随行するか否かは別として、自分か、コルトが帰国・報告を行うことは非常に望ましいことであると、この電報は結んでいた。[102]

この提案は、従来の日独連絡計画に自然に呼応するものであった。というのは、独ソ・日米開戦に伴う連絡の遮断は、日独協同作戦の遂行上著しい困難をもたらしており、その克服のための航空機による日独航空連絡計画が進行していたのである。この計画は4月末頃から具体化しており、4月25日には日独間飛行のための技術的な問題（飛行距離、天気予報、無線通信など）を伝え、これに対応する準備を求める電報が、大島より打たれている。[103] この計画は5月9日の大島・リッベントロップ会談で話題とされ、続く17日の会談で合意をみた。[104] 大島の電報によれば、リッベントロップは「この航空連絡には貴下と全く同意見である。明日、私は大本営に行き、ただちにヒトラー総統にこの件を提案するであろう。ゲーリングにも、この件を促進するよう求めよう」と述べたという。[105] この計画は、飛行中のソ連領空侵犯と、それによる日ソ関係悪化を懸念する東郷外相の消極論に遭いつつも一応進行中であり、したがってオットの提案にあるように、こうした航空連絡により日本代表団を受け入れることは、大島・リッベントロップも同意しやすかったはずである。[106]

だが、7月9日のオットの電報は、更に一歩踏み出したものであった。協同戦争指導を討議するため日本の指導的な人物を派遣するという案は、既にインナーキャビネットで（im Führungsausschuss Kabinetts）具体化している。日本側の連絡者はそれ故、再度この案件をベルリンの日本大使館を含む他の方面には暫く秘密にすることを求めた、とオットは報告したのである。更に、この代表団は天皇の使節の称号を得ることになるため、日本側は事前にこの件についてのドイツ側の了解、および連絡に必要な長距離航空機の準備を確認したいとの由である、とオットは伝えた。[107]これに対するリッベントロップの反応は、疑問符の列挙ともいうべきものであった。連絡者とは何者か。この案は日本陸軍から出たものなのか、それとも背後に別の勢力が控えているのか。また、この案はオットが持ちかけられたものなのか、それともオットと連絡者の話し合いのうちに発案されたのか。派遣される代表者とは誰なのか、代表団の構成はどうなるのか。戦争指導の討議とはどのようなかたちで行われるのか。そもそも日本側の意図は奈辺にあるのか。その際、陸軍と海軍、あるいは政府と軍部の間にはどの程度の意見の相違があるのか。7月13日、リッベントロップは以上の質問に対し可能な限り詳細に回答するよう訓令を送った。[108]独ソ和平工作は一つの切所を迎えたのである。

オットは掌中のカードを開いた。連絡者は辻とカウマン、代表団派遣案は陸軍参謀本部作戦部から出ており、代表者としては山下奉文、久原房之助、山本五十六らが挙げられている。この案件は総理、陸相、海相、参謀総長、軍令部総長間で討議され、天皇に上奏されていることなどを、7月15日の報告で明らかにしたのである。[109]この切り札は、もともと航空機による日独連絡に熱心で、しかも政治的成功を求めていたリッベントロップの急所を突いた。リッベントロップは7月19日の訓令で、現時点では技術的な条件が整っていないが、日本との連絡を可能とする長距離航空機の開発に取り組んでおり、これが完成すれば天皇の使節団受け入れは具体化できる、そしてこの案についてはベルリンはもちろん原則的に同意している旨、辻に伝えるよう命じたのだった。[110]これは、オットの戦術的成功であった。日独航空連絡および日本の重要人物派遣という点を前面に押し出して、リッベントロップから使節団受け入れへの原則同意という言質を引き出したのである。

かくて、東京の独ソ和平工作は一歩前進した。7月21日、コルトを訪問したカウマンは、ベルリンとの一連のやりとりを記した文書を見せられ、ベルリンの見解を日本側に伝えるよう命じられた。コルトはその際、連絡時期は従来の7月末では過早であるとして、事態が明確になる8月末以前には、公式の意見交換をしないほうがよかろうとつけ加えた。このあと、カウマンは初めてこの問題についてオットと会談した。オットは「きわめて共感するふう（in sehr sympathischer Weise）」であったという。この協議を受けて、カウマンは、24日参謀本部を訪問、服部と会見した。服部は連絡の時期変更を了承したが、4週間以内に技術上の困難を克服することを要請してきたのである。[111] この時点では、技術上の困難がすなわち独ソ和平工作の隘路となっていたのだった。

この問題を解決すべく、ドイツ大使館は様々に動いた。まずオットは7月25日の電報で、カウマンの参謀本部訪問の結果を報告、日本側が長距離航空機の完成を切望していることを強調した。[112] コルトもまた8月13日にヴァイツゼッカーに電話をかけ、天皇の特使の一件が持つ重要性を訴えた。[113] しかし、ベルリンの態度は慎重であった。その理由を示唆するドイツ外務省の覚書がある。これによると、空軍統帥幕僚部（Luftwaffenführungsstab）は東アジアへの定期飛行を提案したが、ヒトラーの判断ではかかる飛行は定期的に実行されなければ意味はなく、プロパガンダや威信のための一回限りの飛行では利益にならない。そして、空軍は飛行の準備を進めているが、安全に飛行できるのはいつになるか確信できない旨、外務省に伝達してきたのである。[114] 日本側はこうしたドイツ側の慎重さに業を煮やし、8月14日長距離航空機の購入をドイツ側に申し入れた。[115] 日本側は最初は日本海軍の飛行艇の使用[116]やイタリア訪日機への便乗を考えていたが、それが不可能となったため、ドイツ機の購入利用を決意したのである。この日本側のイニシアチヴはドイツ側を動かし、8月末までに日独連絡飛行は具体化していった。[117]

こうして技術上の障害が除去されつつある間にも、ドイツ大使館と参謀本部の交渉は進み、独ソ和平工作の細部が詰められていた。カウマンはコルトと密接な連絡を取りながら、8月18日参謀本部に服部・辻を訪問、代表団の構成などについて議論した。[118] ドイツの夏季攻勢の進捗をみたコルトは、日本が対ソ参戦の衝動に駆られるのではないかと危惧しており、[119] 独ソ和平工作を急ぎ進めることを望んでいたのである。一方、日本側でも代表団の人選、独ソ和平工作の最終的検討に入っていた。既に7月より、使節派遣の件は陸海軍で検討されていたが、[120] 8月になると独ソ斡旋の件も含めて外務省にも伝えられ、独ソ和平工作は陸海軍関係者課長会議においても公然と議題とされるに至った。[121] 9月3日には、田中第一部長が甲谷を帯同して、安東欧亜局長とともにおよそ2時間半にわたり会食懇談した。この席上、安東は「独ソ和平問題、打診ハ大島ニテハ蹴ラレルノ扱ヒトナル虞アリ　大物ヲ持テ行テ並ベルヲ可トス」と発言、田中とともに総理渡欧を支持したのだった。[122] こうした独ソ和平工作の裏にあった石原莞爾も、8月28日に「為辻氏」として、独ソ和平推進を含む「戦争指導方針」を起草していた。[123] このように、東京での独ソ和平工作への傾斜は日独ともにその頂点に達していたのである。

しかしながら、独ソ和平工作がより広い範囲で論議されたことは、当然機密保持の弛緩を招くこととなった。独ソ和平工作は公然の秘密となり、全く無関係の部署にまで知られるようになっていたのである。[124] その結果、いかなるルートで伝わったかを立証することはできないが、[125] 8月末にはリッベントロップは日本使節団の目的に疑念を抱き、日本の独ソ和平工作の再燃を警戒するようになっていた。その意味で8月26日の晩にコルトがベルリンと交わした電話において、使節団の派遣は大島の権能を損ねるのではないかというベルリンの懸念が表明されたことは、独ソ和平推進派にとっては「壁に書かれた文字」ともいうべき徴候であった。[126]

8月31日、リッベントロップはフーシュル（Fuschl）の別荘に大島を招致し、独ソ単独和平の噂について語った。しかも、その噂は日本から発しているとし、そうした単独和平のような考えは、スターリンを利するものだと非難したのである。更にリッベントロップは、大島との長年の信頼関係故に打ち明けるのだから、本省には伝えてくれるなと前置きした上で、使節団派遣に関するこれまでの経緯を暴露した。然るのち、日本使節団の訪独は歓迎するが、「単独和平なる考えは全くのユートピアであり、討議から排除しなければならぬ」と大島に告げたのだった。[127] かねて本国の政策不信の念を抱いていた大島が、かかる挑発にあって激怒したことは想像に難くない。

その一方で、翌9月1日にリッベントロップは、総統の決定をちらつかせながら、日本使節団用の長距離航空機を手配するよう、ゲーリングに要請している。[128] つまり、リッベントロップは、日本使節団の受け入れにより、政治的得点を得るチャンスを押さえながら、大島を誘導することによって、自らの政策に合わない日本の独ソ和平斡旋という不純物を濾過しようと試みたのである。

結果として、大島はリッベントロップの振るタクトに合わせて踊ることとなる。9月7日、大島は1065号電報において、日本は独ソ和平を画策しているようだが、ドイツは非常に迷惑していると報告した。[129] この電報を受けた甲谷のメモには、いみじくも「『リ』外相和平問題ニ先手ヲ打テ来ル」とある。[130] 事実、天皇の特使とヒトラーの頂上会談で切り出されるはずの独ソ和平斡旋が、その障害であるリッベントロップに事前に知られたとあっては、この工作の命脈は断たれたも同然であった。かくて、42年の独ソ和平工作は、アンチ・クライマックスを迎える。

陸海軍首脳部はこれによって独ソ和平斡旋に消極的になり、[131] あれほど積極的であった辻も、9月9日の会見においてドイツ大使館が機密を保持できなかったのではないかという疑いをむきだしにし、「『カウフ《（ママ）》マン』ノ系統アッサリ断絶」を宣告する有様であった。[132] なお独ソ和平斡旋に未練を残す田中第1部長は、9月9日の日記に「『ソ』ヲ『マハトファクトア』トシテ既ニ無力トナリタル時期ニアラスヤ　独『ソ』講和ノ可能性アリヤ」と悲痛な記述をしたが、[133] 彼自身にも運命の転換が待っていた。この年の暮れ、ガダルカナル戦と関連した船舶増徴問題をめぐり、有名な東條罵倒事件を引き起こした田中は、南方軍総司令部付に左遷され、中央を去ったのである。辻政信もまたガダルカナル方面の戦局悪化に直面し、作戦指導のために東京を離れた。

一方のドイツ側でもまた、独ソ和平工作に関与した人物の排斥が行われた。表面上はゾルゲ事件の責任を取るかたちでオットが解任され、コルトもまた駐華代理大使に任命されて東京を去った。これは単なる極東方面の人事異動ではなく、外務省内の伝統的保守派の一掃を図ったものであった。ヴァイツゼッカーは、正しくこの人事の意図を読み取り、おおいに憤ったが、▼134 彼自身もまた外務次官の職を解かれ、駐ヴァチカン大使として国外に追われる。こうして、独ソ和平工作をめぐる水面下での東京とベルリンの政争は、やはり水面下でベルリンの圧倒的勝利に終わった。

第一幕の役者が退場したあとも、配役と舞台背景を替えて、独ソ和平工作は繰り返される。しかし、より貧弱なアクターにより、より厳しい条件下で実行されたその後の独ソ和平工作は、マルクスの箴言の如く「二度目は喜劇として繰り返される」性格を強めていくのである。

結論にかえて

以上本稿では、ドイツ本国と駐日ドイツ大使館の対立に注目しつつ、1942年の独和平工作とその挫折の経緯を分析してきた。筆者にとって、かかる抗争はナチズム外交に特有の現象と思われるが、これを単なる本国と出先の間の紛争とみる立場も当然あり得るであろう。しかしながら、他国と結んで本国の決定を根底から覆そうとしたドイツ大使館の行動は、「現場の行動様式」（モートン・H・ハルペリン）をはるかに超えたものであって、これを一般的な官僚組織の問題に還元するのは適切ではあるまい。かようなナチズム外交の特殊性を重視する視点から、本稿の内容を要約し、より広い分析枠組の中に配置してみよう。

1933年の権力掌握以来推進されてきた政策決定過程からの伝統的保守派の排除は、30年代後半の成功を経て、40年の対仏戦勝後にほぼ完成していた。それ故、すべての抵抗にもかかわらず、ヒトラーは自らのドグマに基づく外交・戦争指導を貫徹できるようになっており、その傾向は対ソ・対米開戦後一層強まった。しかし、これを以て「単頭制」の完成とみるべきではない。政策執行過程においてはなお伝統的保守派が残存しており、ヒトラーの決定をサボタージュ、ないしは転換させようと策動していたからである。駐日ドイツ大使館はその典型であろう。その中枢には、オット大使、コルト公使、ヴェネカー海軍武官らの伝統的保守派があり、しかも同盟国日本との間に培ったパイプにより、独自の地位を享受していた。彼らの政策は国家理性に従ったものであり、ヒトラーのドグマによる本国の政策とは到底一致できるものではなかった。

こうした亀裂は、独ソ単独和平問題において日本側と横断的に結び、独自の政策を追求するという動きとなって現れる。決定に対する反対が、しばしばテロルに迎えられるナチズム体制のもと、駐日ドイツ大使館の異議申し立ては、かかる非保守派の敗北の日となった。和平斡旋の意図を知ったリッベントロップは、大島を誘導して日本の工作をブロックするとともに、駐日ドイツ大使館首脳部を更迭した。換言するならば、政策執行過程から伝統的保守派を排除したのである。

では、この独ソ和平工作の経過から、ナチズム外交分析へのいかなる知見が得られるだろうか。まず、伝統的保守派は政策執行過程において、42年の段階でもなお強固に残存していたと思われる。とくに、地理上の懸隔と戦時下の連絡の困難という状況にあって、東京のみならず出先大使館における伝統的保守派の排除は、本国のそれとは相当のタイムラグがあるものと推定できよう。にもかかわらず、残存していた伝統的保守派が、42年末から43年初頭にかけて斥けられていくのはなぜか。従来、37年から38年の国家指導部の更迭は、伝統的保守派に対するナチズム勢力の勝利のメルクマールとされてきた。この見解自体は妥当なものであろうが、一夜にしてすべての伝統的保守派が排除されたわけではない。外交と戦争指導、国家機構の維持のため、伝統的保守派の全き排除はできなかったからである。

だが、一連の軍事的敗北によって、「軍事的合理性」ないしは国家理性からみた戦争継続の意義が失われ、ただヒトラーのドグマによる戦争継続だけが問題となると、伝統的保守派を政策決定過程の一部および政策執行過程に残す必要はなくなる。テクノクラート化した官僚の協力およびナチスと「融合」した「共棲」エリートの出現[135]の影響もあって、42年末から43年初めにかけて伝統的保守派を粛清する条件が整ったものと筆者は考える。「戦争が初めて外交上の目的意志を統一する可能性を彼（ヒトラー）に与えた。言い換えれば……彼がその意志を貫徹しようと欲した、まさにその時に戦争を必要とした」というシーダー（Wolfgang Schieder）のテーゼ[136]を敷衍するならば、勝利の可能性が失われたときに初めて、ヒトラーはそのドグマに完全に合致する戦争指導を実行し、それを支える体制を築くことができたのである。その意味で、42年から43年の経過（たとえばヴァイツゼッカーやレーダーの解任）は、いわゆる「シュペーアの時代」の到来とは別の意味で、ひとつの画期とみなすことができよう。独ソ和平工作挫折ののちの駐日ドイツ大使館人事も、こうした大きな動きの一環だったのである。

以上の作業仮説にかりに依るならば、30年代のみならず、戦争期、あるいは体制の「爛熟期」を研究する必要が痛烈に感じられる。そこでは、「ファシズム」論の「伝統的支配層」と「疑似革命」の二元論から更に分化した、より細密な分析を行うことが期待されるだろう。

追記1 「意図派」と「機能派」をめぐる状況は、本章のもとになった論文を発表した1995年からおよそ20年を経た今日になっても、本質的に変わっていないものと思われる。管見の限り、両者を止揚するジンテーゼは現れていないし、最近の傾向をみれば、むしろヒトラーの役割への注目が高まっていると考えられよう。

追記2　１９９５年当時の筆者には、日独の独ソ単独和平派を仲介した寺村銓太郎について、詳細をあきらかにすることができなかった。が、その後、寺村の娘である山崎倫子の回想録（『回想のハルビン――ある女医の激動の記録――』、牧羊社、１９９３年）があることを知り、手がかりを得られた。以下、興味深い部分を引用する。

「国際ホテル社長とは名前だけ、義母、叔父（私の実母の弟）に経営をまかせ父はその収益を自由に使い、陸軍、参謀本部などから依頼を受け、もっぱら和平工作に係わっていたのである。

私の知っている限りに於ても、まぼろしで終わった繆斌《みょうひん》工作にも係わっていた。石原莞爾中将を指導者とする東亜連盟（半官半民の組織）の支持者として活動していたのでこの線を通じて持ち上がった和平工作には進んで動いていたのを知っている」（26～27頁）

「かつて父はノモンハン事件の折、やはり秘密工作として、ドイツのオットー【オット】大使を介し、元在ドイツ日本大使館駐在海軍武官服部豊彦大佐、駐日ドイツ大使館外交官らと共にスターリン工作をしている。ノモンハン事件の終結には大きく係わっていると知るところでは知られていたのである」（28頁）

この記述には、他の一次史料と一致する部分があり、また寺村の石原莞爾やドイツ大使館との関係を知る補助線となっている。かくのごとく寺村銓太郎という人物とその行動は興味深く、今後も調査を進めたいと思っている。

写真：スターリンとリベンドロップ独外相

第五章　独ソ和平問題と日本

一　はじめに

1945年5月20日、ある医学生は日記にこう記している。「廟堂の苦悩吾ら知る。されどなお恐る。第一等の、否、唯一の鍵たる沖縄決戦に勝つ能わずしてただ外交にのみ途を求め、ソビエトに翻弄されて全世界の嘲笑の的たらんことを。日本よ、祈るらく、ことここに及んで下手な媚態に身をこらすことなかれと」[▼1]その祈りは空しかった。周知の如く、日本はソ連を仲介者とする和平工作に力を尽くし、しかもその期待は手ひどく裏切られたのであった。こうした日本の戦時対ソ外交については、「幻想の外交」（細谷千博）という言葉に象徴される厳しい評価が定着している。

なかでも一種ユートピア的な政策として批判の対象とされているのが、独ソ和平工作であろう。戦場のみならず、イデオロギーのレベルにおいても死闘を繰り広げていた独ソを調停、自国の政策に有利な方向に誘導しようとした日本の政策は、やはり独善的であるとの誇りを免れないものであった。この独ソ調停策が実体を欠くものであったことは、ドイツ現代史研究において独ソ戦が「世界観戦争」であったことが明らかにされるにつれ、より一層つよく確認されるに至っている。[▼2]

しかしながら、このように独ソ戦のイデオロギー的な性格が強調される一方、それでもなおドイツ側に対ソ和平を求める分子があったことが最近の研究において実証されつつある。[3] そのような動きは、ドイツ側の政策決定においてどの程度の影響力を発揮し得たのか。そして、もし戦争の一方の対手にかかる意図があったとするなら、何故に日本の独ソ調停は挫折したのであろうか。本稿では、主としてリッベントロップ外務大臣を中心とするドイツ側の動向注目、分析を実行することにより、これらの問いに答えることにしたい。その分析過程において、ナチズム外交の一側面が剔抉され、対する日本外交の混乱もまた俎上にのぼすこととなろう。

二　独ソ和平の模索——1941〜1942

既に日米開戦前から、日本側が独ソ和平工作に希望を抱いていたことはよく知られている。1941年11月15日の大本営政府連絡会議（以下、連絡会議とする）において、決定された「対米英蘭蒋戦争終末促進ニ関スル腹案」には、「独『ソ』両国ノ意嚮ニ依リテハ両国ヲ媾和セシメ『ソ』ヲ枢軸側ニ引キ入レ」る策が挙げられていた。これは外務大臣東郷茂徳をはじめとする外務省の主導によるものであった。[4] 海軍もまた独ソ和平の実現によってドイツの戦争努力が米英に向けられることを望んでおり、日米開戦直前の10月24日および11月3日に、軍令部7課長（欧州情報担当）前田精大佐を通じてドイツ海軍武官ヴェネカー少将に独ソ和平仲介の可能性について打診していたのである。[5] それに対して、陸軍は独ソ和平に関心を有しながらも、それが実現した場合の多大な影響を考慮して慎重な態度を示していた。例えば、1942年3月7日の連絡会議では、東郷外相の「独『ソ』何レカヾ和平ヲヤロウト言ッテ来タラ何トカ考ヘテ見テモ良キニ非ズヤ」という問いに対して、参謀次長田辺盛武中将は「現在ノ情勢ニ於テハ其ノ可能性ナキコトハ情勢判断ニ於テ明瞭ナリ、故ニ其ノ必要無シ、又現在ノ情勢ノ儘ニテ独『ソ』何レカカラ申出アルモ之ニ応ズルコトハ却テ北辺ノ圧カヲ増加シ害多シ、尤モ独『ソ』戦ノ状況ニ大ナル変化アレバ別問題ナリ、何レニセヨ現在ノ情勢ニ於テハ申出ガアロウガアルマイガ斡旋ニ乗リ出スベキニ非ズ」と慎重論を唱えていたのである。[6]

　このような状況下、まず日本海軍が独ソ調停に着手する。１９４２年2月28日、前田は軍令部8課長中堂観恵大佐とともにヴェネカーを訪問、ドイツがソ連打倒とインド洋での日独合流という二つの重要課題を同時に果たすことは困難であるとの見解を披瀝した。そして交渉による対ソ和解を検討すべきという提案が出され、日本の調停意志が表明されたのである。しかも、この提案については、連合艦隊司令長官山本五十六大将も承知しているというのだった。会談の内容は駐日大使オットに報告され、3月3日にはベルリンに請訓電が打たれた。[7]これに対し返ってきたのは、ドイツに対ソ和平の意志がないこと、そして日本がソ連に接近するようなことはないと確信する旨を強調せよとのリッベントロップの訓令であった。[8]ここに日本海軍の和平工作はひとまず頓挫するが、しかしオット大使以下のドイツ大使館側が好意的に対処したことは見逃せない。[9]事実、ドイツ大使館はのちに日本の独ソ和平工作により深くコミットすることになるし、日本海軍のヴェネカーを通じた打診はその後もひそかに続けられることとなる。[10]

　この間に、東郷外相も独ソ和平の方策を模索していた。3月末にオット大使と会見した東郷は、独ソ和平について話し合い、ムルマンスクとアルハンゲリスク（対ソ援助受入港）の閉鎖、ウクライナ、オデッサ方面の領有、コーカサスの石油保有などのドイツの和平条件を聞き出したのである。これを受けた東郷は独ソ調停に意欲を燃やし、陸軍省軍務課長佐藤賢了少将に陸軍でもこの問題を検討してもらうよう求めた。[11]しかし、ドイツ側の史料と照合すると、このオットの発言は一種の独断専行であったことがわかる。実はオットが東郷を訪問したのは、3月18日のリッベントロップの訓令によるものであった。リッベントロップはこの訓令で、ムルマンスク、アルハンゲリスクの閉鎖、領土割譲などはソ連の受け入れない条件であり、したがってソ連を打倒しなければならないという意見を日本側に伝えよと命じていたのである。[12]だが、オットはこの訓令のニュアンスを変え、日本側の独ソ和平工作を慫慂するような内容にして伝達したのだった。ここには、リッベントロップと駐日ドイツ大使館との水面下の対立が看取できる。

いずれにしても、東郷はこの問題を連絡会議の議題にせんと望み、陸軍の意向を尋ねた。だが、佐藤より伝達を受けた参謀本部作戦部長田中新一中将の反応は消極的だった。田中は作戦の主務者として独ソ和平が北方の安定に与える影響を重視しており、軽率にかかる工作に出るべきではないとしていたのである。また、独ソ和平の可能性なしとした４月８日の大島浩駐独大使の電報も影響したのであろう[13]、４月９日に陸軍は「対『ソ』和平ニ関シ独側ヲ打診スルコト亦不可ナリトノ結論ニ達」したのであった。[14]

しかしこの時点で既に興味深い構図が描けることがわかる。即ちドイツ大使館、日本海軍、日本外務省が独ソ和平調停に積極的であったのに対して、ヒトラー、リッベントロップ、大島のベルリン側は拒否の姿勢を固めていたのである。この配置に日本陸軍が和平工作推進派として加わると、事態は東京対ベルリンの様相を呈することとなる。

１９４２年１月６日、ライヒ航空産業連盟日本代表ゴットフリート・カウマンは参謀本部第２（作戦）課長服部卓四郎大佐と面会、寺村銓太郎なる民間人と会見するよう服部から求められた。服部に石原莞爾中将と重要案件を協議しており、どうしてもそれをカウマンに伝達したいというのであった。１月13日、寺村はカウマンと初めて会見、その後数回にわたって独ソ和平工作について話しあった。寺村を伝達のパイプとして送り出したのは石原で、彼は独ソ戦を終結させることは日独両国にとっての重大事というのだ。[15]にわかには信じ難い発言であるが、この時期の石原の動向を見ると確かに独ソ和平論を唱えていることが確認できる。例えば１９４２年２月５日付の「戦争指導方針」でも、石原は「独蘇ノ和平ヲ成立セシメ進ンデ蘇連ヲ対英戦争ニ参加セシムベシ　コレ大東亜戦争ノ目的ヲ達スルタメ外交ニ課セラレルベキ最大任務ナリ」と訴えていた。[16]史料的な困難から石原の関与をより具体的に描写することはできないが、その後の経緯をみても、少なくとも1942年の独ソ和平工作については石原の影が見え隠れするのである。

いずれにしても、数次にわたる会談ののち、寺村は3月6日に独ソ和平斡旋の件を持ち出した。寺村はヴェネカーを通じた海軍の工作の失敗をカウマンに告げ、新たな和平工作への協力を求めたのである。カウマンはこれに対して、この交渉は秘密裏に実行しなければならず、またいかなる状況においてもベルリンに知られてはならないと条件をつけたのだった。続く3月24日の会見では、寺村は大島大使のネガティヴな影響を打ち消すために特使を派遣するという案を出し、カウマンは当時ドイツ航空省が計画していた日独連絡飛行に便乗させる可能性を述べた。[17]

この結論を受けて寺村が接触したのは、参謀本部作戦班長の辻政信中佐であった。辻も乗り気になり、参謀本部内で独ソ和平推進を訴えるようになった。[18]これにより、参謀本部内部でも独ソ和平論が台頭するようになる。この動きのなかでもっとも重要であったのは、かつての慎重論者田中新一を推進論の側に獲得したことであったろう。この頃、田中は対ソ戦備の進捗停滞に直面しており、その独ソ和平反対論は動揺していたのだった。その田中に対して、辻はカウマンの提案を切り出し、独ソ和平斡旋を進言した。[19]田中もこの提案に同調し、「帝国トシテハ独『ソ』妥協ヲ望マサルヲ得ス」[20]と結論を出したのである。

6月6日、カウマンは参謀本部に招かれ、辻と面会した。この席で、辻は日本に独ソ調停の用意があることを告げ、天皇の特使を派遣することを考えているとした。カウマンもまたドイツ大使館に和平の件を伝えると約束した。[21]カウマンはドイツ大使館のナンバー2であるコルト公使に日本側の提案を打ち明け、ドイツ大使館側も特使派遣案を歓迎したのだった。6月9日、ドイツの夏季攻撃の結果がはっきりする7月末に特使を派遣、交渉の枠は限定せずに戦争指導一般について議論することなどを記した覚書が、コルトよりカウマンに手渡された。しかも興味深いことにこの一件は極秘とし、しばらくはベルリンに報告しないこととされていたのである。[22]

こうして、ドイツ大使館の同意を得た辻は具体的な手筈を整えはじめた。6月10日、カウマンと会見した辻は覚書を承認した上で、大島は「伯林臭クナッテ」いるので「純日本的立場」で話すことが必要であり、特使には武勲を誇る将官が望ましいとした。[23] 7月7日には、辻は使節団派遣は決まったも同然であると発言し、独ソ和平問題については公式の議題とはせず、会談の席上で自然なかたちで切り出すこととなっているとしたのである。[24] 即ち、ドイツ大使館は、独ソ和平に反対するリッベントロップ・大島を迂回し、頂上会談で独ソ和平仲介を実施するという点で一致したのだった。

しかし、ベルリンの姿勢は独ソ和平どころではなかった。むしろ対ソ戦へ日本を引きずりこむことを狙っていたのである。7月9日、リッベントロップは大島と会談し、対ソ攻撃が著しく進捗していることを強調し、日本の対ソ参戦はソ連への決定的打撃となるであろうとした。[25] 大島はこれを受け、7月20日ドイツは日本の参戦を求めてきたと報告するのである。[26] これを受けた東京の反応は否定的なものであった。7月25日の連絡会議では、対ソ参戦は日本の戦力を分散するため枢軸側に不利な結果を招くという結論が出され、拒否回答が送られたのだった。[27]

この間にも、東京の独ソ和平工作は進んでいた。7月7日、オット大使はまず日本側に連絡者を派遣する意志があることを本国に伝えた。[28] ついで7月9日には、日本側は戦争指導上の協同を議論するために天皇の特使を送ることを図っていると打電したのである。[29] リッベントロップの反応は、疑問の一語につきるものであった。彼は代表団の構成や日本側の意図を可能な限り詳細に報告せよとの訓令を発した。[30] これに対して、オットはリッベントロップの急所を突く報告を送った。代表団派遣案は参謀本部より出ており、代表としては山下奉文、久原房之助、山本五十六らが挙げられている。しかもこの件は天皇に上奏されていることなどを告げた。[31] これは、もともと日独連絡に熱心で、政治的成功を求めていたリッベントロップを刺激し、原則的な同意を引き出すことができたのだった。即ち、7月19日の訓令で、リッベントロップは使節団派遣にベルリンは原則として同意していると辻に告げるよう命じたのである。[32]

こうして東京の独ソ和平工作はひとつの壁を越えた。長距離航空機調達の困難による遅れはあったものの、8月には独ソ和平問題は陸海軍関係者課長会議において公然と議論されるに至った。9月3日には、田中は外務省の安東義良欧亜局長と会食懇談するが、安東はそのとき「独ソ和平問題、打診ハ大島ニテハ蹴ラレルノ扱ヒトナル虞アリ大物ヲ持テ行テ並ベルヲ可トス」と発言していた。[33]

しかし、このように広範囲にわたって独ソ和平問題が論議されたことは、それが公然の秘密となってしまったことを意味する。どのようなルートでドイツ側に伝わったかは定かではないが8月末にはリッベントロップは、日本使節団は独ソ和平を狙っているのではないかと疑うようになっていたのだった。8月31日、リッベントロップは大島を招き、独ソ単独和平の噂が日本から出ていると非難、そのような考えはスターリンを利するものであり、ドイツには対ソ和平の意志はないと告げた。[34] 大島はリッベントロップの意を受け、東京は独ソ調停を考えているようだがドイツは非常に迷惑している、と9月7日に打電した。[35] 天皇の特使がヒトラーとの頂上会談で提案するはずの独ソ和平仲介が、その障害となるリッベントロップ・大島に知られてしまっては、この工作は挫折したものとみなさざるを得なかった。陸海軍首脳部はこれによって特使による独ソ和平斡旋に消極的となり、1942年の和平工作は挫折したのである。

これを要するに1942年段階では、日本側は伝統的な外交官僚たちが根強く残存していたドイツ大使館を抱き込み、独ソ和平に反対するリッベントロップを排除してヒトラーを説得することを狙っていたのだった。この試みは挫けたのだが、しかしこれ以降リッベントロップの姿勢は動揺する。言わばその動揺に翻弄されながら、日本の独ソ和平工作は続けられることとなる。

三　リッベントロップの動揺――1943

以上のように1942年夏の日本の独ソ和平調停に断固たる拒否の姿勢を示したリッベントロップであったが、彼はヒトラーほどには「世界観戦争」としての独ソ戦に固執していたわけではなかった。そもそも日独伊ソの四国ブロックによってイギリスに対抗するという構想を抱いていたのであり、独ソ開戦はその理念の破綻に他ならなかった。[36] おそらくリッベントロップはその後も自らの構想を維持していたと思われ、対ソ戦がドイツの不利に傾くと、かつての動きとは逆に独ソ和平を求めていくようになるのである。

とはいえ、いつからリッベントロップが独ソ和平に積極的になったのかは判然としない。彼はその回想録で1942年の新年祝いに際し、ヒトラーに対ソ和平の可能性を語ったとしている。[37] しかし既にみたように、一次史料で確認する限りでは、リッベントロップは1942年においては独ソ和平への反対を貫いている。独ソ和平問題を研究しているドイツの研究者フライシュハウアーは、1942年夏に外務省のメンバーから構成され、和平問題を担当する「特別課」が総統大本営内に設置されたとしているが、この主張はドイツ通信社特派員の戦後の証言によるもので根拠としては弱い。[38] しかも、リッベントロップは当時外務省内での権力闘争において、親衛隊と結んで彼の地位を脅かしていたルターと対抗する必要があった。ルターは和平による戦争終結論者であり、彼と競合していたリッベントロップが和平を主張できる立場にあったとは思えない。[39] 従って、リッベントロップが、本格的に対ソ和平工作に着手するのは、ルターが失脚する1943年4月以降のことと思われる。事実、フライシュハウアーの研究によれば、ドイツ外務省筋のストックホルムにおける対ソ和平工作が活発になるのは1943年後半のことなのである。以下、日本の独ソ和平工作との関係でリッベントロップの変化を検証していこう。

最初にリッベントロップが独ソ和平論への関心を示したのは、1942年末のことと推定される。対ソ戦に反対していた国防軍最高司令部防諜局長カナーリス海軍大将は、独ソ開戦前から中立国スウェーデンにエージェントを派遣していたが、１９４２年頃から彼らを通じた独ソ和平工作に努力していた。[40] カナーリスはこの和平工作にリッベントロップを巻き込むべく、彼に近しい人物で、当時「東部占領地区省」に勤務していたクライストにストックホルムを訪問するよう求めたのである。[41] クライストは１９４２年12月にストックホルムを訪問、エージェントと接触して、ソ連側には独ソ単独和平の用意ありとの情報を得た。[42] このクライストの報告を受けたリッベントロップはソ連が和平を求めてきたものと理解し、ヒトラーにこの件を報告しようとしたが「真っ赤な顔で飛びあが」ったヒトラーに遮られたのであった。[43] こうして、リッベントロップの脳裏に芽生えた対ソ和平論も、ひとまずは後退を余儀なくされる。

その結果、独ソ和平調停を目論む東京の路線は、ドイツ側の拒絶に遭うこととなった。前述のドイツ大使館を通じた和平工作の失敗後も、日本側は独ソ和平実現への希望を捨てていなかった。[44] １９４３年1月4日の連絡会議において、東條英機総理大臣はリッベントロップの懐刀として知られる新任駐日大使シュターマーに対し、過早に独ソ和平問題を持ち出して日本の戦争遂行への熱意を疑わせることがないようにと戒めた。しかし、その真意は1月6日の参謀総長杉山元大将への発言にみられるように、「この機会にできることなら独ソ和平実現の方向に進みたい」というところにあった。[45] 大東亜省問題をめぐって辞職した東郷の後任である谷正之外相は、この東條の意を受けて、１９４３年1月12日に大島大使に訓令を発し、独ソ和平のために可能な限り努力するよう命じたのである。[46] ところが1月に大島と会見したヒトラーの反応は冷淡であり、独ソ和平に同意するどころか、日本の対ソ参戦を要求してくる始末であった。[47]

スターリングラードの大失敗によって対ソ戦の頽勢が明らかになるにつれ、かかるドイツ側の要求はより性急なものとなった。2月9日、大島を迎えたリッベントロップは、「もしスターリンが両側から襲撃されたなら、彼は遅かれ早かれ弱体化せざるをえない」と、日本の対ソ参戦を慫慂したのである。[48] 加えて4月18日の会見でもリッベントロップは重ねて日本の参戦を求めたのだった。[49] これだけを見ると、リッベントロップは対ソ戦貫徹に決意を固めたようにみえる。

しかし、実はリッベントロップは日本への要求とは矛盾する行動を取っていた。彼の回想には、ヒトラーに対して再び対ソ和平工作を行なうよう進言したが、いかなる和平の打診もこちらの弱みをみせることになると拒絶されたとある。にもかかわらず、リッベントロップは自らのイニシアチヴで、ストックホルムを通じた接触を維持したと主張する。[50]事実、フライシュハウアーの研究によれば、1943年にはストックホルムにおける独ソの接触が活性化しているのである。[51]このようなリッベントロップの行動をいかに解釈すべきであろうか。

リッベントロップは1941年の彼の行動にみられたように、日本の対ソ参戦によるソ連の粉砕と日独伊ソの同盟による対英戦の遂行という二つの政策構想のあいだを振り子のように揺れ動いた人物であった。[52]従って、彼の政策の動揺、ないしは二つの路線を使い分ける術策がこの場合にも現れているとみるのが、おそらく整合的だろう。つまり、スターリングラードの敗北で独ソ戦の将来に不安を抱いたリッベントロップは、ストックホルムを通じた直接接触による対ソ和平、そして日本の参戦によるソ連打倒という、二兎を同時に追ったのである。この場合、対ソ和解を追求する路線からみれば、第三者の日本に調停を依頼するよりも、直接交渉に希望を託すほうがより現実的であったろう。また、もし日本が参戦に同意するならば、東西からソ連を挟撃することにより状況を転回することができよう。いわば、リッベントロップはチップを二重に置いたのだった。

だが、ガダルカナルの敗戦により苦境に立つ日本にとって、対ソ参戦の余裕などもちろんなかった。1943年4月28日の連絡会議は、ドイツに対米英攻勢を行なうよう要求することによって、日本に対ソ戦の意志がないことを婉曲に伝えることを決めたのである。[53]以後、対ソ参戦を求めるドイツと、その要求を回避し続ける日本との間の交渉は膠着状態に陥っていく。

この手詰まりを破ったのは、戦況の急変であった。１９４３年夏、ヨーロッパの枢軸軍は、「終わりの始まり」というべき敗北に直面することになったのである。地中海方面では、北アフリカの枢軸軍が降伏、ついでシチリア島への連合軍の上陸という事態を迎えた。東部戦線でも満を持して発動したはずのクルスク方面への攻撃が挫折、逆にソ連軍の総反攻を受けることとなっていった。こうして戦況が枢軸軍に不利になる中、新外相重光葵は7月初旬に駐日大使シュターマーと会見、ソ連には独自の外交路線を取る用意があるとほのめかしたものと思われる。シュターマーの電報の原文が残されていないため、その内容を詳らかにはできないが、8月1日のリッベントロップの返電から、おそらく独ソ和平の可能性が示唆されたものと推測できるであろう。この破局のさなかにリッベントロップが見せた反応は興味深いものであった。彼は、ソ連が日本を通じてドイツへの和平のシグナルを送ってきたものとするシュターマーの推測の根拠を報告せよと命じたのだ。[54]それまでリッベントロップは、日本の独ソ和平調停を一貫して拒絶してきた。が、戦局がいよいよ不利になるにつれて、リッベントロップもまた日本による独ソ和平仲介へ関心を示すに至ったのである。

だが、リッベントロップとは対照的に、ヒトラーはなお独ソ戦を政治的に解決する可能性を排除していた。7月29日、大島と会談したヒトラーは、ウクライナを割譲するのであれば和平に応じてもよいが、到底スターリンにはその用意はないものと考えると言明したのである。[55]しかし、ヒトラーの強硬な姿勢にもかかわらず、リッベントロップはなお独ソ和平工作を実行している。9月になると、リッベントロップは再度クライストをストックホルムに派遣し、ソ連側との接触に努力した。[56]

このあとのリッベントロップは「動揺」としか言いようのない、矛盾した動きを示した。このように独ソ和平への傾斜を示しながらも10月5日の大島との会談ではまたも日本の対ソ参戦を慫慂したのであった。[57]更に10月22日には、独ソ単独和平の噂はソ連が米英に圧力をかけるために流しているものであるとし、そうした情報を否定するよう命じる回訓を発している。[58] リッベントロップのこうした言動をいかに解釈すべきだろうか。

まず、この時点でリッベントロップが持っていた外交上の選択肢のほとんどすべてが現実性を欠くものとなりつつあったことに、我々は注目すべきであろう。第一に独ソ和平工作であるが、既に述べたようにソ連軍がクルスクの戦いに勝利し、夏季反攻に転じた時点で、ドイツが有利に和平工作を進める余地はなくなっていたのである。もし、つけいる隙があるとすれば、いわゆる「第二戦線」問題、西側連合軍がいつ、そしてヨーロッパ大陸のどこに上陸するかをめぐってソ連と米英のあいだにできる溝に乗じることであった。しかし、そうした連合国間の間隙に乗じて独ソ単独和平を試みる策も、まさしくリッベントロップが10月22日の回訓で指摘したように、逆にソ連側によって西側連合国に早期の第二戦線開設を要求する材料に使われる恐れがあった。第二に、日本の対ソ参戦によってソ連に二正面戦争を強いる策も、太平洋方面での米軍の反攻によって苦境に立たされた日本が肯んじるはずもなかった。これを要するに、リッベントロップの手持ちのカードはその効力を失いつつあったのであり、彼はおそらくそのことを自覚しながらも、空しき努力を――敢えて言うならば、いささか錯乱しながら――実行せざるを得なかったのである。ここに、リッベントロップの外交構想崩壊の兆しを読み取ることができよう。

ひるがえって日本側の独ソ和平工作について考えてみるならば、ドイツ側の状況に配慮しない、独善的なものであったという批判それ自体は正しいであろう。だが、以上のようなリッベントロップの変化を視野に入れるならば、日本の対応は同時にドイツ側の政策の動揺に幻惑されたものであったということもできるかと思われる。事実、各方面から舞い込む独ソ和平の噂[59]は、そうした日本側の願望をかきたてるに充分であった。いずれにせよ、独ソ和平工作は、枢軸国が敗戦への途を転がりおちるにつれ、より現実性を失っていくのである。

四　外交構想の崩壊——1944～1945

1944年6月に連合軍がノルマンディ上陸に成功し、ドイツの敗戦が確実なものとなってくるにつれ、有利な戦争終結を図ることから「救えるものを救う」ことへとドイツ外交の目標は変化する。一方、日本側もまた戦局の悪化に伴い、ソ連との関係改善、更には独ソ和平実現への願望をつよめていった。例えば、1944年8月19日の最高戦争指導会議においては、ソ連を中立状態に置きかつ独ソ和平斡旋に多大なる努力を試みると決していたのだった。[60]

この決定を受け、日本側は持てるすべてのチャンネルを使った和平工作に乗り出した。通常のルートとしては、ただちにリッベントロップを訪ね、独ソ和平を求めよ、とする訓令が8月24日に重光外相から大島大使に出された。[61] 重光自身もシュターマー大使に面会し、日本の独ソ和平調停の意志を伝えたのである。[62] 加えて、参謀本部の使者もヴェネカー駐日海軍武官を訪ね、独ソ和平を訴えた。[63]

しかし、ドイツ側の反応ははかばかしくなかった。というのは、当時ドイツ側は軍事的な反撃によって、政治的な手を打つための前提をつくるという一撃和平論ともいうべき政策を夢想していたのである。従って1944年9月4日のヒトラー・大島会見において、ヒトラーは再び、独ソ和平の可能性はいまのところないとし、スターリンは彼が成功裡に戦うことができなくなるか、その力がドイツを打倒するに充分でなくなった場合にのみ和平に応じるであろうと論じた。[64] それ故、その後も日本側はソ連方面への働きかけをはじめとする様々な方策を取るが、[65] 少なくとも独ソ和平に関しては、ドイツ側の最後の大攻勢の帰趨が明らかになるまでは進捗を期待できない状態に陥るのである。

ドイツが最後の希望をかけたアルデンヌ攻勢は1944年12月に発動され——早くも1945年新年には失敗したことが誰の目にも明瞭となった。これをみたリッベントロップは、なりふり構わぬ西側との和平工作に乗り出す。この時点では、もうリッベントロップには、日独伊ソ四国同盟というかつての外交構想を追求する余裕はない。あるのはただ目前に迫った破局を免れることのみであった。リッベントロップは2月なかばに中立国にある在外公館を通じて、ドイツがナチスの支配のもとに留まり、西側諸国とともに対ソ戦を続行することを条件に和平に応じるという見解を広めさせたのである。[66]だが、ドイツ本国に向けて進撃しつつあった連合軍が、このような和平工作に応じるはずもなかった。西側連合国から何ら反応を得られなかったリッベントロップは、ついに日本を仲介とする独ソ和平に最後の望みを託すこととなる。

1945年3月17日、リッベントロップは大島を招き、ドイツが打倒されたならば米英がソ連に敵対することはおおいにあり得るから、スターリンには日独と結んで米英と対抗する意志があるのではないか、と話を切り出した。そして、もしそうならドイツは「条件を値切ることなく」、いかなる申し出をも受け入れるとしたのだった。[67]3月19日に再びリッベントロップと会見したのち、大島は25日、ないしは27日に、ソ連通で様々な情報ルートを持っているとされていたスウェーデン公使館付陸軍武官小野寺信少将に打電し、ベルリンに招致した。[68]28日にベルリンに到着した小野寺と駐独大使館首脳部はこの和平問題について会議を開いた。冒頭、大島は「私にできるベストのことはモスクワとの交渉である」としたリッベントロップの発言を紹介したという。一同の意見は、そのような申し出は遅すぎるし、失敗するにちがいないというものであったが、それでも小野寺が工作に着手することとなった。[69]大島はこれをリッベントロップに伝えたが、結局ヒトラーは最後まで軍事的成果に頼ると決定したという回答がもたらされたのであった。[70]かくて、リッベントロップの最後の試みも、そして独ソ和平の夢もまた潰えたのである。

日本の独ソ和平工作は最後の最後にリッベントロップ外務大臣を獲得しながらも、独ソ戦を宿命の戦争とするヒトラーを説得することはできず、挫折したのだった。

五　むすび

１９４１年から１９４５年の日本の独ソ和平工作を顧みると、そこには常にある種の錯誤があったことは否定できない。つまり、ヒトラーにとって「世界観戦争」であった独ソ戦を、日本側は伝統的な外交による解決が可能な戦争と誤解しつづけたのである。だが、度重なる拒絶を受けながらも日本側が独ソ和平に執着した背景には、ドイツ側の特異な政策決定・執行構造が与っているものと思われる。

１９３３年の権力掌握以来、ナチスは政策決定過程からの伝統的保守派の排除に努め、それは１９４１年までにほぼ完成していた。しかしながら、政策執行過程においてはなお伝統的保守派が残存していたのであり、彼らはヒトラーとは異なる伝統的外交政策を実行しようとしていた。更に、ナチスの指導者のなかにも、外務大臣リッベントロップに象徴されるように、ヒトラーとは異なる外交構想を有する人物がいた。ヒトラー独裁が戦争による指導性の強化によって完璧な「単頭制」に近いものになっていたにもかかわらず、かかる政策決定過程における政策構想の多元性と政策執行過程における保守派の残存は、なおナチズム外交に特徴的な「多頭制」的な現象を現出せしめていた。

こうしたドイツ側の政策決定・執行構造は、日本側の認識を混乱させずにはおかなかった。日本側はナチス・ドイツに「全体主義的」な意志の統一を期待し、その結果ヒトラーとは異なる政治主体の意図から、独ソ和平の可能性ありという誤った判断を続けたのだった。即ち、日本は独ソ和平問題において二重の錯誤を犯したことになろう。第一に、日本はナチズムにおいて独ソ戦が持つ意味、言わば戦争のイデオロギー化を理解できなかった。第二に、争点や政治主体間の関わりによって様々なスペクトルを見せるナチズム外交の構造を把握することができなかった。その結果、独ソ和平の推進という悲劇——あるいは喜劇——が生まれたのである。

写真：8月15日、玉音放送を聞く人々

第六章　「藤村工作」の起源に関する若干の考察

はじめに

1945年初夏、「大日本帝国」は滅亡の途上にあった。「樫の木の若者を曠野にねむらせ／しなやかなアキレス腱を海底につなぎ／おびただしい死の宝石をついやし」ながらも「ついに／永遠の一片をも掠め得なかった民族」（茨木のり子「ひそかに」）は、いまや亡国の深淵に立たされていたのである。かかる狂瀾の刻に、マルスの跳梁を鎮めようと日本国外にあって秘密裏に必死の努力をした人々の行動は、今日では多くが知られるところとなっている。スウェーデン、スイス、バチカンその他での彼らの行動は、学問的にも、あるいはジャーナリズムにおいても、その重要性から多大な関心の的となってきたからだ。

なかでもスイスにおける藤村義一（戦後、義朗と改名）海軍中佐の終戦工作は、本人が戦後すぐに回想[1]を発表したこと、さらにその劇的な経験から、ジャーナリズムによって詳細な解明が試みられてきた[2]。また、学界にあっても、関係者のヒアリングや日・米の史料に基づいた本橋正の一連の業績[3]がある。にもかかわらず、「藤村工作」にはなお未詳の部分が残されている。一例をあげるならば、藤村とダレス機関の接触を可能としたドイツ人、ハック（Friedrich Wilhelm Hack）と駐独日本海軍武官府の関係についても藤村自身の若干の説明があるのみで、一次史料による検証はいまだかつて実行されていないのである。それ故、本稿では、ドイツおよびスイスの史・資料に基づき、藤村がスイスに派遣されるまでの経過に関する事実関係の再構成が試みられる。結論を先取りして言うならば、その過程において「藤村工作」が終戦史の一章にとどまるものではなく、その起源を日独関係史の文脈上に持つことが明らかにされるであろう。

一　ハックと日本との関わりと駐独日本海軍武官府

ハックと日本との関わりは旧い。第一次世界大戦前にクルップ社の重役秘書として来日したハックは、志願して青島戦に従軍、日本軍の捕虜となった。1920年にドイツに帰国すると「シンツィンガー・ハック商会」を設立、兵器ブローカーとして活躍するようになる。その際、おもな取引先となったのが日本海軍であった。日英同盟廃棄によってイギリスからの軍事技術導入が困難となった日本海軍は、敗れたとはいえ、高い水準を示したドイツの軍事技術に注目するようになっていたのである。一方のドイツ側にとっても、ヴェルサイユ条約によって禁じられた航空機・潜水艦などに関するテクノロジーを、日本への技術供与によって維持することのメリットは大きかった。ハックは、この両者の期待を満たすかたちで、主として航空機のブローカーとして1920～1930年代前半の日独関係において重要な位置を占めるようになっていく。

さらにハックの活動は兵器ブローカーとしてのそれにとどまらず、政治的な領域にも拡大された。当時、国防省防諜局長であったカナーリス（Wilhelm Canaris）海軍少将は反共的な人物であり、情報活動面における「対ソ包囲網」形成を策していた。そのような意図から、カナーリスはソ連の潜在的敵国と見なされていた日本への接近に関心を寄せていたのである。このカナーリスの政策は、外交における影響力拡大を狙って独自の活動を実行していたリッベントロップ（Joachim von Ribbentrop）の対日接近策と一致し、ここに日独防共協定締結への道が開かれた。その仲介役として働いたのが、早くからカナーリスと親交を結んでいたハックであった。

しかし、こうしたハックの活動は、「ナチズム多頭制（Nationalsozialistische Polykratie）」（Peter Hüttenberger）と形容される、ナチズム体制に特徴的な激しい権力闘争のひとつを巻き起こすこととなる。カナーリス、リッベントロップを後ろ盾とするハックは、ナチス党・親衛隊筋との軋轢を起こし、１９３７年7月初めに「男色罪」の名目で逮捕されたのである。[4] ハックの重要性を知るベルリンの日本海軍武官府はただちに釈放のために働き、リッベントロップやゲーリング（Hermann Göring）を通じて運動したが、なかなか事態を打開できなかった。結局、ハックを救ったのは、日本海軍との長きにわたる貿易関係であった。日本海軍武官府に長く勤務していた酒井直衛は、釈放までの事情を以下のように回想している。

> そこで寧ろ外部の日本側から、日独経済上の立場で彼の自由の必要性を何んと《ママ》か理由つけてくれればなんとかなるかも知れぬということになった。その当時、独逸国としては軍備のため、外貨を獲得することが国家経済上重要事項であったので、日本側に若し独逸へ外貨の入るような事態を持って来るなら、これにかこつけてなんとか方法を講ずることが出来るかも知れぬというので、当時の日本海軍独逸駐在武官小島【秀雄】大佐（現在日独協会理事）から「Dr. Hack は Heinkel【ハインケル社】の代理者として、日本海軍が購買計画について折衝している相手である今、Dr. Hack を逮捕されたのでは日本海軍として緊急重要な交渉が挫折して甚だ迷惑であるので、此の購買計画が完了するまで日独防共協定の精神に基づき彼に自由交渉の出来るようにしてもらい度い」という公文書を出してもらった。此の公文書が功を奏し、一応 Dr. Hack は釈放されることになった。

まさしく日本海軍とハックの関係を物語る回想であるといえよう。事実、ハックの釈放後、日中戦争勃発による軍需物資の必要を満たすべく日本海軍はハインケル社に大量の注文を出したから、小島の公文書は空証文に終わらなかった。[5] こうして釈放されたハックは、ひそかにオーストリアから山越えでスイスに入り、[6] 日本へやってくることとなった。しかし、来日したハックはかねてより対立関係にあったユンカース社系の人物で、ライヒ航空産業連盟（Reichsverband der Luftfahrt-Industrie）日本代表のカウマン（Gottfried Kaumann）に逐われて、パリに去る。[7] が、欧州戦争勃発直前の１９３９年8月14日にパリを発ったハックは、8月25日にチューリヒ市クーアハウス通り65番地の「グランドホテル・ドルダー（Grand Hotel Dolder）」に居を構える。そして以後、このホテルを拠点として、戦争を逃れてきた富裕な商人を装いつつ、日本海軍のために働くこととなるのである。[8]

まず、ハックは経済面で活動する。当時、駐独日本海軍武官府はスイスにおける機械類の購買手配をも任務としていたが、開戦とともに本国よりの外貨送金が遅滞しがちであった。そこで酒井とハックは、日本が保有する金を対価としてスイス国立銀行がクレジットを発行、日本海軍のスイスにおける機械その他買付けの支払いにあてるよう、スイス金融当局と交渉をまとめたのだった。[9] その他にも、酒井はスイスのヤミ市場における白金、工業用ダイヤモンドなどの買い付けを図っているが、これにもハックが関係しているものと推測される。[10]

加えて、１９４２年春にハックはマドリード、バルセロナ、リスボンにおける私有財産整理のためと称して、2月10日から3月25日までの旅行ヴィザを申請している。スイス警察当局の調査によれば、これは１９４２年夏に実行されるはずであったが、政治的状況の変化から実現しなかった日本・スペイン間経済交渉の予備作業のための訪西であったという。[11] 大戦下の欧州におけるハックの暗躍ぶりが窺える行動ではある。そして、ハックの活動は経済面だけにとどまらなかったのである。

二　ハックは警告する

日本海軍の尽力によって自由を得たハックは、当時の世界情勢に関する情報をベルリンの日本海軍武官府に提供する役割を果たすようになっていた。１９３６年から１９３９年まで駐独海軍武官を務めた小島秀雄の文書には、ハックから得た情報が散見される。例えば、１９３８年初頭のものと思われる記録には、「Hackとの会談」と題して、その情勢判断が示されている。この時期にはまさしく独墺合邦が国際問題の焦点となっていたのだが、ハックはこれについて「今度の独墺問題は独のやり方はpromt【sic, prompt即席の意】grob【粗暴な】である。もう少しうまくやれそうなもの。軍人を側に置き、最後通牒をつきけた。すべてRheinland【ラインラント】占領が力。之で仏が独を抑える力はなくなった」「Hitlerは威嚇丈でAnschluss【合邦】が出来よう」「Tschek【sic, チェコスロヴァキア】を攻略せば、一部を波【ポーランド】に、一部を洪【ハンガリー】に与うる予定なり」と的確な判断を下している。[12]

しかし、こうしたハックの情報は、「スパイ」めいた行動によって得られたものも少なくなかったと思われる。スイス警察当局の報告によれば、ハックは１９４０年１月の「ミンゲルハム卿（Lord Mingelham）」との交友に関してスパイ活動の嫌疑をかけられたのを皮切りに、１９４２年８月、１９４３年２月と秘密操作の対象となっていたのである。[13]かかる記録を見るならば、ハックの正確な情報は合法的な手段でのみ入手されたものではないと推測しても牽強付会とはいえないであろう。

さて、このように「日本のスパイ」としての顔も有していたハックであったが、日本が戦争への傾斜を深めていくと、その発言はカサンドラの予言の相を呈してくる。既に引用した「小島文書」中の「Hackとの会談」においても、「日本はあまり一度に物を求めないで次の欧州大乱を待つがよい」とハックは待機主義を主張していた。この傾向はのちには欧州戦争への日本の不干渉を勧める姿勢となってくる。１９４１年になると、アメリカは中立国であるにもかかわらずドイツとの対決姿勢を強めているが、ドイツが断固、対米開戦を避けているために参戦に持ち込めずにいるとの判断を示した上で、参戦への裏口としてアメリカは必ず日本を挑発してくるから、これを無視することが必要であると、ハックは日本海軍武官府に報告しているのである。[14] にもかかわらず、日本が対米英戦争に乗り出すと、ハックは厳しく日本の政策を難詰した。１９４１年12月、ハックはベルリンの藤村義一海軍少佐（中佐に進級したのは１９４３年）に書簡を送り、日本海軍は世界歴史上最も愚劣なことをしでかしたとし、日本の滅亡を予言した上で、なおかつ和平工作のためのパイプを保持しておくことを力説したのだった。この書簡ならびにその内容の真偽はただ藤村の回想によるしかないので、額面通りに受け取ることは難しい。しかも、藤村の回想にも錯誤がみられ、初期の回想ではハックが海軍武官宛の書簡をよこしたとなっているのに、[15] のちにジャーナリストによる取材に対しては藤村個人宛の手紙であったとされているのである。[16]

しかしながら、ハックがベルリンの日本海軍武官府あてに24通の報告書（１９３９年9月10日〜１９４４年10月21日）を送っていたことは、フライブルク大学のマルティン教授（Prof. Dr, Bernd Martin）によって確認されている。[17] そして、ハックの報告書が悲観的な色彩を帯びていたであろうことは、それを受け取った酒井や藤村の言動からも一定程度、傍証できるように思う。例えば、１９４２年12月３日付の国家公安本部（Reichssicherheitshauptamt）の文書には、藤村はヒトラーとその側近たちにはパニックの兆候が見られると発信したというスパイの報告が引かれている。[18] また、１９４３年8月２日に国防経済幕僚部（Wehrwirtschaftsstab）を訪問した酒井と藤村は連合軍の空襲によるドイツ国民の士気阻喪に対する危惧を率直に表明し、シチリア島に上陸した連合軍を撃退することが肝要であるという意見を伝えている。[19] さらに、ハックが早くからアメリカと接触することを主張し、また、実行したことも、遺憾ながら一次史料によって確認することはできないが、関係者の証言によって追跡することができる。以下、ハックが日米和平の仲介に踏み込む経緯をみよう。

三　日米和平工作の始動

1942年4月から5月にかけて、三国同盟軍事委員の野村直邦海軍中将はヴィシー・フランス、スペイン、ポルトガル歴訪の旅に出た[20]。おそらく、この旅行の途上であると思われるが、野村はひそかに旧知のハックをスイスに訪ね、会見した。その際、ハックは、日本はすでに戦争目的を達成したのだから、交渉による和平に向けて努力すべきだと説いたという。これを聞いた野村は、東京をその方向に動かすことはできないし、時期尚早であるという判断を下さざるを得なかった。しかし、ハックがゴルフを通じて米・英の外交官やビジネスマンと親密な関係を結んでいることを知っていた野村がその発言を無視することはなかったであろう[21]。酒井もまた、ハックから、「戦争は必ず終止点があるものだ、その際に交渉が出来る隙間を造っておくように、敵側の中に何等かの連絡方途を予め保持しておくことが大切である」との意見を聞かされていた。これを受けた酒井は、1942年1月または2月頃から、ハックを通じた西側諸国との連絡開拓に乗り出した。海軍武官横井忠雄大佐（1942年11月に少将に進級）もその必要を認め、酒井にハックとの連絡を維持するよう命じたという[22]。

ここで問題となるのは、ハックを通じた米・英との連絡について、東京の海軍中央がどの程度知らされていたかということであろう。藤村の回想によれば、ハックを通じた和平工作準備を知っていたのは、野村直邦、阿部勝雄海軍中将（1940年11月より三国同盟軍事委員としてドイツ駐在）、横井忠雄、小島秀雄（1943年9月より駐独海軍武官に再任）、扇一登海軍大佐（1943年8月より駐独海軍武官補佐官）酒井直衛、そして藤村自身のみで、「之等の人々は絶対に口外しなかった」という[23]。また、これまでの研究においても、東京がスイスの連絡チャンネルについて知っていたことを示す史料は示されていない。

しかしながら、野村直邦の回想によると、藤村が1945年にもたらしたのと同様情報はすでに1943年には東京で知られていたという[24]。また、酒井の回想においても、横井はハックを通じた連絡について東京に報告、この関係を維持すべきかと繰り返し問い合わせたのに対し、海軍省は常に賛成の意を表明してきたとされている。[25]しかも、横井は戦後、あらためて酒井に対して、アメリカとの連絡について東京に報告したと証言していたというのである。[26]これに反し、横井と海軍兵学校の同期生で終戦工作に携わった高木惣吉海軍少将は、戦後、横井とは何度も語り合う機会があったが、スイスでの接触については全く聞かされなかったと証言している。[27]

このように一次史料による判断ができず、関係者の回想も錯綜していることから、筆者は東京がスイスでの接触を1942年ないし1944年の時点で知っていたかという問題については判断を留保したい。しかし、当事者の野村と横井が東京は知っていたはずであると証言していることは重要な意味を持っており、1945年の和平交渉開始以前にそうした情報が日本に届いていたという可能性は一概に否定できないであろう。

いずれにせよ、酒井とハックによるアメリカとの接触は、駐独海軍武官府の命令ないしは許可を得て開始された。1943年に、酒井はベルンからチューリヒへ向かう列車の一等車の車室内で、ハックによって、アメリカ戦略事務局（Office of Strategic Services）の欧州総局長アレン・ダレス（Allen Dulles）の秘書ゲヴァーニッツ（Gero v. Gaevernitz）に引き合わされた。ゲヴァーニッツはハックの同級生であり、アメリカ市民権を取った人物である。この会談において、日本海軍はアメリカとの連絡を維持するということが確認されたのだった。[28]

1944年に入ると和平工作はさらに前進する。1943年に横井の後任海軍武官として潜水艦でドイツに赴任した小島秀雄は、酒井からハックを通じたアメリカとの接触について打ち明けられる。[29]酒井の観察するところによると、小島は最初、アメリカと和平を結ぶことなど考えていなかったようだが、ハックの無私の努力にうたれ、少なくとも国体と国民を戦争から救うために協力しようと決意したのだという。[30]

1944年、その小島に対して、ハックはダレスとの交渉のために提督クラスの人物をスイスに派遣するよう要請してきた。小島は阿部勝雄中将にこの打診を真剣に受け止めるように説き、スイスに向かうよう進言したが、阿部は関心を示さなかったとされる。[31] ここにおいて小島は自ら責任を負う決意を固め、スイスに赴こうとした。小島は病床にあった旧知の坂本瑞男公使訪問を理由に（坂本は7月10日に死去）スイスを訪問しようとしたが、ヴィザの発給をスイス当局に拒否された。これは、小島がのちにスイス駐在のドイツ陸軍武官から聞いたところによると、イギリスのBBC放送が小島は特命を帯びてドイツに来たとのコメントを出し、スイス政府が小島の行動に疑いを抱いたからということであった。[32]

この間、つまり1942年から1944年にかけての藤村の動きは模糊としている。藤村自身のいくつかの回想においても、ハックとの関わりはほとんど示されていない。しかし小島の回想には、提督をひとりスイスに送れというハックの願いは「連絡者として働いていたある海軍将校によって口頭でもたらされた」とあり、これがあるいは藤村であったかもしれない。[33] とにかく、入国を拒否された小島は、代わってスイスに向かい、ハックと連絡を取って連合国に関する資料情報を調達せよと、1945年2月末に藤村に命令した。[34] 藤村は3月初めに「海軍問題顧問補佐官（Gehilfe des Beraters in Marineangelegenheiten）」という肩書き[35]でスイスに入国し、ハックおよびダレス機関と接触、和平交渉を開始したのである。その顛末については既に先行研究が明らかにしているところであり、重ねての叙述は避けるが、一点だけ付け加えておくならばハックの和平仲介はすでに1945年5月25日にはスイス当局の知るところとなっていた。というのは、全く断片的なものではあるが、その日付で「ドイツ人、元クルップ社の日本代表で、1939年以来チューリヒのドルダー・ホテルに在住しているフリードリヒ・ヴィルヘルム・ハックに関して、彼は合衆国の代表（官吏）と日本の和平仲介について話し合っていると、某人物が語った」とするスイス連邦検察局の文書が残されているからである。[36] 当時、スイス当局は中立を守るために、国内における諸交戦国の活動を厳重に監視しており、やはり和平工作を実行していたスイス駐在陸軍武官岡本清福中将についても尾行記録をはじめとする報告が残されている。[37] これは、今後の終戦史研究に関するスイス史料の重要性を示唆するものと思われる。

結び

スイスにおける日本海軍の和平の試みを伝える最初のアメリカ公文書は「ベルンのＯＳＳ代表より伝達された以下の情報は、反ナチであるが親日派であると思われるドイツ人を情報源とするものである」と始まっている。[38] また、ハックと最も長くかかわった日本人である酒井も、「戦争を終わらせようとする日米間の交渉は、ハック博士のイニシアチヴにのみ帰せられるべきである」と断言している。[39] この日米の資料に、はしなくも明らかとなっているように、スイスにおける日米和平工作はまさしくハックなしに考えられない。しかも、本稿で検討してきたように、かような活動を支えたのは、一九二〇年以来、ハックと関係を深めてきた駐独日本海軍武官府だったのである。換言すれば、スイスにおける日本海軍の和平工作は終戦史の一章であると同時に、「第三帝国」と「大日本帝国」の関係の終章であったといえよう。藤村義一海軍中佐は、その最終ページに和平工作の実行者として現れたのであった。

もちろん、「一億玉砕」が叫ばれるような常軌を逸した空気の中にあって、通敵行為と取られかねない和平工作を計画実施した藤村の識見と勇気は称えられなければならないであろう。しかし、その賞賛は藤村一人が独占すべきものではないはずである。

戦史エッセイ　**消えた装甲艦**

「ポケット戦艦」という言葉をご存じだろうか……と、戦史ファンに問えば、馬鹿にするなと怒られてしまうにちがいない。いうまでもなく、ドイツが、ヴェルサイユ条約によって課せられた制限をぎりぎりまで利用して建艦した「ドイッチュラント」級軍艦の通称だ。このクラスの艦は、巡洋艦なみの高速を誇り、かつ戦艦に近い武装を有していることから、イギリスの新聞記者によって「ポケット戦艦」と名付けられ、その命名が人口に膾炙《かいしゃ》したのである。ちなみに、日本の新聞雑誌の多くは、これに「豆戦艦」、あるいは「袖珍《しゅうちん》戦艦」などと味のある訳語をつけて、使っていた。

ただし、ドイツ海軍は、「ドイッチュラント」級の分類に、「装甲艦《パンツァーシッフ》」なる、新たなカテゴリーを導入しており、この呼び方は一般国民にも広まっていた。それは、皮肉なことに、軍部の宿敵、ドイツ社会民主党のおかげであった。というのは、1928年の国会選挙に際し、同党は軍備よりも福祉を重視すべきだと主張、軍艦建造計画を槍玉にあげ、「装甲艦か、児童給食か」という有名な標語を掲げて、キャンペーンを繰り広げたのである。ちなみに、社会民主党は、この選挙で大勝し、第一党となった。また、1937年に作曲された行進曲「装甲艦ドイッチュラント」が人気を博したこともあって、装甲艦という名称は普通に用いられるものとなっていた。こうした事情から、軍艦ファンでも、ポケット戦艦は俗称で、「ドイッチュラント」級の正式呼称は装甲艦だと思っているひとが少なくないはずだ。

にもかかわらず――1940年2月以降、ドイツ海軍から、装甲艦は1隻残らず消え失せていた。むろん、撃沈されてしまったわけではない。「アトミラール・グラーフ・シュペー」こそ、1939年12月17日に英艦隊に追われて逃げ込んだモンテビデオ港沖合で自沈を余儀なくされたものの、ネーム・シップの

「ドイッチュラント」改め「リュッツオウ」も（1939年11月15日改称。その理由は、ヒトラーが、「ドイッチュラント」が沈んだなら、ドイッチュラント、すなわちドイツが沈んだと喧伝されるのを恐れたためだったと言われている）「アトミラール・シェーア」も健在であった。

いや、思わせぶりな書き方は、もう止めよう。ドイツ海軍は、このとき規定を改め、装甲艦という艦種を廃止したのである。その結果、残る装甲艦2隻は、重巡洋艦に分類されることになった。実際、装甲艦が、ポケット戦艦というあだ名とは裏腹に、低速の巡洋艦程度の性能しか備えていなかったことを思えば、適切な措置であったといえよう。

ただ、装甲艦という名称のややこしさは、ポケット戦艦の場合にとどまらない。実は、ドイツ海軍では、1893年から1899年にかけて、戦艦にあたる艦種の総称とし

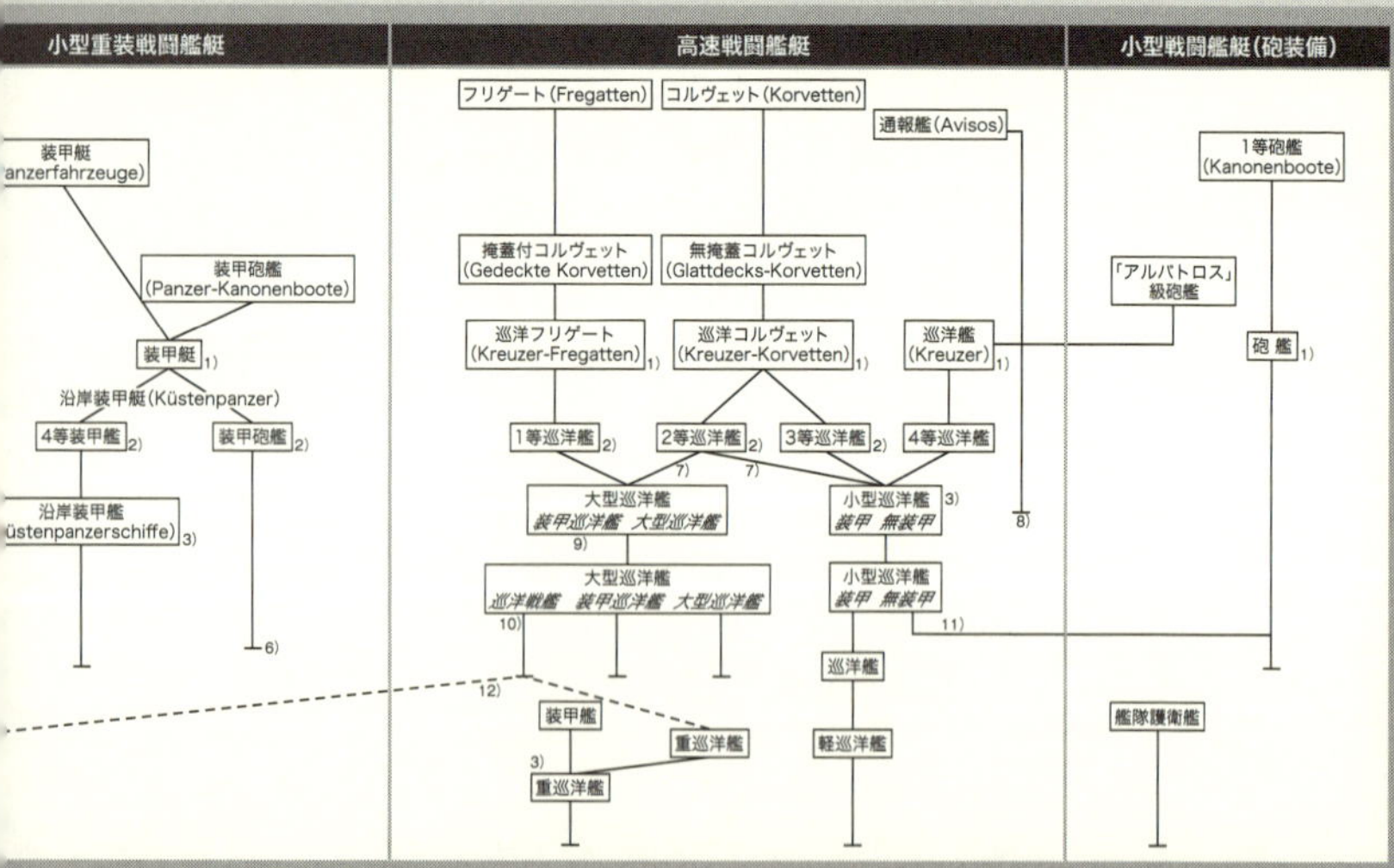

5)「ナッサウ」（1909年10月1日竣工）の艦隊編入とともに、「大型戦列艦／戦艦」の艦種が新設された。
6)この艦種に属する最後の艦艇は、1911年3月18日に除籍された。
7)1889年2月27日をもって、2等巡洋艦に分類されていた「カイゼリン・アウグスタ」と、建造中の「ヴィクトリア＝ルイーゼ」級の巡洋艦5隻は大型巡洋艦、「イレーネ」ならびに「プリンツェス・ヴィルヘルム」は小型巡洋艦のカテゴリーに編入された。
8)1899年2月27日の規定改定により、通報艦という艦種は廃止され、同カテゴリーに分類されていた艦船は、小型巡洋艦か、特務艦とされた。
9)「フュルスト・ビスマルク」（1900年4月1日竣工）の艦隊編入とともに、「装甲巡洋艦」の艦種が新設された。
10)「フォン・デア・タン」（1910年9月1日竣工）の艦隊編入とともに、「巡洋戦艦」の艦種が新設された。
11)無装甲小型巡洋艦に分類されていた艦艇は、1913年に砲艦のカテゴリーに移された。
12)「マッケンゼン」級および「代艦（エアザッツ）ヨルク」（ドイツ海軍法の規定により、公式には新造艦艇の命名は進水式まで行われず、それまでは艦名の前に「代艦」を付す）級巡洋戦艦の構想を発展させ、戦艦「シャルンホルスト」ならびに「グナイゼナウ」とした。
13)1940年2月に、装甲艦に分類されていた艦船は、重巡洋艦のカテゴリーに編入された。

て、やはり装甲艦という分類を用いていたのだ。ところが、1899年2月27日の規定改正で、装甲艦なるカテゴリーは、「戦列艦《リーニエンシッフ》」という古式ゆかしい名に変えられる。こうした知識なしに、19世紀末の軍事書などを読んだなら、混乱はまぬがれないだろう。

ことほどさように、軍艦の分類は一筋縄ではいかない。日本海軍にあっても、明治31年（1898年）に制定された艦種類別では、巡洋艦を1等、2等、3等（トン数で分類）に分類していたのが、巡洋戦艦の登場とともに3等巡洋艦が廃止される。ついで、昭和5年（1930年）のロンドン軍縮条約調印以降は、1等（甲級）巡洋艦と2等（乙級）巡洋艦という分類（計画排水量と主砲の口径で区別）が導入される。加えて、ロンドン条約以降は、国際的な通称である「重巡洋艦」と「軽巡洋艦」も使われるようになったから、なかなか厄介である。

もっとも、日本海軍の艦種分類などは、軍艦ファンにとっては常識的なことであろうが、ドイツ海軍にあっては、陸軍国の沿岸防備艦隊から外洋艦隊への道をたどっているため、艦種呼称の変遷は複雑をきわめる。たとえば、ドイツ帝国の前身であるプロイセンや北ドイツ海軍では「フリゲート」と呼ばれていた艦種（第二次大戦時の重巡洋艦の概念にあたる）は、ドイツ帝国海軍が生まれるとともに、「掩蓋《えんがい》付コルヴェット」に改称され、さらに、1884年11月25日の規定改正で「巡洋フリゲート」とされている。一方、

ドイツ海軍における艦種分類の変遷

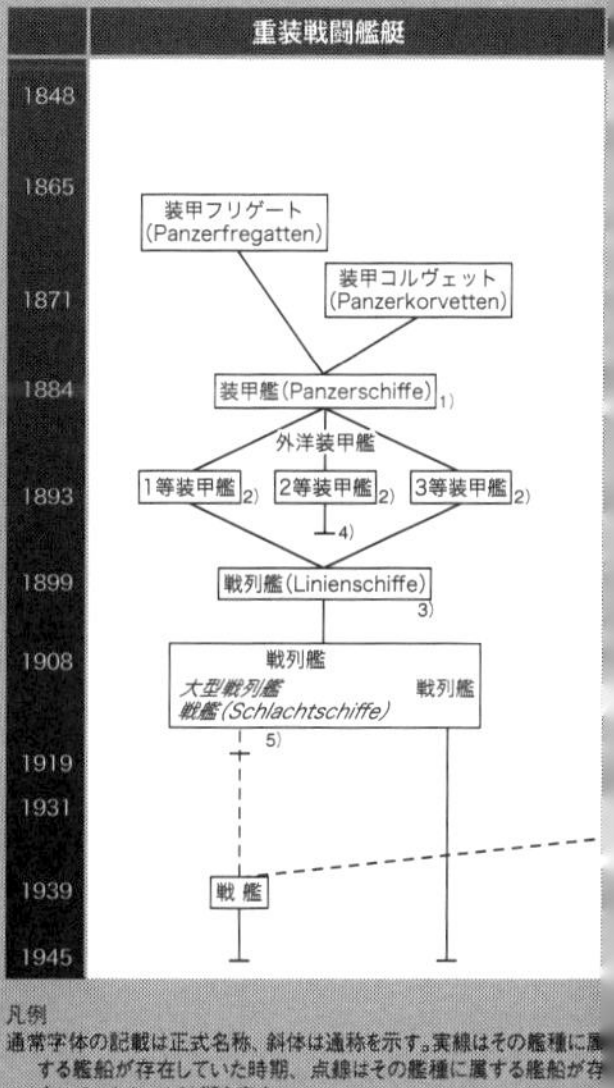

凡例
通常字体の記載は正式名称、斜体は通称を示す。実線はその艦種に属する艦船が存在していた時期、点線はその艦種に属する艦船が存在していなかった時期を表す。
1）1884年11月25日の規定改定による。
2）1893年8月29日の規定改定による。
3）1899年2月27日の規定改定による。
4）2等装甲艦に属する「ドイッチュラント」、「カイザー」、「ケーニヒ・ヴィルヘルム」は、1897年1月25日に、1等巡洋艦のカテゴリーに編入された。

第二次大戦時の軽巡洋艦にあたる艦種「コルヴェット」も同様に、「無掩蓋コルヴェット《グラットデックスコルヴェッテ》」——昭和12年（1937年）に水交社より発行された、高瀬五郎海軍少佐編『独和海語辞典』では、「上甲板に兵装を有するコールベット艦」【旧字は新字に直して引用】と説明されているが、艦種名称としては長すぎるので意訳してみた——、「巡洋コルヴェット」と変化している。

加えて、まぎらわしいのは、ナチス・ドイツ海軍《クリークスマリーネ》においても、戦列艦の呼称が生き残っていることだ。クリークスマリーネは、「ビスマルク」や「ティルピッツ」などを「戦艦《シュラハトシッフ》」と分類する一方で、ヴェルサイユ条約の規定下にあってなお保有を許されていた準弩《ど》級艦「シュレージェン」と「シュレスヴィヒ・ホルシュタイン」を戦列艦にカテゴライズしていたのである。ちなみに、「シュレスヴィヒ・ホルシュタイン」は、周知のごとく、1939年9月1日にヴェスタープラッテのポーランド軍陣地に対し、第二次欧州大戦の最初の一弾を放った艦だ。従って、ドイツ語で、このあたりの戦史を読んでいると、「戦列艦シュレスヴィヒ・ホルシュタインの主砲が大戦の火蓋を切った」などという記述に出くわすことがあり、帆船時代を描いた海洋小説に接しているような錯覚を覚えるのだけれど、これは上記の規定のせいなので、けっして間違っているわけではない。

こうしたことは、なかなか文章だけでは理解しにくいから、Hans H. Hildebrand/Ernest Henriot (Hrsg.), *Deutschlands Admirale 1849-1945*, Bd.1, Osnabrück, 1988 の付表に従い、巡洋艦以上の水上艦艇について、ドイツ海軍の艦種分類の変遷を表にまとめておいた。参考にしていただければ幸いである。とはいえ、正確な記述を期そうと思えば、ほかの主要海軍国、とりわけフランスやイタリア、ロシア＝ソ連に関しても、同様の表が必要なのであろうが……残念ながら、そちらは、筆者の手に余る。どなたか、ご奇特な方が研究成果をあげることを期待したい。

戦史エッセイ

提督は「ノー・サンキュー」と告げたか？

１９４１年12月10日のマレー沖海戦は、史上初めて、戦闘行動中の戦艦が航空機によって撃沈された戦闘である、この戦いについては、一つの佳話が伝えられている。英国東洋艦隊の主力を構成する戦艦プリンス・オヴ・ウェールズと巡洋戦艦レパルス【写真1】の喪失に際して、司令長官サー・トーマス・フィリップス海軍大将【写真2】がみせた決断だ。

旗艦プリンス・オヴ・ウェールズが回復不可能なダメージを受け、艦長が総員退去を命じるに至っても、同艦に座乗したフィリップス提督はなお艦橋に残っていた。そして、随伴駆逐艦から派遣された救命ボートより、脱出するよう慫慂されたにもかかわらず、提督は落ち着きはらって答えたというのである。

ノー・サンキュー、つまり、助けは不要だと……。

その言葉通り、フィリップス提督は、プリンス・オヴ・ウェールズ艦長ジョン・リーチ大佐とともに艦橋に残り、艦と運命をともにした。小柄であることから「親指トム」とあだ名されていた提督は、こういうかたちで与えられた艦隊を撃破された責任を取り、ジョンブルの意地を示したのだ。少なくとも、日本ではそう喧伝された。

事実、マレー沖海戦の経緯が詳しく報道されると、日本国民はもとより、海軍当局も敵ながら天晴れと評価し、軍人の模範であると褒め称えたのである。

戦争中に米軍の捕虜となったのち、戦後は作家として直木賞を授与されるという数奇な運命をたどった豊田穣は、マレー沖海戦当時、霞ヶ浦航空隊で第36期飛行学生として操縦訓練を受けていた。▼1 豊田は、戦勝のニュースと同時に、フィリップス提督が従容として旗艦に残り、そのまま沈んでいったと教えられた

写真１　プリンス・オヴ・ウェールズ

写真２　サー・トーマス・フィリップス

としている。さらに、豊田は記す。「このエピソードは一つの教訓として日本軍の間に浸透した。イギリスでさえ指揮官が艦と最後を共にするのだ、日本も負けてはおられないというわけで、かなりの数の艦長や指揮官が艦と運命を共にした。これはもともと日本海軍にそのような不文律の伝統があったことにもよるが、半年後のミッドウエーにおける山口多聞二航戦司令官と加来止男飛竜艦長の死は大きく称揚され、反対に同年11月止むを得ない事情で比叡を去った西田正雄艦長は、不本意な批判のなかで予備役に回されたのであった」

このように、フィリップス提督の最期は、戦場の美しき一挿話として人口に膾炙したのみならず、日本海軍の艦長、ときには司令・司令官、さらには司令長官が▼2、預けられた艦・艦隊を失った場合に、どう身を処するかの規範となるほどに影響を与えたのである。

しかしながら――「ノー・サンキュー」発言が事実でなかったとしたら、どうであろう。

イギリス人は知らない

連合軍の一員であったイギリスにとっての負けいくさだったせいか、マレー沖海戦をテーマとする英語文献は必ずしも多くない。▼3

とはいえ、英公刊戦史をはじめ、いくつかある同海戦に関する文献を当たってみても、フィリップス提督が艦と運命をともにしたというたぐいの記述を見つけることはできないのだ。たとえば、公刊戦史のイギリス軍の海上作戦を扱った『海戦』シリーズや極東戦域の経緯を述べた『対日戦』シリーズの当該巻には、フィリップス提督がいわば自決を選んだことについての記述は、まったくない。

いかにも奇妙なことではある。まさに英国武人の名誉心を象徴するかのごとき挿話が、その本国では知られていないとは？

筆者は、旧知の等松春夫防衛大学校教授に、ある問い合わせを依頼した。等松氏は、オックスフォード大学で博士号を取得し、アジア・太平洋地域を研究するイギリス人研究者のあいだに多数の知人友人を持っているひとだ。その等松氏を介して、とくに太平洋戦争史を研究しているイギリスの専門家たちに、フィリップス提督が東洋艦隊敗亡の責任を取り、戦艦プリンス・オヴ・ウェールズと最期をともにしたというエピソードを知っているかどうか、尋ねてもらったのである。

答えは意外なものだった。等松氏の質問を受けた複数の研究者はいずれも、聞いたことがない、初耳だと応じてきたのだ。

こうなれば、ノー・サンキューの一件は真実なのだろうかという疑問が生じてくるのは、当然のことであろう。そこで、直接マレー沖海戦をテーマにした文献をみてゆくと、フィリップス提督は、本当はどんな最期をとげたかという疑問について、ある程度の解答が得られる。

まずは、イギリスのジャーナリストであるミドルブルックとマーニーの共著『戦艦』をみてみよう。本書は、戦後に機密解除された英海軍文書を博捜し、多数の関係者にインタビューして書かれたものであるが、そこには、以下のような記述がある。

「【フィリップス提督は】ただプリンス・オヴ・ウェールズが転覆する10分前までは、羅針艦橋にたしかに居て、艦橋側壁によりかかっていたといわれている。そこは戦闘の全期間を彼がリーチ艦長とともにすごした場所だったのであるが、彼はここへ上の司令部艦橋に詰めていた彼直属の幕僚全員を呼びおろし、任務を解いた上で、『身体をいとえよ！』と声をかけて退去させたのだった」

「長官艇の艇指揮などは司令長官は救命胴衣を着用することを拒み通し、リーチ艦長ともども、遅きに失しないうちに何としてでも退去して下さいというあらゆる懇願に対しても、一切無言で言葉が通じていないかのようであったと証言している」

「艦隊水雷長ヒラリー・ノーマン中佐は最終に近い時期にフィリップスがどっかと椅子に腰をおろし、失意の淵に沈んでいるようだったのを目撃しているが、これは確実な事実である。なおこのノーマン中佐はプリンス・オヴ・ウェールズの沈没後も、フィリップス提督の遺体が浮かんでいるのを目撃している」

「提督の遺体が救命胴衣を着用していたか否かについては、遺体が漂流していた場所と考え合わせて、ノーマン中佐はたしかに着用していたと断言している」

かくのごとく、イギリス側の証言や公文書（ミドルブルックとマーニーが主として依拠しているのは、ＡＤＭ１９９／１１４９「ＨＭＳプリンス・オヴ・ウェールズおよびレパルスの損失」である）からは、日本側とまったく異なる像しかみえてこない。[4] つまり、フィリップス提督は最後まで司令長官の職責を果たそうとして艦に残ったものの、いよいよ命脈が尽きたと思われた瞬間に救命胴衣を着用し、海中に飛び込んだ。だが、おそらくはプリンス・オヴ・ウェールズ沈没の際に生じた渦巻きから逃れることができずに溺死、あるいは爆発により圧死したものと推測されるのだ。

また、フィリップス提督の最期について、疑問を抱いた日本人もいる。前出の豊田穣は、１９８２年に『マレー沖海戦』という著作を上梓するにあたり、イギリスで史料調査を実行、問題のＡＤＭ１９９／１１４９にもあたっている。[5] 豊田の結論も、ミドルブルックとマーニーのそれと同様のものだ。

写真３　マレー沖海戦．日本軍機の攻撃を受け回避行動を行うプリンス・オブ・ウェールズ（左前方）とレパルス（左後方）

「フィリップスは艦橋に残って、日本海軍のある艦長のように羅針儀に体を縛りつけて艦と最後を共にしたという証拠はない。従って『ノー・サンキュー』とも言わなかったのではないか」

かくのごとく、フィリップス提督の最期にまつわるエピソードは伝説であると思われるのだが、そうなれば、あらたな疑問が生じる。【写真３】

誰が、いつ、何の目的で、このような話を創作したのか？

また、それは、どのようなかたちで日本人に流布されていったのだろう？

実は、筆者はほぼ、その答えをつきとめている。なるべく早い時期に、かかる伝説が日本海軍におよぼした影響への考察と合わせて一書とし、刊行することにしたい。

さて、蛇足は承知の上で、もう一つのマレー沖海戦にまつわる佳話に触れておこう。

海戦から８日後の１９４１年12月18日、プリンス・オヴ・ウェールズとレパルス攻撃の主役であった鹿屋航空隊は、アナンバス島にある無線電信所爆撃を命じられた。同隊に所属していた壱岐春記大尉は、途中、両艦が沈没した海域付近を通過することを知り、戦死者の霊を慰めるべく花束を用意させて、機上から同海面に投下した。その日は天候もよく、波も穏やかで、海底に眠る英戦艦の艦影がくっきりと浮かび上がって見えたという。

こちらは、掛け値なしの実話である。

写真：打ち合わせをするリベントロップとパウル・カール・シュミット（パウル・カレル）

補論　パウル・カレルの二つの顔

「パウル・カレル？　彼の書いたものは歴史書ではない」

にべもない答えに、筆者は絶句せざるを得なかった。２０００年、在ポツダムのドイツ連邦国防軍「軍事史研究局」[1]を訪ねた折のことだ。この機関では、日本流にいう制服組ならびに文官のスタッフが軍事史研究に携わっており、学問的にも高い評価を得ている。そのころ、すでにパウル・カレルの記述には疑義が呈されていたため、筆者としては、この機会にぜひプロの意見を聞いてみたいものだと思い、研究員たちにその評価を尋ねてみた。すると、彼らは異口同音に、全否定ともいうべき答えを返してきたのであった。

つまりは、筆者の認識不足であった。この時点で、カレルの記述には歪曲や誇張が多いと気づいてはいたものの、[2]そこまでネガティヴな評価をされているとは考えていなかったのだ。しかし、軍事史研究局の歴史家たちは、おそらく、先輩研究者からひそかに語り伝えられるという形で、パウル・カレルの正体を知っていた。だからこそ、筆者を驚かせたような、激しい調子の断定になったのであろう。

そのカレルの実態が、一般読者に暴露されるのは、それから5年後、２００５年のことになる。

21 世紀に立て続けに刊行され、パウル・カレルの著作への疑問を決定的にした 2 冊。ヴィクベルト・ベンツの「カレル伝」(右)。カレルの「前身」であるパウル・カール・シュミットが、ナチス政権下の外務省高官であったことは 1980 年代の研究で判明していたが、2000 年代に発表されたこれらの著作によって、少なくともドイツ国内においては、カレルは一種の「デマゴーグ」であると評価が定着した

暴かれた過去

かつて、日本の戦史ファンの間で、パウル・カレルは圧倒的な人気を誇っていた。『バルバロッサ作戦』や『砂漠のキツネ』といった一連の著作は、松谷健二の名訳も相俟《あいま》って、圧倒的に優勢な連合軍に対し、戦術や作戦の妙をつくして勇猛果敢に戦うドイツ軍というイメージを読者に植えつけていったのである。

そのカレルがナチ時代には外交官、そして情報将校だったという経歴は、[3] 1960年代後半から1970年代にかけて、その著作が日本であいついで翻訳出版された際にも、松谷健二による訳者解説に明記されていた。とはいえ、カレルの年齢からして、外務省の高官だったということは考えにくい。良くも悪しくも、さしたることはやっていないはずだという思い込みが、ドイツ本国でも、また日本においてもあったと思われる。

しかしながら、1980年代に入ると、ドイツで研究が進み、カレルがドイツ外務省報道局長という、高官といってもさしつかえない地位にいたことが判明した。ヒトラー支配下において、こうした異例の出世をするからには、カレルの世界観にもナチに共鳴する部分があったのではないか？

2005年、この当然の疑問に対して、スキャンダラスでさえある回答が出された。ドイツの歴史家ヴィクベルト・ベンツが、初めて本格的なカレル伝を著し、隠されていた過去を明るみに出したのだ。続いて、2009年には、ドイツのジャーナリスト、クリスチャン・プレーガーが博士論文をもとにした研究

書を刊行、カレルがナチ・エリートであり、戦後は自らの政治的な立場を隠しながら、歴史歪曲につとめたことを赤裸々なまでにあきらかにした。今や、パウル・カレルは、公正中立の戦史家などではなく、自らの望む第二次世界大戦像に読者を誘導しようとした、一種のデマゴーグであることが証明されたのである。

　こうした理解は、まだまだ日本では一般的になってはいないけれど、ドイツ本国では常識となっている。まずは、こうした研究書に従い、カレルの本当の生涯を追ってみよう。

熱烈なナチだったカレル

　パウル・カレルこと、本名パウル・カール・シュミットは、１９１１年11月２日に、チューリンゲン地方の町ケルブラに生まれた。中流の家庭に育ったシュミットは、国民学校《フォルクスシューレ》から、大学進学の前提となる古典学校《ギムナジウム》へと進んだが、彼には、他のものと異なる、きわだった特徴があった。年少のころから、ナチズムに傾倒していたのだ。早くもギムナジウムの９年生（最上級生）、わずか19歳のときに、シュミットはナチス党入党を願い出て、認められている。入党年月日は１９３１年２月１日、党員番号は４２０８５３だった。また、同時に親衛隊にも入隊し、隊員番号３０８２６３を得ている。▼4 シュミットの政治的嗅覚は、実に鋭かったといってよい。この日からおよそ２年後、１９３３年１月30日に、ヒトラーは政権の座に就いたのである。

　その後、シュミットは、軍港で有名なドイツ北部の都市キールの大学で学ぶ。在学中も、熱烈なナチとして活動、ナチ・ドイツ学生同盟の幹部となった。加えて、ナチの下部組織である「非ドイツ的精神に反対する闘争委員会」会長もつとめた。彼らが掲げた12のテーゼの一節に「ユダヤ人はユダヤ的にしか思考できない。彼がドイツ語を書いていたとしたなら、嘘をついているのだ。ドイツ語を書きながら、非ドイツ的に思考するドイツ人など裏切り者だ！」とあるのをみれば、シュミットが率いたこの団体がどういう性格を持っていたかは明白であろう。さらに、1935年には、シュレスヴィヒ・ホルシュタイン大管区の学生指導者代理、そして大管区演説担当官に任命されている。

1931年からキール大学で、国民経済、哲学、教育学、国文学（つまりドイツ文学）、心理学を学んだシュミットは、1935年に心理学研究所助手（新聞学と出版メディア研究担当）の職を得て、1936年には「インド・ゲルマン語の意味形成論についての考察」なる学位論文[5]で博士号を得た。こうしたシュミットのナチズムへの忠誠と、マスコミやプロパガンダに関する専門知識、雄弁な演説ぶりは、党や政府の大立て者の注目を集めずにはおかない。

ヒトラーの政権掌握を助け、のちに外務大臣となったヨアヒム・フォン・リッベントロップもその一人であった。1937年4月1日、彼は、シュミットを自らの私的外交機関「リッベントロップ事務所」[6]にスカウトし、イギリス担当第10課長に抜擢した。続いて、リッベントロップが外相に就任すると、今度は外務省に採用され、公使館参事官の職階を与えられた。どこの国でも、政治任命されることがある大使などは別として、外務官僚は専門的な試験によって選抜され、職業的な訓練を受けなければ、採用されないのが常である。そう考えると、これはナチ体制特有の異例な人事であったといってよい。

若きエリート官僚

1939年2月15日に入省したシュミットは、報道局[7]に配属され、局長代理に任命されたが、すぐに頭角をあらわす。彼は、リッベントロップに対して強い影響力を持っており、このボスの後ろ盾を最大限に利用して、勢力の拡大をはかったのである。その際、シュミットは、ライバル組織である政府報道局やゲッベルスの宣伝省とあつれきを起こすことも敢えて辞さなかった。

1940 年 10 月 23 日、スペイン国家元首フランコとの会談のため特別列車でスペイン・フランス国境のアンダイユの停車場に到着したヒトラーと握手するパウル・カール・シュミット（© bpk | Bayerische Staatsbibliothek | Heinrich Hoffmann / distributed by AMF）。シュミットは、ヒトラーと外国人の会見を設定したり、外相の密使となることもあった。シュミットの左隣が「通訳のシュミット」ことパウル・オットー・シュミット

結果として、1940年10月10日に一等公使[8]に進級、同時に報道局長に就任したときには、赴任当初7人の局員しかおらず、「廃兵宮」と陰口を叩かれていた報道局は大組織にふくれあがっていた。[9]

シュミットは、この部局を思うがままに操ったばかりか、ほぼ毎日、午後1時より開催される記者会見を自らとりしきった。それによって、シュミットは機略を誇示したものの、同時に、おのれが非常な野心家であることもあきらかにしてしまった。その記者会見に参加した『スウェーデン日刊新聞』のベルリン特派員アルヴィド・フレドボルグはこう記している。

「彼【シュミット】は、きわめて賢く、当意即妙で機知に富み、辛辣な答えを返してくる。彼は、道徳ほかの呵責をいっさい感じることなく、いつ、いかなる状況にあっても、もっともリッベントロップの意に則した声明を出すことができる。【中略】地位さえ提供され

れば、彼が、どんな体制にでも賛成するであろうことは明白だ。がりがりの権力亡者である」

国防軍最高司令部の対外スポークスマンであったマルティン・H・ゾンマーフェルトも、シュミットを「抜け目なく、驚くほど機敏」としながらも、「直截的で粗暴なふるまいを好む。小ヒトラーだ」と評価している。戦後の米軍による調査でも、「外務省の定例記者会見における公式スポークスマンとして、あらゆる在ベルリン特派員に知られていたが、おおむね好かれてはいなかった」とあり、頭は切れるが野心を隠さぬ男という定評があったようだ。

なお、こうした記者会見を通じて人相を知られていたためか、のちにパウル・カレルを称するようになってからのシュミットは、自らの写真をいっさい公表していない。当然のことで、顔写真を出してしまえば、ナチ・エリートのシュミットであることが露見してしまうからであろう。だが、今回、ドイツ外務省政治文書館に保管されていた彼の写真を発掘、掲載することができた。

ちなみに、当時のドイツ外務省には、同姓同名で職階も同じ一等公使であるけれど、別のパウル・シュミット（ただし、こちらのミドル・ネームはオットー）がいた。[10]彼もまた、外務省官房長という要職にあり、しかもヒトラーの通訳をつとめる重要人物だったから、両者を区別する必要があった。そのため、報道局長のシュミットは「報道のシュミット」もしくは「パウル・シュミット・報道（プレッセ）」、官房長のほうは「通訳のシュミット」と呼ばれていた。

『ジグナール』情報

しかし、戦後のパウル・カレルとしての活動に関連して、より重要なのは、シュミットが宣伝誌『ジグナール』の編集に関わっていたことだ。同誌は、外務省、宣伝省、国防軍最高司令部の共同事業として、諸外国にドイツ軍の偉業とナチズムの意義を訴える目的で、１９４０年に創刊されたグラフ雑誌である。

最初は、英仏伊独の4か国語でしか出されていなかったものが、1943年には20もの異なる言語による版が出されるようになる。創刊号では13万6000部であった部数も、最盛期には250万部に達していた。戦後、いくつかの復刻版が出版されているから、読者のなかには眼を通された方もおられるかもしれない。

1983年に、この『ジグナール』への関与について尋ねられたシュミットは、報道局、そして自分個人が同誌に対して及ぼしていた影響は「ごくわずかなもの」だったと答えている。が、その後の研究は、シュミットが実際には『ジグナール』編集部に腹心を送り込んでいたことを暴露してしまった。当然、同誌編集部に続々と届けられる、前線からのルポルタージュには、シュミットも眼を通していたのである。

左端の赤い帯と赤のロゴが印象的な『ジグナール』の表紙。ドイツの対外宣伝用グラフ誌で20か国語以上に翻訳された。写真やイラスト満載でカラーも使われている。パウル・カール・シュミットは、この編纂にもかかわっていた

事実、『ジグナール』に掲載された記事のタイトルを見ただけでも、のちのパウル・カレルの著作をほうふつとさせるものがある。「反ボリシェヴィズム戦線──同盟軍、志願兵部隊、武装親衛隊の義勇部隊」、「ヨーロッパの盾──ドイツ軍人の精神的基盤」、「物量に対抗する男たち──7人の工兵と彼らの中隊長」……。『ジグナール』の編集方針は、独ソ戦をヨーロッパの反ボリシェヴィズム十字軍と位置づけ、ドイツ軍の英雄的で騎士道的な戦いぶりを強調することにあった。シュミット、のちのカレルは、この目的のために、いわば「加工」された情報を蓄積していったのだ。

日本の戦史研究家のなかには、カレルの著作は、今となっては得られない、当時の貴重な情報をもとにしているのだから、なお重要だと主張するものもいる。しかしながら、

イデオロギーの眼鏡をかけた「情報」に、少なくとも一方の足をかけている著作を、そう無邪気に信用してよいものかどうか。この点については、後段であらためて論じよう。

いずれにせよ、このような『ジグナール』情報、そして外務省報道局長として得た機密情報により、シュミットは、はからずもパウル・カレルとなるための土台をつくっていたことになる。[11]

ホロコーストへの自発的関与

さて、ナチ時代のシュミットについては、もう一つ書いておかなくてはならないことがある。ホロコーストへの関与、それも自ら進んでの加担だ。

1944年3月、ドイツ軍は、クーデターを起こしたハンガリーの親独派とともに同国を占領、支配下に置いた。それを契機に、ハンガリー・ユダヤ人の強制移送が開始される。占領後、ドイツ全権代表としてハンガリーに赴任したエドムント・フェーゼンマイヤーは、このユダヤ人政策が国際的な悪影響を及ぼすことを懸念して、連日、本省に警告を送っていた。これに対して、欺瞞策を献じた男こそ、シュミットだったのである。以下、彼が起草した、1944年5月27日付の覚書から引用する。

「ハンガリーにおいて継続中、もしくは企図されている、さまざまな対ユダヤ行動について検討した結果、6月にはブダペストのユダヤ人に対し、大規模な措置が取られるものと、小官は判断しました。こうして計画されている行動は、そのスケールからしても、外国の注目を集め、激しい反応を惹起すること必至であります。敵は、人間狩りだなどと金切り声をあげ、残虐行為と報道して、自国内ならびに中立国の世論を煽動するでしょう。それゆえ、本行動に大義名分を与え、動機づけすることによって、かかる事態を予防すべきと愚考し、以下の提案をさせていただきます。たとえば、ユダヤ人集会所やシナゴーグにおける爆発物の発見、破壊組織や政府転覆計画の存在、警官襲撃、ハンガリーの通貨体系を蝕むことを目的とした大がかりな外貨のヤミ取引といった理由を偽造するのであります」

この覚書は、早くからヒトラーの経済方面での相談役をつとめており、当時、外務省特務次官の職にあったヴィルヘルム・ケプラーに提出された。ケプラーは、シュミットの提案を無視することなく、長年の知己であったフェーゼンマイヤーに写しを送った。そこまでは、わかっている。だが、シュミット覚書がどの程度、現実のハンガリー・ユダヤ人移送政策に反映されたかは、現在残されている史料が乏しく、再構成は困難である。とはいえ、ここで注目すべきは、シュミットの積極性であろう。彼は、主体的にナチズムを推進し、およそ20万におよぶハンガリー・ユダヤ人の強制移送と殺戮を正当化し、それを助ける政策を提示していたのである。

パウル・カレルという仮面

順風満帆な人生を送ってきたシュミットだったが、1945年、初めての挫折を経験する。彼が不滅と信じたドイツ第三帝国は、戦争に敗れ、滅び去ったのだ。5月8日、シュミットもドイツに進攻してきた米軍に逮捕され、以後2年間にわたる抑留生活を送ることになる。

そうして取り調べを受けているあいだ、シュミットは、あぜんとするような無節操ぶりを示した。軍事法廷の検事尋問に際して、自分は一介の通訳官にすぎないと、臆面もなく述べたのだ。すでに触れた、同姓同名の別人になりすますことによって、追及をまぬがれようとしたのである。それればかりか、この嘘が露見すると、本当はナチズムに反対していたので、リッベントロップに罰せられたこともあるとまで言うありさまだった。しかし、ドイツ外務省の機密を知る立場にあり、ナチ体制下にあっても民主的な報道の自由を擁護してきたと自称する人物は、米軍にとっても利用価値があった。シュミットは、戦犯裁判に検察側の証人として出廷したのち、釈放されたのだ。

1944年夏、ポーランドのアウシュヴィッツ強制収容所に到着したハンガリーのユダヤ人。パウル・カール・シュミットが戦後に追及を受けた具体的な事案の一つがこのハンガリーのホロコーストにかかわる積極的な献策についてであった

自由の身になったシュミットは、ただちに文筆家としての活動を開始した。1940年代末から1950年代にかけてのドイツのマスコミには、少なからぬ元ナチ、シュミットの昔の同志が指導的地位を占めていたから、彼の社会復帰は難しいことではなかった。すぐにシュミットは、『ディ・ツァイト』、『ディ・ヴェルト』、『デア・シュピーゲル』など、ドイツの代表的な新聞雑誌に寄稿するようになった。このころ、彼が書いた論考にはすでに、第二次世界大戦の開戦責任がドイツにあることを否定したり、ナチ犯罪の矮小化をはかる[12]などの主張が現れていた。

パウル・カレルの筆名を使いだしたのも、その時代だった。最初は、「P・C・ホルム」をはじめとする、いくつかのペンネームを用いていたが、しだいにパウル・カレルに統一するようになった。パウル・シュミットというのは、ドイツではありふれた姓名といえるけれど、実名を出して、「報道のシュミット」であった過去を想起されては不都合との配慮であろう。

しかし、パウル・カレルの仮面をかぶりはじめたシュミットに危機が訪れる。1965年、フェルデン地方検察局は、ハンガリー・ユダヤ人虐殺に関与した容疑で、シュミットの捜査にかかった。前述の覚書がきっかけとなって、当局が動いたのだ。だが、検察側は起訴に持ち込むことができなかった。問題の覚書は、たしかに自分が作成したものだが、受け取ったフェーゼンマイヤーは、管轄外の人間がよこした無用な提案だと決めつけて却下したと、シュミットは証言したのである。この主張をくつがえすだけの証拠や証言は得られず、1971年まで続いた捜査は打ち切りになった。かくて、シュミットは、ナチ・エリートの過去を一般に知られることなく、パウル・カレルになりおおせたのである。

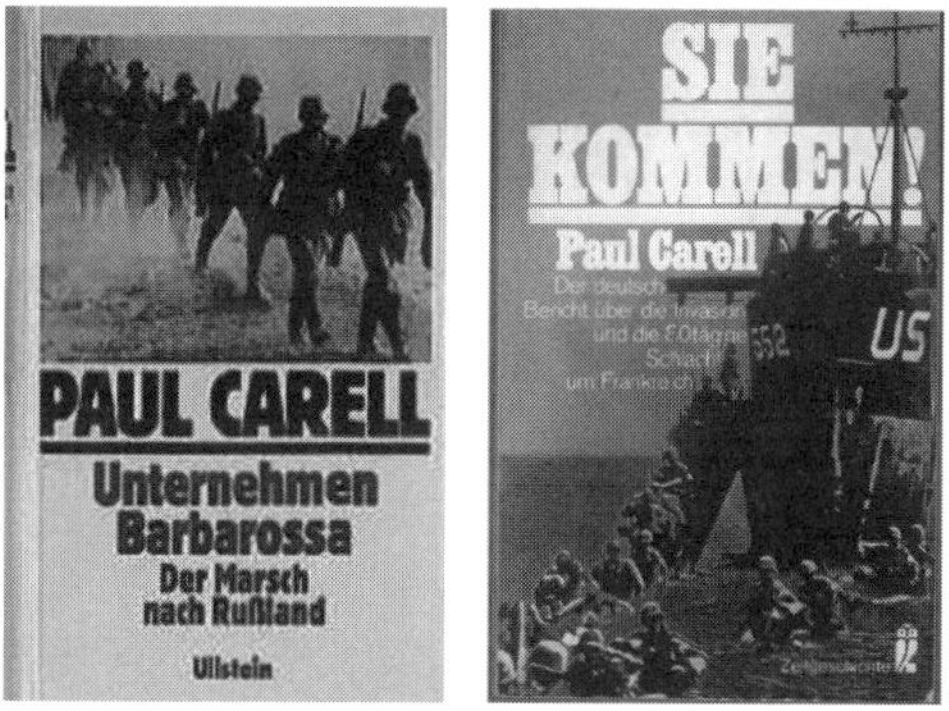

大戦後、抑留から解放されたパウル・カール・シュミットは、紆余曲折を経てパウル・カレルを名乗り文筆活動を展開した。写真は日本語タイトルで『彼らは来た』（右）と『バルバロッサ作戦』（左）の原書。右派財界人の出版コンツェルンの協力で、ヒットを重ねた

歴史の政治的歪曲

本章でも、以後の記述は、「パウル・カレル」に切り替えることにしよう。からくも訴追をまぬがれたカレルは、雑誌連載をまとめて加筆したものを『砂漠のキツネ』（1958年）として上梓、ついで『彼らは来た[13]』（1960年）を刊行する。だが、この2冊以上に好評を博したのは、『バルバロッサ作戦』（1963年）と『焦土作戦』（1966年）であった。それらは、カレルと密接な関係にあった右派財界人アクセル・シュプリンガーが経営する出版コンツェルンの全面的なバ

ックアップを得たこともあって、100万部単位の売り上げを誇るベストセラーとなり、十数か国語に翻訳されたのである。

ただし、カレルの著作が歓迎されたのは、もちろんシュプリンガーの力だけによるものではない。その論述は、ドイツ人にとって心地よいものだったのだ。ドイツのジャーナリスト、オットー・ケーラーの言葉を借りるならば、カレルは、独ソ戦を「英雄的なドイツ人はいても、ドイツ人による大量虐殺はない」、戦友愛にみちみちた「清潔な」戦争として描いたのであった。また、冷戦のさなかであったことから、ドイツ人以外の西側諸国のものにとっても、圧倒的なソ連軍に対し、勇気と優れた作戦で立ち向かうドイツ軍というイメージは、おおいにアピールしたのである。

けれども、カレルの著作が打ち出したテーゼは、露骨な政治的意図を秘めたものだった。対ソ戦は、スターリンが企図していたドイツ侵攻に先手を打つための予防戦争で、ヒトラーと国防軍にとっては望ましからぬことだったが、ドイツのみならず全ヨーロッパが参加しての反ボリシェヴィズム十字軍となった。ヒトラーの判断ミス、それ以上に、ソ連のスパイによる情報漏洩、物量の差があったゆえに、ドイツ国防軍は敗北を余儀なくされた。スターリングラードの敗北以後も、機動防御でソ連軍に大出血を強いることにより、停戦に持ち込むことは可能だった……。いずれも、今日の歴史学の水準からすれば、とうてい支持できない主張である。

それ以上に看過できないのは、住民虐殺や略奪、ユダヤ人強制移送への協力といった国防軍の犯罪について、カレルが眼を閉ざし、耳をふさいだことだろう。彼が記したことは、対ソ戦を美化し、ドイツ国防軍を顕彰するという意図に沿ったものだけであり、ゆえに、その著作も、真実とは程遠い英雄物語にしかならなかった。ドイツの歴史家クリスチャン・シュトライトがのちに評したように、「かつてのナチ外務省報道局長は、絶滅政策については完全に沈黙」していたのだ。

もちろん、どんな歴史も完全に客観的に書くことはできないと反論し、カレルを支持する向きもある。その議論自体は正しい。たとえ、元ナチが書いたものであろうと、正しく手順を踏んだ史料批判と叙述がなされているなら、歴史書と評価し、資料として使うこともできる。しかし、カレルは、過去を隠し、おのれの政治的目的に合わせた歴史理解へと読者を誘導する意図を秘めながら、自著を公正中立で客観的なノンフィクションであるかのごとくに装った。そこに大きな問題があったのだ。今日、パウル・カレルの著書が全否定に近い扱いを受けているゆえんである。

どこまでが事実なのか

カレルの記述に対する疑義は、そればかりではない。彼は、自分が描いたエピソードは、多数の参戦将兵への取材によって得られたものだとしている。けれども、少なくとも初期の著作は、『ジグナール』の編集に関わっていたときに得たものと、戦後、数名のインフォーマント（元国防軍将校が主。その政治的志向については、指摘するまでもなかろう）から受けた情報に拠っていることが判明している。つまり、最初から、ある傾斜を持った典拠なのである。

しかも、カレルがどういうやり方で取材していたのか、検証するすべがない。彼の私文書（そのなかには、参戦者へのインタビュー記録や彼らとの往復書簡も含まれているものと想像される）が、遺族のもとで保管されていることはわかっている。が、最新のカレル伝を書いたプレーガーは、カレル未亡人、また彼女の没後、カレルの遺品を管理している孫に再三アプローチしたにもかかわらず、文書の閲覧を拒絶されている。つまり、カレルが、収集した情報をどのように取捨選択したのか、適切な史料批判がなされているのかを検証することは不可能なのだ。仮に、恣意的な引用や歪曲があったとしても、確かめようがないのである。

これでは、歴史書としても、あるいは歴史ノンフィクションとしても、信憑性は著しく低くなる。『史上最大の作戦』や『遠すぎた橋』の著者コーネリアス・ライアンが執筆に使用したインタビュー記録などの文書は、彼の死後、オハイオ大学図書館に寄託され、研究者なら誰でも閲覧できるようになっているが、カレルの場合は、それと正反対のありようだと言わざるを得ない。

また、カレルが、自ら史料や証言を精査し、結論を出したというよりも、まず国防軍弁明論ありきという姿勢だったことも、現在では証明されている。たとえば、カレルは、エーリヒ・フォン・マンシュタイン元帥の自己弁護に加担した。1963年、のちに『バルバロッサ作戦』および『焦土作戦』として刊行されることになる、カレルが『クリスタル』誌に連載した記事が評判を呼んでいた。これをみたマンシュタインは、批判的な評価を受けることを恐れ、カレルに働きかけることにしたのだ。とはいえ、元帥にまで昇りつめた人物だけあって、直接カレルに接触するような、軽はずみなことはしなかった。すでにカレルと親交があったヘルマン・ホート上級大将を介して、情報を提供してもよいと申し出たのである。

カレルは、独ソ戦の焦点にいたマンシュタインの、いわば「弁護側の証言」に飛びつき、以後、マンシュタインの主張に批判的検討を加えることなしに叙述を進めることになった。『バルバロッサ作戦』のスターリングラード以後の部分、そして『焦土作戦』が、マンシュタインの回想録『失われた勝利』と軌を一にした内容になっているのは、偶然ではなかったのだ。[14]

このほかにも、カレルの記述には問題がある。政治的な動機からではなく、単にドイツ軍の公文書を充分に参照していないことによる誤謬である。ゆえに、彼の著作には、人名や年月日、部隊番号など、事実認識に多数の間違いが入り込むことになった。『彼らが来た』などは、後年、連合軍に押収されていた文書がドイツに返還されてから、それをもとにした研究書が刊行されたため、誤りを修正する必要が生じ、大幅な加筆訂正を余儀なくされている。

だが、そのぐらいならば、まだいい。『焦土作戦』の白眉であるプロホロフカ戦車戦の記述などは、現実には存在しなかったことが証明されているのである。ドイツの公刊戦史にあたるシリーズ『ドイツ国と第二次世界大戦』から、それを指摘した部分を引こう。

「【前略】この筋書き【1943年7月12日に、プロホロフカで大戦車戦が行われたという、戦後のソ連側、とりわけ当事者であるロトミストロフ将軍の主張】は、ドイツの戦記作家パウル・カレルの空想を刺激した。彼は、第3装甲軍団のプロホロフカへの競走を、こう演出した。『戦史上その例にはこと欠かないが、いまも後の戦争の経過を左右すべき運命的な決定が時計の進行にかかっていた。日どころではなく時間に。《ワーテルローの世界史的時間》はプロホロフカに再現されたのである』。著しい苦境におちいっていたイギリス軍の総帥ウェリントンを助けに急ぐプロイセンのブリュッヒャー元帥と、その介入をさまたげようとして失敗したナポレオンの元帥グルーシーのあいだで争われたワーテルローにおける競走にたとえたのだ。当時のグルーシー元帥同様、プロホロフカのケンプフ将軍も到着が遅すぎたというのである。【原文改行】しかし、ドイツの文書館史料からは、この7月12日の競走などまったくなかったし、いわんやロトミストロフの記述したプロホロフカ南方の戦車戦など存在しなかったことが明らかになる。当該戦域には、最大時で44両の戦車を有するのみの第6装甲師団があっただけなのである」(文中の『焦土作戦』からの引用は、フジ出版社版の松谷健二の訳文によった)。

前述のように、カレルの著作には、現在では得られぬ貴重な情報が含まれていると評価し、批判を加えながら使うと称して、それに依拠する戦史研究家もいる。けれども、カレルが執筆した時点で、すでに、使用した証言や史料、さらにはその史料批判に、深刻な問題性があることは明白だ。加えて、当時の史料状況に制約されたゆえの間違いが多数存在することが判明しているというのに、敢えて彼の著書に拠るという判断には首をかしげざるを得ない。

連邦国防軍のカレル問題

１９９７年、パウル・カレルは他界した。その晩年は、彼の著作の問題点が指摘され、また国防軍の戦争犯罪が追及されはじめた時代と重なっていたから、さぞかし不快だったことであろう。しかし、おのが過去があばかれる前に、現世を離れることができたのは、むしろ幸運だったかもしれない。ドイツの市場から絶えることがなかったその著作は、２００５年に、ベンツの伝記がカレルの真実を暴露して以来、すべて品切れ再版未定状態になっている。日本の訳書も同様で、今日、新刊で入手することはできない。

さらに２０１０年には、再びカレルをめぐるスキャンダルが生じた。連邦国防軍の陸軍兵士の教材として配付されていた『出撃に備えた教育。戦闘任務の手引き』というパンフレットに、『彼らは来た』と『焦土作戦』の一部が収録されていたことが発覚したのである。明らかに歴史歪曲の意図を有していた人物の著作を、連邦軍将兵の教育に使うとは何ごとかと責め立てられた連邦国防軍陸軍総監は、問題のパンフレットは２００９年に使用を停止しており、現在、新版を準備中であるとの公式回答を発表した。

この事件は、パウル・カレルの著作に存在する問題を、一般社会に広く知らしめ、いわば、とどめを刺した形になった。現在のドイツでは、パウル・カレルの著作は、専門家のサークルのみならず、一般読者の間でも、歴史書として認められていないといっても過言ではない。それどころか、彼の記述を引用したり、典拠にすること自体、ある種の政治的な立場を表明することになってしまうのである。カレルの作品が、そうした評価をされているという冷厳な事実は、日本においても、もっと認識されてよいことと思われる。

パウル・カール・シュミット（パウル・カレル）略年譜

1911：チューリンゲン地方ケルブラで誕生（11 月 2 日）
1931：**ナチス党入党、親衛隊入隊**
キール大で学ぶ
1934：キール大卒業
1935：シュレスヴィヒ・ホルシュタイン大管区学生指導者代理
大管区演説担当官
キール大心理学研究所助手
1936：「インド・ゲルマン語の意味形成論についての考察」で博士号
1937：「リッベントロップ事務所」イギリス担当第 10 課長に抜擢
1939：**外務省入省。報道局局長代理に任命**
1940：**一等公使、報道局長。SS 中佐に昇進**
宣伝誌『ジグナール』創刊。編集に関与
1944：ハンガリー・ユダヤ人強制連行に欺瞞策進言
1945：敗戦後米軍により逮捕、2 年間抑留
1940 年代末～ 50 年代：新聞雑誌に寄稿
1950 年代前半：しだいにペンネームを「パウル・カレル」に統一
1958：『砂漠のキツネ』刊行
1960：『彼らは来た』刊行
1963：『バルバロッサ作戦』刊行
1965：ハンガリー・ユダヤ人虐殺関与の容疑でフェルデン地方検察局が捜査（～ 1971．不起訴）
1966：『焦土作戦』刊行
1980 年代：ナチス時代の経歴発覚
1997：**死去**（6 月 20 日）
2005：ヴィクベルト・ベンツによる初の本格的カレル伝刊行
2010：**連邦国防軍パンフレットにカレル著作の引用が発覚。問題化**

あとがき

再び幸運に恵まれて、本書を上梓することができた。そう思わざるを得ない。

さまざまな機会に書きためてきた文章をもとにまとめた前著『ドイツ軍事史――その虚像』（作品社、2016年）が好評を得たおかげで、収録しきれなかった記事に若干の加筆訂正をほどこし、こうして新しい本にまとめることができたのである。まずは、読者のご支持に感謝したい。

旧知の編集者に依頼されるまま、シミュレーションゲーム専門誌『コマンドマガジン』（国際通信社）に執筆した記事が多いことは、『ドイツ軍事史』と同じである。が、今回は『歴史街道』（PHP研究所）や『歴史群像』（学研プラス）に掲載された、比較的新しいものも収録することができた。本書にまとめることを快く承諾してくださった両誌の編集部に御礼を述べる。

加えて、本書には、かつて書いた学術論文も入れることとした。『ドイツ軍事史』で同様の試みをなした際、実は、一般読者向けの記事と論文が同居するのは、ちぐはぐな印象を与え、興を削ぐのではないかとの危惧はぬぐえなかった。しかし、それは杞憂でしかなかったのである。筆者の期待以上に読者の理解力は高く、前著の学術論文をもとにした章もおおむね好評を得た。望外の幸せと感じ入るほかない。結果として、本書には『ドイツ軍事史』以上に多数の学術論文を収めることとなった。とはいえ、題材等、一般向けの読み物としても興味を惹かない内容ではないはずだと、小声で付け加えておきたい。

なお、今回は、第二次世界大戦史という枠でまとめてみた。あの巨大な戦争は、今なお多くの謎を秘め、研究者やジャーナリストの討究の的になっている。本書が、そうした営為を理解する一助となることを祈る。

また、部隊番号や年号などが頻出することから、読みやすさを考慮し、それらは算用数字で表記した。引用文も、原文中の漢数字を算用数字に直している箇所があることをお断りしておく。

末筆ながら、『コマンドマガジン』前編集長中黒靖氏と現担当編集者松井克浩氏、また、同誌に掲載された文章以外の記事を担当して下さった編集者諸氏、そして、作品社で本書の編集に携わられた福田隆雄氏に満腔の謝意を表したい。

2016年7月

大木　毅

・Carl Wagener, *Die Heeresgruppe Süd*, Friedberg, o.J.
・Bruce Allen Watson, *Exit Rommel: The Tunisian Campaign, 1942-1943*, paperback-edition, Mechanicsburg, Penn., 2007.
・Bernd Wegner, *Hitlers Politische Soldaten: Die Waffen-SS 1933-1945*, 4.Aufl., Paderborn, 1990.
・Gerhard L. Weinberg, *The Foreign Policy of Hitler's Germany. A Diplomatic Revolution in Europe 1933-1936*, paperback edition, Atlantic Highlands, NJ, 1994.
・Alexander Werth, *Russia at War*, paperback edition, London, 1965. アレグザンダー・ワース『戦うソヴェト・ロシア』中島博・壁勝弘共訳、全2巻、みすず書房、1967年。
・Hedley Paul Willmott, *The War with Japan. The Period of Balance, May 1942-October 1943*, Wilmington, Del., 2002.
・柳田邦男『零式戦闘機』、文春文庫、1980年。
・吉田満『吉田満著作集』、上下巻、文藝春秋社、1986年。
・吉田俊雄『海軍参謀』、文春文庫、1992年。
・吉村昭『零式戦闘機』、新潮文庫、1978年。
・Niklas Zettering/Anders Frankson, Kursk 1943, London/Portland, OR, 2000.
・Niklas Zettering, *Normandy 1944*, Winnipeg, 2000.
・Earl F. Ziemke, *Stalingrad to Berlin: German Defeat in the East*, Washington, D.C., 1968.

❖論文・雑誌記事・新聞記事等

・木村秀政「学兄　堀越二郎を語る」『丸』第165号。
・「〈軍令部在職者座談会〉太平洋戦争の1347日間」『歴史と人物　太平洋戦争シリーズ60年冬号　日本陸海軍かく戦えり』、中央公論社、1985年。
・高橋勝一「米空母出現の傍受情報　南雲司令部に達せず」『丸別冊太平洋戦争証言シリーズ7　運命の海戦　ミッドウェー敗残記』、1987年。
・塚原鶴夫「堀越二郎教授小歴に寄せて」『防衛大学校理工学研究報告』第7号。
・「ノモンハン事件　元参謀大佐手記詳訳」『産経新聞』、2004年9月2日。
・舩坂宗太郎「零戦の設計者　故堀越二郎氏のお言葉」『恩給』第237号。
・堀越二郎「イゴール・I・シコルスキーの足跡」『日本航空学会誌』第8号。
・三浦信行／ジンベルグ・ヤコブ・岩城成幸共同執筆「日露の史料で読み解く『ノモンハン事件』の一側面」『アジア・日本研究センター紀要』第5号（2009年）。
・山下清隆「中止された片道雷撃」『増刊歴史と人物　証言・太平洋戦争』、中央公論社、1984年。
・Wigbert Benz, "Einsatznah ausbilden" mit Paul Karl Schmidt alias Paul Carell, Pressechef im Nazi-Außenministerium. in: *Forum Pazifismus.* Nr. 26 (2010).
・Gary A. Dickson, "The Counterattack of the 7th mechanized Corps, 5-9 July 1941," *Journal of Slavic Military Studies*, vol.26 (2013), issue 2.
・Peter Lieb, Erwin Rommel: Widerstandkämpfer oder Nationalsozialist, in: *Vierteljahreshefte für Zeitgeschichte* 61 (2013).

・森史朗『暁の珊瑚海』、文春文庫、2009 年。
・同　『ミッドウェー海戦』、全 2 巻、新潮選書、2012 年。
・Rolf-Dieter Müller/Hans-Erich Volkmann, *Die Wehrmacht. Mythos und Realität*, München, 1999.
・Rolf-Dieter Müller, *An der Seite der Wehrmacht*, Taschenbuchausgabe, Frankfurt a.M., 2010.
・Williamson Murray, *The Luftwaffe 1933-1945*, Washington, D.C., 1983. ウィリアムソン・マーレイ『ドイツ空軍全史』、手島尚訳、学研 M 文庫、2008 年。
・Jörg Muth, *Command Culture. Officer Education in the U.S. Army and the German Armed Forces, 1901-1940, and the Consequences for World War II*, paperback-edition, Denton, Texas, 2011. イェルク・ムート『コマンド・カルチャー　米独将校教育の比較文化史』、大木毅訳、中央公論新社、2015 年。
・Steven H. Newton, *Retret from Leningrad. Army Group North 1944/45*, Atglen, PA, 1995.
・大河原一浩『提督　高木武雄の生涯』、私家版、2001 年。
・大木毅／鹿内靖『鉄十字の軌跡』、国際通信社、2010 年。
・Jonathan Parshall/Anthony Tully, *Shattered Sword. The Untold Story of the Battle of Midway*, reprint ed., Lincoln, NE, 2007.
・I. S. O. Playfair et al., *The Mediterranean and Middle East*, Vol. I, Lodon, 1954.
・Christian Plöger, *Von Ribbentrop zu Springer. Zu Leben und Wirken von Paul Karl Schmidt alias Paul Carell*, Marburg, 2009.
・芝健介『武装 SS』、講談社選書メチエ、1995 年。
・Richard Simpkin, *Deep Battle. The Brainchild of Marshal Tukhachevskii*, London et al., 1987.
・Jan Stanley Ord Playfair et.al., *The Mediterranean and the Middle East*, vol.1-4, London, 1954-1966.
・Edward P. von der Porten, *The German Navy in World War II*, New York, 1976.
・Geoffrey Roberts, *Stalin's General. The Life of Georgy Zhukov*, New York, 2012. ジェフリー・ロバーツ『スターリンの将軍ジューコフ』、松島芳彦訳、白水社、2013 年。
・S. W. Roskill, *The War at Sea*, 3 vols., London, 1954-1961.
・左近允尚敏『ミッドウェー海戦』、新人物往来社、2011 年。
・ハリソン・E・ソールズベリー『独ソ戦』、大沢正訳、早川書房、1980 年。
・Jan Erik Schulte/Peter Lieb/Bernd Wegner（Hrsg.）, *Die Waffen-SS. Neue Forschungen*, Paderborn, 2014.
・Albert Seaton, *The Russo-German War 1941-45*, London, 1971.
・Edward H. Sims, *The Greatest Aces*, New York, 1967.
・Ditto, *Fighter Tactics and Strategy 1914-1970*, New York, 1972. エドワード・H・シムズ『大空戦』、朝日ソノラマ航空戦史文庫、1972 年。
・The Staff of Strategy & Tactics Magazine, *War in the East*, New York, 1977.
・David Stahel, *Operation Barbarossa and Germany's Defeat in the East*, Cambridge 2009.
・George H. Stein, *The Waffen SS*, Ithaca, NY./London, 1966. ジョージ・H・スティン『[詳解] 武装 SS 興亡史』、吉本貴美子訳、吉本隆昭監修、学習研究社、2005 年。
・田村尚也『各国陸軍の教範を読む』、イカロス出版、2015 年。
・寺阪精二『ナチス・ドイツ軍事史研究』、甲陽書房、1970 年。
・イアン・トール『太平洋の試練』、村上和久訳、上下巻、文藝春秋、2013 年。
・豊田穣『マレー沖海戦』、集英社文庫、1988 年（初版は、「豊田穣戦記文学集」第 1 巻として、1982 年に講談社より刊行）。
・Gerd R. Ueberschär/Wolfram Wette（Hrsg.）, *"Unternehmen Barbarossa"*, Paderborn, 1984.

・Andreas Hillgruber, *Hitlers Strategie*, 2.Aufl., München, 1982.
・Johannes Hürter, *Hitlers Heerführer*, München, 2007.
・石戸谷滋『民族の運命』、草思社、1992 年。
・Viktor J. Kamenir, *The Bloody Triangle. The Defeat of Soviet Armor in the Ukraine, June 1941*, Minneapolis, MN, 2008.
・加登川幸太郎『帝国陸軍機甲部隊』、増補改訂版、原書房、1981 年。
・ジョン・キーガン『ナチ武装親衛隊』、芳地昌三訳、サンケイ新聞社出版局、1972 年。
・Ian Kershaw, Fateful Choices. Ten Dicisions that Changed the World 1940-1941, London et al., 2007. イアン・カーショー『運命の選択　1940-1941　世界を変えた 10 の決断』、河内隆弥訳、上下巻、白水社、2014 年。
・Stanley Woodburn Kirby et al., *War against Japan*, Vol.1, London, 1957.
・マクシム・コロミーエツ『ノモンハン戦車戦』、小松徳仁訳、鈴木邦宏監修、大日本絵画、2005 年。
・マクシム・コロミーエツ、ミハイル・マカーロフ『バルバロッサのプレリュード』、小松徳仁訳、斎木伸生監修、大日本絵画、2003 年。
・小森宏美編著『エストニアを知るための 59 章』、明石書店、2012 年。
・Grigori F. Krivosheev（Ed.）, *Soviet Casualties and Combat Losses in the Twentieth Century*, London et al., 1997.
・Andreas kunz, *Wehrmacht und Niederlage*, München, 2007.
・エドウィン・T・レートン『太平洋戦争暗号作戦』、毎日新聞外信グループ訳、上下巻、毎日新聞社、1987 年。
・バリー・リーチ『独軍ソ連侵攻』、岡本雷輔訳、原書房、1981 年。
・H. T. Lenton, *German Warships of the Second World War*, New York, 1976.
・Peter Longerich, *Propagandisten im Krieg. Die Presseabteilung des Auswärtgen Amtes unter Ribbentrop*, München, 1987.
・Thomas P. Lowry/John W. G. Wellham, *The Attack on Taranto. Blueprint for Pearl Harbor*, Mechanicsburg, PA., 1995.
・James Lucas, *War on the Eastern Front*, London/Sydney, 1979.
・Klaus-Michael Mallmann/Martin Cüppers, Halbmond und Hakenkreuz. Das Dritte Reich, die Araber und Palästina, Darmstadt, 2006.
・松谷健二「訳者あとがき」、パウル・カレル『焦土作戦』、松谷健二訳、フジ出版社、1973 年。
・Charles Messenger, *The Tunisian Campaign*, Shepperton, 1982.
・Wolfgang Michalka（Hrsg.）, *Nationalsozialistische Aussenpolitik*, Darmstadt, 1978.
・Wolfgang Michalka, *Ribbentrop und die deutsche Weltpolitik 1933-1940*, München, 1980.
・Martin Middlebrook/Patrick Mahoney, *Battleship. The Loss of the Prince of Wales and the Repulse*, paperback-edition, Harmondsworth et al., 1979. マーテイン・ミドルブルック／パトリック・マーニー『戦艦――マレー沖海戦――』、内藤一郎訳、早川書房、1983 年。
・Militärgeschichtliches Forschungsamt, *Das deutsche Reich und der Zweite Weltkrieg*, 10 Bde., Stuttgart, 1979 - 2008.
・Ditto, *Tradition in deutschen Streitkräften bis 1945*, Bonn/Herford, 1986.
・J・H・モルダック、酒井鎬次訳『連合軍反撃せよ　クレマンソー勝利の記録』、芙蓉書房 ,1974 年。

夫／吉本晋一郎共訳『ノモンハン』、全4巻、朝日文庫、1994年。
・Martin van Creveld, *Supplying War*, cambridge, 1977. マーチン・ファン・クレフェルト『補給戦』、佐藤佐三郎訳、中公文庫、2006年。
・John Curry, *The Fred Jane Naval War Game (1906) including the Royal Navy's Wargaming Rules (1921)*, raleigh, NC., 2008.
・Trevor N. Dupuy/Paul Martel, *Great Battles on the Eastern Front*, Indiana Police, N.Y., 1982.
・John Erickson, *The Soviet High Command. A Military-Political History, 1918-1941*, 2nd ed., London et al., 1984.
・Ditto, *The Road to Stalingrad*, paperback edition, New Heaven/London, 1999.
・Ditto, *The Road to Berlin*, paperback edition, New Heaven/London, 1999.
・Donald F. Featherstone, *Naval War Games*, 2nd ed., London, 1975.
・Ingeborg Fleischhauer, *Die Chance des Sonderfriedens. Deutsch-sowjetische geheimgespräche 1941-1945*, Berlin, 1986.
・Douglas Ford, *The Elusive Enemy. U.S. Naval Intelligence and the Imperial Japanese Fleet*, Annapolis, MD., 2011.
・Karl-Heinz Frieser, Blitzkrieg-Legende, 2.Aufl., München, 1996. カール＝ハインツ・フリーザー『電撃戦という幻』、大木毅／安藤公一共訳、上下巻、中央公論新社、2003年。
・古是三春『ノモンハンの真実――日ソ戦車戦の実相』、産経新聞出版、2009年。
・David M. Glanz/Jonathan House, *When Titan Clashed*, Lawrence, Kans., 1995. デビッド・M・グランツ／ジョナサン・M・ハウス『〔詳解〕独ソ戦全史』、守屋純訳、学研M文庫、2005年。
・David M. Glantz, *Stumbling Colossus. The Red Army on the Eve of World War*, Lawrence, Kans., 1998.
・Ditto, *The Battle for Leningrad, 1941-1944*, Lawrence, Kan., 2002.
・Ditto, *After Stalingrad. The Red Army's Winter Offensive 1942-43*, Solihull, 2009.
・Ditto, *Operation Barbarossa*, Stroud, 2011.
・Ditto, *Barbarossa Derailed*, 4 vols, Solihull, 2010-2016.
・Stuart D. Goldman, *Nomonhan, 1939. The Red Army's Victory that Shaped World War II*, Annapolis, MD., 2012. スチュアート・D・ゴールドマン『ノモンハン　1939』、山岡由美訳、みすず書房、2013年。
・Gabriel Gorodetsky, *Grand Delusion. Stalin and the German Invasion of Russia*, New Heaven, 1999.
・Mary R. Habeck, *Storm of Steel. The development of Armor Doctrine in Germany and the Soviet Union, 1919-1939*, Ithaca, NY/London, 2003.
・秦郁彦『昭和史の軍人たち』、文春文庫、1987年。
・同　『現代史の光と影』、グラフ社、1999年。
・畠山清行『東京兵団』、上下巻、光風社書店、1976年。
・Richard W.Harrison, *The Russian Way of War. Operational Art, 1904-1940*, Lawrence, Kans., 2001.
・Ditto, *Architect of Soviet Victory in World War II. The Life and Theories of G. S. Isserson*, London et al., 2010.
・Werner Haupt, *Heeresgruppe Nord 1941-1945*, Eggolsheim-Bammersdorf, 2009.
・Toomas Hiio, Meelis Maripuu, Indrek Paavle (Eds.). *Estonia 1940-1945: Reports of the Estonian International Commission for the Investigation of Crimes Against Humanity*, Tallinn, 2006.
・堀越二郎『零戦の遺産』、新装版、光人社NF文庫、2003年。
・堀越二郎『零戦　その誕生と栄光の記録』、角川文庫、2012年。
・George F. Howe, *Northwest Africa: Seizing the Initiative in the West*, Washington, D.C., 1957.

・Maurice Philip Remy, *Mythos Rommel*, München, 2004.
・Joachim von Ribbentrop, *Zwischen London und Moskau,* Leoni, 1954.
・Erwin Rommel, *Infanterie grieft an*, Potsdam, 1937. エルヴィン・ロンメル『歩兵は攻撃する』、浜野喬士訳、大木毅・田村尚也［解説］、作品社、2015 年。
・フリードリヒ・ルーゲ『ノルマンディのロンメル』、加登川幸太郎訳、朝日ソノラマ航空戦史文庫、1985 年。
・Paul Schmidt, *Statist auf diplomatischer Bühne,* Bonn, 1950. パウル・シュミット『外交舞台の脇役』、長野明訳、私家版、1998 年。
・ハインツ・シュミット『砂漠のキツネ　ロンメル将軍』、清水政二訳、角川文庫、1971 年。
・デニス・ショウォルター『パットン対ロンメル』、大山晶訳、原書房、2007 年。
・Ronald Smelser/Enrico Syring（Hrsg.）, *Die militärelite des Dritten Reiches,* Berlin, 1997.
・アレクサンダー・シュタールベルク『回想の第三帝国』、鈴木直訳、上下巻、平凡社、1995 年。
・Marcel Stein, *Generalfeldmarschall Erich von Manstein,* Mainz, 2000.
・Gerd R. Ueberschär（Hrsg.）, *Hitlers militärische Elite,* 2 Bde., Darmstadt, 1998.
・Walter Warimont, *Im Hauptquartier der deutschen Wehrmacht 39~45*, 3.Aufl., München, 1978.
・Gerhard L. Weinberg（Hrsg.）, *Hitlers Zweites Buch,* Stuttgart, 1961. アドルフ・ヒトラー『ヒトラー第二の書』、立木勝訳、成甲書房、2004 年。
・Oliver von Wrochem, *Erich von Manstein: Vernichtungskrieg und Geschichtspolitik,* 2.Aufl., Paderborn u.a., 2009.
・山口宗俊『父・山口多聞』、光人社 NF 文庫、2005 年。
・安永弘『死闘の水偵隊』、朝日ソノラマ航空戦史文庫、1994 年。
・デズモンド・ヤング『ロンメル将軍』、清水政二訳、ハヤカワ文庫、1978 年。
・ゲオルギー・K・ジューコフ『ジューコフ元帥回想録』、清川勇吉、相場正三久、大沢正共訳、朝日新聞社、1970 年。

❖研究書・ノンフィクション

・Cajus Bekker, *Angrifshöhe 4000*, Sttgart/Hamburg, 1964. カーユス・ベッカー『攻撃高度 4000』、松谷健二訳、フジ出版社、1974 年。
・カーユス・ベッカー『呪われた海　ドイツ海軍戦闘記録』、松谷健二訳、中央公論新社、2001 年。
・Ian F. W. Bekkett（ed.）, *Rommel. A Reapparisal*, Barnsley, 2013.
・Wigbert Benz, *Paul Carell, Ribbentrops Presschef Paul Scmidt vor und nach 1945*, Berlin, 2005.
・防衛庁防衛研修所戦史室『戦史叢書　比島・マレー方面海軍進攻作戦』、朝雲新聞社、1966 年。
・同　『戦史叢書　ハワイ作戦』、朝雲新聞社、1967 年。
・同　『戦史叢書　南東方面海軍作戦〈1〉』、朝雲新聞社、1971 年。
・同　『戦史叢書　ミッドウェー海戦』、朝雲新聞社、1971 年。
・同　『戦史叢書　中部太平洋方面海軍作戦〈2〉　昭和十七年六月以降』朝雲新聞社、1973 年。
・Elliot Carlson, *Joe Rocheforts' War. The Odyssey of the Codebreaker Who Outwitted Yamamoto at Midway*, Annapolis, MD., 2011.
・Robert M. Citino, *The German Way of War. From the Thirty Years' War to the Third Reich*, Laerence, Kans., 2001.
・Adam R. A. Classen, *Hitler's Northern War*, Lawrence, Kans., 2001.
・Alvin D. Coox, *Nomonhan. Japan against Russia, 1939*, 2 vols, Stanford, CA., 1985. 秦郁彦監修、岩崎俊

・Bernhard von Poten (Hrsg.), *Handwörterbuch der gesamten Militärwissenschaften, Reprint der Originalausgabe von 1880,* 9 Bde., Braunschweig o.J.
・Hans Peter Stein (Hrag.), *Transfeld Wort und Brauch in Heer und Flotte,* 9.Aufl., Stuttgart, 1986.
・Georg Tessin, *Verbände und Truppen der deutschen Wehrmacht und Waffen-SS im Zweiten Welkrieg 1939-1945,* 15 Bde., Osnabrück, 1971.
・John Young, *A Dictionary of Ships of the Royal Navy of the Second World War,* Cambridge, 1975.

❖回想録・手記・伝記

・Guenther Blumentritt, *Von Rundstedt,* London, 1952.
・オットー・カリウス『ティーガー戦車隊』、菊池晟訳、上下巻、大日本絵画、1995年。
・カール・デーニッツ『ドイツ海軍魂』、山中静三訳、原書房、1981年。
・同　『10年と20日間』、山中静三訳、光和堂、1968年。
・Dwight D. Eisenhower, *Crusade in Europe,* Johns Hopkins University Press edition, Baltimore/London, 1997. D・D・アイゼンハワー『ヨーロッパ十字軍　最高司令官の手記』、朝日新聞社訳、朝日新聞社、1949年。
・David Fraser, *Knight's Cross. A Life of Field Marshal Erwin Rommel,* paperback edition, New York, 1994.
・Hellmut Frey, *Für Rommels Panzer durch die Wüste,* Aschau im Chiemgau, 2010.
・Heinz Guderian, *Erinnerungen eines Soldaten,* Motorbuch Verlag-Ausgabe, Bonn, 1998. ハインツ・グデーリアン『電撃戦』、本郷健訳、上下巻、中央公論新社、1999年。
・Christian Hartmann, *Halder. Generalstabeschef Hitlers 1938-1942,* 2.Aufl., Paderborn, 2010.
・Russel A. Heart, *Guderian,* Washington, D.C., 2006.
・アドルフ・ヒトラー『わが闘争』、平野一郎／将積茂共訳、上下巻、角川文庫、1973年。
・Hermann Hoth, *Panzer-Operationen,* Heidelberg, 1956.
・中田整一編・淵田美津雄著『真珠湾攻撃総隊長の回想　淵田美津雄自叙伝』、講談社、2007年。
・Albert Kesselring, *Soldat bis zum letzten Tag,* Bonn, 1953.
・Guido Knopp, *Hitlers Krieger,* Taschenbuchausgabe, München, 2000. グイド・クノップ『ヒトラーの戦士たち』、高木玲訳、原書房、2002年。
・古村啓蔵回想録刊行会編『海の武将――古村啓蔵回想録』、原書房、1982年。
・草鹿龍之介『連合艦隊参謀長の回想』、光和堂、1979年。
・Erich von Manstein (herausgegeben von Rüdiger von Manstein und Theodor Fuchs), *Soldat im 20. Jahrhundert,* Bernard & Graefe Verlag-Ausgabe., Bonn, 1997.
・Erich von Manstein, *Verlorene Siege,* Bernard & Graefe-Ausgabe, Bonn, 1998. エーリヒ・フォン・マンシュタイン『失われた勝利』、本郷健訳、上下巻、中央公論新社、2000年。
・F. W. von Mellentin, *Panzer Battles,* paperback edition, New York, 1971. F・W・フォン・メレンティン『ドイツ戦車軍団全史』、矢嶋由哉／光藤亘共訳、朝日ソノラマ、1980年。
・Mungo Melvin, *Manstein. Hitler's Greatest General,* paperback-edition, London, 2011.
・Charles Messenger, *The Last Prussian. A Biography of Field Marshall Gerd von Rundstedt,* reprint, Barnsley, 2012.
・奥宮正武・堀越二郎『零戦』、PHP文庫、2000年。
・Erich Raeder, *Mein Leben,* 2 Bde., Tübingen, 1956-1957.
・Ralf Georg Reuth, *Rommel,* Taschenbuchausgabe, München/Zürich, 2005.

主要参考文献

主として参考にした史資料だけを挙げた。紙幅の制限上、学術論文の出典註にすでに記したものは載せていない(ただし、重要な文献については、ここでも重ねて示しておく)。また、主題のみでは内容が推察しにくい場合を除き、文献の副題は割愛した。

❖史料集

・*Akten zur deutschen auswärtigen Politik,* Serie D, 13 Bde., Baden-Baden, 1950-1970; Serie E, 8 Bde., Göttingen, 1969-1979.

・Arbeitskreis für Wehrforschung Stuttgart, *Generaloberst Halder Kriegstagebuch,* 3 Bde., Stuttgart 1962-1964.

・Fedor von Bock, *Generalfeldmarschall von Bock. The War Diary 1939-1945,* Atglen, 1996.

・土居明夫『ソ連の戦術』、大蔵出版、1953年。

・Max Domarus, *Hitler. Reden und Proklamationen 1932-1945,* 4 Bde., 1965, München.

・Helmut Heiber (Hrsg.), *Hitlers Lagebesprechungen. Die Protkollfragmente seiner militärischen Konferenzen 1942-1945*, Stuttgart, 1962.

・Walter Hubatsch (Hrsg.), *Hitlers Weisungen für die Kriegführung 1934-1945,* Taschenbuchausgabe, Frankfurt a.M., 1965. トレヴァ＝ローパーが編纂した英語版よりの訳に、ヒュー・R・トレヴァ＝ローパー編『ヒトラーの作戦指令書』、滝川義人訳、東洋書林、2000年がある。

・Internationaler Militärgerichtshof, *Der Prozess gegen die Hauptkriegsverbrecher vor dem internationalen Militärgerichtshof* (*Amtliche Text*), 42 Bde., Nürnberg 1947-1949.

・Malcolm Muggeridge (ed.), Ciano's Diary, London/Tronto, 1947.

・Sönke Neitzel, *Abgehört. Deutsche Generäle in britischer Kriegsgefangenschaft 1942-1945,* Berlin, 2006.

・Oberkommando des Heeres, *Taschenbuch für den Krieg in Wüste und Steppe vom 11.12.1942,* Reprint-Ausgabe, Ubstadt-Weier, o.J.

・Michael Salewski, *Die deutsche Seekriegsleitung 1935-1945*, 3 Bde., Frankfurt a.M. u.a, 1970-1973.

・Percy Ernst Schramm, *Kriegstagebuch des Oberkommandos der Wehrmacht 1940-1945,* 4 Bde., Frankfurt a.M., 1965-1961.

・戸高一成編『[証言録] 海軍反省会3』、PHP研究所、2012年。

・宇垣纏『戦藻録』、原書房、1968年。

・U.S. War Department, *Handbook on German Military Forces,* reprint ed., Baton Rouge/London, 1990.

・Gerhard Wagner (Hrsg.), *Lagevorträge des Oberbefehlshabers der Kriegsmarine vor Hitler 1939 - 1945,* München, 1972.

❖レファレンス類

・Auswärtiges Amt, *Biographisches Handbuch des deutschen Auswärtigen Dienstes 1871-1945,* Bd.4, Paderborn u.a., 2012.

・秦郁彦編『日本陸海軍総合事典』、第二版、東京大学出版会、2005年。

・Hans H. Hildebrand/Ersnt Henriot (Hrsg.), *Deutschlands Admirale 1849-1945,* Bd.1, Osnabrück, 1988.

・Kurt Mehner/Jaroslav Staněek, *Armee unter den Roten Stern,* Osnabrück, 1999.

ベントロップ事務所」を設立し、外務省の権限蚕食をはかった。

▼7　正確な名称では「ニュース・報道局」だが、ここでは通称に従う。

▼8　この場合の公使は、職名ではなく、外交官の職階。ときに、シュミットは29歳。ドイツ外務省で最年少の一等公使であった。

▼9　1945年、敗戦直前の時点で、外務省報道局はおよそ200人もの大世帯となっていた。

▼10「通訳のシュミット」の回想録は邦訳されている。パウル・シュミット『外交舞台の脇役』、長野明訳、1998年。

▼11　シュミットの編著として、1940年に刊行された本に『地中海の革命　イタリアの生存圏をめぐる闘争』がある。シュミットの、パウル・カレルとしての最初の著作は、『砂漠のキツネ』であるが、戦争中にこの本を編纂した経験も一部反映されているのかもしれない。

▼12　たとえば、1933年の国会議事堂放火事件は、オランダ人共産党員マリヌス・ファン・デア・ルッペによる単独犯行で、ナチスは関与していないと論じた。もっとも、この事件の真相については、学問的にもまだ定説は固まっていない。

▼13　日本では、松谷健二が訳したこのタイトルが定訳になっているが、原題の *Sie kommen!* は、英訳すれば They are coming! で（ドイツ語には現在進行形にあたる時制がない）、「やつらが来るぞ！」ぐらいのニュアンスを持っている。

▼14　この顚末を明らかにしたマンシュタインとホートの往復書簡は、連邦軍事文書館所蔵のホート文書にある。

戦史エッセイ　提督は「ノー・サンキュー」と告げたか？

▼1　ちなみに、豊田は海兵68期の海軍士官で、職業軍人であった。

▼2　日本海軍で、航空隊、駆逐隊、潜水隊などの指揮官を司令、戦隊指揮官を司令官、艦隊指揮官を司令長官（「長官」と略称されることもある）と称する。

▼3　いうまでもなく、英語以外の外国語文献はほとんどない。

▼4　本文書は、かつてのイギリス公文書保管局（Public Record Office）、現在の国立公文書館（National Archives）に所蔵されている。なお、HMSは、His Majesty's Ship（国王陛下の軍艦）の略で、イギリス軍艦のこと。

▼5　『マレー沖海戦』の冒頭には、イギリスでの調査のもようが紀行文ふうに描かれており、当時の文書館事情を知る上で興味深い。

補論　パウル・カレルの二つの顔

▼1　わが国の戦史叢書に相当する「ドイツ国と第二次世界大戦」シリーズなど、多くの研究成果をあげており、国際的な評価を得ている。2013年に「連邦国防軍社会科学研究所」と統合され、以後「連邦国防軍軍事史・社会科学センター」となった。

▼2　筆者は、1986年の時点で、カレルの「銀狐」作戦に関する記述には、失敗の責任をフィンランド軍に押しつけるための歪曲があると指摘している。拙稿「地球の頂上の戦い――銀狐作戦1941」（大木毅・鹿内靖共著『鉄十字の軌跡』、国際通信社、2010年所収）を参照されたい。

▼3　情報将校だったというのは、まったくの誤り。カレルは軍隊で勤務したことはなく、兵役に服した経験すらない。

▼4　本当に知らないのか、それともカレル弁護のつもりなのか、シュミットが有していた親衛隊の階級は、高位の外交官に与えられた名誉階級だとする誤った情報がネットの一部に流れている。しかし、ここに記した通り、カレル、すなわちシュミットは、外務省入りする以前から、親衛隊員だったのである。具体的には、1938年に高級中隊指導者《ハウプトシュトゥルムフューラー》、1940年に上級大隊指導者《オーバーシュトゥルムバンフューラー》に進級している。

▼5　この論文（Paul Schmidt, Beiträge zur Lehre von der Bedeutungsbildung in den indogermanischen Sprachen）は、学術専門誌『総合心理学アルヒーフ』（*Archiv für die gesamte Psychologie*）第104巻（1939年）に掲載されており、今日でも読むことができる。

▼6　ヒトラーが首相に就任すると、リッベントロップは外相職に任ぜられることを望んだが、伝統的保守派の牙城である外務省の激しい抵抗により、かなえられなかった。そのため、リッベントロップは自らの私的外交機関「リッ

み』45－46頁。

▼32 Prof. Dr. B. Martins Interview mit Hideo KOJIMA vom 13. 8. 1969. 筆者はこの放送について何らかの記録が残ってないかとBBCに照会したが、関連するような資料は発見できなかったとの回答を得た。Reply from BBC Written Archives Centre（Reading）to the author, 14 Dec. 1994. ただし、国家公安本部第6局長（外国諜報担当）を務めたシェーレンベルク親衛隊少将は、その回想録で興味深いエピソードを記している。1944年に小島と話し合ったとき、独ソ和平に着手するようにヒトラーを説得するという使命を帯びて潜水艦でドイツに着任したと語ったというのである。Walter Schellenberg, *Memoiren*, Köln 1959, S. 233. 大久保和郎訳『秘密機関長の手記』（角川書店、1960年、ただし、仏語版からの重訳）209－210頁。

▼33 Prof. Dr. B. Martins Interview mit Hideo KOJIMA vom 19. 9. 1969.

▼34 Ebenda.

▼35 HUZIMURAs Gesuch um Erteilung einer Einreisebewilligung in die Schweiz vom 6. 2. 1945, SBA, 2001（D）3/85. 藤村は「スイスには海軍がないので、海空軍武官という変な肩書きを作ってもらった」と回想しているが（前掲『昭和史の天皇　第二巻』、349頁）、これは事実に反する。実際には、内陸国のスイスに海軍武官を置くことの適否は、1942年7月に横井忠雄駐独海軍武官を駐スイス海軍武官兼任、山田精二機関中佐をベルン公使館付としたいと日本側が申し出たときに問題となったのであった。この時点では、駐スイスの日本武官府に補佐官として海軍将校が勤務することは問題はないし、フランス陸軍武官補佐官に海軍将校が就任している先例もあるとして、許可されている。B. 22. 21 Jap. Pro Memoria vom 17. 7. 1942; Brief an Monsieur le Conseiller Fédéral vom 11. 7. 1942; Notiz für Herrn Dr. Stucki vom 1. 7. 1942, SBA, 2001（D）3/86. 藤村のスイス入国がやや紛糾したのは肩書きの問題よりも、むしろスイス当局がこれを在日スイス人の生活条件改善のため、バーゲニングの材料に用いたためであった。B. 22. 21. Ja.-ET. ad 0962. 16 vom 2. 5. 1945, SBA, 2001（D）3/86.

▼36 Schweizerisches Bundesanwaltschaft vom 25. 5. 1945, SBA, C. 16. 3097, von Gaevernitz, Gero 1901.

▼37 詳しくは岡本清福に関するファイル（C. 12. 3743 Okamoto Kiyotomi 1894, SBA）を参照。

▼38 *Foreign Relations of the United States, Diplomatic Papers,* 1945, Vol. 6, Washington, D. C., 1969, p. 481, Doc. No. 740. 00119 PW/5-1245.

▼39 SAKAIs Brief an Dr. B. Martin vom 20. 2. 1970, BA/MA, MSg. 2/4028, Bl. 1.

1942. Düsseldorf 1974, S. 543. この報告書はミュンヘン在住のハックの甥、ラインハルト・ハック（Reinhard Hack）氏のもとに保管されている。筆者は同氏に閲覧を願い出たが、許可されなかった。

▼18 Amt I Tgb. Nr. 256/42 gRs vom 3. 12. 1942, Bundesarchiv（Koblenz）, NS 19（Persönlicher Stab Reichsführer SS）/1644. なお、ドイツ連邦文書館のナチ期文書を扱う部局は、現在ベルリンに移転している。

▼19 Aktennotiz betr.: Besprechung mit Herrn Sakai und Kapt. Fujimura am 2. 8. 1943 vom 3. 8. 1943, BA/MA, Wi IIc 3./3, Bl. 57.

▼20 野村の視察旅行については、Dg. Pol Nr. 10 vom 30.3. 1942, Politisches Archiv des Auswärtigen Amts（Bonn, 以下 PA/AA）, R29653: Büro des Staats-Sekretärs（以下 B. StS）, Japan, Bd, 6, Bl. 39981; Dg Pol 15 ohne Datum und Krugs Telegramm Nr. 1830 vom 4. 5. 1942, PA/AA, R29654: B. StS, Japan, Bd. 7, Bl. E362161f. u. a. ドイツ外務省政治文書館の現在の所在地はベルリンである。また、野村直邦『潜艦 U-511 号の運命　秘録日独伊協同作戦』（読売新聞社、1956 年）、64－65 頁も参照。

▼21 Prof. Dr. B. Martins Interview mit Naokuni NOMURA vom 19. 9. 1969. 貴重なインタビュー記録の閲覧を快諾して下さったマルティン教授に記して感謝したい。

▼22 Prof. Dr. B. Martins Interview mit Naoe SAKAI vom 12. 8. 1969. 前掲『二十年の歩み』、44 頁。

▼23 F-Statement, p. 1. 前掲『思い出の記』、1－2 頁。

▼24 Prof. Dr. B. Martins Interview mit Naokuni NOMURA vom 19. 9. 1969.

▼25 Prof. Dr. B. Martins Interview mit Naoe SAKAI vom 12. 8. 1969. 前掲『二十年の歩み』、44 頁。

▼26 SAKAIs Brief an Dr. B. Martin vom 20. 2. 1970, BA/MA, MSg. 2/4028, Bl. 2.

▼27 Prof. Dr. B. Martins Interview mit Soichi TAKANI［sic］vom 26. 8. 1969.

▼28 Prof. Dr. B. Martins Interview mit Naoe SAKAI vom 12. 8. 1969. 前掲『二十年の歩み』、44 頁。

▼29 Prof. Dr. B. Martins Interview mit Naoe SAKAI vom 12. 8. 1969. Prof. Dr. B. Martins Interview mit Hideo KOJIMA vom 19. 9. 1969.

▼30 SAKAIs Brief an Dr. B. Martin vom 20. 2. 1970, BA/MA, MSg. 2/4028, Bl. 2.

▼31 Prof. Dr. B. Martins Interview mit Naoe SAKAI vom 12. 8. 1969. SAKAIs Brief an Dr. B. Martin vom 20. 2. 1970, BA/MA, MSg. 2/4028, Bl. 2. Prof. Dr. B. Martins Interview mit Hideo KOJIMA vom 19. 9. 1969. 前掲『二十年の歩

くつかの回想では、ハックはリッベントロップに逆らったために逮捕され、その後もリッベントロップから命令を受けた駐日大使オット（Eugen Ott）によって迫害されたために日本にいられなくなったとしている。前掲「痛恨！　ダレス第一電」、615頁。同『思い出の記』（私家版、1973年）、6－7頁。Dec. No. 64118, Statment of 24 Oct. 1950 and 26 Oct. 1950 by ex-Cmdr. FUJIMURA Yoshikazu, National Archives（Washington, D. C.）, YD 128, Japanese Officials on World War II（筆者は国立国会図書館憲政資料室所蔵のマイクロフィルム版を利用した。この史料の抄訳は江藤淳監修、栗原健、波多野澄雄共編『終戦工作の記録　下巻』講談社文庫、1986年、286－295頁に収録されている。以下、F-Statementと引用）, p. 5. しかし、筆者は、当時、リッベントロップとハックの関係が悪化していたことを示す史料・回想が見いだせなかったこと、カウマンとハックの対立は一次史料によって裏づけられること、そして当時、ヨーロッパ赴任前であった藤村よりも、ハック釈放交渉の当事者であった酒井の回想のほうにより信憑性がみられるとの判断から、ここでは酒井の回想に依拠している。

▼8　ND. 1404/44, Polizeikorps des Kantons Zürich an das Polizeikommando Nachrichtendienst vom 19. 7. 1944, Schweizerisches Bundesarchiv（Bern, 以下、SBA）, C. 16. 3097, von Gaevernitz, Gero 1901. 以下、この史料をND. 1404/44と引用する。この警察当局の報告によれば、ハックは「当地で課税対象となる財産が30万フラン（それ以上所有しているという！）、1万2000フランの収入」があると豪語していたという。

▼9　Sb. Jap. 861. 0. Nb, Notiz vom 27. 5. 1942; Zahlungsverkehr mit Japan, SBA, 2001［D］285. 前掲『二十年のあゆみ』、41－42頁。

▼10　Wi Ausl VI c, Aktennotiz vom 8. 12. 1942 und 18. 1. 1943, Bundesarchiv/Militärarchiv（以下BA/MA）, Wi/IIc 3./3, Bl. 106, 113-115.

▼11　ND. 1404/44.

▼12　小島秀雄文書「勤務録」。小島秀雄文書の利用にあたっては、御子息故小島尚徳氏の御理解と御援助をいただいた。心より感謝したい。以下、邦文史・資料は旧字・旧かなを直し、句読点を補って引用する。

▼13　ND. 1404/44.

▼14　前掲『二十年のあゆみ』、43－44頁。

▼15　F-Statement, p. 5. 前掲「痛恨！　ダレス第一電」、615頁。前掲『思い出の記』、7頁。

▼16　前掲『昭和史の天皇　第二巻』、347－348頁。前掲『日本終戦史』、65－66頁。前掲『戦後秘史　第一巻』、47－50頁。

▼17　B. Martin, *Friedensinitiativen und Machtpolitik im Zweiten Weltkrieg 1939-*

（フライプルク大学）に感謝したい。また、小野寺夫人の回想録も参照。小野寺百合子『バルト海のほとりにて　武官の妻の大東亜戦争』（共同通信社、1985年）175－177頁。

▼69　Magic, SRS 1626, Apr. 3, 1945, p. 3 f.

▼70　Prof. Dr. Bernd Martins Interview mit ONODERA Makoto vom 26. 8. 1969.

第六章「藤村工作」の起源に関する若干の考察

▼1　藤村義朗「痛恨！　ダレス第一電」（『「文藝春秋」にみる昭和史　第一巻』文藝春秋、1988年。初出は『文藝春秋』1951年5月号）。

▼2　例えば、林茂ほか編『日本終戦史　中巻』（読売新聞社、1967年）、59－85頁。大森実『戦後秘史　第一巻』（講談社、1975年）、10－71、206－246頁および『同第二巻』、198－216、277－304頁。しかし、ジャーナリズムの「藤村工作」に関する最良の仕事は、読売新聞社編『昭和史の天皇　第二巻』（読売新聞社、1967年）、341－392頁であろう。

▼3　本橋正「ダレス機関を通ずる和平工作」（日本外交学会編『太平洋戦争終結論』東京大学出版会、1958年）。同「スイスにおける日本の和平工作――太平洋戦争終結に関する研究覚書――」（「学習院大学政経学部研究年報　七』1960年）。同「スイスにおける和平工作――太平洋戦争終結をめぐって――」（本橋正『日米関係史研究　II』学習院大学、1989年。初出は『学習院大学法学部　研究年報　一九』1983年）。

▼4　ハックについての詳細は、本書第3部第二章「フリードリヒ・ハックと日本海軍」を参照していただきたい。なお、本稿前半には、この「フリードリヒ・ハックと日本海軍」と若干重複する部分があることを予めお断りしておく。

▼5　『ウェスタン・トレーディング株式会社小史「二十年のあゆみ」』（私家版、1968年。以下、『二十年のあゆみ』）、39－40頁。

▼6　このハックのドイツ脱出は、雇い主のひとりたるハインケル（Ernst Heinkel）さえも知らされぬものであったらしい。戦後再びハックと連絡を取ったハインケルは、「あなたはそもそも何時ドイツを去ったのか？」と疑問を発している。Heinkels Brief an Hack vom 10. 2. 1947, Archiv der Firma Heinkel, Korresp. Prof. Heinkel mit Japanern 1928-1939 u. Dr. Hack, Brief Oshima 1955, 1953-1957, 1986 Japan. Fernsehen. こころよくハインケル社文書の閲覧を許可し、多大の便宜を図ってくださったハインケル（K. Ernst Heinkel）社長に記して感謝申し上げたい。

▼7　前掲『二十年のあゆみ』、40頁。ハックとカウマンの対立については、前掲「フリードリヒ・ハックと日本海軍」を参照されたい。なお、藤村のい

zeichnungen von Dr. Peter Kleist (Bonn 1950), pp. 235-242.

▼43 Ribbentrop, S. 262. Fleischhauer, S. 111.

▼44 『大本営陸軍部』第5巻、586頁。

▼45 『大本営陸軍部』第6巻（朝雲新聞社、1973年）、134頁。

▼46 Magic, SRS 838, Jan. 15, 1943, p. 1 f.

▼47 Tel. Nr. 684 Ribbentrops an Stahmer vom 9. 3. 1943, PA/AA, R 29658: B. StS, Japan, Bd. 11, Bl. 157920-157933.

▼48 *ADAP*.E, Bd. 5, Göttingen 1978, S. 255-262, hier S. 260.

▼49 *ADAP*.E, Bd. 5, S. 646-653.

▼50 Ribbentrop, S. 264.

▼51 Fleischhauer, S. 115-134.

▼52 『ドイツ軍事史』所収「ドイツの対米開戦（1941年）——その政治過程を中心に」参照。

▼53 『杉山メモ』下、389－340頁。

▼54 *ADAP*.E, Bd. 6, Göttingen 1979, S. 350-352.

▼55 Magic, SRS 1051, Aug. 9, 1943, pp. 1-3.

▼56 Fleischhauer, S. 190-195.

▼57 *ADAP*.E, Bd. 7, Göttingen 1979, S. 23-27.

▼58 Magic, SRS 1132, Oct. 10, 1943, p. 14 f.

▼59 例えば、1943年7月31日付重光外務大臣発佐藤尚武駐ソ大使宛電第651号。外務省外交史料館 A7. 0. 0. 8-37、「第二次欧州大戦関係一件独蘇関係」。

▼60 「最高戦争指導會議要領［御前会議］」、参謀本部編『敗戦の記録』《普及版》（原書房、1989年）、38－48頁。

▼61 Magic, SRS 1405, Aug. 25, 1944, pp. 1-6.

▼62 Magic, SRS 1410, Aug. 30, 1944, pp. l-5.

▼63 Tel. Nr. 2323 Stahmers an Ribbentrop vom 26. 8. 1944, PA/AA, R 27793: Handakten Ritter 19, Japan, Bd. 4-5, Bl. 363347 f.

▼64 *ADAP*.E, Bd. 8, Göttingen 1979, S. 428-430.

▼65 細谷千博「太平洋戦争と日本の対ソ外交——幻想の外交」、細谷千博・皆川洸共編『変容する国際社会の法と政治』（大平善梧先生還暦記念論文集）』（有信堂、1971年）、287－296頁。

▼66 Reimer Hansen, Ribbentrops Friedensfühler im Frühjahr 1945, in: *Geschichte in Wissenschaft und Unterricht,* 18. Jg. (1967), S. 716-730.

▼67 Magic, SRS 1626, Apr. 3, 1945, p. 1 f.

▼68 Prof. Dr. Bernd Martins Interview mit ONODERA Makoto vom 26. 8. 1969. こころよくインタビュー記録を閲覧させてくださったマルティン教授

▼18 「甲谷日誌其一」1942年4月25日の条。
▼19 「田中日誌」第3分冊、933－937頁。
▼20 同第4分冊、373－374頁。
▼21 Kaumann I, p. 8f. Kaumann II, Bl. 2 f.「田中日誌」、第4分冊、436頁。
▼22 Kaumann I, p. 9. Kaumann II, Bl. 3.
▼23 Kaumann II, Bl. 3.「田中日誌」第5分冊、462頁。
▼24 Kaumann I, p. 9 f. Kaumann II, Bl. 4.
▼25 *ADAP*.E, Bd. 3, Göttingen 1974, S. 127, 132.
▼26 「大本営陸軍部」第4巻（朝雲新聞社、1972年）、402－403頁。
▼27 「杉山メモ」下、135頁。
▼28 *ADAP*.E, Bd. 3, S. 114－116.
▼29 Tel. Nr. 2069 Otts an Auswärtiges Amt vom 9. 7. 1942, Politisches Archiv des Auswärtigen Amts（Bonn, 以下 PA/AA）, R29655: B. StS, Japan, Bd. 8, Bl. 13392 f.
▼30 Tel. Nr. 702 Ribbentrops an Ott vom 13. 7. 1942, PA/AA, R 29655, Bl. 13411 f.
▼31 *ADAP*.E, Bd. 3, S. 157-159.
▼32 Ebenda, S. 198 f.
▼33 防図、中央戦争指導重要国策文書825、「甲谷日誌二」1942年8月6日、8月28日、9月3日の条。
▼34 *ADAP*. E, Bd. 3, S. 435-441.
▼35 『大本営陸軍部』第5巻（朝雲新聞社、1973年）、103頁。
▼36 Wolfgang Michalka, *Ribbentrop und die deutsche Weltpolitik 1933-1940. Außenpolitische Konzeptionen und Entscheidungsprozesse* im Dritten Reich（München,1980）.
▼37 Joachim v. Ribbentrop, *Zwischen London und Moskau. Erinnerungen und letzte Aufzeichnungen*（Leoni 1954）, S. 261.
▼38 Fleischhauer, S. 94 f. Vgl.Josef Schröder, Unbewiesene Thesen. Die. deutsch-sowjetischen Geheimgespräche 1941-1945, in: *Frankfurter AIlgemeine Zeitung*, Nr. 231, 6. 10. 1987, S. 11.
▼39 Christopher R. Browning, Unterstaatssekretaer Martin Luther and the Ribbentrop Foreign Office, in: *Journal of Contemporary History*, Vol. 12, No. 2（April 1977）pp. 322-335.
▼40 Fleischhauer, S. 21-46, S. 79-81, S. 83-90.
▼41 Ebenda. S. 108-110.
▼42 Ebenda. S. 110 f. Peter Kleist, *Zwischen Hitler und Stalin 1939-1945. Auf-*

Deutsch-sowjetische Geheimgespräche 1941-1945 (Berlin 1986).

▼4　参謀本部編『杉山メモ』上（原書房、1977年）、523－524頁。外務省編「終戦史録」第1巻（北洋社、1977年）、4－5頁。

▼5　Bundesarchiv/Militärarchiv (Freiburg i.Br. 以下 BA/MA), RM 12 II/250, Bl. 113 f., Bl. 135－137.

▼6　前掲『杉山メモ』下、53頁。

▼7　BA/MA, RM 12 II/250, Bl. 63-66. *Akten zur deutschen auswärtigen Politik 1918-1945*, Serie E (以下 *ADAP*.E), Bd.2, (Göttingen 1972), S. 8, 10.

▼8　*ADAP*. E, Bd. 2, S. 36 f.

▼9　Library of Congress (Washington, D.C.), Erich Kordt,"German Political History in the Far East during the Hitler Regime," German Captured Documents Box 809, p. 50 f.

▼10　江藤淳監修、栗原健・波多野澄雄共編『終戦工作の記録』上（講談社文庫、1986年）149－151頁。

▼11　防衛庁防衛研究所図書館（以下、防図と略）、中央作戦指導日記26～31、「田中新一中将業務日誌」（閲覧にはご子息田中征登氏の許可を必要とする。田中氏が筆者の閲覧を許可してくださったことに心より感謝したい）第2分冊、266頁。防図、中央戦争指導重要国策文書824、「甲谷日誌其一」1942年4月2日の条。

▼12　*ADAP*. E, Bd. 2, S. 79-84.

▼13　National Archives (Washington, D.C.), Record Group 457, Records of the National Security Agency/Central Security Service. Individual Translations, Japanese Diplomatic Messages, Summaries SRS nos. 1-1383 (以下 magic), SRS 565, Apr. 8, 1942, p. 1 f.

▼14　防衛庁防衛研修所戦史室『大本営陸軍部』第3巻（朝雲新聞社、1970年）、614頁。

▼15　Vernehmungsprotokoll vom 1. 7. 1946, G. Kaumann durch E. Bayne (engl.), Institut für Zeitgeschichte (München, 以下 IfZ), Nachlaß, Brüder Kordt (ED 157), Teil B Erich Kordt, Ed 157/29, p. 6. 以下、この史料を Kaumann I と引用。Dr. G. Kaumann: Angelegenheit Y. Teramura 1942 (über geplante japanische Vermittlungsaktion im deutschen Krieg), IfZ, ED 157/29, Bl. 1 f. 以下、この史料を Kaumann II とする。コルト兄弟文書の閲覧には、エーリヒ・コルト未亡人の許可を必要とする。快く許可してくださったローレ・コルト夫人（Lore Kordt）に感謝する。

▼16　角田順編『石原莞爾史料――国防論策編』（原書房、1967年）、460頁。

▼17　Kaumann I, p. 6f. Kaumann II, Bl. 1 f.

談で、辻はその可能性を否定した。Kaumann II, Bl. 7f.

▼120　「甲谷日誌其二」1942年7月16日の条。

▼121　同右、1942年8月6日および8月28日の条。

▼122　同右、1942年9月3日の条。

▼123　角田編『石原莞爾資料』、461−462頁。

▼124　たとえば、連絡のため上京していた南京政府最高軍事顧問松井太久郎中将と支那派遣軍航空主任参謀長尾正夫少佐は、9月4日に支那派遣軍司令官畑俊六大将に対し「帝国は独ソ単独媾和を慫慂しあるが如きも固より期待し得ず」と報告している。『続・現代史史料四　陸軍　畑俊六日誌』（みすず書房、1983年）、369頁。

▼125　参謀本部第2課から洩れたとする推測（「甲谷日誌其二」1942年9月7日の条）や日本が独ソ和平斡旋を企図しているとした重慶のラジオ放送の結果とする見解（Kaumann I, p. 12 f.）などがあるが、ドイツ側の一次史料で確認することはできなかった。

▼126　Kaumann II, Bl. 8.

▼127　*ADAP*. E, Bd. 3, Dok. Nr. 255, S. 435-441.

▼128　Tel. Nr. 1039 Ribbentrops an Göring vom 1. 9. 1942, PA/AA, R 29656: B. StS, Japan, Bd. 9, Bl. 14560 f.

▼129　「機密戦争日誌」『大本営陸軍部』第5巻、103頁。

▼130　「甲谷日誌其二」1942年9月7日の条。

▼131　同右、1942年9月7日、9月8日、9月9日、9月11日の条。9月11日に甲谷は、独ソ和平斡旋はやらぬという結論を参謀総長に提出、「黙テ決裁得」た。

▼132　Kaumann II, Bl. 10 f.「甲谷日誌其二」1942年9月10日の条。

▼133　「田中日誌」第7分冊、757頁。

▼134　Hill (Hrsg.), *Weizsäcker Papiere*, S. 319 f.

▼135　山口定『ナチ・エリート　第三帝国の権力構造』（中央公論社、1976年）、223−253頁。

▼136　1983年に開催されたナチス権力掌握に関する国際学会でのシーダーの発言。Martin Broszat u.a. (Hrsg.), *Deutschlands Weg in die Diktatur. Internationale Konferenz zur nationalsozialistischen Machtübernahme*, Berlin 1983, S. 279.

第五章　独ソ和平問題と日本

▼1　山田風太郎『戦中派不戦日記』（講談社文庫、1985年）、179頁。

▼2　先行研究については、本書第3部第五章を参照。

▼3　代表的なものとして、Ingeborg Fleischhauer, *Die Chance des Sonderfriedens.*

▼99　*ADAP*. E, Bd. 3, Dok. Nr. 142, S. 241-245.

▼100　『杉山メモ』下巻、135 頁。

▼101　守屋の論文にあっては、この東条発言は「……一度でも大島大使がこの時期に、独ソ単独講和の可能性あり、と報告したとは考えにくし《ママ》、またそれを裏付ける資料もない。東条首相が何を根拠にこのような発言をしたのか不可解である」と評価されている。守屋「第二次大戦中の日独交渉に関する一考察」、162 頁。

▼102　*ADAP*. E, Bd. 3, Dok. Nr. 68, S. 114-116.

▼103　Magic, SRS 587, May 1. 1942, pp. 2-4, Reel No. l.

▼104　*ADAP*. E, Bd. 2, Dok. Nr. 195, S. 332-336 und Dok. Nr. 216, S. 371 f.

▼105　Magic, SRS 607, May 20, 1942, p. 5 f., Reel No. 1.

▼106　Magic, SRS 623, June 8, 1942, p. 4 and SRS 628, June 13, 1942, pp. 3-5, Reel No.1.

▼107　Tel. Nr. 2069 Otts an AA vom 9. 7. 1942, PA/AA, R 29655: B. StS, Japan, Bd. 8, Bl 13392 f.

▼108　Tel. Nr. 702 Ribbentrops an Ott vom 13. 7. 1942, PA/AA, R29655, Bl 13411 f.

▼109　*ADAP*. E, Bd. 3, Dok. Nr. 92, S. 157-159.

▼110　Ebenda. Dok. Nr. 113, S. 198 f.

▼111　Kaumann II, Bl. 5 f.

▼112　Tel. Nr. 2263 Otts an AA vom 25. 7. 1942, PA/AA, R 29655, Bl. 13478 f.

▼113　Weizsäckers Aufzeichnung vom 13. 8. 1942, PA/AA, R 29655, Bl 13566. コルトがヴァイツゼッカーと隠語で電話連絡を取り、後者は独ソ和平工作についても承知していたという指摘は回想史料に散見される。Kaumann I, p. 11; IfZ, Nachlaß Ott(Zs/A-32), Dubletten, Bl. 10231. 独ソ和平工作へのヴァイツゼッカーの関与については、史料的な困難から判断を留保するが、コルトとの電話連絡があったことは本史料からもわかるようにおそらく事実であろう。

▼114　Grotes Aufzeichnung vom 17. 8. 1942, PA/AA, R 29655, Bl. 13588.

▼115　『大本営陸軍部』第 4 巻、603 頁。Vgl. Tel. Nr. 2525 Gronaus an AA vom 18. 8. 1942, PA/AA, R 29655, Bl. 13590.

▼116　「甲谷日誌其二」1942 年 7 月 16 日の条。

▼117　『大本営陸軍部』第 4 巻、603－606 頁。

▼118　Kaumann II, Bl. 7.

▼119　Kaumann I, p. 12. カウマンは 8 月 19 日のコルトとの会見で、日本の対ソ攻撃がないことを参謀本部に確認するよう命じられている。翌 20 日の会

恣意専横の一つである可能性がある。

▼75 「田中日誌」第 4 分冊、373－374 頁、5 月 24 日の条。

▼76 「機密戦争日誌」『大本営陸軍部』第 4 巻、272 頁。

▼77 Kaumann II, Bl. 2.

▼78 Kaumann I, p. 8f. Kaumann II, Bl. 2 f.

▼79 「田中日誌」第 4 分冊、436 頁。Kaumann I, p. 8f.

▼80 Kordt, *Nicht aus den Akten*, S. 419-422. Ders., *Wahn und Wirklichkeit*, Stuttgart 1948, S. 334-336. またグローナウの回想録にも、独ソ和平工作に関する記述がある。Wolfgang von Gronau, *Weltflieger. Erinnenrungen 1926-1947*, Stuttgart 1955, S. 291.

▼81 Schröder, *Bestrebungen*, S. 13; Krebs, S. 244.

▼82 Kaumann I, p. 9. Kaumann II, Bl. 3.

▼83 「田中日誌」第 4 分冊、448 頁。なお、同じ項に「3 山本【五十六？】ノ日独戦争指導統一意見英ハ日本ノミニテハタヽケス独『ソ』和平ヲ要スル旨山本ヨリ『コルト』ニ使ヲ寄越セリト」とあり、コルトの主張する中堂を通じた日本海軍との連絡を示唆している。KFE, p. 51. しかし、コルトと日本海軍の関係を証明する一次史料がないため、筆者はなお判断を留保したい。

▼84 Kaumann II, Bl 3.「田中日誌」第 5 分冊、462 頁。

▼85 Kaumann I, p.8. Kaumann II, Bl. 3 f.

▼86 Kaumann II, Bl. 4.

▼87 Kaumann I, p. 9f. Kaumann II, Bl, 4,

▼88 種村前掲書、165 頁、1942 年 7 月 2 日の条。

▼89 「甲谷日誌其一」1942 年 7 月 7 日の条。「甲谷日誌其二」1942 年 7 月 8 日、7 月 9 日の条。

▼90 Kaumann II, Bl. 4 f.

▼91 Magic, SRS 579, Apr. 22, 1942, pp. 1-4, Reel No. 1.

▼92 「田中日誌」第 4 分冊、402－407 頁。

▼93 *ADAP*. E, Bd. 3, Göttingen 1974, Dok. Nr. 76, S. 127-132.

▼94 『大本営陸軍部』第 4 巻、402－403 頁。「大島電第 881 号」のテクストは発見されておらず、マジック史料にも言及がない。

▼95 『杉山メモ』下巻、135 頁。

▼96 1942 年 5 月 6 日付大島大使発東郷外相宛電、第 584 号の 1、第 584 号の 2、外史 A. 7. 0. 0. 9-63,「館長符号来電綴」第 5 巻。この 5 月 4 日の会見に関する記録は、ドイツ外務省文書には見出せなかった。

▼97 『大本営陸軍部』第 4 巻、404－411 頁。

▼98 『杉山メモ』下巻、134－138 頁。

事史学』第94号（1988年9月）。

▼65 高木清寿『東亜の父石原莞爾』（錦文書院、1954年）、217－219頁。横山臣平『秘録・石原莞爾』（芙蓉書房、1971年）、360－361頁。この横山の著作には上法快男編の要約版がある。『石原莞爾の素顔　新版』（芙蓉書房、1986年）。田中隆吉『日本軍閥暗闘史』（中央公論社、1988年）、168頁。ただし、田中の回想には、石原が独ソ和平を説いたことは記されていない。なお、高木は東亜連盟常任委員で石原付、横山は石原と陸軍幼年学校、陸軍士官学校、陸軍大学校を通じて同期生であった。

▼66 岡田益吉「石原莞爾と日米戦争」『曙』1954年4月号、51頁。田中久『軍の異端者石原莞爾の経綸』（私家版、1972年、のちに『最終戦争時代』第2巻第3号（1975年）に「先覚者石原莞爾――日支事変、大東亜戦とのかかわり」として公刊）、10－11頁。岡田、田中ともに陸軍、東亜連盟を通じて、石原と親交があった。

▼67 角田順編『石原莞爾資料――国防論策編』（原書房、1967年）、459頁。また、石原の独ソ和平論に関する木村武雄の記述は、この12月9日付の草案をもとにしているものと思われる。木村武雄『ナポレオン・レーニン・石原莞爾――近世史上の三大革命家』（講談社、1971年、のちに石原莞爾の章のみ『石原莞爾』〔土屋書店、1979年〕として出版）、345－346頁。石原と木村の関係については、木村の『自伝――米沢そんぴんの詩』（形象社、1978年）、146－158頁を見よ。

▼68 角田編『石原莞爾資料』、460頁。本文書には石原自筆の他に印刷に付されたものがあり、各方面に配布された可能性もある。防図、中央戦争指導重要国策文書286「続・石原資料昭和十七・八年　二分冊の一」、63－64頁。残念ながら、この一連の活動を石原自身の日記で追うことはできない。1942年の日記は遺されておらず、1941年の日記にも7月以降の記載がないからである。鶴岡市郷土資料館「石原莞爾資料」、石原K9－15「（昭和16年）日記帳」。

▼69 Kaumann I, p. 6 f, Kaumann II, Bl. 1 f.

▼70 『大本営陸軍部』第4巻、128頁。

▼71 「甲谷日誌其一」1942年4月25日の条。

▼72 「機密戦争日誌」『歴史と人物』第1巻第1号、364頁。

▼73 『大本営陸軍部』第4巻、107－123頁。

▼74 「田中日誌」第3分冊、933－937頁。『大本営陸軍部』第4巻、127頁参照。日本側の史料ではシュターマーの利用がいわれるが、これはドイツ側の史料には出てこない。また和平条件についても、この時期にはまだドイツ大使館と交渉さえしていない。したがって、この辻の報告は、彼がしばしば見せた

発表されたのち、翻刻刊行された。軍事史学会編『大本営陸軍部戦争指導班機密戦争日誌』、全2巻、錦正社、2008年】

▼59 『時代の一面』、300－301頁。小林の独ソ和平の可能性に対する観察については、「早期終戦論」伊藤隆・野村実編『海軍大将小林躋造覚書』（山川出版社、1981年）、160－162頁。

▼60 『杉山メモ』下巻、135頁。

▼61 佐藤は戦後の回想で、ソ連がドイツと講和を結ぶほうに傾くなど一度たりとも信じたことはなかった、としている。Prof. Dr. B. Martins Interview mit Naotake Sato vom 19. 9. 1969.

▼62 Vernehmungsprotokoll vom 1. 7. 1946 G. Kaumann durch E. A. Bayne (engl.), Institut für Zeitgeschichte（以下IfZとする、München), Nachlaß Brüder Kordt（ED 157), Teil B Erich Kordt, ED 157/29, Bl. 2 und Bl. 4 f. 以下本史料をKaumann Iと引用。コルト兄弟の文書の閲覧には、エーリヒ・コルト未亡人の許可を必要とする。筆者の閲覧願いを快諾して下さったローレ・コルト夫人（Lore Kordt）に心より感謝したい。なお誤解を避けるために付言しておくが、独ソ和平交渉においてはカウマンは仲介者として働いたものの、親日派というよりは親中派であった。本書第3部第二章「フリードリヒ・ハックと日本海軍」を参照。カウマンの親中的傾向は一貫したものであり、たとえば1941年10月の北京訪問では「支那側ニ封シ支那ニ於ケル日本ノ航空業ハ獨占ヲ目論見支那ト利益ヲ分ツ雅量ナク遠大ナル計畫ヲ有セス又技術モ特ニ優秀トハ認メ難シトシ我方ノ實力ヲ過少評價シ種々冷評ヲ加ヘ」たのである。1941年10月12日付本多熊太郎駐華大使（南京政府）発豊田貞次郎外相宛電報第712号、外史、F. 1. 10. 0. 13-1,「各国航空運輸関係雑件　独支合弁会社の欧亜連絡関係」。

▼63 Dr. G. Kaumann: Angelegenheit Y. Teramura 1942（übergeplante japanische Vermittlungsaktion im deutschen Krieg), IfZ, ED 157/29, Bl. l f. 以下本史料をKaumann IIと引用。Kaumann I, p. 6. 当然このカウマン手記の信憑性が問題となろうが、筆者が「田中日誌」「甲谷日誌」およびドイツ外務省の史料と照合したところ、その記述は極めて正確であった。

▼64 筆者は以下の文献目録により先行研究その他を調査した。田中梓「昭和陸軍の鬼・石原莞爾について――その生涯・思想と文献の紹介」『参考書誌研究』第19号（1980年2月）。鶴岡市郷土資料館編「諸家文書目録III　石原莞爾資料」（鶴岡市郷土資料館、1982年）。山形県立図書館編『山形県関係文献目録（人物編）』（山形県立図書館、発行年不詳）、石原莞爾の項。大宅壮一文庫編『大宅壮一文庫雑誌記事索引総目録　人名編」第1巻（紀伊國屋書店、1985年）、526頁、石原莞爾の項。高橋久志編「石原莞爾関係文献目録」『軍

[sic] an AA vom 11. 4. 1942, PA/AA, R 29654: B. StS, Japan, Bd. 7, Bl. 131320 f.

▼50 防衛庁防衛研究所図書館（以下、防図と略）、中央作戦指導日記 26 ～ 31、「田中新一中将業務日誌」（1942 年 1 月 14 日～ 10 月 15 日、7 分冊の 2 ～ 7）。以下「田中日誌」と引用。なお本史料の閲覧には、田中中将のご子息征登氏の許可を必要とする。快く閲覧許可を下さった田中征登氏に記して感謝する。また東郷・佐藤会見の日付は同じ史料に依って記されている『大本営陸軍部』第 3 巻、613 頁の記述では 4 月 1 日となっているが、「田中日誌」では 4 月 2 日の条に記述されているため、本稿では 2 日とする。「田中日誌」第 2 分冊、266 頁。

▼51 防図、中央戦争指導重要国策文書 824 ～ 825、「甲谷日誌其一」「甲谷日誌其二」（1942 年 3 月 30 日～ 1943 年 1 月 28 日）。

▼52「田中日誌」第 2 分冊、266 頁。「甲谷日誌其一」1942 年 4 月 7 日の条。「ケネデー」は明らかにヴェネカーの誤記であろう。

▼53 *ADAP.* E, Bd. 2, Dok. Nr. 48, S. 79-84.

▼54 Ebenda. Dok. 78, S. 133-136.

▼55「田中日誌」第 2 分冊、266 頁。「甲谷日誌其一」1942 年 4 月 7 日の条。

▼56 *ADAP.* E, Bd. 2, Dok. Nr. 48, S. 79-84, hier S. 79 f.

▼57 この大島電（第 475 号）のテクストは日本側には残されていないが、アメリカ軍当局が傍受解読したもの（マジック史料）が残されている。National Archives (Washington, D.C.), Record Group 457, Records of the National Security Agency/Central Security Service. Individual Translations, Japanese Diplomatic Messages, Summaries, SRS nos. 1-1838. 筆者は国立国会図書館憲政資料室所蔵のマイクロフィルム版（史料番号 YE 25）を利用した。以下、Magic と引用し、報告番号、日付、ロール番号を付記する。Magic, SRS 565, Apr. 8, 1942, p. 1 f., Reel No. 1.

▼58「大本営機密戦争日誌」は防図に所蔵されているが全面公開はされておらず、『戦史叢書』に引用されている部分だけを閲覧することができる。また「大本営機密戦争日誌」の「一部は、何者かによって、おそらくひそかにコピーされて、戦史室から外部出版社に渡り無断公表」された。「大本営機密戦争日誌」『歴史と人物』第 1 巻第 1 号－第 3 号（1971 年 9 月号－11 月号）。原四郎「解題」種村佐孝『大本営機密日誌』（芙蓉書房、1979 年）、11 頁参照。本稿では「機密戦争日誌」と引用し、筆者が依った『大本営陸軍部』、ないしは『歴史と人物』の当該頁を付与する。「機密戦争日誌」『大本営陸軍部』第 3 巻、614 頁。ちなみに「機密戦争日誌」の執筆者は、当時第 15 課に勤務していた原四郎少佐であるといわれている。【本章のもとになった論文が

Heydrich）親衛隊大将に報告したとその回想録で主張している。ハイドリヒもこの件をヒトラーに伝達したはずで、したがって日本海軍の和平打診が報告されたときには、ヒトラーは既に日本の意図を知っていたというのである。Walter Schellenberg, *Memoiren*, Köln 1959, S. 231 f. 大久保和郎訳『秘密機関長の手記』（角川書店、1960年、ただし仏語版からの重訳）、207－208頁。しかし、シェーレンベルクの主張は一次史料では確認できない。

▼45　An den Jodl. Auf das Schreiben Abt. Ausl. Nr. 8302/42 g（11A） vom 9. 8. 1942 betrifft: Deutscher Admiral in Tokio, PA/AA, R 28894: Büro des Reichsaußenministers, Deutscher Waffen-Attaché, Tokio, 1942, Bl. 31489 f.

▼46　Theo Sommer, *Deutschland und Japan zwischen den Mächten. 1935-1940. Vom Antikominternpakt zum Dreimächtepakt*, Tübingen 1962, S. 19 f. 金森誠也訳『ナチス・ドイツと軍国日本防共協定から三国同盟まで』（時事通信社、1964年）、28頁。田嶋信雄「日独軍事協定問題　一九三六～一九三七年」近代日本研究会編『年報・近代日本研究・一一』（山川出版社、1989年）、273－274頁も参照。

▼47　Library of Congress（Washington, D.C.）, Erich Kordt, "German Political History in the Far East during the Hitler Regime", German Captured Documents Box 809（以下 KFE）, p. 50 f. コルトは、Tsuda と記しているが中堂の誤記であろう。更にコルトの回想録によると、ヴェネカーは日本海軍の独ソ和平申し出を伝える際、「レーダー【Erich Raeder、当時のドイツ海軍総司令官】は確実にヒトラーに直接上申し、彼に和平行動の必要性をさとすだろう。レーダーはいつも対ソ戦に反対であった」と発言したという。Erich Kordt, *Nicht aus den Akten...*, Stuttgart 1950, S. 418 f.

▼48　江藤淳監修、栗原健・波多野澄雄編『終戦工作の記録』上巻（講談社、1986年）、149－151頁、資料35。本史料の出典は明示されていないが、岡によるヴェネカーとの会談記録であることから、岡敬純日記の一部と思われる。岡日記はその存在は確認されているが、故人の遺志により公開されていない。森山優「海軍中堅層と日米交渉――軍務二課の構想を中心に」『九州史学』第99号（1991年3月）、42頁、註30参照。

▼49　KFE, p. 51. コルトと中堂の接触は一次史料では確認できないが、確かに中堂は3月17日のヴェネカーとの会見で、再び独ソ和平を話題にしている。BA/MA, RM 12 II/251, Bl. 107. また駐日陸軍武官クレッチュマー大佐（Alfred Kretschmer）は、4月11日の会食で旧知の馬奈木敬信少将より「人目に立つようなふう（in auffälliger Weise）」で独ソ和平問題について話しかけられたという。ちなみに、馬奈木は参謀本部ドイツ班勤務、駐独武官補佐官などを歴任し、ドイツ大使館との関係も深かった。Tel. Nr. 1096 Kertschmers

▼34 『終戦史録』(新聞月鑑社版)、7頁、編者註(北洋社版では削除されている)。この註では独ソ和平施策が削除されたとあるが、編者の錯誤からか、削除された部分を示すといいながら決定されたそれと同じものを示しているだけで、問題の節は不明のままであった。

▼35 林前掲論文、190頁。細谷「太平洋戦争」、278頁。工藤前掲書、117頁。Krebs, S. 242.

▼36 外史A. 7. 0. 0. 9-52,「大東亜戦争関係一件　戦時中の重要国策決定文書集」。

▼37 ちなみに、中堂は『宿命の戦争　大東亜戦争をみなおそう』(自由アジア社、1966年)という書物を著しているが、これは一種の評論で、自身の体験については、ほとんど記していない。また、ドイツ側史料では、後述のように山本五十六と海軍の和平工作との関わりが言及されるのであるが、日本側の史料では確認できない。この時期の山本の動向を示す史料として、筆者は小川貫璽・横井俊幸編『戦藻録』前編(日本出版共同株式会社、1952年)、当時連合艦隊作戦参謀・大佐であった三和義勇の日記(三和永枝夫人所蔵)を閲読したが、独ソ和平工作に触れた部分は見出せなかった。三和日記の閲覧を許可してくださった永枝夫人に記して謝意を表したい。

▼38 *ADAP*. E, Bd. 2, Göttingen 1972, Dok. Nr. 4, S. 8－10. BA/MA, RM 12 II/251: OKM-M Att. -Kriegstagebuch des Marine-Attachés und militärischen Leiters der Grossetappe Japan-China, Bd. 5 (2. 2. 1942-30. 5. 1942), Bl. 63-66.

▼39 *ADAP*. E, Bd. 2, Dok. 19, S. 36 f.

▼40 『杉山メモ』下巻、35－40頁。『大本営陸軍部』第3巻、500－520頁の記述も参照。

▼41 『杉山メモ』下巻、53頁。

▼42 『杉山メモ』下巻、82頁。

▼43 守島伍郎『苦悩する駐ソ大使館』(港出版合作社、1952年)、27頁。この回想録は現在では、守島康彦編『昭和の動乱と守島伍郎の生涯』(葦書房、1985年)に収録されている。なお守島は佐藤を軍事課長と記しているが、実際には軍務課長であった。

▼44 BA/MA, RM 12 II/251. Bl. 79 und Bl. 95-96. Tel. Nr. 798 Otts an Auswärtiges Amt (以下AA) vom 14. 3. 1942, Politisches Archiv des AA (Bonn, 以下PA/AA), R 29653: Büro des Staatssekretärs (以下B. StS), Japan, Bd. 6, Bl. 39856-39858. 当時、国家公安本部第4E部長(防諜担当)を務めていたシェーレンベルク親衛隊大佐は、ヤーンケ(Jahnke)なるスパイから日本の独ソ和平斡旋の意図を聞かされ、これを国家公安本部長官ハイドリヒ(Reinhard

▼21　Ebenda. Dok. Nr. 87, S. 163.

▼22　Ribbentrop, S. 261.

▼23　Fleischhauer, S. 94 f. Vgl. Schröder, Unbewiesene Thesen.

▼24　Christopher R. Browning, Unterstaatssekretaer Martin Luther and the Ribbentrop Foreign Office, in: *Journal of Contemporary History,* Vol. 12, No. 2 (April 1977), pp. 332-335.

▼25　Vgl. Fleischhauer, S. 81.

▼26　たとえば、1942年元旦の外務省における東郷の訓示。東郷は、戦争を日本に最も有利な機会に切り上げねばならず、外務省員は他の用務を放擲しても、その研究と準備に力を尽くせと述べたという。『終戦史録』第1巻、53～54頁。東郷茂徳『時代の一面――東郷茂徳外交手記』(原書房、1985年)、292頁。

▼27　『終戦史録』第1巻、4－5頁。『時代の一面』、299頁。東郷の独ソ和平論は、けっして外務省内で突出したものではなかった。たとえば、好富正臣新京(現長春)総領事は、独ソ戦の継続は、ドイツの対英攻撃の遅延やソ連の米英接近を招くという判断から、日米開戦直前に独ソ和平を献策している。その結論は「今ヤ帝国興亡ノ竿頭ニ立チテ右獨蘇和平工作ハ我ニ残サレタル外交上ノ唯一ノ手ナリ」という、強い調子のものであった。1941年11月29日付好富総領事発東郷外相宛電、第68号の1、第68号の2、外務省外交史料館(以下、外史と略) A. 7. 0. 0. 9-63.「館長符号扱来電綴」第3巻。

▼28　参謀本部編『杉山メモ』全2巻(原書房、1989年)上巻、523－524頁。

▼29　Bundesarchiv/Militärarchiv (Freiburg i. Br. 以下 BA/MA と略), RM12 II (Marineattachés) / 250: OKM-M Att.-Kriegstagebuch des Marine Attachés und militärischen Leiters der Grossetappe Japan-China, Bd. 4 (10. 9. 1941-31. 1. 1942), Bl. 113f. なお本史料は1942年1月の分までは英訳が出版されているので、その当該頁も併せて記しておく。John W. Chapman (ed. & tr.), *The Price of Admiralty, The War Diary of the German Naval Attaché in Japan,* 1939-1943 (以下 *PoA*), Vol. 4, Ripe, 1989, p. 688 f.

▼30　BA/MA, RM12 II/250, Bl. 135-137. PoA, Vol. 4, p. 700 f.

▼31　「九月六日〔1941年〕御前会議決定『帝国国策遂行要領』の具体的研究」『杉山メモ』上巻、363－365頁。

▼32　「関特演」以後の対ソ戦論台頭については、細谷千博「三国同盟と日ソ中立条約(一九三九年～一九四一年)」日本国際政治学会太平洋戦争原因研究部編『太平洋戦争への道　開戦外交史』第5巻(新装版、朝日新聞社、1987年)、318－325頁参照。

▼33　『杉山メモ』下巻、4－5頁。

ship, Problems and Perspectives of Interpretation, London et al., 2nd ed., 1989, chap. 4; John Hiden/John Farquharson, *Explaining Hitler's Germany, Historians and The Third Reich*, London, 2nd ed., 1989, chap. 3 などをみよ。邦文の紹介には、山口定「ファシズム・『近代化』・『全体主義』——政治史における理論と実証の交錯」日本政治学会編『政治学と隣接諸科学の間』（岩波書店、1980 年）、佐藤健生「ナチズム－ヒトラー主義－ドイツ・ファシズム——最近の西ドイツにおける公開討論から」『紀尾井史学』第 2 号（1982 年）がある。しかし、今日では何よりもまず、田嶋信雄『ナチズム外交と「満州国」』（千倉書房、1992 年）第 1 部第 1 章での研究史の整理が参照されるべきである。

▼15 Wolfgang J. Mommsen, Einleitung, in: Gerhard Hirschfeld/Lothar Kettenacker（Hrsg.）, *„Der Führerstaat": Mythos und Realität. Studien zur Struktur und Politik des Dritten Reiches*, Stuttgart 1981, S. 11.

▼16 Vgl. Peter Hüttenberger, Nationalsozialistische Polykratie, in: *Geschichte und Gesellschaft*, 2. Jg（1976）., H. 4.

▼17 たとえば、1941 年 10 月 21 日付の外務次官ヴァイツゼッカーのメモ。これによれば、ソ連が崩壊し、イギリスが対独講和を欲するようになれば日本は邪魔になるとまで、ヒトラーは極言した。Leonidas E. Hill（Hrsg.）, *Die Weizsäcker Papiere 1933-1950*, Berlin u.a. 1974, S. 274. 対ソ短期決戦が失敗した 42 年になっても、こうした姿勢は変わらず、ヒトラー自らが日本の対ソ参戦を要請することはなかったと、当時の駐独大使大島浩は回想している。Prof. Dr. B. Martins Interview mit Hiroshi Oshima vom 16. 9. 1969. こころよくインタヴュー記録の閲覧を許可していただいた B・マルティン教授（フライブルク大学）に感謝する。

▼18 拙稿「ドイツの対米開戦（一九四一年）——その政治過程を中心に」『国際政治』第 91 号（1989 年）を参照されたい。【本章のもとになった論文発表ののち拙著『ドイツ軍事史　その虚像と実像』、作品社、2016 年に収録】

▼19 Vgl. Wolfgang Michalka, *Ribbentrop und die deutsche Weltpolitik 1933-1940. Außenpolitsche Konzeptionen und Entscheidungsprozesse im Dritten Reich*, München1980. このミヒャルカの研究では、リッベントロップは独自の外交構想のもと、ドイツ外交においてヒトラーと異なる親ソ反英路線を推進してきたが、1940 ～ 41 年の過程において、ヒトラーの人種イデオロギー的な外交路線に屈服したのだとされている。しかし、1942 年末以降の独ソ和平工作におけるリッベントロップの役割をみるならば、彼がなお自らの構想をひそかに維持していた可能性も否定できない。

▼20 たとえば 1942 年 1 月 2 日の大島との会談での発言。*ADAP*. E, Bd. 1 Göttingen 1969, Dok. Nr. 84, S. 149 f.

における日ソ交渉」日本外交学会編『太平洋戦争終結論』（東京大学出版会、1958年）。服部卓四郎『大東亜戦争全史』（原書房、1965年）、392－401頁。外務省百年史編纂委員会編『外務省の百年』下巻（原書房、1969年）、623－630頁、642－659頁。細谷千博「太平洋戦争と日本の対ソ外交――幻想の外交」細谷千博・皆川洸編『変容する国際社会の法と政治（大平善梧先生還暦記念論文集）』（有信堂、1971年）、278－296頁。鹿島平和研究所編『日本外交史』第24巻（鹿島研究所出版会、1971年）、95－101頁、105－107頁、140－142頁、144－152頁。同第25巻（鹿島研究所出版会、1972年）、39－78頁。油橋重遠『戦時日ソ交渉小史（一九四一年～一九四五年）』（霞ヶ関出版、1974年）、121－123頁、127－131頁。波多野澄雄「戦争指導と対外政策の形成」『戦争終末期における外交と軍事』（防衛研修所戦史部研究資料八三RO－1H、1983年）。工藤美知尋『日ソ中立条約の研究』（南窓社、1985年）、第9、第15章。これらはいずれも主として日本側史料に基づいた研究であるが、その限りにおいてもっとも広範に史料を活用した研究として、防衛庁防衛研修所戦史部『大本営陸軍部』（全10巻、朝雲新聞社、1967～1973年）がある。

▼10 B. Martin, *Deutschland und Japan im Zweiten WeltKrieg. Vom Angriff auf Pearl Harbor bis zur deutschen Kapitulation*, Göttingen u.a. 1969, S. 110-121; Fischer, *Varianten*, S. 34; Schröder, *Bestrebungen*, Kapt. 2.

▼11 守屋純「第二次大戦中の日独交渉に関する一考察」『国際政治』第89号（1988年）。

▼12 Gerhard Krebs, Japanische Vermittlungsversuche im deutsch-sowjetischen Krieg 1941-1945, in: Josef Kreiner/Regine Mathias（Hrsg.）, *Deutschland-Japan in der Zwischenkriegszeit*, Bonn 1990. また、マジック史料（日本外務省と在外公館の通信をアメリカ軍情報部が傍受解読したもの）を利用したボイドの研究においても、日本による独ソ仲介の問題が扱われている。が、本稿で扱う和平工作問題は、後述のように外交ルートを迂回したかたちで進められているため、ボイドの依る史料基盤では欠落が生じる。Carl Boyd, *Hitler's Japanese Confidant, General Oshima Hiroshi and Magic Intelligence, 1941-1945*, Lawrence, Kan., 1993, chap. 3 and 7. 本章のもとになった論文が発表されたのち、邦訳が刊行された。カール・ボイド『盗まれた情報――ヒトラーの戦略情報と大島駐独大使』、左近允尚敏訳、原書房、1999年

▼13 第二次大戦下の日本政治史を直接テーマとした貴重な研究として、伊藤隆『昭和期の政治』（山川出版社、1983年）第3章および第4章がある。

▼14 本論争については、Manfred Funke, *Stärker oder schwacher Diktator? Hitlers Herrschaft und die Deutschen*, Düsseldorf 1989; Ian Kershaw, *The Nazi Dictator-*

des Kalten Krieges, in: *Militärgeschichtliche Mitteilungen*, Heft 2（1976）がある。

▼5　ニュルンベルク裁判での証言ならびにその回想録において、リッベントロップは 1942 年の新年以後数度にわたり独ソ単独和平工作を試みるよう、ヒトラーに進言したと主張している。Der internationale Militärgerichtshof, *Der Prozess gegen die Hauptkriegsverbrecher vor dem internationalen Militärgerichtshof*, Nürnberg 1947, Bd. 10, S. 338 f; Joachim v. Ribbentrop, *Zwischen London und Moskau. Erinnerungen und letzte Aufzeichnungen*, Leoni 1954, S. 261-266. またニュルンベルク裁判関係者、ジャーナリストによる雑誌記事として、Donald B. Sanders（pseud.）, Stalin Plotted a Separate Peace, in: *The American Mercury*, Vol. LXV, No. 287（Nov. 1947）; Robert M. W. Kempner, Stalin's "Separate Peace" in 1943, in: *United Nations World Magazine*, Vol. 4, No. 3（March 1950）などがある。

▼6　Peter Kleist, *Zwischen Hitler und Stalin 1939-1945. Aufzeichnungen von Dr. Peter Kleist*, Bonn 1950. この回想録に基づき、アメリカの研究者マクニールは、ソ連は西側連合国との同盟に代わる選択肢として、対独単独講和を考えていた可能性があるとした。William Hardy McNeill, *America, Britain and Russia, Their Cooperation and Conflict*, London et al., 1953, p. 324. この研究には訳があるが、抄訳のため当該部分は割愛されている。実松譲・富永謙吾訳編『大国の陰謀』（図書出版社、1982 年）。

▼7　Karl, Heinz Minuth, Sowjetisch-deutsche Friedenskontakte 1943, in: *Geschichte in Wissenschaft und Unterricht*, 16. Jg., Heft 1（Jan. 1965）; Vojtech Mastny, Stalin and the Prospects of a Separate Peace in World War II, in: *The American Historical review*, Vol. 77, No. 5（Dec. 1972）; H. W. Koch, The Spectre of a Separate Peace in the East: Russo-German 'Peace Feelers',1942-44, in: *Journal of Contemporary History*, Vol.10, No. 3（July 1975）; A. Fischer, *Sowjetische Deutschlandpolitik im Zweiten Weltkrieg 1941-1945*, Stuttgart 1975.

▼8　Ingeborg Fleischhauer, *Die Chance des Sonderfriedens. Deutsch-sowjetische Geheimgespräche1941-1945*, Berlin 1986. の内容を紹介したものとして、守屋純「第二次大戦における独ソ単独講和問題」『軍事史学』第 90 号（1987 年 10 月）がある。ただし、フライシュハウアーの和平交渉は、すべてドイツ側から切り出され、ソ連側からのイニシアチヴはなかったというテーゼは、なお史料的裏付けに欠けるという批判がある。*Josef Schröder, Unbewiesene Thesen. Die deutsch-sowjetischen Geheimgespräche 1941-1945, in Frankfurter Allgemeine Zeitung*, Nr. 231, 6, 10, 1987, S. 11.

▼9　外務省編『終戦史録』第 1 巻（北洋社、1977 年、初版は新聞月鑑社より 1951 年）。林茂「対ソ工作の展開」、田中直吉「対ソ工作——太平洋戦争中

▼28　T120/R79/82/60455-60456.
▼29　T120/R79/82/60447-60451.
▼30　前掲「三国同盟と日ソ中立条約（一九三九年－一九四一年）」、325頁。
▼31　Gerhard Wagner（Hrsg.）, *Lagevorträge des Oberbefehlshabers der Kriegsmarine vor Hitler 1939-1945*（München: J. F. Lehmanns Verlag, 1972）, S. 283.
▼32　PoA., pp. 487-488.
▼33　*PoA.*, pp. 491-492.
▼34　テオ・ゾンマー、金森誠也訳『ナチスドイツと軍国日本』（時事通信社、1964年）、649頁。
▼35　加登川幸太郎「関特演――陸軍省から見た参謀本部――」（『軍事史学』第21巻第2号、1985年9月）、27頁。

第四章　独ソ和平工作をめぐる群像――1942年の経緯を中心に

▼1　Arbeitskreis für Wehrforschung Stuttgart（Hrsg.）, *Generaloberst Halder Kriegstagebuch. Tägliche Aufziechnungen des Chefs des Generalstabes des Heeres 1939-1942,* Bd. 2, Stuttgart 1963, S. 336 f.
▼2　こうした学界の認識を示すものとして、さしあたり独ソ開戦50周年を機に開催された独ソ（当時）歴史家会議の記録、Klaus Meyer/Wolfgang Wippermann（Hrsg.）, *Gegen das Vergessen. Die Vernichtungskrieg gegen die Sowjetunion 1941-1945,* Frankfurt a.M. 1992を参照。
▼3　*Akten zur deutschen auswärtigen Politik 1918-1945,* Serie E（以下 *ADAP.E*）, Bd. 5, Göttingen 1978, Dok. Nr. 128, Hitlers Brief an Mussolini vom 16. 2. 1943, S. 235.
▼4　独ソ単独和平問題を包括的に扱ったものとして、Alexander Fischer, Varianten der sowjetischen Deutschlandpolitik 1941-1945, in: *Deutschland Archiv,* Jg. 6（1973）, S. 386-389; Josef Schröder, *Bestrebungen zur Eliminierung der Ostfront. 1941-1943,* Göttingen u.a. 1985; Bernd Martin, Deutsch-sowjetische Sondierungen über einen separaten Friedensschluß im Zweiten Weltkrieg. Bericht und Dokumentation, in: Andreas Hillgruber u.a.（Hrsg.）., *Felder und Vorfelder russischer Geschichte. Studien zu Ehren von Peter Scheibert,* Freiburg 1985. 我が国における動向紹介として、守屋純「第二次大戦中の独ソ単独講和問題研究の状況と問題点」村岡哲喜寿記念論文集刊行会編『村岡哲先生喜寿記念近代ヨーロッパ史論集』（太陽出版、1989年）があるが、先行研究掌握に遺漏があり全面的に依拠できない。また独ソ間のそれのみならず、第二次世界大戦における単独講和交渉を検討したものとして、B. Martin, Verhandlungen über separate Friedensschlüsse 1942-1945. Ein Beitrag zur Entstehung

216－217頁参照。しかしながら、在独謀略担当者たちの活動の実体は、史料的困難から詳らかにできない。中野学校出身者たちが編んだ中野学校史にも、「昭和14年7月、中野学校を卒業して参謀本部第二部第5課勤務となった宮川正之（1期）は、昭和15年6月末まで同課で服務し、ドイツ武官室に勤務する内命をうけ、研究、準備をした。［改行］15年7月、ドイツ大使館附武官室勤務となった。彼は補佐官業務に服し、以後1年10カ月の間、変転極まりない欧州情勢、とくにドイツの英本土上陸作戦の可能性、独ソ戦の帰趨など、当時日本の国策を左右する重要情報の収集分析に当った。【中略、改行】ベルリンは、大使館附武官室勤務として、その後秦正宣（乙I長）が赴任勤務した。」と記されているのみである。中野校友会編『陸軍中野学校』（中野校友会、私家版、1978年）、160頁。

▼19 *ADAP.*, S. 72-74.

▼20 *ADAP.*, S. 94-96.

▼21 1942年3月11日付リヒャルト・ゾルゲ（Richard Sorge）尋問調書。『現代史資料（1）ゾルゲ事件（一）』（みすず書房、1962年）、276頁。

▼22 T120/R79/82/60335. 1941年7月15日付オット電。

▼23 角田順「日本の対米開戦一九四〇年～一九四一年」（日本国際政治学会太平洋戦争原因研究部『太平洋戦争への道』第7巻、朝日新聞社、1963年）、173－201頁および221－235頁を参照。

▼24 *ADAP.*, S. 156-158.

▼25 T120/R79/82/60412-60413. 武官の報告で外務省にも送られるものは、通常在外公館の長の副署を受けてのち、ドイツ本国に送られた。したがって、このクレッチュマーの報告にもオットの署名があるが、上述の規定よりクレッチュマーの手になる文書とわかるわけである。ちなみに、在外武官の業務規定は、1933年2月13日、1935年9月15日、1936年10月2日の3度にわたって発布されたが、これらはManfred Kehrig, *Die Wiedereinrichtung des deutschen militärischen Attachédienstes nach dem Ersten Weltkrieg (1919-1933)*（Boppard am Rhein: Harald Boldt Verlag, 1966）, S. 204-216に収録されている。

▼26 *ADAP.*, S. 234. なお、この覚書では、日本軍人の階級がドイツのそれに合わせて記されている。ここでは、そのまま直訳した。また、この坂西発言については、陸軍参謀総長フランツ・ハルダー（Franz Halder）上級大将の日記にも記されており、そこには「ウラジオストック［奪取の意か？］はおそらく11月までに可能」とある。*Arbeitskreis für Wehrforschung Stuttgart, Generaloberst Halder Kriegstagebuch*, Bd. 3（Stuttgart: W. Kohlhammer Verlag, 1964）, S. 152.

▼27 前掲「三国同盟と日ソ中立条約（一九三九年～一九四一年）」、323－325頁。

▼6　*ADAP*., S. 15-16. 1941年6月25日付オット電報。

▼7　前掲「三国同盟と日ソ中立条約（一九三九年〜一九四一年）」32－317頁。

▼8　拙稿「ドイツの対米開戦（一九四一年）――その政治過程を中心に――」（『国際政治』第91号、1989年5月、110－112頁。本論文は、拙著『ドイツ軍事史』（作品社、2016年）に収録した。

▼9　*ADAP*., S. 33-34. なお、この参戦申し入れの邦訳は、前掲「三国同盟と日ソ中立条約（一九三九年〜一九四一年）」315－316頁に引用されている。

▼10　*ADAP*., S. 51-53.

▼11　前掲「三国同盟と日ソ中立条約（一九三九年〜一九四一年）」、309－318頁。

▼12　Leonidas E. Hill（Hrsg.）, *Die Weizsäcker-Papiere 1911-1950*（Frankfurt a. M./Berlin/Wien: Verlag Ullstein, 1974）, S. 262.

▼13　前掲「三国同盟と日ソ中立条約（一九三九年〜一九四一年）」、318－321頁。

▼14　1941年7月4日付オットの電報。原文書は、Büro des Staatssekretärs, Akten betreffend: Japan, Bd. 4, 1. Juli 1941-30. Sept. 1941, Politisches Archiv, Auswärtiges Amt, Bonnに収められている。本稿で利用したのは、同文書がアメリカに押収されていた間にマイクロフィルム化された、German Records Microfilmed at Alexandria, Va. T 120 R 79である。以下、T120/R79と略記し、シリアル番号とフレーム番号を付す。T120/R79/82/60264.

▼15　ヴァイツゼッカーの7月3日付リッベントロップ宛電報。T120/R 79/82/60238-60239.

▼16　Department of Defense, *The "Magic" Background of Pearl Harbor,* Vol. 2（Washington, D. C.: GPO., 1977）, pp. A-375-A-376.

▼17　クラマーツは外務省政務局（Politische Abteilung）付で、軍事問題担当であった。

▼18　T120/R79/82/60270. 本資料は極東国際軍事裁判においても、証拠として提出された。新田満夫編『極東国際軍事裁判速記録』第2巻（雄松堂書店、1968年）521頁参照。また本史料では山本大佐は武官補佐官とされているが正確には参謀本部付仰付（ドイツ駐在）であった。日本近代史料研究会編『日本陸海軍の制度・組織・人事』（東京大学出版会、1971年）、77頁。山本大佐は1937年5月に調印された防共協定の付属協定である「対『ソ』謀略ニ関スル日独附属協定」に基づく謀略担当者であったと思われる。同協定ほかの防共協定付属協定をめぐる日独関係については、田嶋信雄「日独軍事協定問題　一九三六－一九三七年」（近代日本研究会編『年報・近代日本研究』第11号、山川出版社、1989年）が詳しい。そのほか、在独謀略機関としては、後方勤務要員養成所（いわゆる「陸軍中野学校」）初代所長秋草俊を長とする「星機関」があった。秦郁彦『昭和史の軍人たち』（文藝春秋、1982年）

▼66 小島秀雄文書「勤務録」。

▼67 『二十年のあゆみ』、43－44頁。マルティン教授の調査によると、ハックの甥のもとには24通のベルリン海軍武官府宛報告（1939年9月10日～1944年10月21日）が遺されているという。B. Martin, *Friedensinitiativen und Machtpolitik im Zweiten Weltkrieg 1939-1942*, Düsseldorf 1974, S. 543. 筆者は甥のハック氏に同報告の閲覧を申し出たが許可されなかった。

▼68 野村は、この旅行の真の目的はただハックと会見することのみにあったとしている。Prof. Dr. B. Martins Interview mit Naokuni NOMURA vom 19. 9. 1969.

▼69 Prof. Dr. B. Martins Interview mit Naoe SAKAI vom 12. 8. 1969.『二十年のあゆみ』、44－45頁。

▼70 第3部第六章「『藤村工作』の起源に関する若干の考察」を参照されたい。

追記 本章のもとになった論文発表後、ドイツ外務省政治文書館は、旧東ドイツが所有していた文書の受け入れとともに、整理番号をあらためた。従って、本章以下に引用されているドイツ外務省文書を調査する場合には、閲覧の前に、アーキヴィストの協力を得て新旧の整理番号を照合する必要がある。以下、すべて同様。

第三章　ドイツと「関特演」

▼1 「関特演」の正式名称については、江口圭一「『関特演』の正式名称──『特別』か『特種』か──」（『日本史研究』第268号、1984年12月）を参照。

▼2 この時期の日ソ関係を包括的に扱いながら、その中での「関特演」の位置を観察したものとして、細谷千博「三国同盟と日ソ中立条約（一九三九年～一九四一年）」（日本国際政治学会太平洋戦争原因研究部『太平洋戦争への道』第5巻、朝日新聞社、1963年）のとくに第2章をみられたい。大本営内部の動向については、防衛庁防衛研修所戦史室『戦史叢書大本営陸軍部②』（朝雲新聞社、1968年）、同『戦史叢書大本営陸軍部大東亜戦争開戦経緯④』（朝雲新聞社、1974年）が、関東軍の動きについては、同『戦史叢書関東軍②』（朝雲新聞社、1974年）が詳しい。

▼3 前掲「三国同盟と日ソ中立条約（一九三九年～一九四一年）」307－311頁。

▼4 John W. M. Chapman, ed., *The Price of Admiralty: The War Diary of the German Naval Attaché in Japan, 1939-1943*, Vol. 2 & 3, (Ripe: Saltire Press, 1984), (以下、*PoA.* と略), pp. 462-464.

▼5 Auswärtiges Amt, *Akten zur deutschen auswärtigen Politik,* Serie D, Bd. 13, Hbd. 1 (Göittingen: Vandenhoeck & Ruprecht, 1970)（以下 *ADAP.* と略）」S. 1-2. 1941年6月22日付オットの電報。なお、この電報の日付は6月23日発、6月22日着となっているが、これは時差の関係によるものである。

▼55 カウマンに関する詳細は、本書第3部第四章「独ソ和平工作をめぐる群像――1942年の経緯を中心に――」を参照されたい。

▼56 Aktennotiz über Besprechung mit Dr. Hack im BB. am 22. 3. 33, AFH, Heinkel-Japan.

▼57 「外国人工場見学報告」防衛研究所図書館、⑩公文備考 S11－70、「昭和十年 公文備考D 外事巻九」。

▼58 Aktennotiz über Besprechung mit Admiral Lahs und Herrn Killinger vom Reichsverband-Vertrieb am 23. Jan. 1936; Heinkels Brief an v. Pfistermeister vom 13. 2. 1936, AFH, Heinkel-Japan.

▼59 Trautmanns Telegramm Nr. 8 an das Auswärtige Amt vom 30. 3. 1934; Durchschlag Deutsche Gesandtschaft Nr. 233 vom 14. 3. 1934, PA/AA, R 32877: IIF-Luft, Luftverkehr Ostasien, Bd. 5, Bl. E 630062 und E 630064 ff.

▼60 ゲーリングの親中路線については、Alfred Kube, *Pour le mérit und Hakenkreuz, Hermann Göring im Dritten Reich,* 2. Aufl., München 1987, S. 166-171 を参照。

▼61 ハインケルの対日航空機供給をめぐるトラブルを示唆するものとして、Heinkels Brief an Frhr. v. Gablenz vom 30.4. 1937, AFH, Korrespondenz Berliner Büro, 22. 4. 1927-18. 3. 35, 19. 3. 35-23. 9. 37, 12. 1. 40-14. 11. 44.

▼62 『二十年のあゆみ』、38頁。「痛恨！ ダレス第一電」、615頁。

▼63 事実ハックの失脚後もゲーリングは露骨にハインケルの対日輸出を抑制した。日中戦争勃発により航空戦力強化の必要を感じた日本からHe 111爆撃機70機の注文が出されたが、その輸出はゲーリング自身の決定によって禁じられた。またHe 100戦闘機の対日売却も妨害された。これに抗議したハインケルに対する空軍当局の回答は、「のちの時代にあらゆる市場でその競争力が我々にとっての深刻な脅威となるであろう、形成されつつある工業上の敵」への新鋭機供給は不都合であるという空軍の対日不信を剝き出しにしたものだったのである。Exposé für Besprechung über Exportfragen vom 18. 8. 1938; Brief vom R. L. M und Oberbefehlshaber der Luftwaffe LC 6/38 an Heinkel vom 27. 8. 1938, AFH, Korrespondenz Prof. Heinkel RLM 1938-1942. ハックはこの経過を聞き、約束不履行は日本の対独感情を悪化させ、交渉の当事者であった大島の顔を潰したと憤っている。Zur japanischen Stimmung gegenüber Deutschland vom Dezember 1937, Hack-Papiere.

▼64 『二十年のあゆみ』、129－41頁。

▼65 同、40－42頁。おそらくはハックが関係していると思われるスイスでの日本海軍の活動については、Wi Ausl VI c, Aktennotiz vom 8. 12. 1942 und 18. 1. 1943, BA/MA, Wi/IIc 3./3, Bl. 106 und Bl. 113-115.

商事の幹部、関東軍司令官などとの会見を図っていたらしい。Akten-Notiz ohne Datum, Hack-Papiere.

▼46 『昭和史の天皇』第20巻、143－144頁。

▼47 小島秀雄文書「勤務録」1937年2月8日条。小島秀雄文書の閲覧は、御子息故小島尚徳神父のご理解とご好意によって可能となった。ここに記して感謝の意を表したい。

▼48 この日本へのハインケル航空機売却交渉過程は、ナチス・ドイツにおける政治と企業の関係を考察する上で極めて興味深い事例を提供するものであるが、紙幅の都合上以下に典拠となる史料を最低限度列挙するにとどめ、詳述を控える。Aktennotiz vom 19. 12. 1934; Aktennotiz vom 14. 1. 1935; Aktennotiz vom 2. 5. 1935; Aktennotiz vom 21. 5. 1935; Aktennotiz vom 21. 9. 1935; ZA.（Att. Gr. 2 Nr. 18351/35 vom 13. 9. 1935、AFH, Heinkel-Japan. Telegramm Nr. 143 vom 27. 11. 1935, PA/AA, R30087K/R30088K: Geheimakten 18/1, 2, 1. Marineattaché Tokio/2. Militärattaché Tokio, Bl E413877、Drahtbericht des deutschen Marineattachés Tokio Nr. 31 vom 8. 3. 1935; Deutsche Botschaft. Der Marineattaché B. Nr. G 80 an das Reichsluftfahrtministerium vom 15. 3. 1935, BA/MA, RM11/68.

▼49 Brief der Landesgruppe Japan/Ortsgruppe Tokyo-Yokohama Nr. 559 an die Leitung der Auslandorganisation der NSDAP vom 10/31. 3. 1937, PA/AA, R27202: Chef A/O, Japan, BI. 39457. この文書には2通りの日付が記されている。これは3月10日に地区指導者ロイによって起草されたものが、その上司である日本支部長（Landesgruppenleiter Japan）のヒルマン（R. Hillmann）によって31日に送られたものであろう。なおこのナチス党外国組織部の史料はNHK“ドキュメント昭和”取材班編『ヒトラーのシグナル』（角川書店、1986年）に訳出されているが、必ずしも正確でない部分があるため、原文書に拠ることとする。

▼50 Brief der Landesgruppe Japan Nr. 291 an die Leitung der AO. der NSDAP vom 5. 4. 1937, PA/AA, R 27202, Bl 39458.

▼51 ボーレおよびナチス党外国組織、そして他の外交組織との抗争については、Jacobsen, S. 90-160を参照。

▼52 Meldung von der Leitung der AO. der NSDAP an den Chef der AO. im Auswärtigen Amt vom 26. 4. 1937, PA/AA, R27202, Bl 39464.

▼53 Brief von der Leitung der AO. der NSDAP an Landesgruppe Japan vom 30. 4. 1937, PA/AA, R27202, Bl 39465.

▼54 Brief der Landesgruppe Japan Nr. 334 an die Leitung der AO. der NSDAP vom 28. 6. 1937, PA/AA, R27202, Bl 39466.

▼32 『二十年のあゆみ』、38 頁。

▼33 ハックがナチズムに幻滅を感じたのは、かなり早い時期であったと思われる。駐独海軍武官を務めた小島秀雄はハックと戦前に（1936 年から 39 年のいずれか）。パリで知りあったと回想しているが、当時ハックは小島からナチ党の情報を得ようとしており、反ナチ派および外国スパイと多くの連絡を持っていたという。Prof. Dr. Bernd Martins Interview mit Hideo KOJIMA vom 19. 9. 1969. 貴重なインタビュー記録を閲覧させて下さったマルティン教授に感謝する。また、酒井の回想によると、ハックはレーム事件の後亡命したシュトラッサー（Otto Straßer）の家族の生活を援助していたとのことである。『二十年のあゆみ』、48 頁。

▼34 Hacks Brief an Leg. Rat Czibulinski vom 28. 8. 1933, PA/AA, R85918: Pol. IV Japan, Po. 9 Jap, Diplomatische und Konsularische Vertretungen Japans in Deutschland, Bd. 2.

▼35 田嶋信雄「日独防共協定像の再構成（一）——ドイツ側の政治過程を中心に——」『成城法学』第 24 号（1987 年 3 月）、155－157 頁。

▼36 Prof. Dr. B. Martins Interview mit Naoe SAKAI vom 12. 8. 1969.

▼37 Heinkels Brief an den Direktor der Deutschen Lufthansa A. G., Frhr. v. Gablenz vom 30. 4. 1937, AFH, Heinkel-Japan.

▼38 「日独防共協定像の再構成（一）」、157－162、168 頁。

▼39 Akten-Notiz,Besprechung mit General von Blomberg vom 25. 9. 35, Hack-Papiere.

▼40 Zu dem Entwurf vom 4. Oktober 1935, Hack-Papiere. 従来の日独防共協定研究において武者小路の役割は必ずしも重視されているとはいえないが、このハックの記述はその点について極めて興味深い示唆を与えるものであろう。

▼41 Canaris an M des Ob. d. M., Nr. 30/35 g. Kdos. vom 12. 11. 1935, Mitteilung von General Oshima, BA/MA, RM11（Marineattachégruppe）/1, Bl. 302. なお、この史料と同文で 1935 年 11 月 7 日付の文書が「ハック文書」中にあり、このカナーリスの報告の情報源がハックであることを推測させる。Akten-Notiz vom 7. 11. 1935, Hack-Papiere.

▼42 武者小路公共『外交裏小路』講談社、1952 年、191 頁。この武者小路の回想には錯誤がまじっているが、対独接近に断固反対した山本五十六を彷彿とさせる

▼43 「日独防共協定像の再構成（一）」、170－88 頁。

▼44 「新しき土」制作への経緯については『二十年のあゆみ』、36－37 頁。

▼45 その成否は不詳であるが、ハックは参謀総長、参謀次長、陸軍大臣、海軍大臣、軍令部・外務省の要人、陸海軍の侍従武官、三井・三菱・住友・大倉

Gesellschaft).

▼24 Leg. Rat Czibulinski an die Gauleitung Groß-Berlin und Daluege vom 17. 5. 1933, PA/AA, R 104900.

▼25 Aufzeichnung E. O. IV Ja 553 vom 13. 6. 1933; Sitzungsprotokoll vom 13. 8. 1933, PA/AA, R 104900. 酒井がこうしたドイツ側の思惑についてどの程度知っていたかは明白ではない。その回想には「[前略] 在独邦人側幹部は、ハック博士と私に日独協会の設立することを一任委託したのである。そこで私はハック氏と相談の結果、日独協会の会長に、前独逸国海軍長官 Admiral Paul Behncke 氏の出馬を懇請したところ、同提督も自分の意見を尊重して呉れるなら骨を折ってもよいと受諾された。初代書記長にはナチ（Nati）党員の v. Strobel 氏が任命された」とあるのみで、ハースに関わる記述はない。『二十年のあゆみ』、36 頁。またハースの回想もこの問題には触れていない。Wilhelm Haas, *Lebenserinnerungen*, Privatdruck, o. O. u. J.

▼26 Vermerk e. o. IV Ja 438 vom 12.4. 1934, PA/AA, R85952: Pol. IV, Po. 15 Jap, Agenten- und Spionagewesen, Bd. 1.

▼27 ナチス党員関係の史料が保管されているベルリン・ドキュメント・センターには、ハックの党員カードその他はなかった。Berlin Document Centers Antwort an den Verfasser vom 11. 2. 1993. なお、ベルリン・ドキュメント・センターは、1994 年にドイツ連邦文書館の部局に組み入れられた。

▼28 Peter Hüttenberger, Nationalsozialistische Polykratie, in: *Geschichte und Gesellschaft*, 2. Jg(l976)., H. 4, S. 424-431.

▼29 ここでいう「政治的投機者」とは、具体的にはドイツの対「満州国」外交において一大紛糾をもたらしたハイエ（Ferdinand Heye）のような人物を想定している。ハイエについては、田嶋信雄『ナチズム外交と「満州国」』千倉書房、1992 年、第 2 部。もちろん、こうした「政治的投機者」は極東外交にとどまらず様々な分野に登場し、ナチズム外交に特有の分裂と抗争をもたらしたのである。これについては、Hans-Adolf Jacobsen, *Nationalsozialistische Außenpolitik 1933-1938*, Frankfurt a. M./Berlin 1968 および田嶋信雄「ナチズム外交組織の分裂と統合」ヨーロッパ現代史研究会編『国民国家の分裂と統合』戦間期ヨーロッパの経験』北樹出版、1988 年を参照。

▼30「リッベントロップ事務所」は、後年外務大臣となるリッベントロップが外務省に対抗して、独自の外交活動を行なうためにつくった組織。詳しくは、Jacobsen, S. 252-318.

▼31 例えば、外相就任後、リッベントロップがかつての「事務所」のスタッフから外務省に引き取ったのはわずか 32%ほどであったという。Ebenda. S. 284.

概要に関しては J. W. M. Chapman,"Japan in German Aviation Policies of the Weimar Period," in: Josef Kreiner(Hrsg.), *Japan und die Mittelmächte im Ersten Weltkrieg und in den zwanziger Jahren*, Bonn 1986, pp. 163-171 を参照。

▼15 ハインケル社の文書によって氏名を特定できる限りにおいても、1928 年の吉村定雄造兵少佐の視察をはじめとして、片平琢治機関少佐（1929 年）、安本武之助造兵大尉（1930 年）、鉾立毅機関中佐および星忠雄機関大尉（1930 年）ほか多数の海軍技術関係者がヴァルネミュンデ（Wamemünde）その他のハインケル工場を陸続として訪れている。Briefwechsel des Dr. Ernst Heinkel mit den japanischen Marineleute, Archiv der Firma Heinkel (Stuttgart, 以下 AFH とする), Korresp. Prof. Heinkel mit Japanern 1928 u. Dr. Hack, Brief Oshima 1955, 1953-1957, 1986 Japan. Fernsehen（以下このファイルを Heinkel-Japan と略記する）. こころよくハインケル社文書の閲覧を許可して下さったハインケル（K. Ernst Heinkel）氏に深甚なる感謝を捧げる。

▼16 Ernst Heinkel, *Stürmisches Leben*, Stuttgart 1953, S. 149-166, エルンスト・ハインケル『飛行機設計家ハインケル　嵐の生涯』、松谷健二訳、フジ出版社、1981 年、110－121 頁。Briefwechsel zwischen E. Heinkel und Hideo KOJIMA vom 18. 12. 1952 und 21. l. 1953, AFH, Heinkel-Japan. 煩瑣にすぎるためいちいち引用しないが、愛知時計電機とハインケルとの関係を示す文書は Heinkel-Japan に散見される。

▼17 チャップマンは、ハックが 20 年代から 30 年代にかけて愛知時計電機との関係を深めていったと主張しているが、典拠を示していない。Chapman, Japan in German Aviation, p. 165, n. 32.

▼18 Briefwechsel zwischen Heinkel und Y. HASHIGUTCHI vom 8. 4, 14. 7, 12. 8. 1931 und 1. 2. 1932; Hacks Brief an Heinkel vom 6. 5. 1931, AFH, Heinkel-Japan.

▼19 HASHIGUTCHIs Brief an Heinkel vom 14. 7. 1931, AFH, Heinkel-Japan.

▼20 Hacks Brief an Heinkel vom 26. 8. 1932, AFH, Heinkel-Japan.

▼21 『二十年のあゆみ』、34 頁。

▼22 Briefwechsel zwischen Hack und Heinkel vom 22. 8, 23. 8 und 26. 8. 1932, AFH, Heinkel-Japan. Hacks Brief an das Auswärtige Amt vom 5. 9. 1932; Bericht der deutschen Botschaft in Tokyo J. Nr. 2531 vom 8. 9. 1932; Briefwechsel zwischen Hack und dem Legationsrat Czibulinski vom 4. 10 und 7. 10. 1932, Politisches Archiv des Auswärtigen Amtes (Bonn, 以下 PA/AA), R85934: Pol. IV, Po. 11, Nr. 4 Jap, Militärs, Bd. 1.

▼23 NSDAP Gauleitung Groß-Berlin ag 2065 vom 24. 4. 1933, PA/AA, R104900: Pol. VIII, Po. 28, Nr. 92 Japan, Vereinswesen (Deutsch-Japanische

クレープス（Gerhard Krebs）博士によって編纂、詳細な解説と註を付して、いずれ公刊されるとのことであった（**追記**　2016年現在、いまだ刊行されていない）。

▼7　前掲「独逸及澳洪国俘虜名薄」、2頁。Foreign Office, No. Ⅲ b 13602, 79839, Note Verbale, Berlin, April 28th, 1916; Letter from Japanese Foreign Minister to the Ambassador of the USA, Tokyo, Jan. 31th, 1917（外務省外交史料館、5.2.8.38,「日独戦争ノ際俘虜情報局設置並独国俘虜関係雑纂」第9巻）。C・バーディック、U・メースナー共著、林啓介訳『板東ドイツ人捕虜物語』海鳴社、1982年、第3章も参照。

▼8　註5にあげたような酒井の回想もあるが、前記のような矛盾がある。なお1920年には、三菱商事がヨーロッパに送る視察団にハックを随行させる契約を結んでいる。おそらくハックはこの三菱視察団とともに帰国したものと思われる。Agreement between Mitsubishi Co. and Dr. Hack, Tokyo, Jan. 26th, 1920, Hack-Papiere.

▼9　『二十年のあゆみ』、32頁。シンツィンガーについては、Kurt Meißner, *Deutsche in Japan 1639-1939*, Stuttgart/Berlin 1940, S. 79; Ders., *Deutsche in Japan 1639-1960*, Tokyo 1961, S. 55.「著名な親独家の軍人」の回想によると、シンツィンガーは「日本女性と結婚したということがドイツ人の間でなにかとやかましく取りざたされ、陸軍少佐の肩書きがはずれたそうだ。つまり完全な商人になったわけだが、彼の家は大金持ちで、スイスに近い南ドイツのフライブルクという所に大きな別荘を持っていて、それに“ビラ・サクラ”（別荘サクラ）と名付けていた」とあり、ここにも「親日家」および「フライブルク」というハックの人脈が見て取れる。読売新聞社編『昭和史の天皇』第20巻、読売新聞社、1972年、12頁。

▼10　Dr. Hack an Kapitänleutnant Steffan vom 13. Juni 1923, Bundesarchiv-Militärarchiv（Freiburg i. Br., 以下BA/MA）, RM 20（Marinekommandoamt）/1638, Bl. 7.

▼11　Unterredung mit dem japanischen Marineattaché am 6. Februar 1925, BA/MA, RM 20/1638, Bl. 34-35. 酒井の回想では「……日本へ仲介された主なものは、【改行】ロールバッハ（Rohrbach）飛行艇【改行】ハインケル（Heinkel）飛行機」とあり、このドイツ海軍当局の文書の記述と一致している。『二十年のあゆみ』、33頁。

▼12　こうした事情を簡明に記述したものとして、池田清『海軍と日本』中公新書、1981年、104－107頁。

▼13　Chapman, Japan and German Naval Policy, pp. 235-237.

▼14　1920年代および30年代における、日本のドイツからの航空技術導入の

M. Chapman,"Japan and German Naval Policy, 1919-1945,"in: Josef Kreiner (Hrsg.), *Deutschland-Japan Historische Kontakte*, Bonn 1984 も参照。

▼2　ND. 1404/44, Polizeikorps des Kantons Zürich an das Polizeikommando Nachrichtendienst vom 19. 7. 1944, Schweizerisches Bundesarchiv (Bern), C. 16. 3097, von Gaevernitz, Gero 1901.

▼3　*Reichshandbuch der deutschen Gesellschaft,* Bd. 1, Berlin 1931, S. 631 f. ただし、この紳士録に収録されているのはハック自身ではなく、その兄ヴィルヘルム（Wilhelm）である。

▼4　藤村義朗の回想およびGHQに対する陳述による。藤村義朗「痛恨！ダレス第一電」文藝春秋編『「文藝春秋」にみる昭和史』第1巻、文藝春秋、1988年（初出は『文藝春秋』1951年5月号）、614－615頁。同『思い出の記』私家版、1973年、6－7頁。Dec. No. 64118, Statment of 24 Oct. 1950 and 26 Oct. 1950 by ex-Cmdr. FUJIMURA Yoshikazu, National Archives (Washington, D. C.), YD 128, Japanese Officials on World War II（筆者は国立国会図書館憲政資料室所蔵のマイクロフィルム版を利用した。また、この史料の抄訳は江藤淳監修、栗原健、波多野澄雄共編『終戦工作の記録』下巻、講談社文庫、1986年、286－295頁に収められている), p.5. ハックの学位については、「日本帝国俘虜情報局独逸及澳洪国俘虜名簿　大正六年六月改訂」2頁（外務省外交史料館、5.2.8.38,「日独戦争ノ際俘虜情報局設置並独国俘虜関係雑纂」第一巻ノ一）を参照。なお邦文史・資料は以下旧字・旧かなづかいを直し、句読点を補って引用する。

▼5　駐独海軍武官府に長く勤務した酒井直衛の回想による。『ウェスタン・トレーディング株式会社小史「二十年のあゆみ」』私家版、1968年（以下『二十年のあゆみ」)、31－32頁。秦郁彦編『世界諸国の制度・組織・人事一八四〇－一九八七』東京大学出版会、1988年、294頁も参照。しかし、この酒井の回想には矛盾がある。というのはヴィートフェルトが駐米大使に任命されたのは1922年のことであり、そのあとに満鉄顧問事務所を継承したというのでは、「大戦終了後独逸に送還された」という記述と齟齬を来すのである。

▼6　Bescheinigung des Konteradmirals a. D. Saxer, Zuletzt Chef des Stabes beim Gouvernement Kiatschou vom 10. 12. 1934, Hack-Papiere. この「ハック文書」はミュンヘン在住のハックの甥、ラインハルト・ハック（Reinhard Hack）氏が所蔵していたものを、フライブルク大学教授ベルント・マルティン（Prof. Dr. Bernd Martin）氏が発掘された。筆者の閲覧を快諾されたマルティン教授ならびに田嶋信雄教授（成城大学）に心より感謝したい。以下、Hack-Papiere として引用する。ちなみに「ハック文書」はマルティン教授およびG・

47・5センチの艦をすぐに建造するであろう）。1919年から1920年にかけて、『陸奥』級は武装に関して、当時としてはたしかに最新最高の進歩を示したが、純粋の水平防御艦であり、その点では英米の戦艦に劣っていた。日本人は大規模な改装を行い、その欠点を補おうとしたのである【両大戦間期に、戦艦の防御は水平方向のみならず、大仰角でほとんど頭上から落ちてくる砲弾に対する垂直防御も考慮せざるを得なくなった。長門級戦艦「長門」「陸奥」もたびたび改装され、垂直防御を強化している】。その際、艦底部・海中深度に設定された触接機雷に対し、はっきり効果があると見込まれた新技術の3層装甲が初めて採用された。『香取』級の新造に際しても、かかる3層装甲がほどこされていると予想されよう。その新型艦から成る最初の戦隊は、1941年なかばには完成するだろう」（*Jahrbuch*, 142頁）

この記述は、大和級の排水量や主砲の口径といった核心部分を含め、かなり事実に近い。にもかかわらず、艦名に関する部分だけがまったく間違っているが、これは同盟国日本の軍事機密に一応配慮したとも考えられる。また、あるいは日露戦争中に起工された香取級戦艦「香取」と「鹿島」の名が復活すると推測したのかもしれない。1941年の時点では、戦艦「香取」「鹿島」とも除籍され、廃艦になっていたからである。

なお、この原文をみた上で、邦訳の「訳者の言葉」を読み直すと、非常に興味深い。そこには、機密隠蔽の痕跡を消す試みと思われる一節がある。

「茲に断って置かなければならないことは、世界海軍国の最新式戦艦を解剖するに当って、我が海軍に就き記する所少いことであるが、これは、執筆者自身が告白しているように、我が国に関する限り、資料入手が困難な為であって、蓋し已むを得ない所である」（邦訳、3頁）

▼11　Hans Joachim Krug/Yoichi Hirama/Berthold J. Sander-Nagashima/Axel Niestlé, *Reluctant Allies*, Annapolis, Maryland, 2001, p. 186. ちなみに、大和の同型艦武蔵は、1942年に戦死した山本五十六連合艦隊司令長官の遺骨を運んでトラックより帰国した際（当時、武蔵は連合艦隊旗艦）、入港した横須賀で6月24日に昭和天皇の行幸を仰いでいる。吉村昭『戦艦武蔵』（新潮文庫、1971年）、194頁以下。

第二章　フリードリヒ・ハックと日本海軍

▼1　当該期の日独関係における日本海軍の役割を論じた本格的な研究は、史料的困難からか、いまだに存在しない。管見の限り、この問題をもっとも広範に取り扱っているのは、チャップマンの未公刊の学位論文である。John W. M. Chapman, The Origins and Development of German and Japanese Military Co-operation, 1936-1945, Ph. D. University of Oxford、1967、また、John W.

Diss. phil., Hamburg 1998 である。

▼8　相澤前掲書、70 頁。

▼9　駐日アメリカ海軍武官ビーミス（Harold M. Bemis）大佐が報告している、「日本とドイツは同盟関係にあるにもかかわらず、ドイツ武官でさえも情報不足に不平を漏らしていた」というリーツマンの言動は、前任者ヴェネカーに比して、充分に日本海軍に情報源を得ていないという焦りの表明であるとも読める。平間前掲書、169 頁。

▼10　たとえば、ドイツ海軍年鑑（Konteradmiral z.V.R.Gadow, *Jahrbuch der deutschen Kriegsmarine*, Leipzig, 1941）1941 年版の各国海軍の現状分析においては、大和級の存在について明言されており、日本国内にあっては極秘であった情報が、ドイツでは一般に販売されている文献にまで記載されていたことがわかる（当然、中立国経由で、本書は連合国側にも渡っている）。ちなみに、同年鑑は 1942 年に日本で翻訳出版されているが（竹村清訳『1941 年版ドイツ海軍史』、岡倉書房、1942 年）、当該部分は「筆者が日本の艦名に関する研究を行った所によれば、○○○○年の中頃に○○した同型の○○、○○級が新しい戦艦であることは確かであると思われる。これ等は○○○○年の春に起工されたものであつて、目下○○○の第一群をなしている。艦体の大きさや砲の口径に関する問題よりも、寧ろ、日本が選んだ装甲砲の不明な点が、興味ある問題である。1919 年から 20 年に完成した○○級は、当時備砲に関しては、最新式のものであったのだが、純粋の重装甲艦としては、同じ艦齢の英米の艦に劣っていた。日本はこの不利を補おうとした。特に世界最初の○○○艦を完成した。これは海底及び深海にある触発機雷を防御するには新式にして、且つ疑いもなく効果のあるものである。○○級の新造艦にもこの様式が採用されたものと思われる。目下○○○の○○の属する第一群の戦艦は、○○○○年の中頃に○○するであろう」（邦訳、188 頁。旧字旧かなづかいを、新字新かなづかいに直して引用）と伏せ字多数になっており、検閲当局の困惑を伝えてくる。

　ところが、こうした機密保持には、まだもう一段の裏があった。原文と照らし合わせてみると、そもそも翻訳の段階で、不都合な部分が削除されていることがわかるのだ。以下、筆者の試訳を挙げる。

「筆者が、日本艦船の命名に関する研究をもとに判断するところによれば、新造戦艦戦隊をなす『鹿島』と『香取』が 1939 年なかばに進水したことは確実であると思われる。これらは 1938 年初頭に起工されたものと推測され、新造される軍艦の第一陣となっている。日本が選んだ装甲システムが不明であることに比べれば、この艦の大きさや主砲口径はさほど興味を惹かない（他国においても、指示さえあれば、排水量 4 万 5000 トン、主砲口径

▼14　この直前に、HJはLAHの欠員補充のため、多数の要員を割いていた。

▼15　HJ師団長フリッツ・ヴィット武装SS少将。

▼16　第2装甲師団の損耗数が低いのは、戦線後方に控置されていたことと、投入されたのが比較的平穏な戦区だったことによるものと思われる。

第3部　ユーラシア戦略戦の蹉跌

第一章　ドイツ海軍武官が急報した「大和」建造

▼1　平間洋一編『戦艦大和』（講談社、2003年）、163－166頁（当該箇所の執筆者は、ジョセフ・C・クラークおよびマリコ・A・クラーク）。

▼2　Wennekers Telegramm für Marineleitung Nr. 16 vom 20.1. 1936, Politisches Archiv des Auswärtigen Amts, Geheimakten II F, 1.Marineattaché Tokio, 2. Militärattaché Tokio, 1933-1936, R30087K/R30088K, Bl. E413888. ただし、筆者は、ドイツ外務省政治文書館がボンからベルリンに移転する以前に当該文書の調査を実行しているため、現在の同文書館の整理番号とは必ずしも一致していない。

▼3　第一次世界大戦の敗戦の結果、諸国に派遣されていたドイツ陸海軍の駐在武官は、1920年に召還された。が、20年代末から在外武官制度の再導入が検討されたのち、30年代末に復活した。しかし、駐在武官の独走をふせぐため、彼らの報告は在外公館長の副署を得て、外務省経由で国防省に渡される仕組みになっていたのである。Manfred Kehrig, *Die Wiedereinrichtung des deutschen militärischen Attachédienstes nach dem Ersten Weltkrieg (1919-1933)*, Boppard am Rhein 1966, S.158-163.

▼4　Hans H. Hildebrand/Ernest Henriot (Hrsg.), *Deutschlands Admirale 1849-1945*, Bd. 3, Osnabrück 1990, S. 530 f.

▼5　ヴェルサイユ条約の制限によって、ドイツが弩級戦艦の建造と保有を禁じられたことはよく知られているが、準弩級クラスの戦艦はなお少数のみ維持することができた。これらの旧式戦艦を、ドイツ海軍は「戦列艦」（Linienschiff）と称した。

▼6　いわゆるポケット戦艦のこと。当時のドイツ海軍の正式分類では、高速重武装の巡洋艦を「装甲艦」（Panzerschiff）と呼んだ。

▼7　相澤淳『海軍の選択』（中央公論新社、2002年）、第2章「ドイツへの傾斜」。工藤章／田嶋信雄編『日独関係史　一八九〇－一九四五』、第2巻（東京大学出版会、2008年）、第6章「日独海軍の協力関係」（ベルトホルト・ザンダー＝ナガシマ執筆）。とりわけ詳細な記述があるのは、Berthold J. Sander-Nagashima, *Die deutsche-japanischen Marinebeziehungen 1919 bis 1942*,

い。

▼4　これらの潮流は、2010年12月にドレスデンで開かれた研究会議「共同体化と排除。武装SS史に関する新研究」ならびに、2011年5月にヴュルツブルク大学が主催した研究会議「武装SS史学術会議」によって、急速に促進された。

▼5　詳細は、拙稿「クルスク戦の虚像と実像」（『ドイツ軍事史』所収）を参照されたい。

▼6　ケンプフ軍支隊は、1943年2月1日にイタリア第8軍団付ドイツ代表幕僚部を司令部として新編された「ランツ軍支隊」が2月21日に改称されたもの。「ケンプフ」は、軍支隊司令官ヴェルナー・ケンプフ装甲兵大将の名による。

▼7　この時点では、第1～3の各SS師団はまだ装甲擲弾兵師団と呼称されているが、装甲師団に近く、事実、のちに装甲師団に改称されている。なお、第1SS師団の名称Leibstandarte Adolf Hitlerは、しばしば「アドルフ・ヒトラー親衛旗」と訳されてきた。しかし、Standarteはドイツ騎士団の戦術単位の名称であり、中世史研究においては「旗団」の定訳がある。第1SSのそれもまた、このドイツ騎士団の用語にちなんだものと思われる。またleib-も、単なる「親衛」よりも表現が強い。この2点に鑑み、「アドルフ・ヒトラー直衛旗団」としてみた。

▼8　「給養人数」は、兵站部の兵員簿に記載されている数字。いわば書類上の数字なので、実人数や戦闘要員はもっと小さくなる。ドイツ連邦国防軍の大佐で、自身部隊指揮の経験を持つ軍事史家カール＝ハインツ・フリーザーは、実人数は「給養人数」の3分の2程度になると推定している。

▼9　以下、「大ドイツ」と略記。装甲擲弾兵師団とされてはいるものの、第2SS装甲軍団麾下の3個師団同様、事実上の装甲師団。

▼10　第78突撃師団は、マルダー対戦車自走砲26両を有する戦車猟兵大隊1個と31両の突撃砲から成る突撃砲大隊1個を隷下に置いていた。

▼11　セタリングとソ連軍事史の専門家アンダース・フランクソンの共著『クルスク　1943』によれば、最初の3日間で南方軍集団の攻撃部隊は32キロ進んでいる。以後、進撃速度は落ちたが、作戦発動からの1週間に1日平均約6.4キロの前進を示している。セタリングとフランクソンは、これを、1944年7月25日から31日にかけてのノルマンディにおける米軍の「コブラ」作戦の前進速度（1日平均約8.1キロ）と比較し、最初の3日間だけを比べるなら、「城塞」は「コブラ」よりも順調に進んでいたとしている。

▼12　第2SS装甲軍団戦時日誌の記載。

▼13　勤務先はイギリスであるが、リープはドイツ人である。

第八章　騎士だった狐

▼1　アウクストドルフとドルンシュタットにロンメル兵営が存在する。

▼2　2001年、ゴスラーの将校クラブに掲げられていたロンメルを記念する銘板が取り外された。彼はナチ体制を代表する人物で、「伝統継承の対象とする価値がない」というのが、その理由だった。

▼3　1941年9月1日、ドイツ・アフリカ軍団とイタリア軍の一部を麾下に置く上部組織、アフリカ装甲集団（パンツァーグルッペ・アフリカ）が新編された。同集団は、1942年1月30日、アフリカ装甲軍に改称された。

▼4　当時、イギリスの委任統治領だったパレスチナのユダヤ人によって編成されたイギリス軍部隊。1940年9月までに15個大隊が存在し、一部が北アフリカに投入された。

▼5　奇襲効果を高めるため、ドイツ軍に気取られぬよう前進することがその目的であった。1942年10月4日の英仏海峡に浮かぶサーク島に対するコマンド作戦「玄武岩」でも、手刀で昏倒させられたドイツ兵4名が、コマンドの撤収に際して殺害されるという事件が起こっており、それもヒトラーの怒りをかきたてたものと思われる。

▼6　ただし、情状酌量があり、死刑から20年の禁固刑に減刑された。この刑期も全うされることはなく、ファルケンホルストは1953年に健康上の理由から釈放された。

▼7　もっとも、1943年にイタリアが降伏したのちの同国軍将兵に対するロンメルの扱いについては議論があるのだが、紙幅の制限があることゆえ、この問題の紹介については別の機会を待ちたい。

▼8　彼らはパラシュート降下し、ブルターニュのレジスタンスと協同して、戦闘に従事していた。

第九章　ヒトラーの鉄血師団――数量分析で読み解くその実態

▼1　Illustrated History of World War II. ちなみに、バランタイン社版シリーズのすべてが訳されたわけではなく、たとえばクルト・シュトゥデントやハインツ・グデーリアンの伝記などが未訳のままになっている。

▼2　『ナチ武装親衛隊』、芳地昌三訳、サンケイ新聞社出版局、1972年。このサブタイトルは、日本の訳者、または編集者が付けたものと思われる。原書名は、Waffen SS: the Asphalt Soldiers。副題の「アスファルト兵士」は、武装SSの前身であるSS特務部隊の黒い制服とアスファルトの黒の連想から付けられたあだ名にちなむ。

▼3　ただし、こうした認識は、たとえば第2SS装甲師団「ダス・ライヒ」など、武装SS全体のごく一部にのみあてはまるものであったことはいうまでもな

第七章　データでみる北アフリカ補給戦

▼1　デズモンド・ヤングの古典的なロンメル伝には、戦後連合国側の尋問を受けたフランツ・ハルダー上級大将（当時、陸軍参謀総長）の言葉が引用されている。「1942年の春、この件について最後にロンメルと話し合いました。当時彼はエジプトおよびスエズ運河を征服することを語り、それから東アフリカのことを話しました。わたしは思わず、礼を失してはいたが、冷たい微笑をもらして、そのために何が必要か訊ねてみました。もう2個機甲軍団が欲しいというのが彼の考えでした。わたしは訊ねました——たとえ征服したとしても、補給や糧食はどうするつもりか？——この質問に対する答えは——それはわたしの領分じゃない。あなたがたの問題だ——というのです。アフリカの形勢が悪化するにつれて、ロンメルはますます援助を求めつづけました。どこから調達するかということには一つも心配していないのです」デズモンド・ヤング『ロンメル将軍』、ハヤカワ文庫NF、1978年、130頁。

▼2　缶詰や壜詰、乾燥食品など。

▼3　車両のエンジン冷却用の水も含む。詳しくは、表1を参照。ちなみに、この教範には、もっとも日持ちのする飲料は、砂糖を入れない紅茶である等、経験にもとづく興味深い記述が多々みられる。

▼4　イタリアは、軍隊向けのみならず、その植民地たるリビアの住民が必要とする物資も運ばなければならず、海上輸送の負担はいや増した。

▼5　その指揮管理のために「在ローマ陸軍兵站監部支局」が置かれた。

▼6　ただし、開戦時にイタリアの港に在ったドイツ商船が、北アフリカのドイツ軍向けの輸送に使われた。その数は53隻で、うち46隻が失われている。

▼7　トブルクの占領も救いにはならなかった。というのは、トブルク港の荷揚げ能力が予想外に低かったため、依然としてトリポリとベンガジを主要荷揚げ港として使用せざるを得なかったからである。

▼8　ドイツ軍は周知のごとく、トラック供給の相当の部分を、フランスのルノーやチェコスロヴァキアのシュコダのような占領地の自動車工業に頼っていた。当然、トラックのメンテナンスには、必要以上に他種類の部品を要することになり、混乱に拍車をかけることになった。

▼9　正式名称は「第33装甲師団兵站長」（のちに「第33装甲師団兵站機関長」に改称）。

▼10　1ツェントナーは50キロ。

▼11　第二次エル・アラメイン戦のあいだ、アフリカ装甲軍向けの物資のうち、およそ3分の1が輸送しきれぬまま、ベンガジに滞留していた。

▼9　ただし、エストニア人が心からの親独感情を抱いていたと判断するのは、ナイーヴにすぎるだろう。少なからぬ数のエストニア人が、独立が認められないことやエストニア国外での従軍を強いられること、ナチズムのイデオロギーを強制されることなどを嫌がり、ドイツ軍への入隊を忌避した。彼らは、民族的に近似しているフィンランドに渡り、同国の軍隊に義勇兵として参加したのである。その数は約5000名とされ、フィンランド軍第200連隊を構成した。だが、祖国エストニアが危機に瀕した1944年8月、第200連隊の将兵は帰国し、ドイツ軍に加わる。ドイツ側は、彼らが団結して独自の行動を取ることを恐れ、第20SS武装擲弾兵師団をはじめとする複数の部隊に分散配置した。

▼10　1943年に新編されたこの軍団は、ユーゴスラヴィアで対パルチザン戦に従事していたが、同年末に東部戦線北翼に送られ、翌44年1月にソ連軍攻勢がはじまるや、ただちに戦闘に投入された。

▼11　集団の名称は、第54軍団長オットー・シュポンハイマー歩兵大将の姓によっている。

▼12「ナルヴァ軍支隊」(Armeeabteilung Narwa)。軍支隊とは、本文に記したごとく、ある軍団司令部の指揮下に他の軍団を置いて編成される臨時組織。英語では、Army Detachmentと訳されることが多い。

▼13　タリンのドイツ語名。

▼14　このティーガー隊は、有名な戦車エースであるオットー・カリウスに率いられていた。カリウスによれば、捕虜から得た情報により、ソ連軍の上陸作戦は事前に予測されていたという。

▼15　2月24日、シュポンハイマーの後任となった。

▼16　当時、シュトラハヴィッツは第502重戦車大隊長だったとする文献が多いが、実際には北方軍集団の戦車部隊を統括する「上級戦車指揮官《デア・ヘーエレ・パンツァーフューラー》」なる地位を与えられ、臨時に戦隊指揮官となっていた。ゆえに、この第502重戦車大隊を基幹とする戦隊は、しばしば「シュトラハヴィッツ戦隊」と呼ばれている。

ちなみに、「戦車伯爵」は政権掌握以前からのナチ党員・親衛隊員であったにもかかわらず、反ヒトラー運動に関与していたと、ドイツの抵抗研究の権威であるペーター・ホフマンは主張している。ホフマンによれば、シュトラハヴィッツは、ヒトラーが東部戦線に来訪した際、これを拘束する計画をくわだてたメンバーの一人だったという。

▼17　後述のごとく、「シュトラハヴィッツ」は3度にわたり実行されたため、最初のそれは、のちには第一次シュトラハヴィッツ作戦と呼ばれるようになった。

たため。

▼16　興味深いことに、自分が肩入れしながら失敗に終わった「北極星」作戦について、ジューコフの戦後の回想では、ほとんど触れられていない。

▼17　前出のフェジュニンスキーと同一人物。1942 年 6 月 13 日に中将進級。1943 年 12 月 23 日付で第 2 打撃軍司令官に任ぜられる。

▼18　エストニアへの門であるナルヴァをめぐる攻防については、本書第 2 部第五章「森と湿地帯の死闘――ナルヴァ攻勢 1944」を参照。

第五章　森と湿地帯の死闘――ナルヴァ攻勢 1944

▼1　本稿に登場する地名は、場合によっては、ロシア語、ドイツ語、エストニア語、ウクライナ語などで、それぞれ呼称が異なり、きわめて厄介である。ここでは原則として、1940 年のソ連によるバルト三国併合以前にエストニア領であったなら、エストニア語の発音に従って表記し、それ以外はロシア語発音に基づくものとする。ただし、カタカナで外国語を表記することにはそもそも無理があるため（たとえば、チェコ語のある子音の発音などはカナ表記不可能であると、筆者には思われる）、完全なものではないことをあらかじめお断りしておく。

▼2　レニングラード、ヴォルホフ、第 2 バルトの 3 個正面軍。最近の作戦術理解に鑑み、фронт は「正面軍」の訳語をあてる。

▼3　Auftragstaktik。目的とそれが達成されるべき期限を示すのみで、いかに任務を遂行するかは、命令を受けた指揮官にまかせるというドイツ軍の戦術。「訓令戦法」とも訳される。

▼4　たとえば、1944 年 1 月から 3 月にかけての、レニングラード正面軍とヴォルホフ正面軍の損害は、31 万 3953 名に達している。うち死者・行方不明者は 7 万 6686 名。ソ連邦崩壊後に出された、クリヴォシェーエフらの研究による。

▼5　ヘルマンのレポートは、米軍の戦訓調査プロジェクトの一環として作成されたもので、ドイツ軍の作戦能力の優位を強調するきらいはあるが、他の証言やソ連軍が出した損害の規模に照らして、大筋をはずしてはいないと思われる。

▼6　作戦術の進歩については、Richard W. Harrison, *The Russian Way of War. Operational Art, 1904-1940*, Lawrence, Kan., 2001 が詳しい。

▼7　ソ連軍の捕虜になったポーランド軍将校のカティンの森における大量殺害にちなみ、この事件は「バルト地域のカティン」と呼ばれている。

▼8　エストニア SS 義勇旅団。ほかに、第 5SS 装甲擲弾兵師団「ヴィーキング」の麾下に、エストニア SS 独立装甲擲弾兵大隊「ナルヴァ」があった。

▼3 「バルト海沿岸を固守しつつ、カウナス地区より、スヴァルキにある敵集団の側面ならびに後背に強力な打撃を加え、西正面軍と協同して、これを殲滅」せよと命じていた。

▼4 ヴァトゥーチンは、いかなる犠牲を払っても「正面軍に秩序を回復し、ドイツ軍の進撃に能動的に抵抗せよ」との訓令を受けていた。

▼5 開戦前はレニングラード軍管区司令官であった。この軍管区が動員されて、レニングラード正面軍ならびに北正面軍が編成された。

▼6 そのなかには、レニングラード赤旗歩兵学校の生徒で編成された2個中隊も含まれていた。

▼7 旧バイエルン王国で、勲功あるものに与えられた一代貴族の称号。

▼8 ペテルスブルクは、むろんレニングラードのこと。敢えて革命前の呼称を使っている。

▼9 10月5日、スターリンはモスクワ防衛の指揮を執らせるためにジューコフを召還していた。

▼10 1941年から42年にかけての冬は、1812年の冬同様、ロシアでも珍しい厳冬だった。

▼11 第2打撃軍は、装備などは比較的豊富だったが、その兵員の多くは南部ロシアのステップ地帯出身で森や湿地に慣れておらず、「この軍の将兵は、深い森林を怖れ、平地に固まって、敵にとっては絶好の標的になることが多かった」との証言がある。この時期のソ連軍に、作戦・戦術上の配慮を充分払うだけの余裕がなくなっていたことを示す一例といえる。

▼12 同正面軍の第3打撃軍によって、ホルム(スタラヤ・ルーサ南方)のドイツ軍も包囲された。こちらも空輸によって守備隊を維持したことで知られ、デミヤンスク戦と並び称されるが、本稿では扱わない。

▼13 実は、1月下旬までにスタラヤ・ルーサ周辺に展開していたドイツ第16軍の諸部隊は、ほぼ一掃されていた。従って、北西正面軍が南西に進めば、抵抗するのはドイツ軍の孤立した拠点しかなく、無防備のスモレンスクを奪取できたかもしれないと指摘する向きもある。ただし、デミヤンスクやスタラヤ・ルーサといった補給・交通上の要地をドイツ軍に押さえられたままの前進になるので、北西正面軍の兵站は困難きわまりない状態になったはずである。

▼14 ザイトリッツは、その後スターリングラードで奮戦したのち、投降し——自由ドイツ国民委員会(亡命ドイツ共産党員、捕虜となったドイツ軍人によって構成された反ナチ組織)に参加する。フリードリヒ大王時代以来の名門軍人貴族の末裔としては、有為転変をたどったとしてよい。

▼15 発動が計画より遅れたのは、航空攻撃が充分に効果をあげるのを待ってい

▼12　パヴロフは別の司令官職に再任されるものと信じてモスクワに赴いたものの、裁判にかけられ、有罪判決を受けた。この陰惨な経緯については、Aleksandr A. Maslov, "Repressed Soviet Generals: Part 1," *Journal of Slavic Military Studies*, vol.26（2013）, issue 1 に詳しい。

▼13　第7機械化軍団は、修理牽引車を36両しか持っておらず、しかも、それらの車種では大型のT-34やKV戦車を牽引できなかった。

▼14　第7装甲師団が装備していたのは、37ミリ砲搭載のチェコ製38t戦車で、第17装甲師団は50ミリ砲搭載のⅢ号戦車だった。また、第7装甲師団には、12トン半無限軌道車に88ミリ砲を搭載した自走砲6門を有する第8戦車猟兵大隊第1中隊があったことも見逃せない。

▼15　国民の士気を高めるために、無理にでも反撃することが必要だったのだとする向きもあるが、史料的に裏付けられない。

第三章　極光の鷲たち――ＰＱ１７護送船団氷海に潰ゆ

▼1　PQ17護送船団を構成していた艦船の種類と数については、資料によって異同があるが、ここでは、イギリス公刊戦史 *War at Sea* に拠っている。

▼2　出港直後に脱落した船舶については（これにも諸説がある）、より具体的に記述されているカーユス・ベッカーの『攻撃高度4000』に従った。

▼3　同艦種は、しばしば「装甲艦《パンツァーシッフ》」とされる。が、ドイツ海軍の公式の分類に従えば、「装甲艦」は別の概念となる（この艦種分類の解説については、他日を期したい）。本稿では、通称ではあるものの、理解しやすい「ポケット戦艦」としておく。

▼4　本稿では、Geschwader《ゲシュヴァーダー》を「航空団」、Gruppe《グルッペ》を「戦隊」、Staffel《シュタッフェル》を「中隊」と訳した。

第四章　北方軍集団　五つの激闘

▼1　本稿に登場する地名は、ロシア語、ドイツ語、ラトヴィア語、エストニア語、リトアニア語で、それぞれ呼称が異なる場合が多い。ここでは原則として、1940年のソ連によるバルト三国併合以前に、たとえばエストニア領であったなら、エストニア語の発音に従って表記し、それ以外はロシア語発音に基づくものとする。また、必要に応じて、日本語の戦史書に頻出する表記を（　）内に付した。

▼2　軍事用語としてのロシア語のフロント фронт は、かつては「正面軍」、最近では「方面軍」などと訳されてきたが、近年研究が進んだロシア・ソ連の「作戦術」の概念からすると、「正面軍」のほうが適切であると思われるため、以後、この訳語を用いる。

綴はИссерсонであり、oにアクセントがあるので、ロシア語の原則に従い「イセルソーン」とする。

▼6　ちなみに、フェクレンコは、このような「陰謀」の犠牲になったとする認識がソ連軍内部にあったのか、彼は「失敗」したにもかかわらず、粛清されてはいない。最終的には中将にまで昇進し、独ソ戦では、第19機械化軍団長、第38軍司令官などを歴任している。

▼7　日本陸軍の参謀将校で、長らく対ソ情報活動に従事した土居明夫は、この教令はトゥハチェフスキーの戦略思想に基づくものだと推測している。

第二章　幻の大戦車戦——消された敗北

▼1　「センノ」（Сенно）はロシア語表記。ベラルーシ語では「シャンノ」（Сянно）となる。本稿では、ロシア語、ベラルーシ語、ウクライナ語で表記が異なる地名は、すべて当時はソ連領ということでロシア語のそれを採用している。

▼2　残念ながら、この重戦車、中戦車、軽戦車が、それぞれどういう型式を意味しているのかは不明である。

▼3　日本陸軍の参謀将校で、長らく対ソ情報活動に従事した土居明夫は、この教令はトゥハチェフスキーの戦略思想に基づくものだと推測している。引用は『ソ連の戦術』により、適宜旧字を新字に直し、難読漢字をひらがなにした。以下、同様。

▼4　ほかに、捜索、通信、輸送、修理、架橋、対空、衛生の各1個大隊が隷下《れいか》にあった。

▼5　ほかに、捜索、通信、輸送、修理、工兵、対空、衛生の各1個大隊を有する。

▼6　拙稿「独ソ戦前夜のスターリン」（『ドイツ軍事史　その虚像と実像』、作品社、2015年所収）を参照されたい。

▼7　対独開戦前後のスターリンの動静に関する最近の研究の成果は、邦語文献としては、イアン・カーショー、河内隆弥訳『運命の選択 1940-1941　世界を変えた10の決断』、白水社、2014年、上巻、第6章によくまとめられている。

▼8　ジューコフは、この指令を起案したのは自分ではなく、スターリンによって署名するよう命じられただけだと、戦後の回想録に記している。

▼9　第9機械化軍団麾下にあった戦車師団所属の自動車化狙撃兵連隊は、駄馬や荷車を与えられておらず、装輪車両も定数の3割しか保有していなかった。

▼10　1941年6月30日に、ヴァシューギンは銃殺された。

▼11　第8機械化軍団政治委員ニコライ・K・ポーペルの指揮のもと、同軍団を基幹に臨時編成された支隊。

こうした主張の虚妄を徹底的に批判したものとして、秦郁彦編『検証・真珠湾の謎と真実』(中公文庫、2011年)を参照。

▼4　むろん、第1航空艦隊司令長官南雲忠一中将のことである。連合艦隊司令長官山本五十六大将ではなく、南雲の名が出てくるあたり、当時のニミッツにとっては日本機動部隊こそ最大の脅威であったことが如実に伝わってくる。

▼5　ただし、何人かは、FBIと海軍保安部の審査に合格せず、ハイポに入れなかった。その理由は、彼らが「ガルブシェウスキー」、「デスタリンスカ」といった、敵国人のそれを思わせる姓であるため、海軍の最高機密に触れる部署に配属するのは好ましくないという、馬鹿げたものだった。

▼6　RXBはツラギ、RYはギルバート諸島。

第2部　ヨーロッパの分岐点

第一章　ノモンハンのジューコフ――独ソ戦のリハーサル

▼1　この「師団指揮官」は職名ではなく、当時のソ連軍が採用していた階級呼称の一つ。ソ連軍は発足当初、階級制度を採用していなかったが、1935年に導入した。列挙しておくと、上からソ連邦元帥《マールシヤル・サヴィエーツカガ・サユーザ》、軍司令官《カマンダールム》(一級と二級があり、それぞれが上級大将と大将に相当する)、軍団指揮官《カムコール》(中将相当)、師団指揮官《カムディーフ》(少将相当)、旅団指揮官《カムブリーク》(准将相当)となる。

▼2　ノモンハンの戦いでは、日本軍には満州国軍、ソ連軍にはモンゴル軍が、それぞれ同盟国軍として参加しているが、煩を避けるため、本稿では便宜上「日本軍」、あるいは「ソ連軍」として記す。

▼3　『新戦艦高千穂』の著者であり、昭和戦前期に軍事評論家として活躍した平田晋策は、ブジョンヌィについて適切かつ痛烈な寸評を加えている。「しかしブジョンヌィは決して大なる戦略家ではない。彼は赤軍のネイ将軍だ。彼の政治的教養は無く、戦争に対する理論的研究は未熟である。赫々たる彼の戦功は、その血管に流れる南方好戦民族の本能的天才のせいではないか。だから彼には封建的亜細亜的又は野性的武将の匂いがつきまとって消えない」平田晋策「赤軍の指揮者は誰か――その手腕、その智謀、果して如何」、『非常時国民全集・陸軍編』、中央公論社、1934年。旧字旧かなを新字新かなに直し、ルビと傍点を省略して引用。

▼4　ジューコフは、ロシア帝国陸軍の第10ノヴゴロド龍騎兵連隊に入隊して以来、1937年に白ロシア軍管区騎兵担当副司令官に任命されるまで、一貫して騎兵部隊で勤務している。

▼5　「イッセルソン」とした表記(英語読みしたものか？)も見かけるが、原

註

第1部　太平洋の分岐点

第一章　潰された卵――独立混成第1旅団の悲劇

▼1　89式軽戦車、のちに改修を経て重量が増加、89式中戦車と名称変更される。

▼2　戦車第4大隊長渋谷安明大佐指揮で、戦車第4大隊主力、歩兵1個大隊、野砲1個中隊、工兵1個小隊から成っていた。

▼3　指揮官渋谷大佐は多数の損害を出した責任を問われ、事件後、予備役に編入されている。

▼4　94式軽装甲車。「軽装甲車」と称されてはいるが、キャタピラ装備で、実質的な軽戦車である。

▼5　読みがなを補い、旧字を新字に直して引用。【　】内は筆者の註釈。以下同様。

▼6　現在の内モンゴル自治区の中部地域にあたる。

▼7　いわゆる通州事件。

▼8　独混1旅のほか、独立混成第11旅団、混成第2旅団、独立守備隊を集めて編成した堤支隊があった。

▼9　酒井が陸軍大学校教官だった時代の学生と思われる。

▼10　もっとも、酒井の性格も、かなりの圭角があったと伝えられる。日本機甲部隊史の専門家である加登川幸太郎の文章を引いておこう。「旅団長の酒井鎬次少将は学識高いことで有名で、陸軍大学校の兵学教官などを長く務めた人であったから、上級司令部の参謀などの多くはその教え子であった。それに将軍の性格もあって『あのバカ者がこんな命令をよこす』と気に入らないのである。旅団の戦力をあちこちに分散、派遣の命令がくる。原則に外れる。『判っておらん』と御機嫌ななめである」

第四章　机上で勝ち取られたミッドウェイ海戦――ロシュフォートと暗号解読

▼1　JN-25（bの出現後、JN-25aとされた）の解読の進展とJN-25bの出現に関する記述は、文献により異なっている。ここでは、今まで公開されていなかった史資料多数に基づくカールソンの研究に従った。

▼2　太平洋戦争で、多数の上陸作戦を指揮し、「恐るべき《テリブル》ターナー」とあだ名された猛将であり、強引で自己主張の強い人物だった。レイトン少将は、その回想録で「海軍のパットン」と評している。

▼3　「ローズヴェルト陰謀論」には、この種の偽電を曲解したものが少なくない。

ヤ行

ラ行

ワ行

索引

【初出一覧】

第1部　太平洋の分岐点

第一章　潰された卵——独立混成第1旅団の悲劇（コマンドマガジン第118号、2014年）

第二章　奇想への跳躍——真珠湾攻撃とタラント空襲（原題：（赤城毅名義）「ハワイを叩く！　タラント空襲が導いた山本長官の尋常ならざる決断」、『歴史街道』、2014年1月号）

第三章　プリンシプルの男——美しき猛禽、零戦が生まれるとき（原題：（赤城毅名義）「1グラムでも減らせ！　最先端技術と知力を尽くして、傑作機誕生す」、『歴史街道』、2013年9月号）

第四章　机上で勝ち取られたミッドウェイ海戦——ロシュフォートと暗号解読（原題：ここがAFだ——ロシュフォートの物語『コマンドマガジン』第114号、2013年）

第五章　空母戦——その試行錯誤（『コマンドマガジン』第107号、2012年）

補章　飛ばなかった水偵（『コマンドマガジン』第111号、2013年）

第六章　1943年の敗戦——太平洋戦争の転回点（『コマンドマガジン』第90号、2009年）

第七章　大和滅ぶ——巨艦に託した最後の矜持（原題：赤城毅（名義）「誰もが持ち場を守り責務を果たす…沖縄への還らざる闘いに臨んで」『歴史街道』、2012年1月号）

戦史エッセイ　勝機去りぬ——ミッドウェイの山口多聞（原題：（赤城毅名義）「直ちに攻撃隊発進の要あり！　訪れた「一瞬の勝機」を見抜いたが…」『歴史群像』2012年6月号）

戦史エッセイ　兵棋演習小史（『コマンドマガジン』第97号、2011年）

第2部　ヨーロッパの分岐点

第一章　ノモンハンのジューコフ——独ソ戦のリハーサル（『コマンドマガジン』第108号、2012年）

第二章　幻の大戦車戦——消された敗北（『コマンドマガジン』第120号、2014年）

第三章　極光の鷲たち——PQ17護送船団氷海に潰ゆ（『コマンドマガジン』第88号、2009年）

第四章　北方軍集団　五つの激闘（『コマンドマガジン』第117号、2014年）

第五章　森と湿地帯の死闘——ナルヴァ攻勢　1944（『コマンドマガジン』112号、2013年）

第六章　二つの残光——「チュニスへの競走」とカセリーヌ峠の戦い（『コマンドマガジン』91号、2010年）

第七章　データでみる北アフリカ補給戦（『コマンドマガジン』第121号、2015年）

第八章　騎士だった狐（『コマンドマガジン』第124号、2015年）

第九章　ヒトラーの鉄血師団——数量分析で読み解くその実態（原題：「データで読み解く武装SSエリート師団の実像：装備・指揮・損耗…「伝説」はどこまで正確か」第132号『歴史群像』2015年）

戦史エッセイ　髑髏の由来（『コマンドマガジン』第87号、2009年）

戦史エッセイ　エース＝エクスペルテ？（『コマンドマガジン』第104号、2012年）

第3部　ユーラシア戦略戦の蹉跌

第一章　ドイツ海軍武官が急報した「大和」建造（『呉市海事歴史科学館研究紀要』（第5号）、2011年）

第二章　フリードリヒ・ハックと日本海軍（『国際政治』第109号、1995年）

第三章　ドイツと「関特演」（『軍事史学』25巻3・4合併号、1990年）

第四章　独ソ和平工作をめぐる群像——1942年の経緯を中心に（近代日本研究会編『年報・近代日本研究17政府と民間』、山川出版社、1995年）

第五章　独ソ和平問題と日本（細谷千博・後藤乾一・入江昭・波多野澄雄編『太平洋戦争の終結——アジア・太平洋の戦後形成』、柏書房、1997年）

第六章　「藤村工作」の起源に関する若干の考察（『軍事史学』31巻1・2合併号、1995年）

戦史エッセイ　消えた装甲艦（『コマンドマガジン』第89号、2009年）

戦史エッセイ　提督は「ノー・サンキュー」と告げたか？（書き下ろし）

補論　パウル・カレルの二つの顔（『歴史群像』、第131号、2015年）

[著者紹介]
大木　毅（おおき　たけし）
1961年東京生まれ。立教大学大学院博士後期課程単位取得退学。DAAD（ドイツ学術交流会）奨学生としてボン大学に留学。千葉大学その他の講師、防衛省防衛研究所講師を経て、現在著述業。2016年度より陸上自衛隊幹部学校部外講師。近著に『ドイツ軍事史』（作品社、2016年）、訳書に、イェルク・ムート『コマンド・カルチャー　米独陸軍将校教育の比較文化史』（中央公論新社、2015年）など。また、「赤城毅」名義で、小説も多数上梓している。

Die Verzweigungspunkte des Zweiten Weltkrieges

第二次大戦の〈分岐点〉

2016年 8月31日　第1刷発行
2016年10月 5日　第2刷発行

著者――――大木 毅

発行者―――和田 肇
発行所―――株式会社作品社
〒102-0072 東京都千代田区飯田橋 2-7-4
tel 03-3262-9753　fax 03-3262-9757
振替口座 00160-3-27183
http://www.sakuhinsha.com
本文組版――有限会社閏月社
図版提供――株式会社国際通信社
装丁――――小川惟久
印刷・製本――シナノ印刷(株)

ISBN978-4-86182-592-7 C0020

Infanterie greift an

歩兵は攻撃する

エルヴィン・ロンメル
浜野喬士 訳　田村尚也・大木毅 解説

“砂漠のキツネ”ロンメル将軍自らが、戦場体験と教訓を記した、累計50万部のベストセラー。幻の名著を、ドイツ語から初翻訳！貴重なロンメル直筆戦況図82枚付。

Deutsche Militärgeschichte

ドイツ軍事史

その虚像と実像

大木毅

戦後70年を経て機密解除された文書、ドイツ連邦軍事文書館や当事者の私文書など貴重な一次史料から、プロイセン・ドイツの外交、戦略、作戦、戦術を検証。戦史の常識を疑い、“神話”を剥ぎ、歴史の実態に迫る。

The Greatest Battle

モスクワ攻防戦

20世紀を決した史上最大の戦闘

アンドリュー・ナゴルスキ
津村滋 監訳　津村京子 訳

歴史を創るのは勝者と敗者ではない……愚者である。二人の独裁者の運命を決し、20世紀を決した、史上最大の死闘——近年公開された資料・生存者等の証言によって、その全貌と人間ドラマを初めて明らかにした、世界的ベストセラー。